DAS DESIGN THINKING TOOLBOOK

vahlen.de

Willhelmstr. 9, 80801 München
info@vahlen.de
ISBN Deutschland Print-Buch: 978-3-8006-5751-3
ISBN Deutschland E-Book: 978-3-8006-5752-0

Lizenzausgabe für die Schweiz:
Versus Verlag, Zürich 2018
ISBN Schweiz Print-Buch: 978-3-03909-279-6
ISBN Schweiz E-Book: 978-3-03909-779-1

Druck und Bindung: Beltz Grafische Betriebe GmbH
Am Fliegerhorst 8, 99947 Bad Langensalza
Satz: Fotosatz Buck, Zweikirchener Str. 7, 84036 Kumhausen
Produktion: Sieveking Agentur, München
Umschlag: Ralph Zimmermann – Bureau Parapluie

myclimate
shape our future

vahlen.de/nachhaltig
produktsicherheit.vahlen.de

Gedruckt auf säurefreiem, alterungsbeständigem Papier
(hergestellt aus chlorfrei gebleichtem Zellstoff)

DAS DESIGN THINKING TOOLBOOK

Die besten Werkzeuge & Methoden

Herausgeber:
Michael Lewrick
Patrick Link
Larry Leifer

Visualisierung:
Achim Schmidt

Verlag Franz Vahlen GmbH München
Versus Verlag Zürich

Im Design Thinking ist es wichtig, wirksame Werkzeuge zum richtigen Zeitpunkt über den gesamten Design Thinking Zyklus anzuwenden!

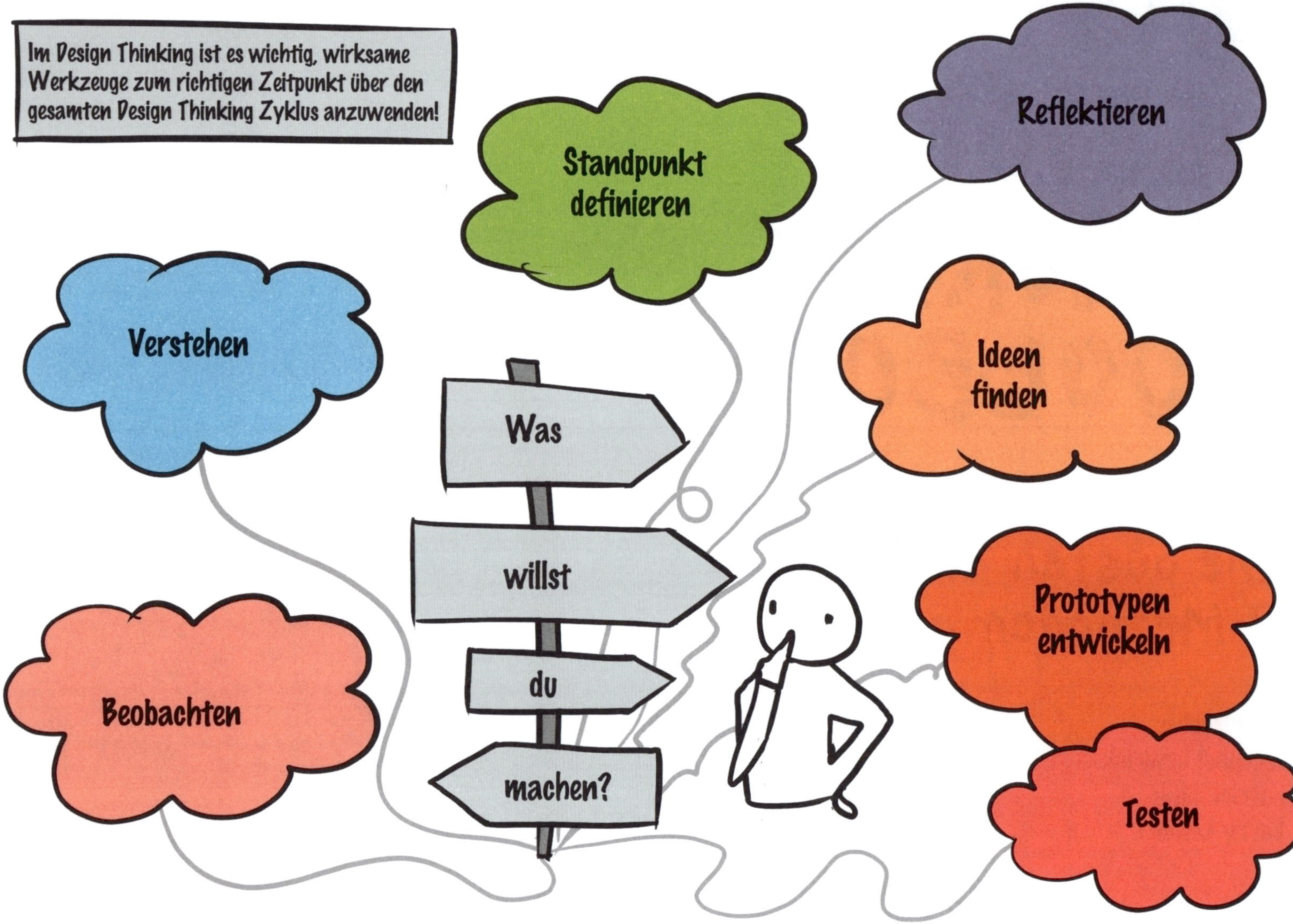

Vorwort

Prof. Ulrich Weinberg
HPI School of Design Thinking

Viele, die das erste Mal mit Design Thinking in Berührung kommen, suchen in der Anwendung von Design Thinking nach Hilfestellungen. Neue Denkhaltungen überfordern uns oftmals, weil wir es über die Jahre verlernt haben, mit Neugier in einem ad hoc zusammengestellten Team ohne klare Zielvorgaben Probleme zu lösen.

Mit dem internationalen Bestseller **„Das Design Thinking Playbook"** haben Michael, Patrick und Larry bereits viele Innovatoren erreicht. Das Playbook gab den inspirierenden Rahmen, um das Design Thinking Mindset im Kontext der Anwendung einer breiten Masse an Lesern zugänglich zu machen.

„Das Design Thinking Toolbook" ist eine hervorragende Ergänzung zum Playbook. Wie schon das Playbook ist das Toolbook auch an den Bedürfnissen der Leser orientiert. Die drei Herausgeber haben über 2.500 Design Thinking Anwender aus der Praxis und dem akademischen Umfeld nach den Werkzeugen und Methoden gefragt, die sie am liebsten anwenden und die aus ihrer Sicht den größten Nutzen stiften. Daraus ist eine einmalige Sammlung aus Design Thinking Werkzeugen und Methoden entstanden.

Die Erfahrungen am HPI lehren uns, dass die Auswahl der richtigen Werkzeuge über den gesamten Design Thinking Zyklus maßgeblich zum Erfolg beiträgt. Die Auswahl hängt von der Situation, dem Team, den Möglichkeiten und dem jeweiligen Ziel ab.

Design Thinking ist kein starres Konzept, es soll vielmehr spielerisch genutzt werden, d.h., dass der Ablauf den Gegebenheiten angepasst wird.

„Das Design Thinking Toolbook" hat aus meiner Sicht fünf entscheidende Elemente, die es besonders für Einsteiger und zur Vertiefung von Design Thinking Wissen zu einem unverzichtbaren Arbeitswerkzeug machen:

- Zuordnung der wichtigsten Werkzeuge zum Designzyklus
- Einfache Erklärung der Anwendung von Werkzeugen
- Vorschlag von alternativen Werkzeugen
- Konkrete Experten-Tipps aus der Community
- Beispielbilder im Kontext der Anwendung

Über 100 Experten aus der globalen Design Thinking Community haben zu den Inhalten beigetragen und zeigen, wie weit das Mindset mittlerweile verbreitet ist und wie heute global Wissen ausgetauscht wird.

Ich wünsche euch viel Spaß bei der Anwendung der Design Thinking Werkzeuge und Methoden!

Uli

DAS DESIGN THINKING TOOLBOOK MINDSET

Von Neugierde getrieben

Wir sind neugierig, offen, stellen kontinuierlich W-Fragen und ändern die Perspektive, um die Dinge von verschiedenen Seiten zu betrachten.

Auf den Menschen fokussiert

Wir fokussieren uns auf den Menschen, bauen Empathie auf und sind achtsam in der Ergründung seiner Bedürfnisse.

Komplexität akzeptieren

Wir erkunden den Schlüssel zu komplexen Systemen, akzeptieren Ungewissheit und die Tatsache, dass komplexe Systemprobleme auch komplexe Lösungen verlangen.

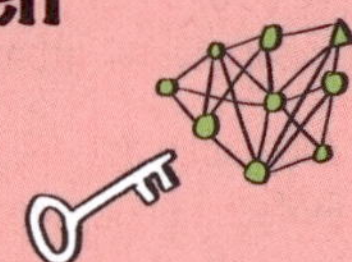

Visualisieren und zeigen

Wir nutzen Geschichten, Visualisierungen und eine einfache Sprache, um unsere Erkenntnisse im Team zu teilen oder eine klare Value Proposition für unsere Nutzer zu gestalten.

Experimentell iterieren

Wir bauen und testen Prototypen iterativ, um zu verstehen, zu lernen und Probleme im Kontext des Nutzers zu lösen.

Co-Create, Grow & Scale

Wir erweitern unsere Fähigkeiten kontinuierlich, um skalierbare Marktopportunitäten in einer digitalen Welt und Ökosystemen zu erschaffen.

mit variierenden Denkzuständen

Wir kombinieren situativ verschiedene Ansätze mit Design Thinking, Data Analytics, Systems Thinking und Lean Start-up.

Prozessbewusstsein entwickeln

Wir wissen, wo wir im Design Thinking Prozess stehen, und entwickeln ein Gefühl für die Groan Zone, um die Denkhaltung durch Facilitation zielgerichtet zu ändern.

NEW MINDSET
NEW PARADIGM
BETTER SOLUTIONS

Vernetzt zusammenarbeiten

Wir arbeiten ad hoc, agil und vernetzt mit T-shaped Menschen und U-shaped Teams über Abteilungs- und Unternehmensgrenzen hinweg zusammen.

WWW.DESIGN-THINKING-TOOLBOOK.COM

Handlungen reflektieren

Wir reflektieren unser Denken, Handeln und unsere Einstellungen, denn es beeinflusst, was wir tun, und die Annahmen, die wir treffen.

Inhalt

Wir starten mit den Ergebnissen der globalen Umfrage, erläutern den Design Thinking Prozess und geben eine kurze Checkliste für einen Schnellstart. Zudem werden Warm-ups vorgestellt, welche die Stimmung auflockern und zur jeweiligen Situation passen. Die Vorstellung der Tools erfolgt inhaltlich der Logik des Design Thinking Mikro-Prozesses. Am Ende vom Toolbook stellen wir zusätzlich Initiativen vor, die zeigen, wie Design Thinking im Unternehmenskontext und darüber hinaus einen Kulturwandel einläuten kann.

Das Toolbook in a nutshell

Wir stellen kurz und knapp vor, in welchem Rahmen wir uns in diesem Toolbook bewegen und wie wir es am effizientesten nutzen können.

Beim Design Thinking adaptieren wir Arbeitsweisen, die sonst Designer anwenden. Wir nutzen deshalb im Design Thinking ein iteratives Vorgehen von der Problemstellung bis zur Problemlösung. Ziel ist, mit Unterstützung verschiedener Kreativitätstechniken möglichst viele und teilweise „wilde" Ideen zu generieren. Die kreative Arbeitsweise soll unsere beiden Gehirnhälften ansprechen. Auf unserer „Reise" zu einer Lösung sind Iterationen, Sprünge und Kombinationen von Ideen wünschenswert, um schliesslich eine Lösung zu erhalten, die den Bedürfnissen der Nutzer entspricht (Wünschbarkeit, engl. Desirability). Die Lösung sollte nach den Design Thinking Prinzipien zu dem wirtschaftlich (engl. Viability) und technisch machbar (engl. Feasibility) sein, siehe Seite 20. Auf dem Weg zur Lösung ist eine hohe Fehlertoleranz, besonders in einer frühen Phase, wertvoll.

Die in diesem Buch vorgestellten Werkzeuge und Methoden sind Mittel zum Zweck, d.h., wir passen die Werkzeuge immer an unsere Situation an. Wer in wenigen Worten Design Thinking erklären möchte, sollte ergänzen, dass beim Design Thinking nach Möglichkeit in interdisziplinären Teams gearbeitet wird. Dies erfolgt am besten mit einer ausreichenden Anzahl an „T-Shaped" Teammitgliedern, die neben der Tiefe von Wissen in einer bestimmten Domain auch ein breites Wissen besitzen. Eine diverse Zusammensetzung von Teams (Bereich, Kultur, Alter, Geschlecht) helfen im Prozess und unterstützen zudem, das Silo-Denken aufzubrechen. Ein zentraler Aspekt vom Design Thinking Mindset ist, auf den Ideen von anderen aufzubauen und kein Besitz- oder Konkurrenzdenken in den Mittelpunkt zu stellen. Auf den Design Thinking Prozess und das Design Thinking Mindset gehen wir später noch genauer ein.

Mindset

Design Thinking Tools

Design Thinking Prozess

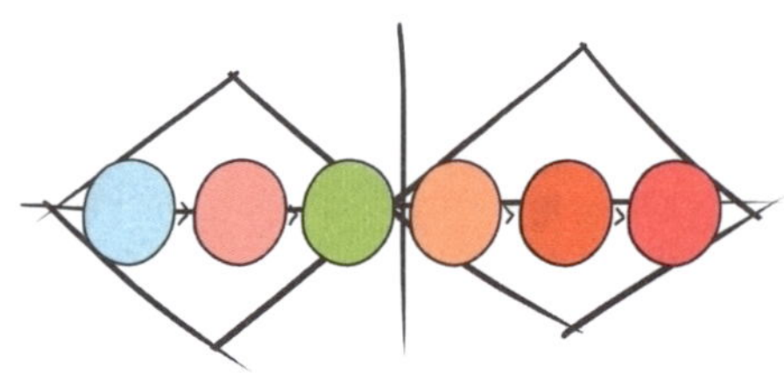

Welche Werkzeuge sind im Toolbook?

Das Design Thinking Toolbook hat den Anspruch, die wichtigsten Methoden und Werkzeuge im Design Thinking kurz vorzustellen. Hierzu haben wir über 2.500 Design Thinker befragt, um herauszufinden, welche Werkzeuge den größten Nutzen stiften und am liebsten von der Design Thinking Community angewandt werden. Insgesamt wurden 150 Werkzeuge in diese Befragung aufgenommen und den einzelnen Schritten im Design Thinking Zyklus zugeordnet. An dieser Stelle geht unser Dank an die internationale Design Thinking Community, die sich gegenseitig motiviert hat, an dieser Umfrage teilzunehmen. Besonders freut uns, dass Design Thinker aus jedem Erdteil partizipiert haben. Durch die Umfrage war es uns möglich, in diesem Toolbook auf die Werkzeuge einzugehen, die aus Sicht der Design Thinking Community wertvoll sind, um das Design Thinking Mindset zu leben.

Wir haben in der Zusammenarbeit mit Unternehmen und Universitäten festgestellt, dass sich die Anwender ein schnelles Nachschlagewerk wünschen, gerade wenn sie am Anfang ihrer ersten Gehversuche mit Design Thinking stehen. So ist eine Auswahl von etwas über 50 Werkzeugen entstanden, die von über 100 Experten beschrieben wurden.

Wie ist das Toolbook aufgebaut?

Wir gehen einleitend in diesem Toolbook auf das Design Thinking Mindset und den Design Thinking Prozess ein. Der Prozess dient als Referenz, die einzelnen Werkzeuge und Methoden einzuordnen. Zudem ist eine tabellarische Liste im Buchumschlag integriert. Diese hilft in der Navigation und in der Zusammenstellung von Workshops. Am Buchende hilft hierbei zusätzlich der Worskshop Agenda Canvas, um die Workshop-Vorbereitung und -Planung bereits zu einer positiven Erfahrung zu machen.

Was das Toolbook nicht ist.

Wir wollten auf keinen Fall ein „Kochbuch" herausgeben. Es ist uns wichtig, die Anwendung der einzelnen Werkzeuge zu beschreiben und hinzuweisen, in welchen Phasen diese Werkzeuge einen großen Nutzen stiften können. Diese Hinweise sind jeweils als voller und halbvoller Harvey Ball pro Prozessschritt in der Tabelle und am Anfang jeder Toolbeschreibung visualisiert.

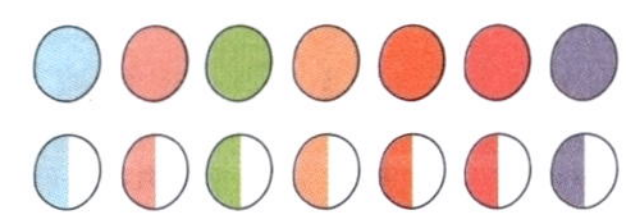

Jeder Moderator von Design Thinking Workshops sollte ein eigenes Gespür entwickeln, wie und wann die einzelnen Methoden und Werkzeuge eingesetzt werden, und diese der individuellen Situation von jedem Design Thinking Workshop und jeder einzelnen Design Challenge anpassen.

Welchen Zusatznutzen bietet das Toolbook?

Wir haben die Arbeitswerkzeuge in Form von Canvas, Listen, Empathie Maps zusätzlich online zur Verfügung gestellt (siehe www.dt-toolbook.com). Und weil sich für einen positiven Auftakt eines Design Thinking Workshop Warm-ups bewährt haben, sind zusätzlich sechs dieser Ice-Breaker im Toolbook enthalten.

Love it, change it or leave it

Wie bereits erwähnt, wollten wir kein Kochbuch für Design Thinking erstellen. **Und das ist uns wichtig:** Die einzelnen Beschreibungen der Werkzeuge und Methoden dienen lediglich als Orientierungshilfe. Im Toolbook ist also dargestellt, wie andere Design Thinker diese anwenden und welche Erkenntnisse sie damit gesammelt haben. Schließlich müssen die Werkzeuge und Methoden zum Setting des Workshops, der Problemstellung und zu den Teilnehmern passen.

Zu oft haben wir selbst erleben müssen, wie eine zu detaillierte Agenda ohne jegliche Flexibilität und die falschen Methoden zum falschen Zeitpunkt nicht nur eine schlechte Erfahrung für Workshop-Teilnehmer verursachte, sondern, noch schlimmer, am Ende weder eine brauchbare Lösung gefunden, noch das eigentliche Problem bearbeitet wurde. Nach so einer Erfahrung haben wir höchstwahrscheinlich genau einmal Design Thinking mit unserem Team durchgeführt und eine Abwehrreaktion gegen Design Thinking ist sehr wahrscheinlich.

Das heißt, Design Thinking braucht zum einen Werkzeuge und Methoden, aber viel wichtiger ist die Erfahrung und das Gefühl, diese zielgerichtet und auf die Situation abgestimmt anzuwenden. *Die Methoden und Templates können und müssen teilweise angepasst werden.*

Love it! Change it! Or Leave it!

Es ist sehr lehrreich, selber an vielen Design Thinking Workshops teilzunehmen, um so von anderen zu lernen oder zusammen mit den Workshop-Teilnehmern die Anwendung der Tools zu reflektieren. Ein Design Thinking Facilitator und -Anwender hat nie ausgelernt!

Ein Design Thinking Workshop läuft nicht so ab, wie wir es aus Ausführungen in einem Kochrezept kennen!

Die globale Umfrage

Resultate der Umfrage

Wer hat an der Umfrage teilgenommen?

Um mehr über die Relevanz und Popularität von Design Thinking Werkzeugen zu erfahren, haben wir im Frühjahr 2018 die erste globale Umfrage zu „Design Thinking Tools & Methods" gestartet. Ziel der Umfrage war es, herauszufinden, welche Instrumente in der Praxis und an Universitäten eingesetzt werden. Die Umfrage wurde weltweit vor allem über die sozialen Medien viral verteilt. So konnten wir mehr als 2.500 Personen mit unterschiedlichem Wissen über Design Thinking erreichen, die unseren Online-Fragebogen ausgefüllt haben.

Die meisten Teilnehmer, die an der Umfrage teilgenommen haben, sind erfahren mit dem Mindset, das heißt, dass 85 % der Teilnehmer mehr als 2 Jahre Erfahrung mit Design Thinking hatten. 23 % haben sogar mehr als 7 Jahre Design Thinking Erfahrung.

In welchem Sektor sind die Teilnehmer tätig?

Bezogen auf die Zugehörigkeit zu einer Branche oder einem Sektor ist es bemerkenswert, dass die meisten Befragten (30 %) dem Beratungssektor zuzuordnen sind. Ein großer Anteil von 18 % beschäftigen sich mit digitalen Lösungen oder gehören der IT-Branche an. 12 % der Befragten gaben an, dass sie aus dem Bildungssektor stammen, gefolgt von Banken, Versicherungen und Dienstleistungen (10 %) sowie Produktion, Supply Chain Management und Logistik (7 %). 23 % gehören anderen Branchen an, u.a. Pharma und Biotech 4 % oder NGO 2 %.

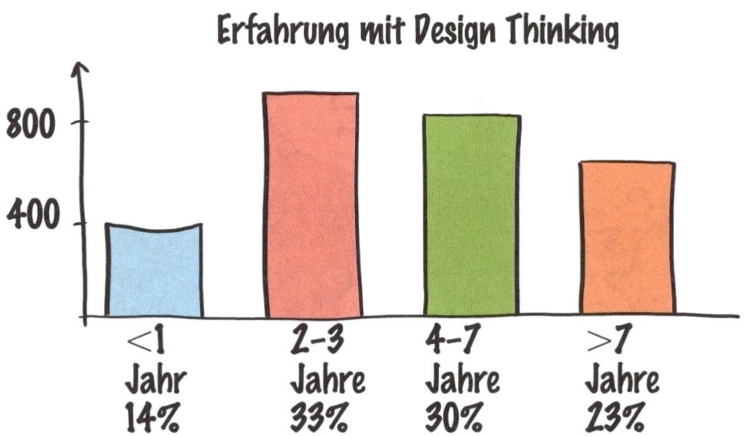

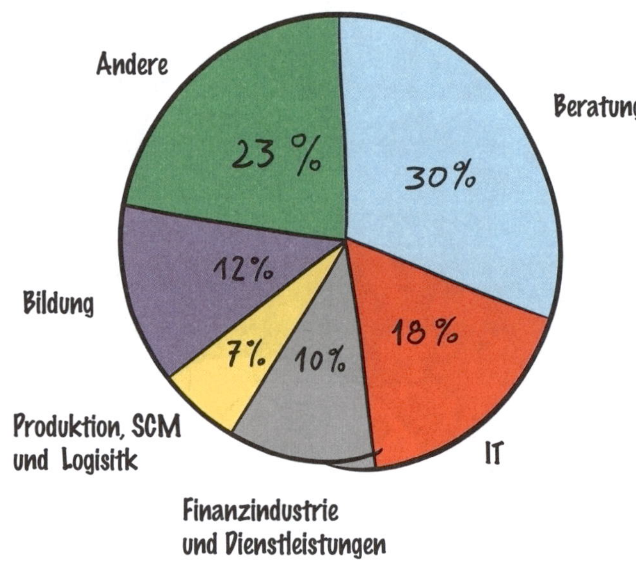

Wie ist die Verteilung global?

Im Hinblick auf die globale Reichweite konnte die Umfrage Teilnehmer aus 44 Ländern einbeziehen. Die Mehrheit kam aus Europa (65 %), gefolgt von Nordamerika (16 %), Südamerika (7 %), Asien (7 %), Australien (3 %) und Afrika (2 %).

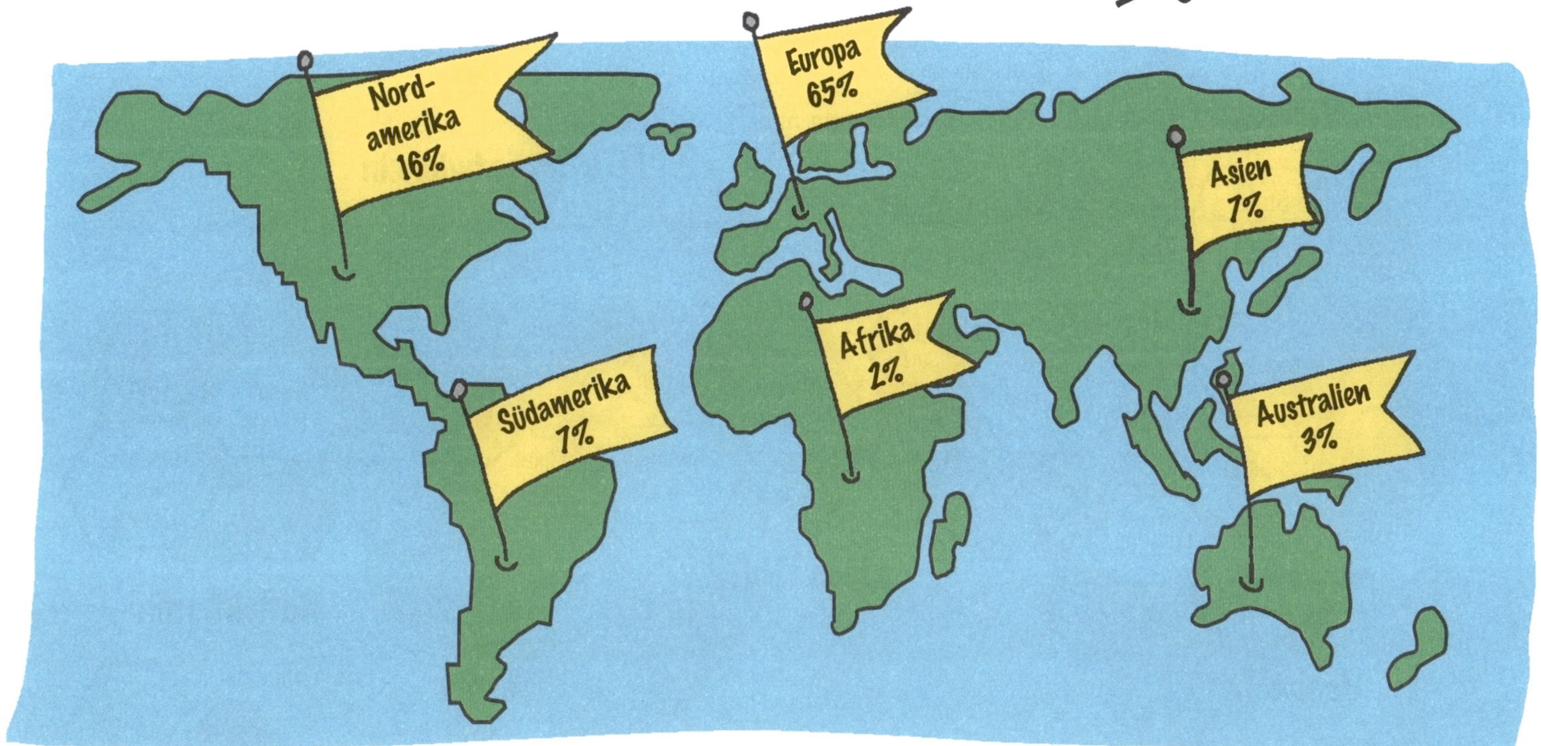

Die bekanntesten Werkzeuge

In der globalen Umfrage haben wir die Teilnehmer gefragt, ob sie das jeweilige Tool kennen, und wenn ja, wie sie es bewerten. **Awareness (Bekanntheit) [in %]** stellt den Prozentsatz der Personen dar, die das Werkzeug kennen. **Die Popularität [in %]** gibt an, wie viele Personen das Werkzeug als sehr nützlich bewertet oder zu ihrem Lieblingswerkzeug erklärt haben. Basis für die Popularitätsbewertung war die Grundgesamtheit der Teilnehmer, die das jeweilige Tool kennen.

Es hat uns nicht überrascht, dass die bekannteren Werkzeuge auch die beliebteren sind, wie auf dem Plot Chart (rechts) ersichtlich. Grundsätzlich gilt: **Je einfacher und benutzerfreundlicher die Werkzeuge, desto häufiger finden sie Anwendung.**

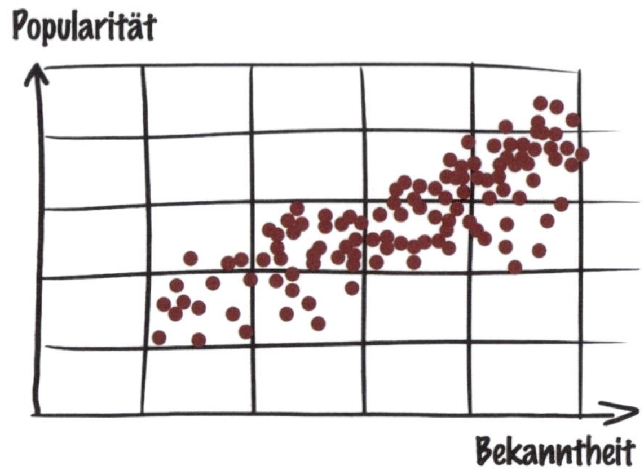

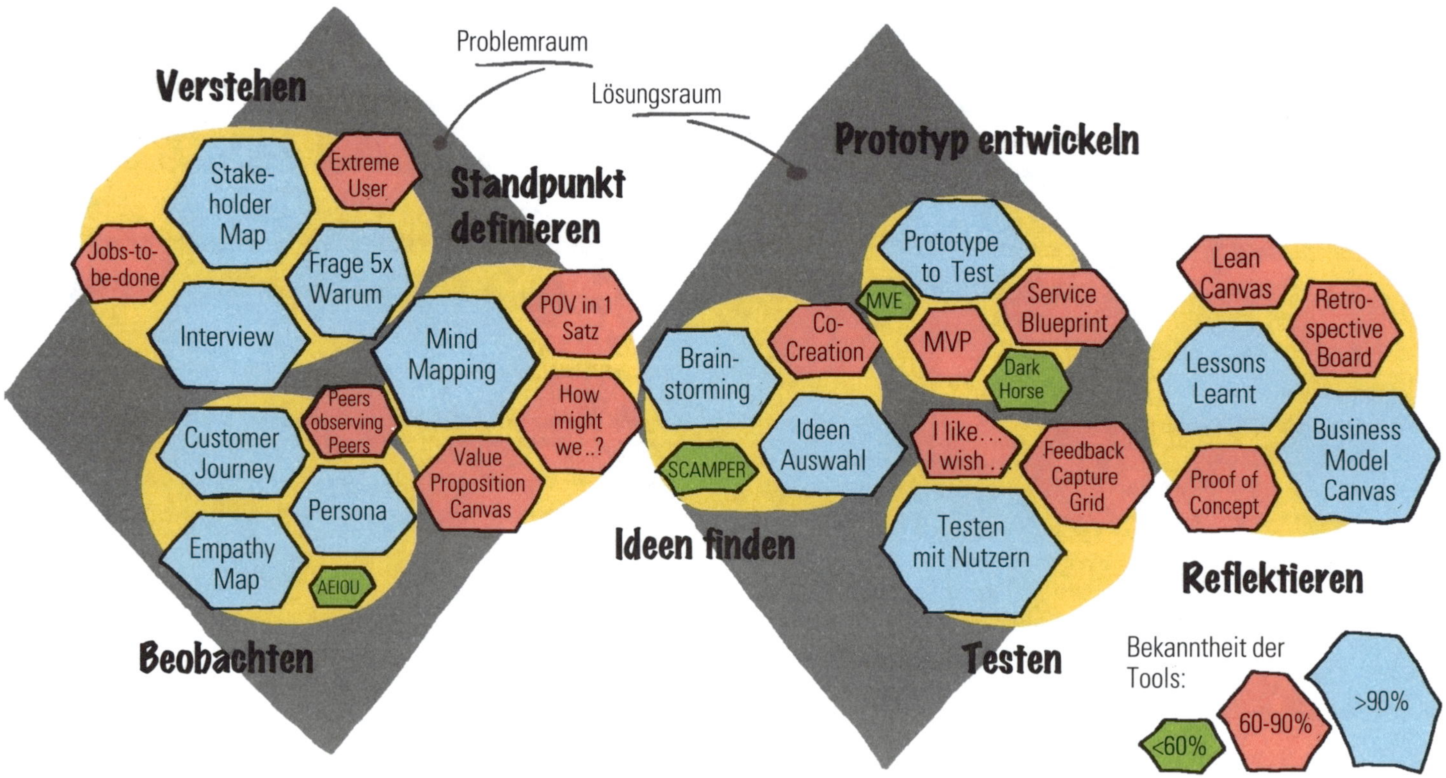

Was ist Design Thinking?

Was ist Design Thinking?

„The Beginner's Mind"

Menschen, die sich noch nie mit Design Thinking auseinandersetzt haben, fragen oft nach einfachen Analogien, die helfen, sich Design Thinking besser vorstellen zu können.

Wir haben gute Erfahrungen damit gemacht, diese Menschen mit auf eine Gedankenreise in ihre Kindheit zu nehmen. Besonders im Alter von 4 Jahren haben alle Kinder etwas gemeinsam – sie fragen viele W-Fragen, um zu lernen und Situationen zu verstehen.

Ebenso kennen Kinder keine Null-Fehler-Kultur. Für sie steht das Machen, das Lernen und nochmals Probieren im Vordergrund. So lernen Kinder Laufen, Zeichnen und vieles mehr.

Diese Fähigkeit der Exploration und der Art von experimentellem Lernen ist für viele von uns über die Jahre in Vergessenheit geraten und unsere Ausbildung an Schulen und Universitäten hat das Übrige getan, sodass wir Sachverhalte nicht gross hinterfragen und durchleuchten.

Mit dem „Beginner's Mind" möchten wir dazu anregen, so zu fragen, als hätten wir gar keine Ahnung. Wie ein Ausserirdischer, der das erste Mal die Erde betritt und sich wundert, warum wir Plastik in unsere Meere werfen, tagsüber arbeiten und nachts schlafen, uns Krawatten umbinden, bis hin zu von aussen merkwürdig erscheinenden Ritualen, wie das Ostereiersuchen zu Ostern.

„Wenn deine Denkhaltung unvoreingenommen ist... ist sie offen für alles. Im Kopf eines Anfängers gibt es viele Möglichkeiten, aber im Kopf des Experten gibt es nur wenige." - Shunryu Suzuki

Ein „Beginner's mind" als Basis unserer Einstellung:

- Frei von Vorurteilen darüber, wie etwas funktioniert
- Frei von Erwartungen darüber, was passieren wird
- Mit Neugierde erfüllt, die Dinge tiefer zu verstehen
- Offen für eine Welt der Möglichkeiten, da wir am Anfang der „Reise" noch nicht wissen, was möglich ist oder auch nicht.
- Früh und oft scheitern, rasch lernen

Wie wir uns verhalten, um erfolgreich Design Thinking anzuwenden:

- **Wir verabschieden uns von Vorurteilen „wie Dinge funktionieren".**
- **Wir legen Erwartungen darüber beiseite, was passieren wird.**
- **Wir stärken unsere Neugier, um Sachverhalte und Probleme in der Tiefe zu verstehen.**
- **Wir öffnen uns für neue Möglichkeiten.**
- **Wir stellen einfache Fragen.**
- **Wir probieren Dinge aus und lernen daraus.**

Erfolgsfaktoren im Design Thinking

Neben dem „Beginners Mind", das eine gute Ausgangslage bietet, haben sich in der Design Thinking Community über die Jahre einige Kernaussagen und Erfolgsfaktoren gefestigt, die wir kurz beschreiben.

1. Ausgehend von Menschen

Der Mensch mit seinen Bedürfnissen, Möglichkeiten, Erfahrungen, seinem Wissen ist Ausgangspunkt der Überlegungen. Menschen haben Lust (Gains) und Frust (Pains) und Aufgaben, die zu erfüllen sind (Jobs-to-be-done).

2. Problembewusstsein schaffen

Im Design Thinking ist es von zentraler Bedeutung, zu verstehen, woran wir arbeiten und welche größere Vision damit verfolgt werden soll. Das Team muss das Problem für die Lösungsfindung verinnerlicht und in der Tiefe verstanden haben.

3. Interdisziplinäre Teams

Die Zusammenarbeit im Team und von Teams-of-Teams ist zentral für die ganzheitliche Betrachtung von Problemstellungen. Teammitglieder mit unterschiedlichen Kompetenzen und Fachwissen (T-shaped) helfen im kreativen Prozess und in der Reflexion von Ideen.

4. Experimente und Prototypen

Nur die Realität zeigt, ob eine Funktion oder Lösung Bestand hat. Die Umsetzung von einfachen und physischen Prototypen hilft, Feedback vom potenziellen Nutzer zu erhalten.

5. Achtsamkeit auf den Design Prozess

Für die Arbeit im Team ist es zentral, dass alle Mitglieder wissen, wo man im Design Zyklus steht, welche Ziele gerade erreicht werden sollen und welche Werkzeuge Anwendung finden.

6. Ideen visualisieren und zeigen

Die Value Proposition und Vision einer Idee muss bedarfsgerecht kommuniziert werden. Hierbei sind die Bedürfnisse des Nutzers zu adressieren, einprägsame Geschichten zu erzählen und mit Bildern zu arbeiten.

7. Es tun, als nur darüber zu reden

Design Thinking beruht nicht auf langen Überlegungen im stillen Kämmerchen, sondern lebt vom Machen (z.B. Bauen von Prototypen und Interaktion mit potenziellen Nutzern).

8. Akzeptiere Komplexität

Manche Problemstellungen sind sehr komplex, da wir unterschiedliche Systeme einbinden und auf Ereignisse agil und zielgerichtet reagieren möchten. Das Denken in Systemen wird zunehmend, z.B. bei digitalen Lösungen oder der Nutzung von Design Thinking für die persönliche Lebensgestaltung zu einer entscheidenden Fähigkeit.

9. Co-Create, Grow & Scale mit variierenden Denkzuständen

Design Thinking hilft uns bei der Lösung von Problemen. Für den Markterfolg müssen jedoch auch Business Ökosysteme, Geschäftsmodelle und Organisationen gestaltet werden. Deshalb kombinieren wir situativ verschiedene Ansätze mit Design Thinking, wie z.B. Data Analytics, Systems Thinking oder Lean Start-up.

Das Mindset und die Erfolgsfaktoren sind zentral, weil es uns handlungsfähig macht und hilft, die richtigen Fragen zu stellen. Es sind kleine Veränderungen in unserer Denkhaltung, die uns befähigen, Fragen anders zu stellen und Probleme aus anderen Blickwinkeln zu betrachten.

Aus Sicht des Nutzers

Der Fokus auf den Menschen und potentiellen Nutzer einer Lösung ist ein weiteres zentrales Element im Design Thinking. Zudem die Fragen nach der Machbarkeit und der Wirtschaftlichkeit. Dieses Spannungsverhältnis begleitet uns i.d.R. bis zum finalen Prototypen und oftmals darüber hinaus.

Erfolgreiche Innovationen entstehen also aus den Bedürfnissen des Kunden/Nutzers (Wünschbarkeit), einer Lösung, die rentabel ist (Wirtschaftlichkeit), und der technischen Umsetzbarkeit (Machbarkeit).

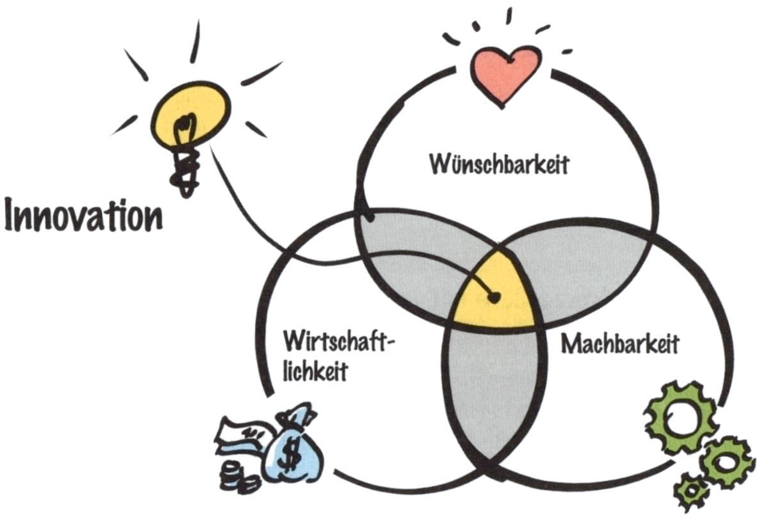

Mit Design Thinking möchten wir meist komplexe Probleme lösen, wobei die Komplexität von Unternehmen zu Unternehmen und von einer Technologie zu einer anderen stark variieren kann. Der Nutzer/Kunde, insbesondere wenn er technisch nicht versiert ist, hat immer den Wunsch nach einer einfachen und eleganten Lösung.

Daher haben wir über die Jahre eine Reihe von Methoden und Werkzeugen entwickelt, die uns zum Beispiel helfen, die Wechselwirkungen zwischen Mensch und Technik zu vereinfachen.

Für ein Designteam dient der Design Thinking Prozess als Orientierung für die Gestaltung solcher Lösungen. Der Prozess wird auf Seite 22 beschrieben.

„Design Thinking ist ein menschenzentrierter Innovationsansatz, der sich aus dem Toolkit von Designern bedient, um die Bedürfnisse der Menschen, die Möglichkeiten der Technologie und die Anforderungen an den Geschäftserfolg zu integrieren." – Tim Brown, CEO of IDEO

Warum sind die drei Dimensionen wichtig?

- Sie **reduzieren die Risiken**, die mit der Einführung neuer Lösungen verbunden sind.
- Sie helfen Teams, Organisationen und Unternehmen, **schneller zu lernen.**
- Sie führen uns zu **Lösungen, die innovativ** und **nicht nur inkrementell sind.**

Es ist wie puzzeln, nur dynamisch

Im Kontext des Design Thinking Toolbooks lassen sich die Werkzeuge jeweils so flexibel einsetzen, dass wir eine Ausgewogenheit zwischen **Wünschbarkeit**, **Machbarkeit** und **Wirtschaftlichkeit** erreichen. Ähnlich wie bei jedem Tetris Level ändern sich bei jeder Design Challenge die Anordnung, die Geschwindigkeit und der Ablauf. Wir müssen in der Lage sein, die relevanten Werkzeuge der jeweiligen Situation ad hoc anzupassen. Im Tetris können wir die Steine ebenfalls im 90-Grad-Winkel drehen und so gibt es auch von jedem Tool zusätzlich Varianten, die von uns so eingesetzt werden können, dass sie schliesslich zum optimalen Ergebnis führen. Wenn wir in Workshops nicht agil die Methoden und Werkezuge anpassen, wird es ebenfalls zu einem schnellen „Game Over" für unser Vorhaben kommen. Die unten gezeigte Momentaufnahme passiert ständig, d.h. in jedem Mikrozyklus neu und auf die Situation angepasst. Hierbei werden verschiedene Werkzeuge, von einer ersten Problemdefinition bzw. der Formulierung eines Standpunkts bis zum finalen Prototyp, eingesetzt.

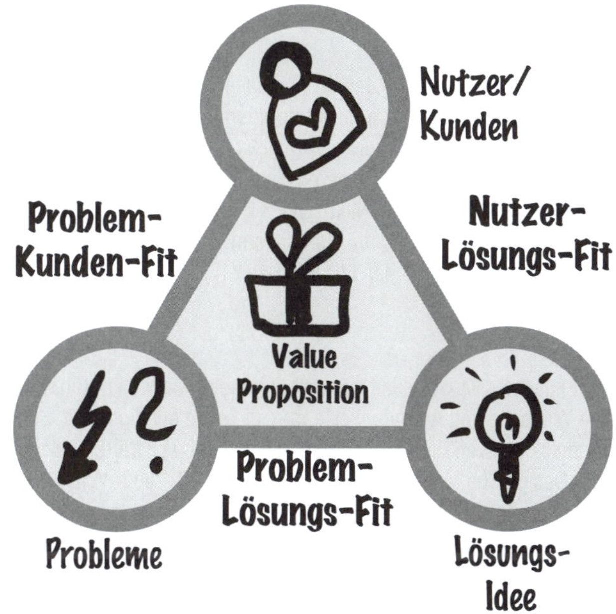

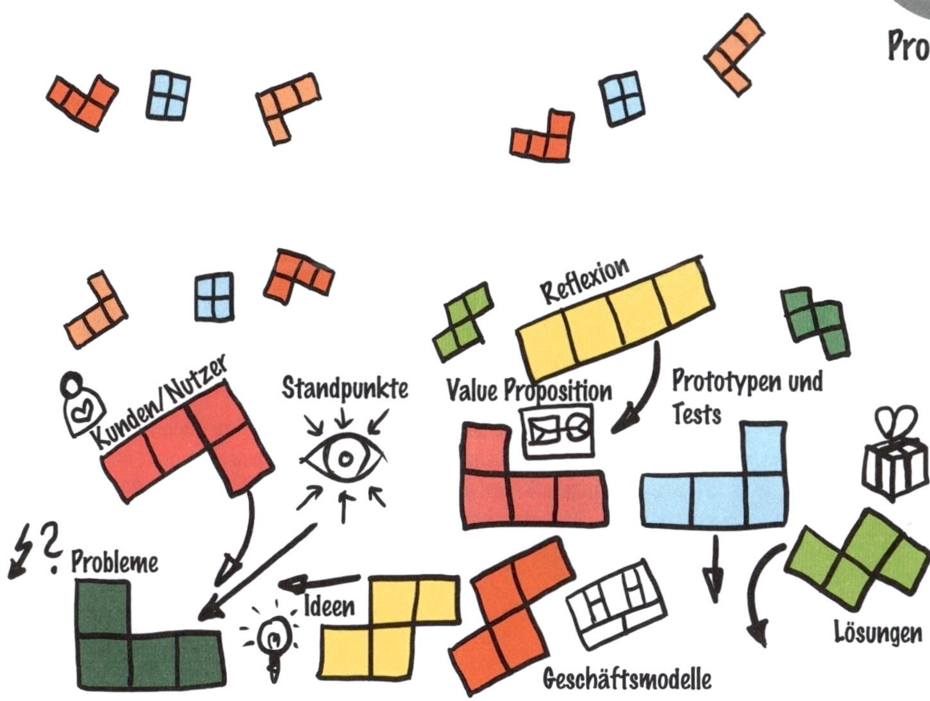

Wir möchten schliesslich einen Fit zwischen **Problem und Kunden (Problem-Kunden-Fit)** und einen Fit zwischen **Problem und Lösung (Problem-Lösungs-Fit)** erzielen. Heutzutage haben wir zudem die Möglichkeit, individuelle Erlebnisse und Angebote für Kunden durch Künstliche Intelligenz und Big Data Analytics zu erzeugen und so einen **individuellen Nutzer-Lösungs-Fit** zu erzielen. Die abgeleitete Value Proposition soll die drei Elemente Problem, Nutzer/Kunden und die Lösungsidee optimal in Einklang bringen. In einer digitalisierten Welt steigt die Komplexität nochmals an und umso wichtiger ist es, in iterativen Schritten das Problem zu lösen.

Generell sollten wir nicht die erstbeste Idee bzw. Annahme als Lösung sehen. Design Thinking gibt uns die Möglichkeit, Lösungen zu realisieren, die den Wünschen der Kunden entsprechen, ein echtes Problem lösen und somit einen Wert für den Kunden darstellen.

Der Design Thinking Prozess

Wir orientieren uns im Toolbook an den sechs Phasen im Design Thinking Mikrozyklus: Verstehen, Beobachten, Standpunkt definieren, Ideen finden, Prototypen entwickeln und Testen. Am Ende können wir noch die Phase Reflektieren ergänzen, die wir als wichtig ansehen, um aus unserem Handeln zu lernen. In diesem Abschnitt möchten wir die Phasen des Mikrozyklus kurz erklären. Im Double Diamond Model des British Design Council umfassen die ersten drei Phasen den Problemraum und die nachfolgenden drei den Lösungsraum.

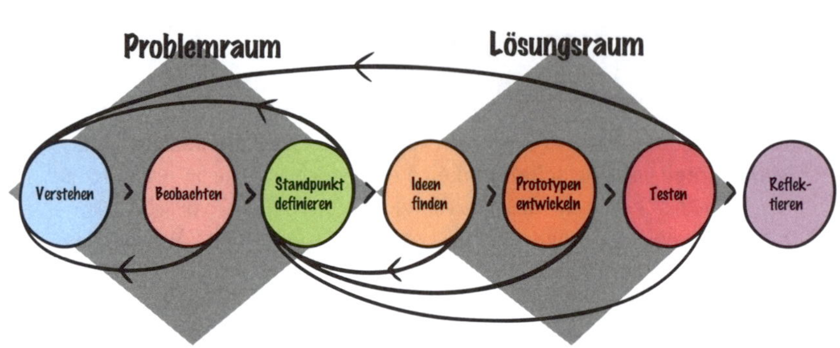

Verstehen

In der ersten Phase des Mikrozyklus möchten wir mehr über den potenziellen Nutzer, seine Wünsche und Aufgaben erfahren, die er zu erledigen hat. Zugleich schärfen wir den kreativen Rahmen, für den wir Lösungen gestalten möchten. Zur Definition der Design Challenge nutzen wir z.B. „WARUM-" und „WIE-Fragen", um den Rahmen weiter zu öffnen bzw. einzuengen. Werkzeuge wie zum Beispiel Interview for Empathy (siehe Seite 57), Extreme User (siehe Seite 79) und die 6 W-Fragen (siehe Seite 71) unterstützen diese Phase. Die nachfolgenden Phasen und Werkzeuge tragen dazu bei, dass wir sukzessive mehr über unseren potenziellen Nutzer erfahren werden.

Beobachten

Nur die Realität zeigt, ob unsere Annahmen, z.B. dargestellt in einer Persona (siehe Seite 97), sich bestätigen, und deshalb müssen wir uns dorthin begeben, wo sich unsere potenziellen Nutzer aufhalten.

Werkzeuge wie AEIOU (siehe Seite 107) helfen uns bei der Beobachtung von Nutzern im realen Umfeld bzw. im Kontext des jeweiligen Problems. Aber auch eine Trendanalyse (siehe Seite 119) gibt Aufschluss über technologische und soziale Trends, die uns helfen, Entwicklungen zu erkennen. Die Erkenntnisse aus der Phase „Beobachten" helfen uns jeweils für die nächste Phase, d.h., die Persona und den Standpunkt zu entwickeln bzw. zu verbessern. Wenn wir mit potenziellen Nutzern sprechen, um mehr über ihre Bedürfnisse zu erfahren, sollten wir möglichst offene Fragen stellen und zum Beispiel mit einer Fragenlandkarte arbeiten. Ein strukturierter Interviewleitfaden, kann auch hilfreich sein, bestätigt meist aber nur die eigenen Annahmen.

Standpunkt definieren

In dieser Phase konzentrieren wir uns darauf, die gesammelten Erkenntnisse auszuwerten, zu interpretieren und zu gewichten. Das Ergebnis fliesst schliesslich in die Ergebnissynthese (= Standpunkt). Für die Darstellung der Erkenntnisse gibt es Methoden wie Context Mapping (siehe Seite 133), Storytelling (siehe Seite 129) oder Vision Cone (siehe Seite 141). Der Standpunkt wird in der Regel in Form eines Satzes formuliert (siehe „how might we-Frage" auf Seite 125), um z.B. nach dem folgenden Schema eine Aussage auf Basis der Erkenntnisse zu machen:

Name des Nutzers / Persona: (wer) ______________________
benötigt: (was wird benötigt) ______________________
um: (sein Bedürfnis) ______________________
da: (Einblick / Erkenntnis) ______________________

Ideen finden

Nachdem wir den Standpunkt definiert haben, erfolgt die Phase „Ideen finden". Die Ideenfindung dient dazu, Lösungen für unser Problem zu finden. Üblicherweise werden hierfür unterschiedliche Ausprägungen des Brainstormings (siehe Seite 151) oder spezifische Kreativitätstechniken, wie die Arbeit mit Analogien (siehe Seite 171), angewandt. Dot Voting und ähnliche Tools (siehe Seite 159) helfen, die Ideen zu selektieren und zu clustern.

Prototypen entwickeln

Der Bau von Prototypen hilft uns, unsere Ideen oder Lösungsansätze schnell und ohne Risiko mit unseren potenziellen Nutzern zu testen. Insbesondere digitale Lösungen können mit einfachen Papier-Prototypen oder Mockups prototypisiert werden. Die Hilfsmittel sind denkbar einfach: Bastelmaterial, Papier, Alufolie, Schnüre, Kleber und Tesafilm reichen oft aus, um unsere Ideen fassbar und erlebbar zu machen. Im Toolbook werden unter „Prototypen erstellen" verschiedene Arten von Prototypen vorgestellt (siehe Seite 187 ff.). Diese reichen von Critical-Experience-Prototypen bis hin zu einem finalen Prototyp. Die Ideenfindung, das Bauen und Testen sind jeweils als eine Einheit anzusehen. Sie decken den sog. Lösungsraum im Double Dimond ab.

Prototypen testen

Das Testen sollte nach jedem gebauten Prototyp stattfinden bzw. auch dann, wenn einzelne Funktionen, Erfahrungen oder Ausprägungen entwickelt wurden. Das Wichtigste beim Testen ist, dass eine Interaktion mit dem potenziellen Nutzer stattfindet und wir die Ergebnisse dokumentieren, hierbei hilft z.B. das Testing Sheet (siehe Seite 213). Neben dem klassischen Test ist es möglich, heutzutage digitale Lösungen zum Testen einzusetzen, z.B. Online Tools im Rahmen von A/B-Tests (siehe Seite 233). So können Prototypen oder einzelne Funktionalitäten schnell und mit einer großen Anzahl an Nutzern getestet werden. Aus den Tests erhalten wir Feedback, das uns hilft, unsere Prototypen zu verbessern. Wir sollten so lange aus den Ideen lernen und diese weiterentwickeln, bis wir die Nutzer mit der Idee vollständig überzeugen. Ansonsten: verwerfen oder verändern.

Reflektieren

Die Reflexion ist ein ständiger Begleiter im Design Thinking, da es uns hilft, zu lernen. Tools wie das Retrospective „Sailboat" (siehe Seite 243) oder Feedback-Regeln, basierend auf „I like, I wish, I wonder" (siehe Seite 239), unterstützen das Mindset.

Der Design Thinking Makrozyklus

Im Design Thinking durchlaufen wir mehrmals den Mikrozyklus. Ziel ist es, in der divergierenden Phase möglichst viele und wilde Ideen und schliesslich Prototypen entstehen zu lassen, die helfen, unsere Vision zu schärfen. In der konvergierenden Phase werden unsere Prototypen konkreter und hochauflösender. Der funktionale Prototyp hilft uns z.B., den Problem-Lösungs-Fit für einzelne Elemente zu prüfen, bevor dieser zu einem finalen Prototyp reift. Nach dieser Phase schliesst sich in der Regel die Umsetzung und der Markt-Launch an. Viele Produkte und Dienstleistungen benötigen zudem heutzutage ein durchdachtes Business Ökosystem Design, welches auf Basis eines MVPs gestaltet werden sollte. „Das Design Thinking Playbook" ist diesbezüglich die optimale Ergänzung, es geht einen Schritt weiter und zeigt auf, wie Systems Thinking und Design Thinking kombiniert werden können, um dieses kombinierte Mindset z.B. auf die Gestaltung von Business Ökosystemen anzuwenden.

Im Design Thinking Toolbook sind die unterschiedlichen Typen von Prototypen, also die Entwicklungsstufen von den „ersten Ideen" bis hin zum fertigen Prototyp (x-is-finished Prototype), im Teil Prototypen erstellen, nochmals detailliert beschrieben (siehe Seite 187 ff.) und z.B. im Tool „Exploration Map" (siehe Seite 195) positioniert.

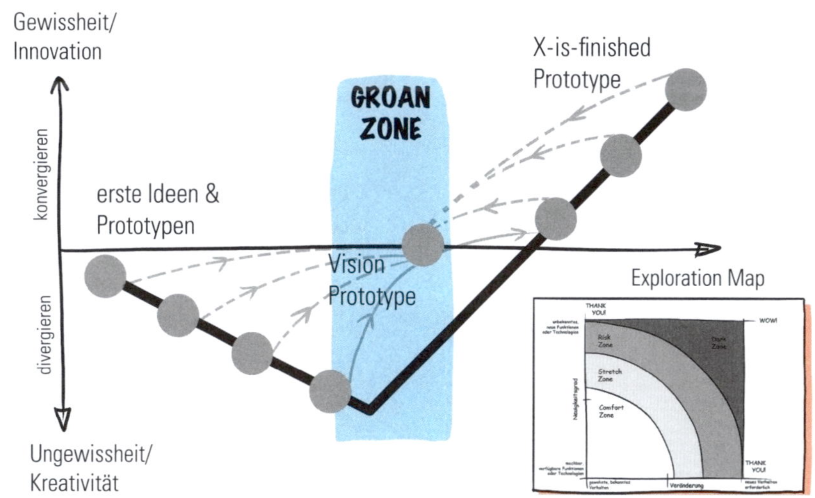

Wie wenden wir Design Thinking an?

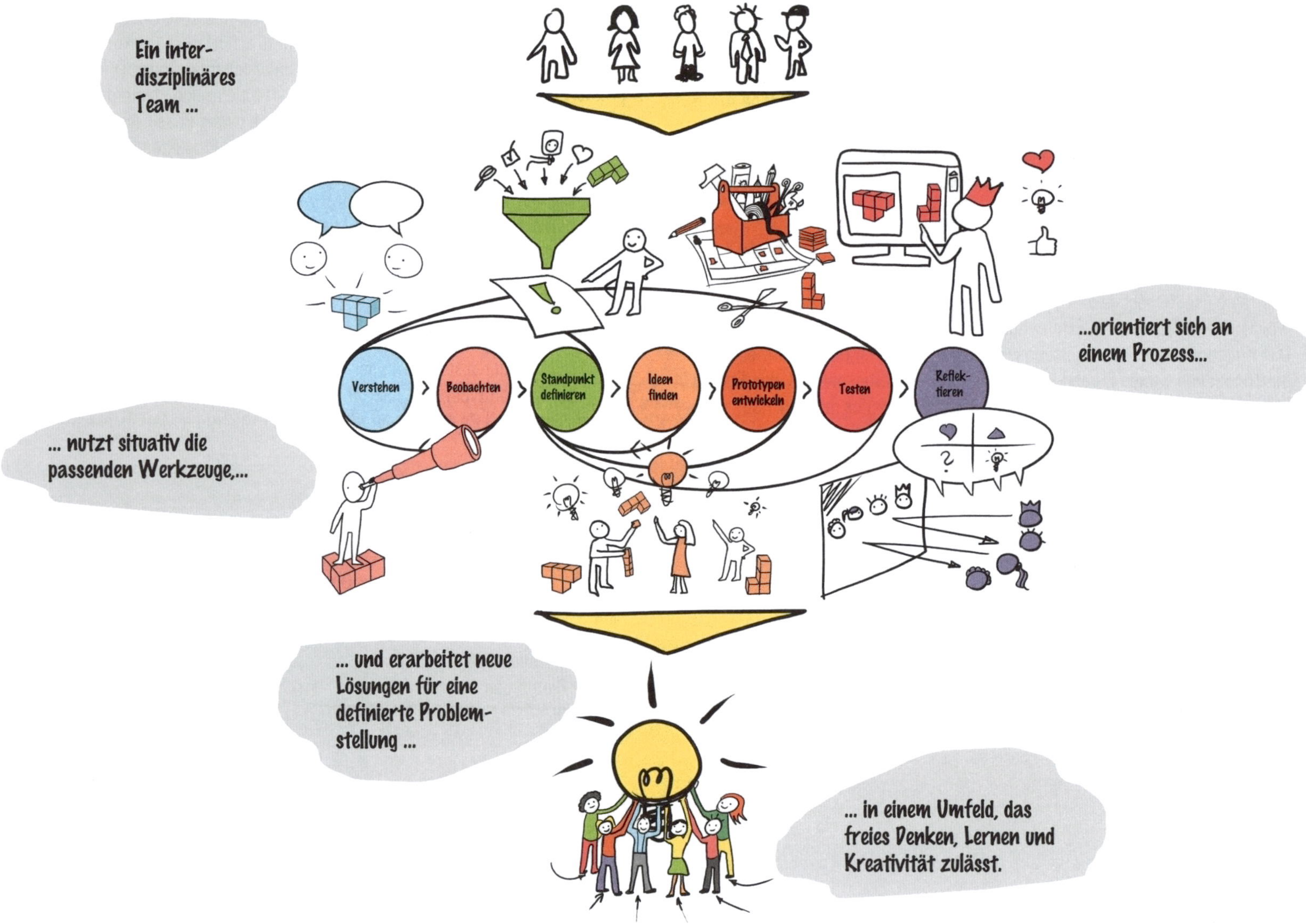

Wer ist Lilly?

Wie einleitend beschrieben, werden wir die Werkzeuge und Methoden nicht nur beschreiben, sondern auch im Kontext der Anwendung zeigen. Aus diesem Grund haben wir eine einfache Problemstellung von Lilly genommen. Lilly hat vor, ein Beratungsunternehmen für digitale Transformation in Singapur zu gründen.

Manche von euch werden Lilly bereits kennen. Lilly ist neben Peter und Marc eine von drei Personas, die uns bereits im **„Das Design Thinking Playbook"** begleitet und verschiedene Werkzeuge vorgestellt haben. Für diejenigen, die Lilly noch nicht kennen, hier eine kurze Beschreibung:

Lilly, 28 Jahre alt, arbeitet aktuell als Design Thinking- und Start-up-Coach an der Singapore University of Design & Technology. Das Institut ist einer der Wegbereiter von Design Thinking und Entrepreneurship für technologieorientierte Unternehmen im asiatischen Raum. Lilly organisiert dort Workshops und Lehrgänge, die Design Thinking und Lean Start-up kombinieren. Sie unterrichtet selber Design Thinking und coacht die Studierendenteams in ihren Projekten. Parallel dazu arbeitet sie an ihrer Doktorarbeit in Kooperation mit dem Massachusetts Institute of Technology im Bereich System Design Management zum Thema „Design of Powerful Business Eco Systems in a Digitalized World".

Lilly benutzt zur Gruppeneinteilung in ihren Design Thinking Kursen das HBDI-Modell. So lassen sich produktive Gruppen von vier bis fünf Personen bilden, die an einer Problemstellung arbeiten. Sie hat herausgefunden, dass es sehr wichtig ist, das gesamte Brain Model in einer Gruppe zu vereinen, um den maximalen Erfolg zu erzielen. Lillys eigene Denkstilpräferenz liegt ganz klar auf der rechten Gehirnhälfte. Sie ist experimentell, kreativ und sie umgibt sich gerne mit anderen Menschen.

Lilly hat an der Zhejiang University School of Management Enterprises Management studiert und im Rahmen ihres Masters ein Jahr an der École des Ponts ParisTech (d.school) verbracht. Dort hat sie im Rahmen des ME310-Programms zusammen mit Stanford University ein Projekt mit THALES als Industriepartner bearbeitet und so Design Thinking kennengelernt. Sie war während dieser Zeit dreimal in Stanford. Das ME310-Projekt hat ihr so gut gefallen, dass sie sich danach entschloss, nach Singapore an die University of Design & Technology zu gehen.

Durch ihre Arbeit mit verschiedenen Unternehmen sieht Lilly Potenzial für ein Beratungsunternehmen für Design Thinking und digitale Transformation, das sie gerne mit ihrem Freund Jonny gründen würde.

Welches Problem will Lilly lösen?

Wie schon erwähnt, möchte Lilly gerne ein Beratungsunternehmen gründen, welches Design Thinking anwendet, um Unternehmen in der digitalen Transformation zu begleiten. Sie sucht hierfür aber noch das einzigartige Angebot im Vergleich zu klassischen Beratungsgesellschaften. Eine Studie von McKinsey, welche herausgefunden hat, dass Unternehmen, die Design Thinking anwenden, in einem Zeitraum von 5 Jahren ein 32 % höheres Umsatzwachstum haben als Unternehmen, die hier keine Fähigkeiten besitzen, untermauert ihr Unterfangen. Da dies für alle Branchen gilt, ist Lilly erst mal nicht auf ein spezielles Segment fokussiert. Für sie ist wichtiger, einen Beratungsansatz zu definieren, der auch auf die kulturellen Bedürfnisse eingeht. Zu oft hat Lilly gesehen, wie das europäische und US Design Thinking Mindset im asiatischen Kontext gescheitert sind. Lilly möchte lokale Besonderheiten, wie die Denkhaltung eines Anthropologen, die Akzeptanz, Wettbewerber zu kopieren, und eher schneller die Services zu vermarkten, als den Markt lange zu beobachten, in ihren Design Thinking Ansatz integrieren.

„Wie können wir ein Beratungsangebot für digitale Transformation in Asien unter Berücksichtigung der lokalen kulturellen Bedürfnisse für Grossunternehmen definieren?"

Wie sieht das Designteam von Lilly aus?

Das Team von Lilly besteht aus ehemaligen Studierenden von Lilly, die ihr angeboten haben, bei dieser Design Challenge behilflich zu sein. Über die nächsten 14 Wochen möchte das Team eine Lösung erarbeitet haben. Für die Teilnehmer ist klar, dass sie aus dem Vollen schöpfen möchten, wenn es um die angewandten Methoden und Tools geht. Da Lilly ein großer Fan von Warm-ups ist, um die Stimmung in die richtige Richtung zu lenken, möchte sie bei Bedarf einige der beliebtesten Warm-ups für die unterschiedlichen Workshops einsetzen. Für diejenigen die gerne Live dabei sein möchten, ist der dokumentierte Comic-Strip von Lilly und ihrem Design Team jeweils auf der letzten Seite von jedem Tool zu finden und startet auf Seite 49 ff.

Schnellstart

- [ ] Wir kennen die Erwartungshaltung des Projektsponsors.
- [ ] Die Design Challenge und das Problem sind ausreichend formuliert.
- [ ] Design Thinking ist die richtige Vorgehensweise zur Lösungsfindung.
- [ ] Das Mindset ist allen klar, um iterativ und ergebnisoffen zu arbeiten.
- [ ] Das Team ist interdisziplinär zusammengestellt.
- [ ] Wir kennen die T-shaped Profile der Teammitglieder.
- [ ] Es existiert ein passender Workshop-Raum und wir haben die notwendigen Materialien.
- [ ] Wir haben Zugang zu Nutzern, Anwendern, Kunden und Stakeholdern.
- [ ] Wir können abschätzen, wie viel Zeit für die Design Challenge benötigt wird.
- [ ] Wir haben eine grobe Agenda für den ersten Design Thinking Workshop.
- [ ] Wir haben einen geeigneten und erfahrenen Workshop Facilitator.

Wo ist das Problem?

Wenn wir fragen, ob jemand eine gute Idee hat, so bekommen wir eine Vielzahl von Lösungsvorschlägen, die auf der Annahme beruhen, dass wir die Bedürfnisse und Probleme kennen. Im Design Thinking gehen wir deshalb in der Regel einen Schritt zurück und erkunden zuerst das Problem.

Für ein Problembewusstsein ist es hilfreich, ein Problemstatement zu formulieren, das später Teil von unserem Design Brief ist. Der Design Brief (inkl. Problemstatement) ist zugleich die Ausgangslage für uns als Design Thinker, den kreativen Prozess zu starten. Dieser Teil ist enorm wichtig für den späteren Verlauf einer Design Challenge, denn ohne das Problem zu kennen, wird schnell die Energie auf die falschen Themen gelenkt. Deshalb müssen wir unseren Teams bewusst machen, dass wir uns am Anfang auf die Probleme fokussieren und nicht nach Lösungen suchen.

Die Erkundung von Problemen erfolgt in der Regel hauptsächlich in den frühen Phasen des Design Thinking Prozesses, also in der Phase Verstehen und Beobachten. Werkzeuge wie zum Beispiel das Interview for Empathy (Seite 57) hilft uns dabei, den Ursachen auf den Grund zu gehen. Aus der Praxis wissen wir jedoch, dass wir zu jeder Phase neue Erkenntnisse zu dem bereits bekannten Problem erlangen und oftmals auch ganz neue Probleme zutage kommen.

Eine tolle Erfindung oder ein Parkplatzproblem?

Was macht ein gutes Problem Statement aus?

Eine gutes Problem Statement muss in erster Linie von allen im Team verstanden sein. Zudem sollte es auf den Menschen und seine Bedürfnisse fokussiert sein. Oftmals neigen wir dazu, andere Kriterien in den Vordergrund zu stellen, wie zum Beispiel Funktionen, Umsatz, Gewinn oder eine bestimmte Technologie. Solche Eigenschaften können in Ergänzung sehr wertvoll in einem Problem Statement sein, aber sie sollten nicht im Fokus sein. Ein typisches Beispiel ist das Design einer digitalen Lösung. Hier kann es durchaus Sinn machen, hinzuzufügen, dass ein bestimmtes Problem unter Nutzung von künstlicher Intelligenz gelöst werden soll, weil es für die spätere Lösungsfindung wichtig werden kann. Der Nachteil ist, dass sich dadurch die Anzahl der möglichen Ideen ebenfalls einschränkt und wir uns ggf. Marktopportunitäten entgehen lassen, weil wir uns zu sehr von einer Technologie haben leiten lassen.

So lassen sich zwei Regeln für das Problem Statement definieren, die neben der Fokussierung auf den Menschen zu beachten sind:

1) Das Problem Statement **muss breit genug sein**, dass sich die kreative Freiheit entfalten kann.
2) Das Problem Statement **muss eng genug sein**, dass wir es mit den vorhanden Ressourcen (Teamgrösse, Zeit, Budget) lösen können.

Eine genaue Anleitung, wie eine sinnvolle und umsetzbare Problemstellung auszuformulieren ist, findet sich im Abschnitt „Verstehen" und „Standpunkt definieren". Eine typische Form für ein Problem Statement, welches sich auf den Mensch und seine Bedürfnisse fokussiert, hat die Form:

Wie können wir _____ (ein Problem/Bedürfnisse) _____ für einen Nutzer (von Zielgruppe) _____ unter der Anwendung von (Einschränkungen/Prinzipien) _____ lösen?

Was steht in einem Design Brief?

Wie schon erwähnt, ist die Beschreibung der Design Challenge ein wichtiges Instrument, um die Aufgabe, inklusive dem Problem vollumfänglich darzustellen. Die Ausformulierung der Problemstellung ist als Minimalanforderung zu sehen und ein Design Brief ermöglicht weitere Detaillierungen, die ggf. helfen, die Lösungsfindung zu beschleunigen. Der Nachteil ist, dass ein sehr eng gefasster Design Brief nicht viel Spielraum für Kreativität lässt.

So ist der Design Brief die Übersetzung eines Problems in eine strukturierte Aufgabenstellung.

Der Design Brief kann zum Beispiel die folgenden Elemente enthalten und Aufschluss über bestimmte Kernfragen geben:

- **Definition von Design Space und Scope:**
  - Welche Aktivitäten sollen für wen unterstützt werden?
  - Wer sind die Nutzer und wichtigsten Stakeholder?
  - Was möchten wir über den Nutzer lernen?
- **Beschreibung bereits existierender Lösungsansätze:**
  - Was gibt es bereits und wie können Elemente davon für unsere eigene Lösung hilfreich sein?
  - Was wird an bestehenden Lösungen vermisst?
- **Definition der Designprinzipien:**
  - Welches sind wichtige Hinweise für das Team (z.B. an welcher Stelle mehr Kreativität verlangt wird oder dass potenzielle Nutzer ein bestimmtes Feature unbedingt ausprobieren sollen)?
  - Gibt es Einschränkungen und welche Kernfunktionalitäten sind unabdingbar?
  - Wo im Designprozess möchten wir wen involvieren?
- **Definition von Szenarien, die im Zusammenhang mit der Lösung stehen:**
  - Wie sieht eine wünschenswerte Zukunft und Vision aus?
  - Welche Szenarien liegen im Möglichen?
- **Festlegung der nächsten Schritte und Meilensteine:**
  - Bis wann soll eine Lösung erarbeitet werden?
  - Gibt es Steering Committee Meetings, aus denen wir wertvolles Feedback erhalten können?
- **Hinweise zu potenziellen Herausforderungen der Implementierung & Umsetzung:**
  - Wer muss frühzeitig involviert werden?
  - Wie ist die Kultur und Risikobereitschaft im Umgang mit radikalen Lösungsvorschlägen?
  - Gibt es Budget- oder zeitliche Rahmenbedingungen oder Restriktionen?

Falls der Design Brief von Auftraggebern mit wenig Design Thinking Expertise erstellt wird, macht es Sinn, die Erstellung ebenfalls als ein kleines Design Thinking Projekt zu gestalten. In diesem Fall erarbeiten wir, zusammen mit dem Auftraggeber, das Problem Statement. Dadurch ist bereits sichergestellt, dass wir verschiedene Meinungen – multidisziplinär – zum Problem einholen und am Ende an echten Problemen arbeiten und nicht an Symptomen.

Was macht einen guten Design Thinking Workshop aus?

Im Design Thinking ist die Zusammenarbeit im Team ein zentraler Aspekt und aus diesem Grund ist es wichtig, die Teilnehmer an einem Ort zusammenzubringen. Nur so kann ein gutes Verständnis über eine Problemstellung, Ideen und potenzielle Lösungen geschaffen werden. Zudem können wir so die Fähigkeiten (siehe T-shaped auf Seite 31) von jedem Teammitglied optimal einsetzen und die positive Teamdynamik für unsere Arbeit nutzen.

Unsere Bedenken können wir getrost beiseitelegen.

Aus unserer Erfahrung kommt in den meisten Workshops etwas Gutes heraus, und wenn nicht, dann liegt es meistens an einer schlechten Moderation des Workshops. Zum Beispiel wenn der Design Thinking Facilitator es nicht schafft, die Gruppen zielgerichtet anzuleiten, eine positive Gruppendynamik zu erzeugen oder wenn er nur eine ungenügende Methodenkompetenz besitzt.

Der Facilitator ist entscheidend, weil er i.d.R. die Methoden und Tools auswählt und für das Time-Boxing verantwortlich ist. Er ist zudem für die Planung verantwortlich, muss aber zugleich die Flexibilität besitzen, auf die Situation, Wünsche und Bedürfnisse der Gruppe einzugehen, und bereit sein, auch ad hoc Änderungen im Ablauf vorzunehmen.

Ein guter Facilitator kennt die Ziele für jeden Arbeitsschritt, hat Erfahrungen in welchem Zeitrahmen diese erledigt werden können und schafft eine durchweg kreative Atmosphäre. Zudem sollte ein Facilitator neutral sein, d.h., seine Aufgabe ist, zu moderieren und nicht zu versuchen, sich inhaltlich einzubringen.

Vorbereitung eines Design Thinking Workshops

Für die Organisation eines Workshops kommen wir um eine Planung nicht herum. Am Anfang sollten die Ziele und der Ablauf des Workshops definiert werden, die Teilnehmer eingeladen und das Material organisiert werden.

Als Richtgrösse können wir davon ausgehen, dass die Vorbereitung genauso viel Zeit in Anspruch nimmt wie die Durchführung des Workshops.

Teilnehmer eines Design Thinking Workshops

Wir überlegen uns:

- Wer sind die Teilnehmer?
- Kennen sich die Teilnehmer untereinander?
- Wie vertraut sind sie mit Design Thinking und der Themenstellung?
- Welches sind ihre Erwartungen? Hintergründe? Ängste?

Die Teamgrösse und die Fähigkeiten

Ein gutes Designteam besteht aus Menschen mit unterschiedlichem Erfahrungshintergrund. Die Erfahrung und das Wissen, das ein Mitglied einbringt, kann anhand eines „T-Shape" oder „Drippy-T" illustriert werden. Die vertikale Achse visualisiert unsere allgemeinen Erfahrungen und die Breite im Wissen, während die vertikale Achse Aufschluss über unser Expertenwissen gibt, also die Tiefe in bestimmten Disziplinen. Wir sehen immer häufiger, dass das „T-Shape Profile" zu einem „Drippy-T" erweitert werden. Auf diese Weise können weitere Disziplinen, Fachbereiche und Themenfelder einer Person hervorgehoben werden.

Das „Drippy-T"-Modell

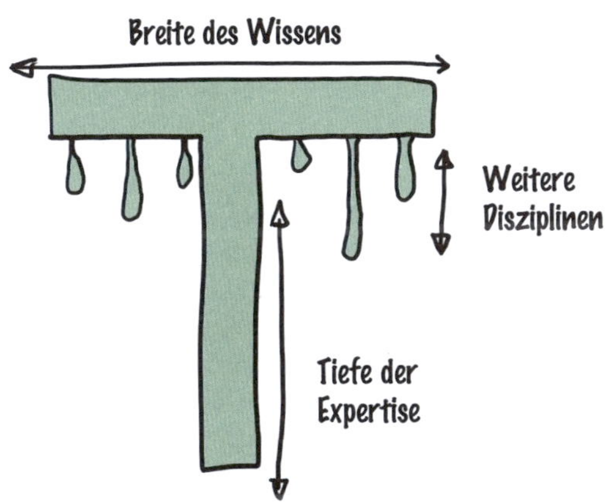

Die Teamgrösse variiert und ist abhängig von der Design Challenge und den zur Verfügung stehenden Ressourcen. Es kann zwischen drei bis sieben Mitgliedern haben. Unserer Erfahrung nach sind fünf Personen ideal. Bei Teamgrössen über 10 Personen nimmt die Komplexität der Koordination zu und meist sinkt die Effektivität.

Möchten mehr Personen involviert werden, so sollten mehrere Teams parallel arbeiten und den Team-of-Teams-Gedanken leben. Für komplizierte und komplexe Probleme (sog. wicked problems) kann es aus unserer Erfahrung wertvoll sein, ein „erweitertes Team" von Fachexperten, die jedoch nicht zum Kernteam gehören, einzubinden.

Den Raum für einen Design Thinking Workshop vorbereiten

Am Tag des Workshops empfehlen wir, frühzeitig da zu sein, um den Raum entsprechend vorzubereiten. Wichtig ist, dass es genügend Platz und Freiraum gibt. Falls wir Beamer oder andere Technik verwenden, empfiehlt es sich, diese vor Beginn des Workshops zu testen. Da wir viel Platz zum Arbeiten brauchen, wird jede Fläche genutzt, so auch die Wände, die wir z.B. mit großen Papierbögen zu einer hervorragenden Arbeitsfläche machen können. Je nach Aufgabenstellung und Teamgrösse sollte für jede Gruppe eine Tischinsel bereitgestellt werden.

Benötigtes Material

Material ist wichtig für den Bau von Prototypen und den Erfolg eines Workshops (siehe auch Prototyping-Material Seite 33).

Die Agenda und das Zeitmanagement

Wir stellen den Teilnehmern am besten eine grobe Agenda zur Verfügung, sodass die Teilnehmer wissen, wann der Workshop startet, Pausen geplant sind und bis wann die Veranstaltung geht. Oftmals wird unterschätzt, wie anstrengend „kreative Arbeit" ist. Es empfiehlt sich, genügend lange Pausen einzurechnen. Als unerfahrener Facilitator macht es zudem Sinn, zusätzlich eine detailliertere Planung zu erstellen, um sich zu orientieren. Wir haben gute Erfahrung mit Warm-ups (siehe Seite 39) gemacht, die zu Beginn, nach dem Mittagessen oder bei Bedarf die Teams in die richtige Stimmung bringen. Viele Facilitatoren nutzen zudem Musik, die leise im Hintergrund abgespielt wird, z.B. bei Brainstorming-Sitzungen oder wenn die Teams Prototypen bauen.

Feedback zum Workshop

Wir lernen nur, wenn wir regelmäßig reflektieren und so ist eine Feedbackrunde, z.B. mit „I like, I wish, I wonder“ (siehe Seite 239) oder ein Stimmungsblitzlicht (z.B. mit der Frage „Was geht mir gerade durch den Kopf?) eine gute Möglichkeit, zu lernen und uns als Team weiterzuentwickeln. Diese Retrospektive kann auf zwei Ebenen stattfinden: 1) Moderation und Teamdynamik; 2) Inhalte, Ziele und Problemlösung

WER macht WAS, bis WANN?

Wrap-up / Abschluss

Das Ende von einem Workshop ist genauso prägend wie der Beginn. Oft bleiben die letzten Eindrücke bei den Teilnehmern haften. Ein abruptes Ende löst Unzufriedenheit aus und das Ziel muss sein, dass die positive Stimmung mitgenommen wird.

Achte darauf, dass am Schluss klare nächste Schritte und Aufgaben definiert und zugeteilt sind.

Der Abschluss muss genauso detailliert geplant werden wie der Einstieg.

Für die meisten Projekte gibt es noch unzählige Treffen im Nachgang und diese laufen am besten, wenn die Teilnehmer sich auf das nächste Mal freuen und es kaum erwarten können, weiter an ihrem Prototyp zu arbeiten oder in die Umsetzung ihrer Projekte zu gehen.

Dokumentation und Protokoll

Die schnellste Dokumentation von Ergebnissen ist durch Fotos von Flipcharts, Personas, Wänden mit Post-its, Feedback-Capture-Grids (siehe Seite 217) und erstellten Prototypen zu erreichen. Falls ein ausführliches Protokoll für die Design Challenge erforderlich oder gewünscht ist, so kann es helfen, sich bereits vor dem Workshop Gedanken zum Aufbau zu machen und in welcher Abfolge die Ergebnisse präsentiert werden (z.B. Actions Items oder priorisierte Ideen). Zudem empfehlen wir, ein Protokoll mit den Ergebnissen immer zeitnah zu verschicken, falls möglich am gleichen Tag.

Foto-Protokoll

Aufräumen

Am Ende von einem Workshop-Tag haben wir meist noch eine unangenehme Aufgabe: Es muss aufgeräumt werden. Auch hierfür ist genügend Zeit einzuplanen und der einzige Tipp, den wir geben können, heisst: Gemeinsam geht es schneller. Also am besten jede Gruppe motivieren, ihre Arbeitsutensilien und Ergebnisse selbst zu entsorgen. Gute Mocks-ups und ausgefallene Prototypen dürfen gerne auch als Trophäe mitgenommen werden.

Tipps für den Facilitator:

- Offenheit für Dynamiken und unerwartete Situationen – Sensibilität für die Stimmung der Teilnehmer
- Lachen ist wichtig, v.a. über sich selber
- Diskussionen aktiv steuern und einen „Ideen-Parkplatz“ anbieten
- Klare Instruktionen und Zeitvorgaben an die Teilnehmer
- Hilfsbereitschaft bei der Ausführung der Aufgaben
- Motivation der Teilnehmer für das aktuelle Ziel, wie z.B. hohe Quantität an Ideen oder mehr Tiefe in den Erkenntnissen

Was braucht es für Material?

„Mit den Händen zu denken" und „Sachen zu zeigen, als nur darüber zu sprechen", sind zwei wichtige Bestandteile im Design Thinking. Beides erreichen wir, indem wir Ideen in physische Prototypen verwandeln. Hierfür benötigen wir Material, um schnell einfache Dinge zu bauen. Zudem können Templates, wie zum Beispiel ein Lean Canvas, auf A0 gedruckt werden und so als Arbeitsfläche dienen.

Material für Prototypen

Es ist wichtig, etwas Material zur Hand zu haben. Es muss nichts hochwertiges sein. Einfaches Material wie Alufolie, Pfeifenputzer, Klebeband, Karton, Schnüre und etwas Styropor reichen vollkommen aus.

Material für die Gruppen und die Moderation

Zudem empfehlen wir ausreichend Flipchart-Papier und gute Stifte (z.B. Sharpies), Papier (A4 und A3) und Post-its (in versch. Farben und Größen). Es empfiehlt sich, kleine Workshop-Moderationsboxen pro Gruppe vorzubereiten, sodass jede Gruppe mit einer Grundausstattung an Leimstiften, Scheren, Klebepunkten, Klebebändern, Post-its und Stiften versorgt ist.

Technische Geräte

Neben einem funktionstüchtigen Beamer, Lautsprecher und Kamera können wir nur raten, noch ein paar Mehrfachsteckdosen, Verlängerungskabel und Adapter mitzubringen. Das gibt uns mehr Flexibilität in der Raumnutzung.

Und natürlich sollten wir an Wasser, Essen, Kaffee, Tee denken und daran, ein Mittagessen für unsere Teilnehmer zu organisieren.

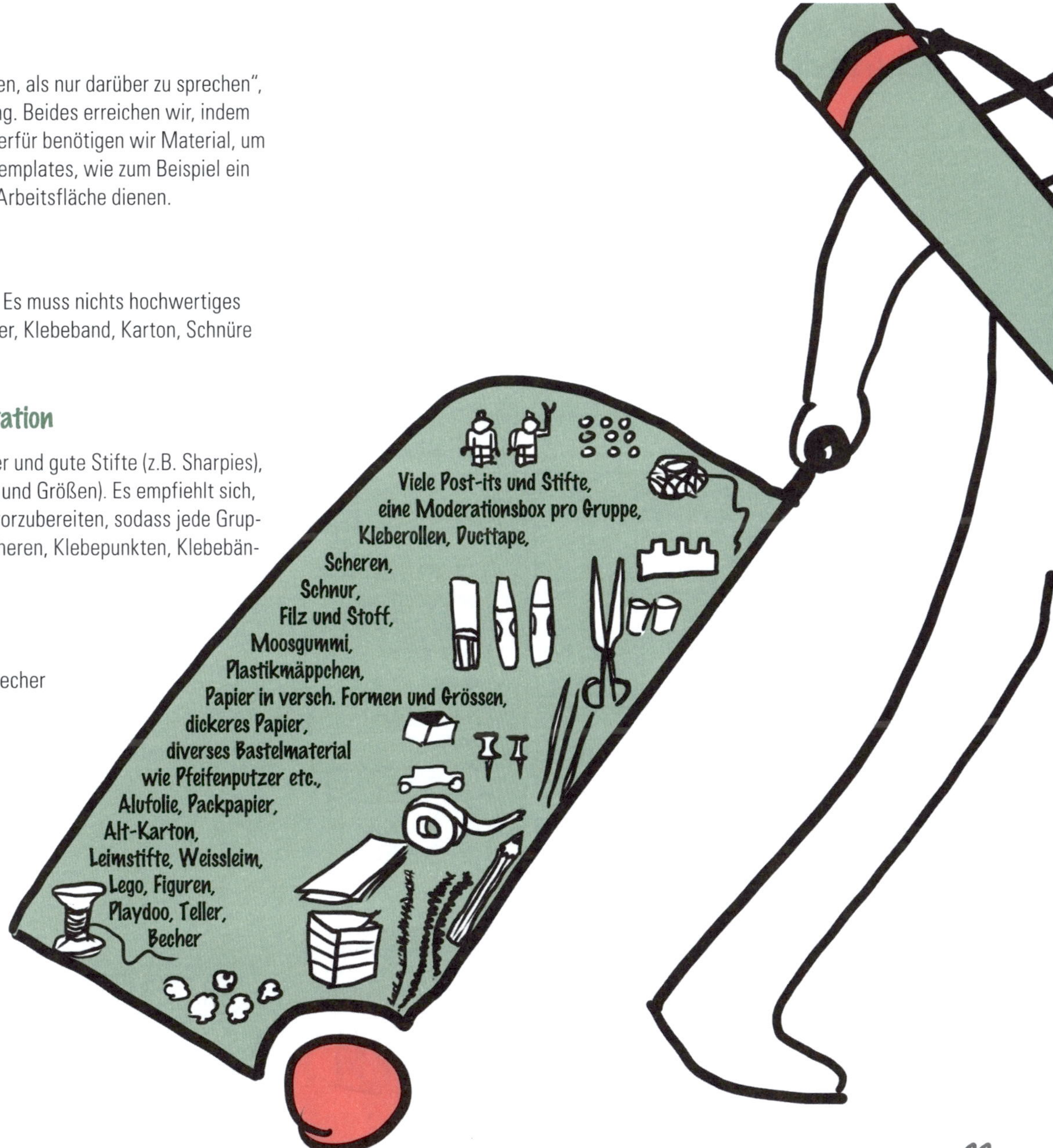

Das Workshop-Canvas und Beispiel-Agenda für Design Thinking Workshop

Eine gute Möglichkeit für die Vorbereitung ist, mit einem Workshop Canvas zu arbeiten. Auf diese Weise hat man die wichtigsten Bausteine im Auge und kann, wie in diesem Fall, z.B. einen 3-Tages-Workshop gestalten.

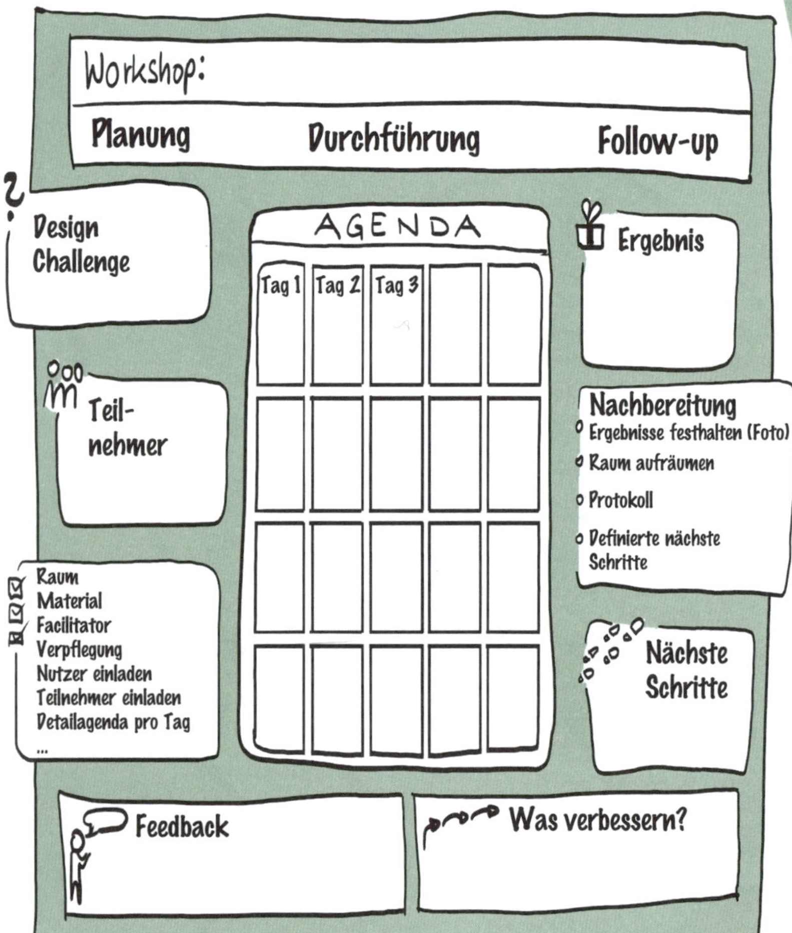

Tag 1:

Kick-off & Warm-up
- Vorstellung Team & Fähigkeiten anhand von T-shape-Profilen
- Vorstellung Design Thinking Mindset

Scoping
- Vorstellung der Design Challenge
- Definition von Problemstatement

Brain-Dump
- Brainstorming

Research
- Exploration von bestehenden Lösungen, Nutzer beobachten und verstehen

Synthesis
- Austausch von Beobachtungen & Story Telling
- Point of View

Tag 2:

Persona
- Erstellung einer Persona basierend auf Beobachtungen und Point of View (POV)

Ideen finden
- Verschiedene Arten von Brainstorming
- Ideen clustern und verbinden
- Ideen priorisieren

Prototypen bauen und testen
- Bau und Test von Critical Experience Prototypen
- Bau von verschiedenen Prototypen
- Test von Prototypen
- Verbesserung von Prototypen

Tag 3:

Prototypen bauen und testen
- Erstellung von finalem Prototyp

Validierung
- Test von Prototyp, Lean Canvas und Story

Präsentation
- Präsentation der Lösung

Wrap-up
- Nächste Schritte
- Reflexion/Feedback
- Aufräumen & verabschieden

Tool zum Download

www.dt-toolbook.com

Was sollte ein Kreativraum bieten?

Der Raum, in dem wir uns kreativ entfalten, hat Einfluss auf die Teamdynamik, die Ergebnisse und die Freude am Arbeiten. Wir haben in den unterschiedlichsten Orten Design Thinking Workshops durchgeführt und am besten funktioniert Design Thinking dort, wo sich die Menschen wohlfühlen.

Ein guter Raum soll stimulieren, die Kreativität anregen, zum Reflektieren einladen, die Zusammenarbeit fördern und vor allem zweckdienlich sein. So ist die Raumausstattung letztendlich egal, solange das Raumkonzept uns die Flexibilität gibt, alles so zu verändern, dass wir darin arbeiten und Design Thinking praktizieren können. Ein guter Raum lässt zum Beispiel das Arbeiten in verschiedenen Positionen (z.B. Sitzen, Stehen) zu.

Idealerweise wird im Stehen gearbeitet. Das hilft den Teilnehmenden, sich aktiv einzubringen und mehr zu machen, als nur Informationen zu konsumieren. Wenn wir sitzen, dann sind wir schnell im Modus einer „Sitzung" – gemütlich Kaffee trinken und sich von endlosen PowerPoint-Folien berieseln lassen. Das ist entspannend, hilft aber wenig, wenn es darum geht, die nächste große Marktopportunität zu gestalten.

Wir haben auch gute Erfahrung damit gemacht, den Ort zu wechseln und Räumlichkeiten aufzusuchen, die nicht in Zusammenhang zu den Erinnerungen des Tagesgeschäfts stehen und so der kreativen Arbeit im Wege stehen. Wenn das nicht möglich ist, sollten wir versuchen, den Raum optisch anders zu gestalten.

Generell helfen flexible Möbel jedem Raum, da er sich schnell auf Gruppen- oder Individualarbeitssituationen anpassen lässt. Er sollte auch groß genug sein, um Interaktion zuzulassen, also mindestens 15 qm pro Gruppe mit 4 Teilnehmern.

Oftmals gibt es keine Stehtische. Stehtische lassen sich einfach machen, indem ein Tisch auf 4 Stühle gestellt wird. Prüft vorher die Stabilität, aber erfahrungsgemäß funktioniert das erstaunlich gut. Zudem erweckt es sofort den gewünschten Eindruck von „anders sein".

Jede Form von Whiteboards, beschreibbaren Wänden und Flipcharts sind willkommen, um Arbeitsergebnisse festzuhalten und zu visualisieren. Bewährt hat sich auch, die Wände großflächig mit Papier zu bekleben, damit die Wände beschrieben und Poster, Fotos, Flipcharts einfach aufgeklebt werden können. Natürlich ist in einem guten Kreativitätsraum das Prototyping-Material wie Stifte, Post-its, Bastelutensilien immer greifbar.

Und wie schon erwähnt achten wir darauf, dass genügend Wasser, Kaffee, Saft, aber auch Früchte, Schokolade, Kekse als Zwischenverpflegung bereitgehalten werden. Ein guter Workshop geht auch durch den Magen und die kreative Arbeit macht hungrig.

Die Toolbox

Die Design Thinking Toolbox startet mit den angekündigten Warm-ups, bevor die Experten verschiedene Werkzeuge und Methoden vorstellen. Zur besseren Orientierung folgen die Tools den Phasen im Design Thinking Prozess, in denen sie am häufigsten angewandt werden. Deshalb starten wir mit Techniken, die uns helfen, ein besseres Problemverständnis zu erhalten und mehr über einen potenziellen Nutzer zu erfahren. Dies erfolgt in den Phasen „Verstehen" und „Beobachten". Basierend auf diesen Erkenntnissen folgt die Synthese. Wir zeigen Strategien, die uns helfen, einen Standpunkt zu formulieren. Im Lösungsraum geht es vor allem darum, viele Ideen zu generieren, erste Prototypen zu bauen und diese zu testen. Hierfür gibt es verschiedene Hilfsmittel, die uns erfolgreich durch diesen Abschnitt des Design Thinking führen. Zuletzt werden im Rahmen des Werkzeugkastens noch Methoden zur Reflexion präsentiert.

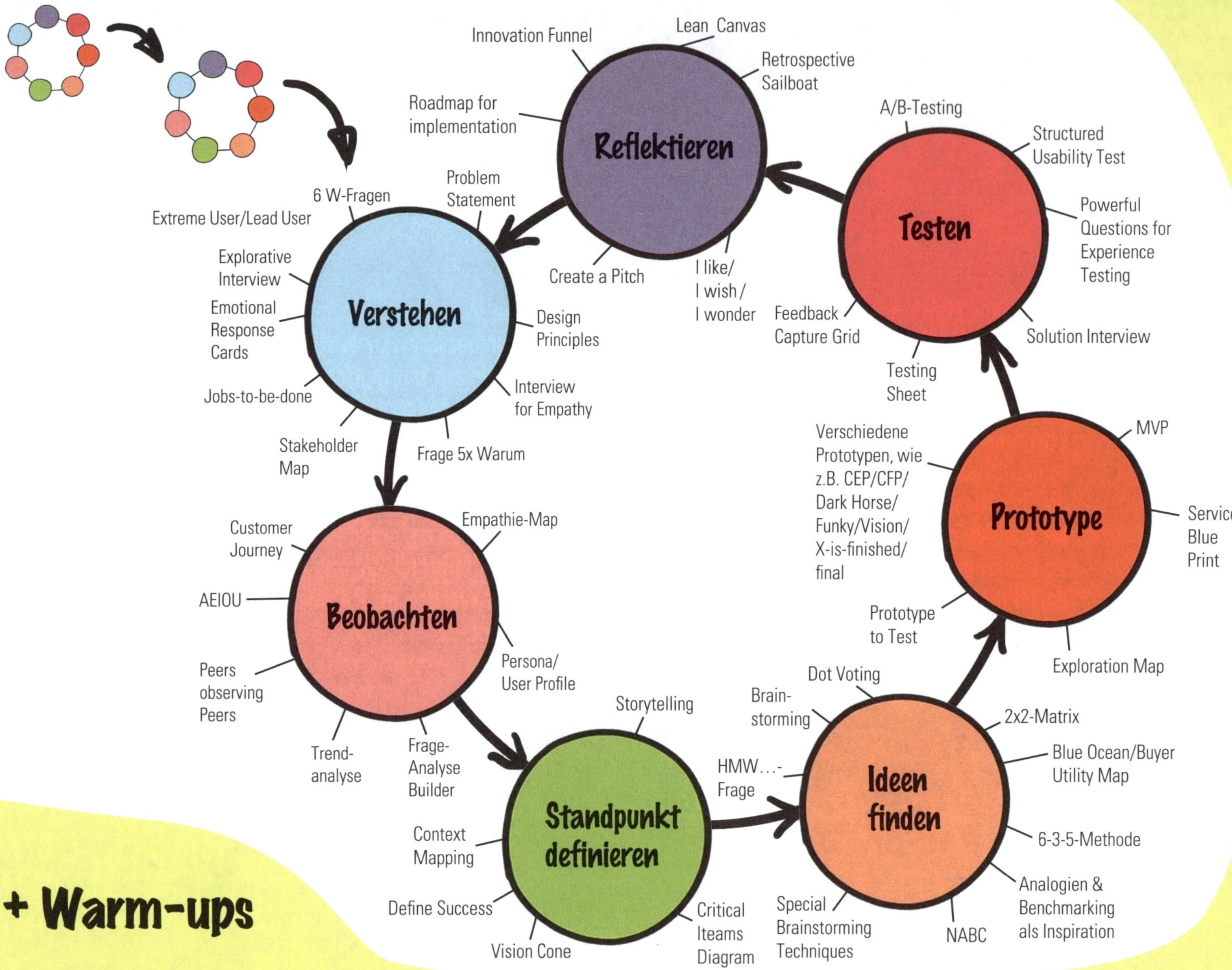

Reflektieren
Innovation Funnel
Lean Canvas
Retrospective Sailboat
Roadmap for implementation
Create a Pitch
I like/ I wish / I wonder
Verstehen
6 W-Fragen
Problem Statement
Extreme User/Lead User
Explorative Interview
Emotional Response Cards
Jobs-to-be-done
Stakeholder Map
Frage 5x Warum
Interview for Empathy
Design Principles
Beobachten
Customer Journey
Empathie-Map
AEIOU
Persona/ User Profile
Peers observing Peers
Trend-analyse
Frage-Analyse Builder
Standpunkt definieren
Storytelling
Context Mapping
Define Success
Vision Cone
Critical Iteams Diagram
Ideen finden
HMW…-Frage
Brain-storming
Dot Voting
2x2-Matrix
Blue Ocean/Buyer Utility Map
6-3-5-Methode
Analogien & Benchmarking als Inspiration
NABC
Special Brainstorming Techniques
Prototype
MVP
Verschiedene Prototypen, wie z.B. CEP/CFP/ Dark Horse/ Funky/Vision/ X-is-finished/ final
Service Blue Print
Prototype to Test
Exploration Map
Testen
A/B-Testing
Structured Usability Test
Powerful Questions for Experience Testing
Solution Interview
Testing Sheet
Feedback Capture Grid
+ Warm-ups

Warm-ups, die zum Setting passen!

Beliebte Warm-ups

Im Sport werden Warm-ups genutzt, um die Leistungsfähigkeit von Muskeln zu erhöhen. Das Einsingen bei Musikern bereitet die Stimme auf den Gesang vor und im Rennsport dienen Warm-ups der Abstimmung technischer Feinheiten. Im Design Thinking nutzen wir Warm-ups nicht nur zu Beginn des Workshops, sondern auch nach einer Pause oder wenn wir merken, dass die Gruppe nicht mehr effizient arbeitet. Dies kann in jeder Phase der Zusammenarbeit und mit unterschiedlichen Zielen stattfinden. Warm-ups können die Kreativität anregen, Gruppendynamiken ankurbeln, Entspannung herbeiführen oder als Icebreaker zum Kennenlernen genutzt werden.

Warm-ups fördern die Zusammenarbeit und stärken eine neugierige Grundhaltung. Gut gewählte Warm-ups unterstützen somit den Design Thinking Prozess, dienen als Energizer und verbessern damit auch die Lösungsfindung. Doch es kann auch einen gegenteiligen Effekt haben. Wenn der Kontext nicht passt oder die Kultur der Organisation nicht berücksichtigt wird, kann eine Übung zu Nervosität und Irritation führen. Deshalb ist unser Rat: Wenn wir ein Warm-up durchführen möchten, dann ein sorgfältig ausgewähltes.

Wir haben auf den folgenden Seiten eine Auswahl getroffen, es hätte genügend Warm-ups gegeben, um das ganze Toolbook damit zu füllen.

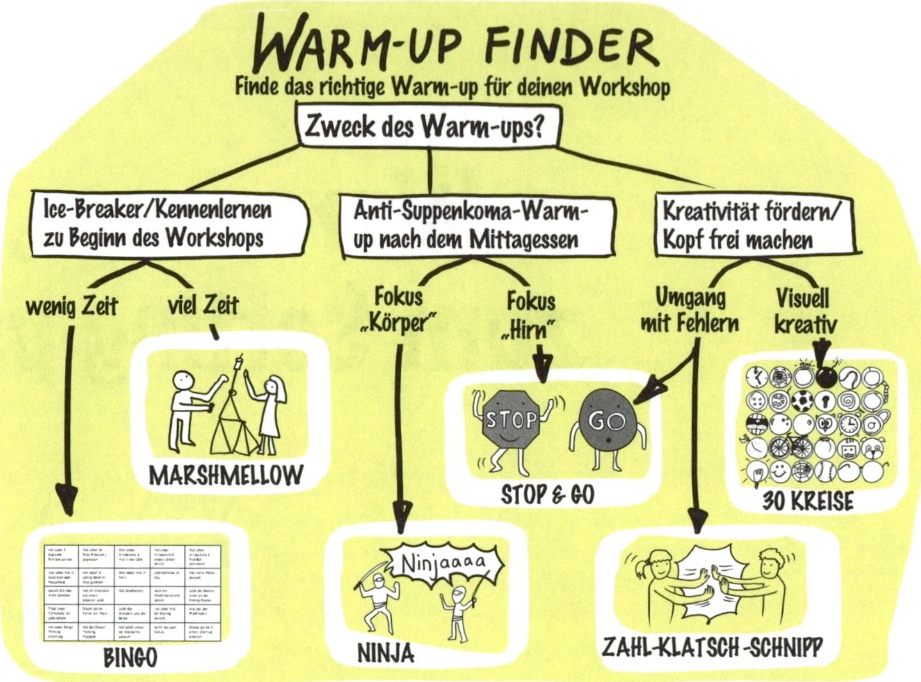

Warum machen wir Warm-ups?

- Schaffung einer positiven Gruppenatmosphäre
- Workshop-Teilnehmern die Chance geben, sich kennenzulernen
- Soziale Barrieren abbauen
- Den Erfolgsdruck reduzieren
- Positive Energie aktivieren und freisetzen
- Die Gruppe erst etwas ablenken, um danach konzentriert zu sein
- Vorbereiten des Teams auf eine gewisse Denkhaltung oder Arbeitsweise
- Spass haben und gemeinsam lachen

Unser Rat:

Wenn ihr ein Warm-up durchführen möchtet, dann ein sorgfältig ausgewähltes! Passt den Warm-up an die Teilnehmer an.

Zahl-Klatsch-Schnipp-Rhythmus

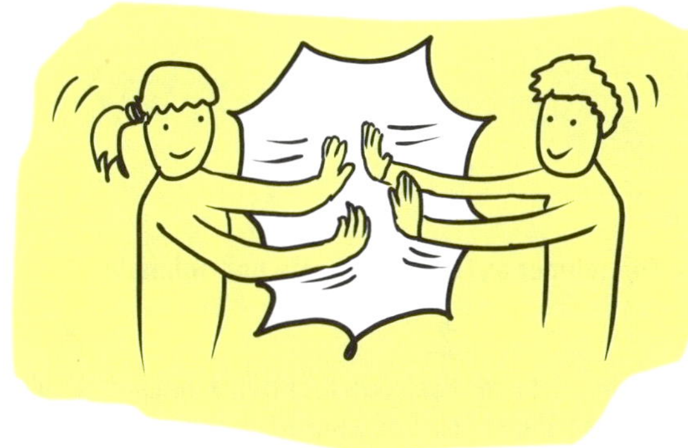

Ich möchte …

eine positive Grundstimmung erzeugen.

Lernziel:

Umgang mit Fehlern üben.

1.
Jeder Teilnehmer sucht sich zunächst einen Partner.

2.
Gemeinsam wird bis „drei" gezählt und dies mit steigender Geschwindigkeit wiederholt.

3.
Um die Komplexität etwas zu erhöhen wird die Zahl „zwei" durch ein Klatschen ersetzt. Es entsteht ein Zahl/Klatsch-Rhythmus.

4.
Im nächsten Schritt wird die Zahl „eins" durch ein Fingerschnippen ersetzt. Zu dem Zahl/Klatsch-Rhythmus kommt nun ein Fingerschnippen und sicherlich viele lachende Teilnehmer.

Gruppengrösse

≥2

Typische Dauer

5 Min.

Benötigtes Material

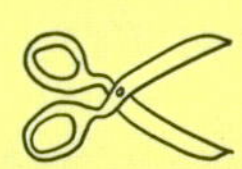

- Kein Material notwendig

Variationen:

Um die Fehlerakzeptanz stärker in den Vordergrund zu stellen, kann eine Reflexion hinsichtlich der eigenen und der Fehler von Mitspielenden eingebaut werden. Ein Jubelruf nach jedem falschen Klatschen, Schnippen oder Zählen verstärkt das Gefühl zusätzlich.

Bingo

Ich möchte …

dass sich die Teilnehmer auf unterhaltsame und schnelle Weise besser kennenlernen.

1.
Zuerst werden je ein Stift und eine vorbereitete Bingo-Karte an jeden Teilnehmer verteilt

2.
Nach dem Startsignal beginnt die Suche nach Teilnehmern, die in eine der Kategorien passen (eine Frage mit „Ja" beantworten können).

3.
Es gibt nur zwei Regeln:

1) Jede Person darf nur einmal verwendet werden, um mit möglichst vielen Personen ins Gespräch zu kommen.
2) Es muss zuerst das Feld angeboten werden, erst dann darf diskutiert werden.

Hat schon 3 englische Romane gelesen	Hat schon 3x Pizza Prosciutto gegessen	War schon mindestens 3-mal in den USA	Hat schon mindestens 3 andere Länder bereist	Hat schon mindestens 3 Red Bull getrunken
War schon mal in Australien oder Neuseeland	Hat schon 3 James Bond im Kino gesehen	War schon mal in Paris	Lieblings-farbe ist Blau	Hat Harry Potter gelesen
Spricht drei oder mehr Sprachen	Hat ein Elternteil aus einem anderen Land	Hat Geschwister	Kann ein Musikinstru-ment spielen	Liebt die Beatles mehr als die Rolling Stones
Trägt lieber Turnschuhe als Lederschuhe	Macht gerne Ferien am Meer	Liebt das Wandern und die Berge	Hat schon mal Car Sharing benutzt	War bei den Pfadfindern
Hat schon Design Thinking Erfahrung	Hat das Design Thinking Playbook	Hat schon etwas bei Kickstarter gekauft	Kennt das Lean Canvas	Würde gerne in einem Start-up arbeiten

4.
Der Teilnehmer, der als Erstes in jedes Feld einen Namen schreiben konnte, ruft „Bingo" und beendet somit das Spiel. Falls keiner die Karte vollständig ausfüllen kann, endet das Spiel nach gegebener Zeit und der Teilnehmer mit der höchsten Anzahl gewinnt.

5.
Eine abschliessende Reflexion der Aussagen rundet das Warm-up ab.

Gruppengrösse

≥16

Typische Dauer

7-15 Min.

Benötigtes Material

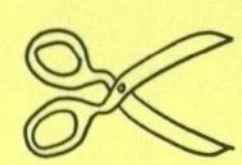

- Stift
- Bingo-Karte pro Teilnehmer

Variationen:

Je nach Einstellung des Workshops können die Karten themenbezogen vorbereitet sein und spezifische Fragen enthalten wie: hat ein Whiteboard im Büro, hat bereits mit Design Thinking gearbeitet. Oder besonders ungewöhnliche Fragen, wie z.B. ernährt sich vegan, ist regelmäßiger Fallschirmspringer usw. Je nach Gruppengröße und Zeitrahmen kann das Ziel des Spiels variiert werden. Ziel ist, eine Reihe zu füllen (horizontal, vertikal oder diagonal) und „Bingo" zu rufen.

Stop & Go

Ich möchte ...

soziale Hürden brechen oder überwinden, die Konzentration erhöhen und Spass haben.

Lernziel:

Umgang mit Fehlern.

Arbeitsanweisung

- Alle bewegen sich frei im Raum.
- Durch „Stop" oder „Go" gibt der Moderator Anweisungen zum Stehenbleiben oder Weitergehen.
- Um die Konzentration zu erhöhen, wird die Bedeutung getauscht. Bei „Stop" geht man weiter, bei „Go" bleibt man stehen.
- Im nächsten Schritt werden zwei weitere Aktionen hinzugefügt: „Name" (seinen Namen nennen) und „Klatschen" (in die Hände klatschen).
- Die Bedeutung der beiden Aktionen wird ebenfalls getauscht.
- Mit „Springen" und „Tanzen" kommen zwei weitere Kommandos hinzu.
- Und auch diese beiden Bedeutungen werden getauscht.
- Wenn alles richtig gemacht wird, erzeugt „Name, Name, Name" einen Applaus zum Abschluss.

Gruppengrösse

>6

Typische Dauer

8 Min.

Benötigtes Material

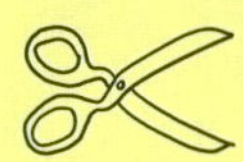

- Kein Material notwendig

Variationen

- Der Moderator kann durch Teilnehmer abgelöst werden und die Befehle können aus der Gruppe heraus gegeben werden. Je nach Kontext und Situation können die einzelnen Massnahmen angepasst werden und Springen z.B. durch Hinsetzen und Klatschen durch High Fives o.Ä. ersetzt werden.
- Es können andere Namen verwendet werden, z.B. Cola = nach rechts drehen, Fanta = nach links drehen, Sprite = hüpfen, Red Bull = …)
- Wer einen Fehler macht, jubelt und klatscht in die Hände.

30 Kreise

Ich möchte ...

die Teilnehmer ermuntern, kreativ zu agieren.

Lernziel:

Vertrauen in die eigene Kreativität schaffen, die „Weisses-Blatt-Blockade“ ablegen und den Fokus auf die Botschaft legen, nicht auf die Schönheit des Sketches.

Arbeitsanweisung

- Stelle für jeden Teilnehmer ein Blatt Papier mit Kreisen sowie einen Stift zur Verfügung.
- Fordere die Teilnehmer auf, so viele Kreise wie möglich in wiedererkennbare Produkte zu verwandeln.
- Auf „Los“ startet die Zeit und die Teilnehmer beginnen, die Kreise zu bemalen.
- Nach zwei Minuten wird die Zeit gestoppt.
- Vergleiche die Ergebnisse. Achte dabei nicht nur auf die Anzahl (wie viele Kreise wurden bemalt), sondern auch auf die Individualität der Ergebnisse (Volleyball, Fussball und Basketball sind ähnlicher als eine Uhr, Ring und ein Auge). Hat jemand der Teilnehmer die „Regeln“ im positiven gebrochen und zwei oder mehr Ringe zu einem Produkt vereint?

Gruppengrösse

>3

Typische Dauer

5-10 Min.

Benötigtes Material

- Stift
- Papier

Variationen

- Nenne ein Reizwort, z.B. Topfdeckel. Die Teilnehmer sollten möglichst viele alternative Nutzungsideen aufmalen, z.B. Rodel, Frisbee, Radabdeckung, Schlagzeug.

Ninja

Ich möchte ...

die Teilnehmer ablenken, sodass sie sich später wieder konzentrieren können.

Lernziel:

Dieses Aufwärmen erfordert schnelles Denken und Körperkontrolle und macht viel Spaß.

1.
Teilnehmer in kleine Gruppen einteilen und ihnen sagen, sie sollen in einem engen Kreis stehen (Hände können die Schultern ihrer Nachbarn berühren).

2.
Eine Person ruft „Ninjaaa!" (Verlängerung des Wortes für mehr Wirkung) und jeder springt zurück und verharrt in einer Ninja-Pose seiner Wahl.

3.
Eine bestimmte Person in der Gruppe beginnt mit dem Versuch, einer anderen Person in einer Bewegung und nur einem Schritt an die Hand zu schlagen. Wer berührt wird, muss in diesem Zug erstarren! Die Person die angegriffen wird, darf die Hand wegziehen.

4.
Wenn deine Hand getroffen wird, bist du „out" und musst das Spiel verlassen.

5.
Sobald der Zug abgeschlossen ist, beginnt der nächste Spieler im Uhrzeigersinn, basierend auf der ursprünglichen Reihenfolge im Kreis. Das Spiel geht weiter, bis nur noch eine Person übrig ist.

Gruppengrösse

5-6

Typische Dauer

10 Min.

Benötigtes Material

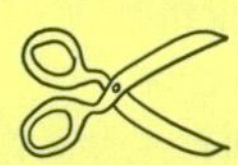

- Viel Platz

Marshmallow Challenge

Ich möchte …

die Teilnehmer ermutigen, Ideen schnell in die Praxis umzusetzen, und die Teamarbeit fördern.

Lernziel:

Das Denken mit den Händen fördern und erkennen, dass Iterationen und Tests wichtig sind.

1.
Die Herausforderung ist, als Gruppe eine möglichst hohe, frei stehende Skulptur mit dem Marshmallow zu oberst zu bauen.

2.
Jede Gruppe erhält dazu ein vorgegebenes Sortiment an Baumaterial.

3.
Der Marshmallow stellt den Messpunkt dar und sollte folglich an der obersten Stelle der Konstruktion positioniert werden.

4.
Die Konstruktion darf nur mit dem Boden oder der Tischfläche verbunden werden. Befestigungen an der Decke sind nicht erlaubt.

5.
Spätestens zum Ablauf der gegebenen Konstruktionszeit muss die Skulptur frei stehen und darf auch nicht in weniger als 10 Sekunden zusammenstürzen.

6.
Jede Gruppe hat 15-20 Minuten Zeit, um ihr Bauwerk zu vollenden. Falls eine Gruppe früher fertig ist, kann der Moderator jederzeit zur Bestimmung der Höhe herbeigerufen werden.

Gruppengrösse

5er-Gruppen

Typische Dauer

20 Min.

Benötigtes Material

- 1 Marshmallow
- 20 Spaghetti
- 1m Klebeband
- 1m Schnur

Tipp:

Die Reflexion danach ist wichtig. Diskutiere über Handlungsvorurteile, „Fail early, fail often!", die Anzahl Iterationen, Tests und die Teamarbeit. Es sind Anleitungen und Videos im Internet verfügbar.

Phase: Verstehen

Ein gutes Problemverständnis ist das A und O im Design Thinking. In der Phase „Verstehen" möchten wir uns mit dem Problem vertraut machen. Zur Konkretisierung der Design Challenge formulieren wir deshalb eine Frage, auch „Problem Statement" genannt. Durch verschiedene Techniken und Werkzeuge wird die Problemstellung weiter oder enger gefasst. Hierbei helfen Werkzeuge wie die 6 W-Fragen oder 5xWarum-Fragen. Ziel ist, möglichst viel über die Bedürfnisse von einem potenziellen Nutzer zu erfahren. Diese Erkenntnisse helfen uns, wiederum das „Problem Statement" iterativ zu schärfen und ein gemeinsames Problemverständnis im Team zu erlangen.

Problem Statement

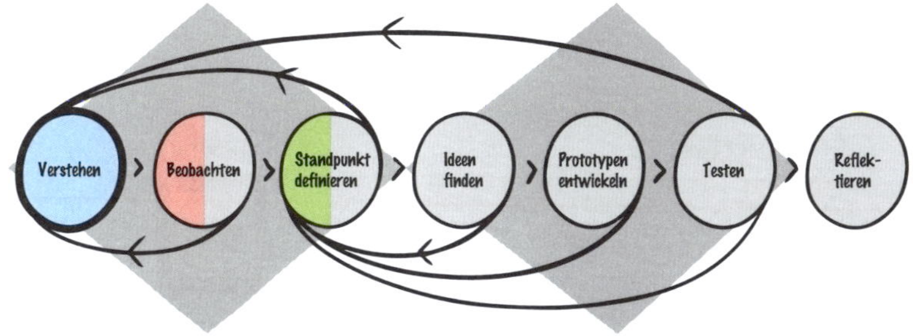

Ich möchte ...

die zentrale Problemstellung schlüssig definieren und in einem einfachen Satz festhalten.

Was du mit dem Tool machen kannst:

- Gemeinsames Verständnis eines Problems mit den Auftraggebern und im Team entwickeln.
- Gesammelte Erkenntnisse aus der Problemanalyse zu einer Design Challenge formulieren.
- Stossrichtung und Rahmen für die Ideengenerierung abstecken.
- Basis zur Formulierung einer zielführenden How-might-we-Fragestellung (sog. HMW Fragestellungen) bilden.
- Eine Referenzgrösse für die spätere Erfolgsmessung entwickeln.

Mehr Informationen über das Tool

- Im Design Thinking starten wir immer beim Problem und nie mit einer Lösung.
- Mit einem Verständnis über das Problem Statement startet eine Design Challenge.
- Aber bevor wir beginnen, ein Problem zu lösen, müssen wir es erst mal richtig verstehen.
- Das Problem Statement ist ein zentrales Werkzeug, um die Analyse-Ergebnisse konsolidiert festzuhalten.
- Ein Problem Statement (siehe auch „Standpunkt") markiert den Startpunkt und das Ende des jeweiligen Problemraums und den Übergang zur Phase „Ideen finden."

Welche Tools könnten als Alternative verwendet werden?

- Design Brief (siehe Seite 29)
- Design Principles (siehe Seite 53)

Welche Methoden unterstützen die Erstellung eines Problem Statements?

- Ein Context Mapping hilft bei der Erkennung von Zusammenhängen und Mustern in den gesammelten Informationen (siehe Seite 133) Ursache-Wirkungs-Diagramme helfen bei der Differenzierung von Ursachen und Auswirkungen von Problemen.
- „How might we …"-Fragestellungen, um die resultierende Problemdefinition in Design-Opportunitäten zu überführen (siehe Seite 125)
- 6 W-Fragen (siehe Seite 71)

Was benötigen wir an Zeit und Material?

Gruppengrösse

3-5

- Optimal in einer Gruppe von 3-5 Personen aus dem Design Team
- Optional 1-2 Stakeholder oder der Auftraggeber (falls verfügbar)

Typische Dauer

30-40 Min.

- Formulierung benötigt in der Regel einiges an Zeit und Herzblut.
- Kurze Zyklen von mindestens einer halben Stunde sind sinnvoll.

Benötigtes Material

- Stifte und Post-its
- Mehrere Bögen A4-Papier im Hochformat und ein A3-Papier im Querformat
- Struktur von Frage kann als Lückentext vorgegeben werden

Template und Vorgehen Problem Statement

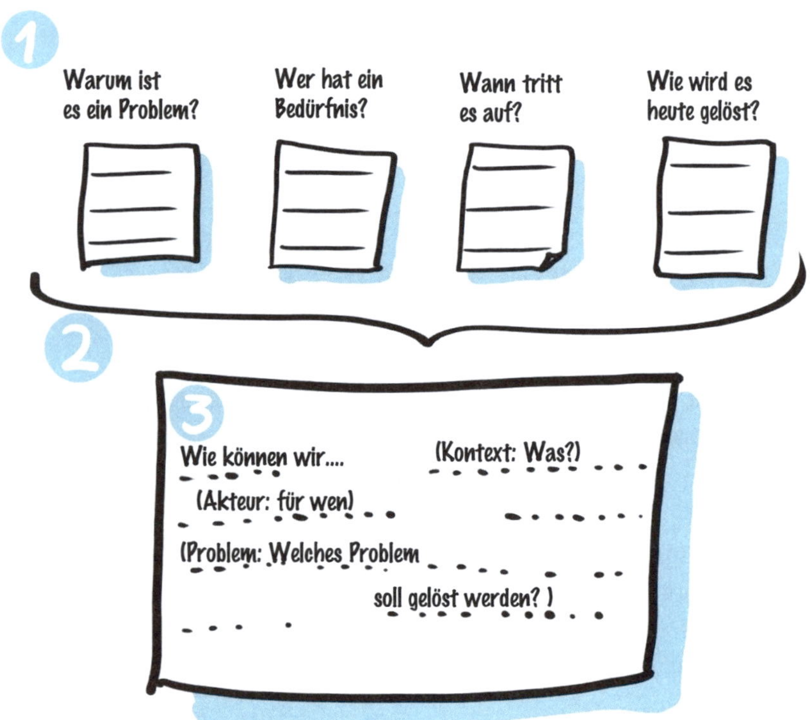

Wie das Tool angewandt wird ...

- Skizziere die Strukturelemente selber auf den einzelnen Papierbögen oder nutze das Template.
- **Schritt 1:** Für die Formulierung der Problemstellung sind die folgenden Fragen hilfreich (Problem/Akteur/Kontext):
  - ✓ Was ist das Problem? Warum ist es ein Problem?
  - ✓ Wer hat das Problem? Wer hat ein Bedürfnis?
  - ✓ Wann und wo tritt das Problem auf?
  - ✓ Wie wird es heute gelöst?
- Notiere die Fragen auf mehreren A4-Papieren (Hochformat) und lasse jeweils darunter genügend Platz für Antworten.
- Nutze unterschiedliche Farben für die Fragen und Antworten und schreibe leserlich und möglichst groß.
- Fertige mindestens 10 solcher Problemdefinitionen an.
- **Schritt 2:** Befestige diese Papiere an einer Wand und positioniere darunter ein A3-Papier im Querformat. Konsolidiere danach die Problemdefinitionen oder wähle die zutreffendste z.B. mit Dot Voting (siehe Seite 159) aus.
- **Schritt 3:** Beginne die einzelnen Problemdefinitionen systematisch in ein übergreifendes Problem Statement zu überführen, z.B. in der Form: „Wie können wir … (Was?) … (für Wen?) … neu gestalten, damit … (sein Bedürfnis) … befriedigt wird?“

Das ist das Lieblingstool von Stefano Vannotti

Position:
Studienleiter MAS Strategic Design an der Zürcher Hochschule der Künste ZHdK

„Die gelungene Synthese aller Erkenntnisse aus der Problem-Analyse ist der entscheidendste Moment in jedem Projekt. Ohne die zentrale Herausforderung zu kennen, kann kein Problem erfolgreich gelöst werden."

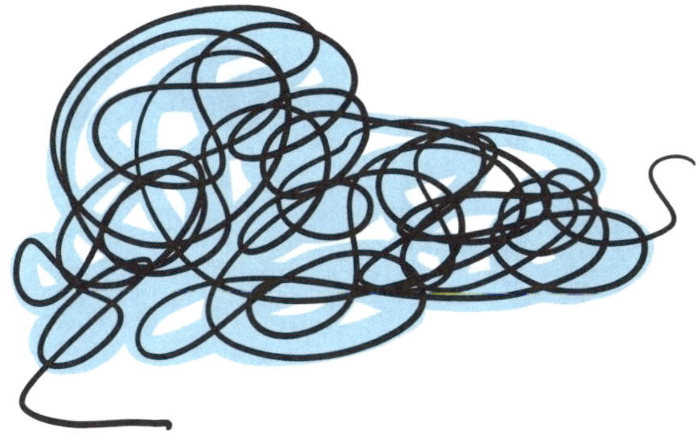

Warum ist das sein Lieblingstool?

Die konkrete Design Challenge klar und verständlich abzustecken ist die Voraussetzung für eine zielgerichtete Generierung von Ideen. Bei vielen Projekten muss die Problemsituation dabei erst mal richtig verstanden werden. Die Methode des Problem Statements hilft, den richtigen Startpunkt und passenden Rahmen zur Entwicklung innovativer Lösungen zu definieren. Darin liegt meiner Meinung nach die wahre Stärke guten Design Thinkings: Schaffen eines wohlüberlegten Fundaments zur erfolgreichen Entfaltung von Kreativität.

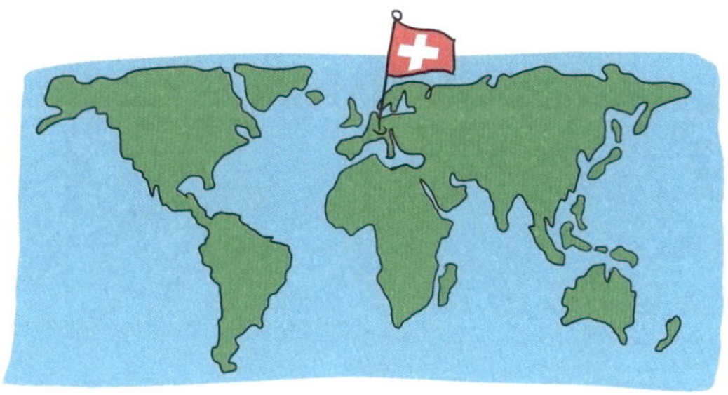

Land:
Schweiz

Affiliation:
Zürcher Hochschule der Künste (ZHdK)

Geprüft von: Martin Steinert

Firma/Position: Norwegian University of Science and Technology (NTNU), Professor – Engineering Design and Innovation

Experten-Tipps:

Reframing des Problems

- Eine gut formulierte Definition löst das Problem selbstverständlich noch nicht. Dennoch kann durch eine klare Formulierung eines Problems bereits ein gutes Fundament für die späteren Phasen gelegt werden. Ein Reframing benötigt manchmal einiges an Überzeugungskraft gegenüber dem Auftraggeber, hilft aber für ein besseres Verständnis. Viele Projekte befassen sich mit herausfordernden Problemstellungen, welche nicht nur aus einer Perspektive zu betrachten sind. In gewissen Fällen bietet es sich an, mehrere Problem Statements aus unterschiedlicher Nutzerperspektive zu formulieren.

Mache es richtig

- Oft werden Probleme, Ursachen und Auswirkungen durcheinandergebracht. Versuche, eine strukturelle Klarheit zu schaffen.
- Eng verknüpft mit der richtigen Problemdefinition ist auch die frühe Vision eines wünschenswerten Zielbilds. Dabei gilt es zu beachten, dass sich Problem und Lösung über den Verlauf eines Projektes gegenseitig beeinflussen und verändern.
- Problem Statements sind zwar hilfreich, um die grundlegende Herausforderung präzise auf den Punkt zu bringen. Für das weitere Projektvorgehen sollten allerdings passende Designopportunitäten in Form von HMW-Fragestellungen abgeleitet werden.

Beschreibung des Anwendungsfalles

- Lilly schildert das Problem. Die Teams ergänzen mit ihrer ersten Recherche und analysieren das Problem, indem verschiedene W-Fragen gestellt werden.
- Anschliessend werden die diversen Probleme benannt und ein spezifischer Akteur sowie der Kontext beschrieben. Diese Elemente gehen in umgekehrter Reihenfolge in ein gemeinsam formuliertes Problem Statement.
- Die Diskussion hilft, eine gemeinsame Sprache zu entwickeln und Verständnis für die Zielgruppe zu erhalten.

Key Learnings

- Die Erarbeitung klarer und sauberer Problemdefinition benötigt oft mehrere Durchgänge.
- Freude an der möglichst präzisen Formulierung bzw. Wortwahl ist entscheidend.
- Varianten erstellen und in der Gruppe diskutieren.

Tool zum Download

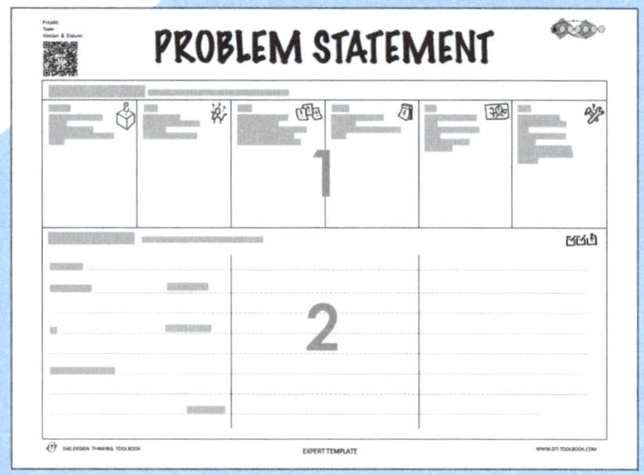

www.dt-toolbook.com/problem-statement

Design Principles

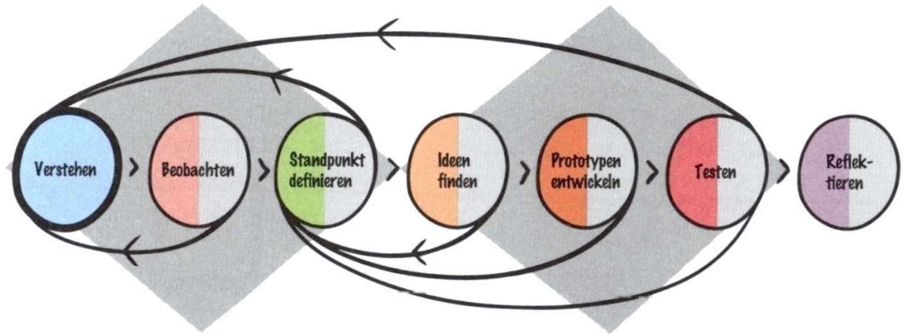

Ich möchte ...

Leitlinien definieren, die während eines Design Thinking Projekts den Rahmen für das Team bilden.

Was du mit dem Tool machen kannst:

- Bereits bei Projektstart einen klaren Fokus auf ein bestimmtes Mindset oder Anforderungen an das Produkt oder die Dienstleistung legen.
- Dem Team ein einheitliches Verständnis über den Auftrag geben, sodass alle das gleiche Verständnis haben.
- Eine Orientierungshilfe geben, sodass Entscheidungen im Design Team schneller getroffen werden können.
- Übergreifende Merkmale definieren, die mit einer höheren Priorität behandelt werden sollen.
- Eine Leitlinie entwickeln, die sicherstellt, dass zukünftige Design Challenges auf den gleichen übergreifenden Prinzipien erstellt werden.

Mehr Informationen über das Tool

- Über den gesamten Design Thinking Zyklus kommen Design Teams in Situationen, an denen Entscheidungen getroffen werden müssen. An diesen kritischen Pfaden geben Design Principles eine Hilfestellung für das Team.
- Design Principles reichen von breiten und übergreifenden Konzepten bis hin zu projektspezifischen Anforderungen, die jeweils die Entscheidung über die Designrichtung unterstützen.
- Zudem können die wichtigsten Merkmale eines Produkts anderen Interessengruppen mittels Design Principles mitgeteilt werden.
- Design Principles sind auch über den Design Thinking Zyklus hinaus wichtig, da sie den Teams in Folgeprojekten ein besseres Verständnis darüber geben, woran man sich in der Gestaltung orientierte.
- Design Principles sind zudem wie eine Wissensbasis für Teams, da die Prinzipien auf Erfahrungen mit Produkten, Services und Funktionen aufbauen.

Welche Tools könnten als Alternative verwendet werden?

- Define Success (siehe Seite 137)

Welche Tools unterstützen die Arbeit mit diesem Tool?

- Stakeholder Map (siehe Seite 83)
- Liste der Projektsponsoren oder anderen relevanten Interessengruppen, wie zum Beispiel Entscheidungsträger und das Steering-Committee.
- Leitbild und Vision der Organisation, die den Auftrag erteilt hat.
- Dot Voting (siehe Seite 159)

Was benötigen wir an Zeit und Material?

Gruppengrösse

5-12

- Je nach Design Challenge zwischen 5-12 Teilnehmer, bestehend aus Designteam + selektierten Stakeholdern und Auftraggeber.
- Leitung i.d.R durch Facilitator oder Projektleiter.

Typische Dauer

90-180 Min.

- Die Design Principles sind eine wichtige Grundlage für das Projekt.
- Eine Definition kann bis zu mehreren Stunden dauern. Eine klare Definition hilft dem Team, bei Unklarheiten während des Projekts eine schnelle Hilfestellung zu erhalten.

Benötigtes Material

- Whiteboard, Stifte, Post-its, farbige Punkte für die Abstimmung (Dot Voting)
- Historie und Dokumentation von anderen Design Challenges und Erfahrungen zu Design Principles

Vorgehen Problem Statement

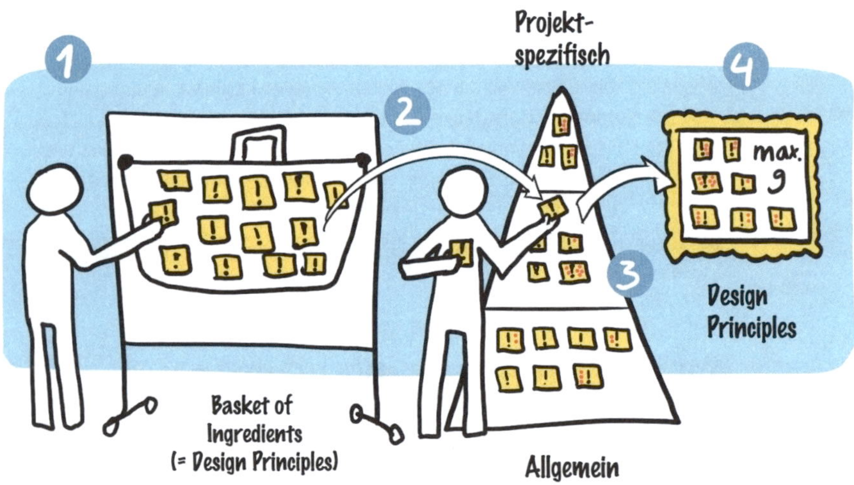

Wie das Tool angewandt wird ...

Lade das Kernteam und die relevanten Stakeholder zu einer Whiteboard Session ein, mit dem Ziel, die Design Principles für den Auftrag zu definieren.

- **Schritt 1:** Skizziere am Whiteboard einen „Basket", und eine Pyramide. Fordere dann alle Teilnehmer auf, Design Principles auf Post-its zu schreiben und diese auf dem „Basket" zu platzieren. Immer wenn ein Teammitglied ein Principle auf dem „Basket" platziert, ist er angehalten zu erklären, warum es ein Design Principle ist.
- **Schritt 2:** Sobald der „Basket" voll ist, sortiere die Design Principles auf einer Pyramide, z.B. mit einer Dreiteilung. Die Sortierung erfolgt nach der Regel: desto weiter oben auf der Pyramide, desto projektspezifischer. Allgemeine Gestaltungsprinzipien sind am Boden der Pyramide zu verorten.
- **Schritt 3:** Wenn die Zuordnung der Design Principles abgeschlossen ist, kann eine Abstimmung z.B. mit Klebepunkten erfolgen. Ziel ist es, auf maximal drei ausgewählte Design Principles pro Abschnitt zu reduzieren, also maximal 9 pro Pyramide.
- **Schritt 4:** Platziere die selektierten und verabschiedeten Design Principles am besten an einem Ort, wo das Team häufig damit konfrontiert wird und es schnell Zugang dazu hat.
- Inspirationen zu Design Principles sind auf Webseiten wie z.B. www.designprinciplesftw.com zu finden.

Das ist das Lieblingstool von Slavo Tuleja

Position:
Innovation Lead, ŠKODA AUTO DigiLab

„For me Design Thinking is a great set of principles to follow, but ultimately we are all judged on execution. Think project launch, number of customers acquired, units sold and lifes changed."

Warum ist das sein Lieblingstool?

Ich sehe in der Anwendung von Design Thinking oft, dass Menschen mit der kreativen Freiheit überfordert sind: Teammitglieder haben ein leeres Stück Papier vor sich, das sie nach Belieben verwenden können, aber nicht wissen, was sie damit machen sollen. Design Principles ist mein Lieblingstool, weil es sich in verschiedenen Phasen der Dienstleistungs- und Produktentwicklung anwenden lässt. Ich benutze sie vor allem in Teams, die bislang wenig Design Thinking Erfahrung haben. Design Principles fungieren wie Leitplanken über den gesamten Design Zyklus, was hilft z.B., Entscheidungen leichter zu treffen.

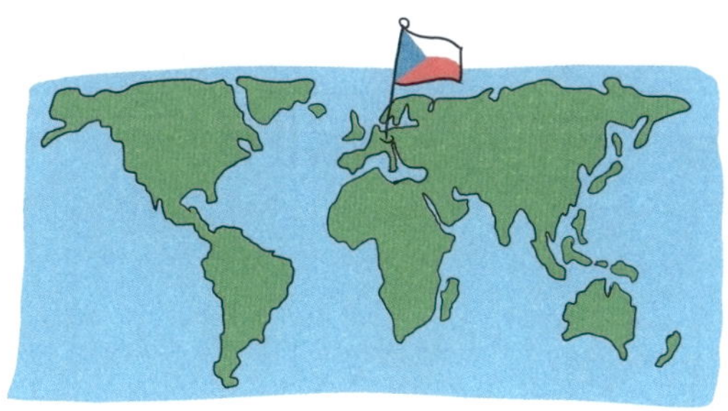

Land:
Tschechische Republik

Affiliation:
ŠKODA
AUTO DigiLab

Geprüft von: Tobias Lüpke

Firma/Position: Ernst & Young | Director International Tax, Markets & BD

Experten-Tipps:

Beginne mit Warum

- Frage: Warum machen wir dieses Projekt? Warum jetzt? Warum dieser Umfang?
- Wir lassen uns inspirieren, andere haben diesen oder einen ähnlichen Weg bereits beschritten und Design Principles für verschiedene Anwendungen entwickelt.
- Wir stellen sicher, dass diese Aktivität mit dem gesamten Kernteam durchgeführt wird und dass jeder versteht, warum es wichtig ist, zu Beginn des Projekts die Design Principles festzulegen. Dies gilt auch für unsere Stakeholder, wenn wir sie in der Definition der Design Principles involvieren und wir eine gute Beziehung mit ihnen pflegen möchten.

Stelle es prominent aus

- Wir platzieren die Design Principles, z.B. als grosses Plakat an einem Ort, an dem sie von allen Teammitgliedern gesehen werden können.
- Design Principles können uns zudem helfen, die wichtigsten Merkmale einer Lösung zu kommunizieren.
- Sie sind zudem eine gute Basis für die Definition einer Vision und hilfreich, um zukünftige Projekte erfolgreich durchzuführen.

Aktionen statt Worthülsen

- Einige Interessenvertreter, wie z.B. Entscheidungsträger, werden sich freuen, die Design Principles in Aktion zu sehen und nicht nur Worthülsen wahrzunehmen.
- Zudem helfen uns die Principles, unsere Lösungen zu verteidigen, die wir als Team während des Projekts erarbeitet haben.
- Bei der Erstellung von Design Principles sollten wir aber auch nicht zu detailverliebt sein, weil am Ende das Machen entscheidender ist, als nur darüber zu reden.

Beschreibung des Anwendungsfalles

- Lilly hat insgesamt 5 Teams mit jeweils 4–5 Mitgliedern. Sie hat gemerkt, dass die Vorstellungen der einzelnen Gruppen sehr stark auseinandergehen.
- Deshalb möchte sie die wichtigsten Design Principles und Werte im Projekt festlegen.
- Am Ende hat sie eine Liste mit 10 definierten Design Principles, die sie auf einem Poster im Designstudio gut sichtbar aufhängt.

Key Learnings

- Wir erarbeiten mit dem Kernteam die Principles.
- Wir lassen uns von bestehenden Design Principles inspirieren.
- Wir betrachten Design Principles als „Gebrauchsanweisung“, um unsere Fragen als Team schneller zu beantworten und bei Entscheidungen handlungsfähig zu bleiben.

Tool zum Download

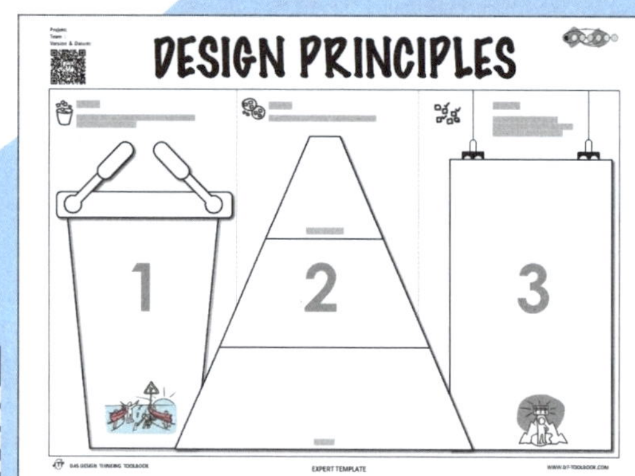

www.dt-toolbook.com/design-principles

Interview for Empathy

inkl. Variation als Tiefeninterview mit einer Fragenlandkarte und Journey Map

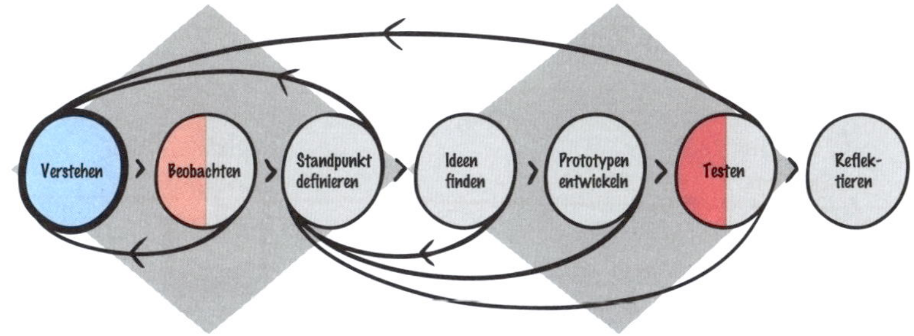

Ich möchte ...

das Problem aus der Sicht des Nutzers betrachten und Empathie mit einem Nutzer aufbauen.

Was du mit dem Tool machen kannst:

- Ein gutes Verständnis über die Bedürfnisse, Emotionen, Motivationen und Denkweisen eines Nutzers erlangen.
- Erkenntnisse erhalten, die bei einer oberflächlichen Betrachtung nicht zu erkennen sind, wie z.B. Frustration und tiefere Beweggründe eines Nutzers.
- Im Kontext der Nutzung herausfinden, welchen Aufgabenablauf der Nutzer präferiert und welches mentale Modell er diesem zugrunde legt.
- Bereits gewonnene Informationen validieren und neue Erkenntnisse gewinnen.
- Eine gute Basis für Diskussionen mit dem Design Thinking Team etablieren.

Mehr Informationen über das Tool

- Interview for Empathy hat das Ziel, die Welt durch den Blickwinkel eines Nutzers zu betrachten.
- Das Tool wird meist in einer frühen Phase im Design Thinking Zyklus genutzt, um den Kontext, in dem der Nutzer handelt, zu verstehen, bevor wir eine Lösung entwickeln.
- Das Tool hilft auch, bisherige Denkmuster zu durchbrechen. Insbesondere wenn bislang eine eher analytische und weniger eine menschenzentrierte Herangehensweise für die Problemlösung genutzt wurde.

Welche Tools könnten als Alternative verwendet werden?

- Explorative Interviews (siehe Seite 63)
- Peers observing Peers (siehe Seite 115)

Welche Tools unterstützen die Arbeit mit diesem Tool?

Vor und während des Interviews:

- 6 W-Fragen (siehe Seite 71) oder Frage 5x Warum (siehe Seite 67) zur Klärung von Unklarheiten, denen im Gespräch auf den Grund gegangen werden kann.

Nach dem Interview:

- Feldnotizen, Video- und Fotodokumentation, Skizze und Empathy Map (siehe Seite 93) zur Zusammenfassung, Dokumentation und Weitergabe der Erkenntnisse.
- Rollenspiel und Shadowing zur Validierung von Erkenntnissen.
- Storytelling, um die gewonnene Empathie mit dem Rest des Designteams zu teilen (siehe Seite 129).

Was benötigen wir an Zeit und Material?

Gruppengrösse

1-2

- Optimal in einer Gruppe von 2 Personen
- Am besten immer zu zweit, einer führt das Interview und die zweite Person macht sich Notizen zu Emotionen und zur Körpersprache.

Typische Dauer

30-60 Min.

- Das Interview dauert mit Erklärung des Problems und Konfrontation mit dem Problem i.d.R. 30-60 Min.
- Meist erzählen die Befragten am Ende, wenn das eigentliche Interview vorbei ist, ihre wahre Geschichte und geben wichtige Einblicke.

Benötigtes Material

- Stifte und Block oder Template
- Kamera oder Smartphone für die Dokumentation mit Video oder Fotos. Jedoch ist es wichtig, den Befragten darauf aufmerksam zu machen und zu erläutern, wie die Aufnahmen genutzt werden.

Template Interview for Empathy

Existierende Annahmen über die Persona und das Problem:

Wie können wir eine Beziehung zu dem Befragten aufbauen, um ihm so ein gutes Gefühl zu geben, dass er/sie persönliche Geschichten im Kontext der Problemstellung teilt?	Schlüsselfragen zur Erkundung von Geschichten:	Schlüsselwörter und Themen in Verbindung mit den gezeigten Emotionen:

Skizzen der Geschichte:

Wie das Tool angewandt wird ...

- Stelle das Team in einem „Interview for Empathy" zuerst dem Befragten vor und erkläre ihm das Problem, das gelöst werden soll.
- Hebe hervor, dass im Rahmen dieses Gesprächs keine Lösung für das Problem gesucht wird, sondern mehr über die Beweggründe der Nutzung in Erfahrung gebracht werden soll.
- Erfolgreiche „Interviews for Empathy" schaffen es, eine Beziehung mit dem Befragten aufzubauen. Dies gelingt am effektivsten, wenn der Befragte sich wohlfühlt und bereit ist, mit dem Designteam seine Geschichte im Kontext des Problems zu teilen.
- Wenn es gelingt, dass der Befragte seine Geschichte erzählt, dann ist er so wenig wie möglich zu unterbrechen oder durch zuvor getroffene Annahmen zu beeinflussen.
- Höre aufrichtig zu und nutze offene Fragen (z.B. W-Fragen), falls die Beweggründe noch nicht verständlich sind.
- Vermeide Fragen, die mit Ja und Nein beantwortet werden können.
- Stelle zusätzlich Fragen, die nicht unmittelbar etwas mit dem Problem zu tun haben, oder bringe Aussagen ein, die den Befragten in einem ersten Moment verwirren, aber helfen, das Problem auch von anderen Blickwinkeln zu betrachten.
- Achte zudem auf die Gestik und Körpersprache des Befragten, und frage nach, wenn diese Signale widersprüchlich zur Antwort sind.
- Nutze das Template, um Annahmen zu beschreiben, Schlüsselfragen zu notieren und schliesslich die Geschichte des Befragten zu skizzieren.

VARIATION – TIEFENINTERVIEW MIT FRAGENLANDKARTE UND JOURNEY MAP

Was benötigen wir an Zeit und Material?

Gruppengrösse

1-3

- Optimal in einem 2er- oder 3er-Team mit 1-2 Beobachtern und einem Interviewer.
- Der Interviewer hat den aktiven Teil in der Diskussion. Zusammen werden die Erkenntnisse dokumentiert und interpretiert.

Typische Dauer

30-120 Min.

- Abhängig von der Komplexität des Projekts kann ein Interview bis zu einer Stunde dauern.
- Die Dokumentation und Überführung in Journey Stages i.d.R. nochmals bis zu 90 Minuten.

Benötigtes Material

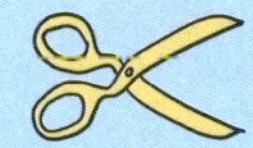

- Papier für Fragenlandkarte, Stifte.
- Visualisierung von Journey Stages auf grossem Whiteboard.
- Optional Foto oder Smartphone, um z.B. die Umgebung zu dokumentieren.

Template Tiefeninterview mit Fragenlandkarte und Journey Stages

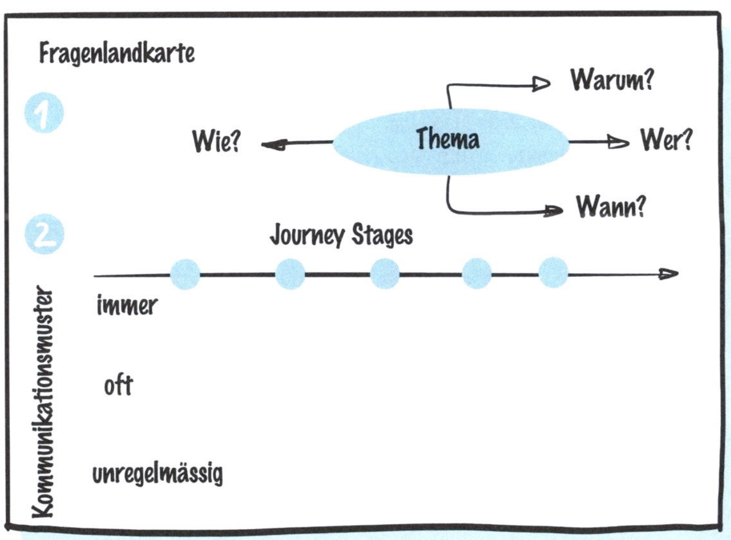

Wie das Tool angewandt wird ...

- **Schritt 1:** Erstelle eine durchdachte Fragenlandkarte, sie ist für ein Tiefeninterview zentral. Schreibe das Thema in die Mitte vom Blatt und erkunde mit W-Fragen die Thematik mit dem Befragten. Verwende auf keinen Fall einen strukturierten Fragebogen, er hätte nur das Ziel, unsere Annahmen zu bestätigen. Diskutiere im Designteam die neuen Erkenntnisse.
- **Schritt 2:** Arbeite zusätzlich zur Fragenlandkarte mit „Journey Stages". Das hilft, Muster frühzeitig zu erkennen.
- Fordere dazu den Befragten auf, ein Thema in Form einer Skizze oder eines zeitlichen Ablaufs darzustellen oder zu vertiefen. Diese Aktivität bietet die Möglichkeit für den Interviewer zu noch tieferen Gesprächen, auch über sensible oder bislang unerschlossene Themenbereiche.
- Bei der Fragenlandkarte und bei den „Journey Stages" ist es das Ziel, unerwartete Erkenntnisse zu gewinnen, die aufgrund von verschiedenen Denkprozessen angestossen werden.
- Zum Beispiel kann auf diese Weise ein Nutzer einer Online Shopping Webseite befragt werden, um herauszufinden:
  - Wo sich ein Nutzer vorab überall informiert hat
  - Welche Informationen wertvoll gewesen sind
  - Wann er sich für den Kauf entschieden hat und welches der ausschlaggebende Punkt gewesen ist
  - Wie einfach die Bezahlung war

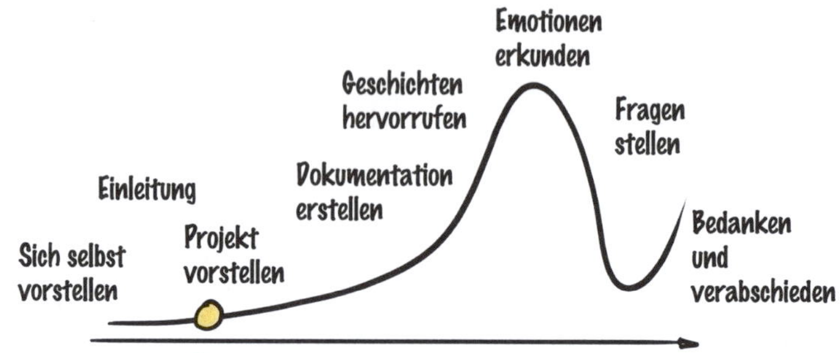

Das Tiefeninterview und die „Journey Stages" können genutzt werden, um eine komplette Journey Map zu erstellen. Ziel ist es, neben der Empathie zum Nutzer und seinen Interaktionen konkrete Informationen über Touchpoints, die ein Nutzer/Kunde hatte, darzustellen und mit dem Team zu diskutieren.

Experten-Tipps:

Führe ein Interview durch!

- Erkunde, wer als Interviewpartner infrage kommt. Denke an Personen, die direkt oder indirekt mit dem Problem verbunden sind.
- Beginne das Interview mit einer Einleitung, um das Ziel und den grösseren Zusammenhang erkennbar zu machen. Versuche nicht, dem Interviewpartner das Problem zu erklären.
- Sei freundlich und rede nicht zu viel. Gutes Zuhören und Beobachten sind Schlüsselkompetenzen bei einem Tiefeninterview.

Stelle einfache Fragen!

- Starte mit einfachen Fragen, wie z.B. „Wie bist du auf das Angebot gestossen?", und erweitere mit offeneren Fragen, wie z.B.: „Kannst du beschreiben, wie du das Problem gelöst hast?"
- Generell helfen offene Fragen, weitere Zusammenhänge und Abhängigkeiten zu erkennen.
- Wo gibt es Widersprüche und warum sind diese vorhanden?
- Beobachte nonverbale Aussagen und frage nach, was beim Gegenüber vorgeht.
- Vermeide geschlossene Fragen, bei denen nur mit Ja oder Nein geantwortet werden kann.

Erkunde die Erwartungen am Ende!

- Versuche am Ende des Interviews, die Erwartungen und die Bedürfnisse zusammenzufassen, wie z.B: „War es genau die Erfahrung, die du erwartet hast?"
- Auch eine Abschlussfrage in der Art „Möchten Sie noch etwas ergänzen?" kann am Ende neue Erkenntnisse bringen.

Das ist das Lieblingstool von Adharsh Dhandapani

Position:
Intrapreneur and Software Engineer, IBM

„Design Thinking enables one to find the 'x' without needing an equation."

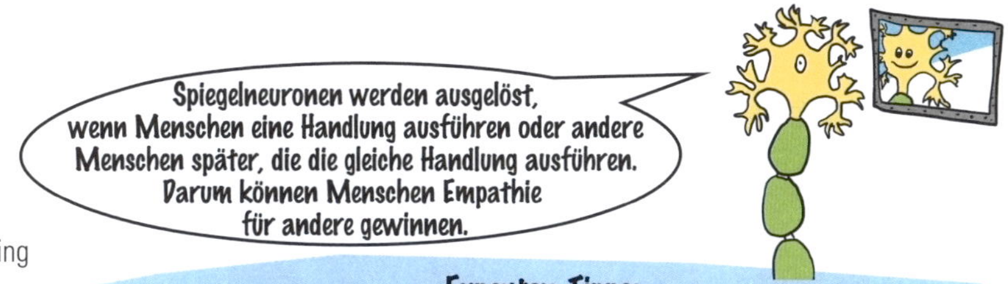

Warum ist das sein Lieblingstool?

Die Spiegelneuronen im Gehirn sind spezielle Nervenzellen, die uns Menschen die Fähigkeit zu Mitgefühl ermöglichen. „Interview for Empathy" hilft uns, diese natürliche Fähigkeit zu nutzen, um die Welt aus der Sicht des Nutzers zu sehen. Ein neuer Blickwinkel hilft uns zudem, unsere falschen Annahmen und Überzeugungen im Kontext des Problems zu hinterfragen. In Kombination mit unterschiedlichen Standpunkten und einer Sicht auf das Problem aus einem anderen Blickwinkel hilft es uns, kreative Wege zur Lösung von Problemen zu finden. Das vorgestellte Tool ist mein Lieblingstool, um in einer frühen Phase das Problem und den Nutzer besser zu verstehen.

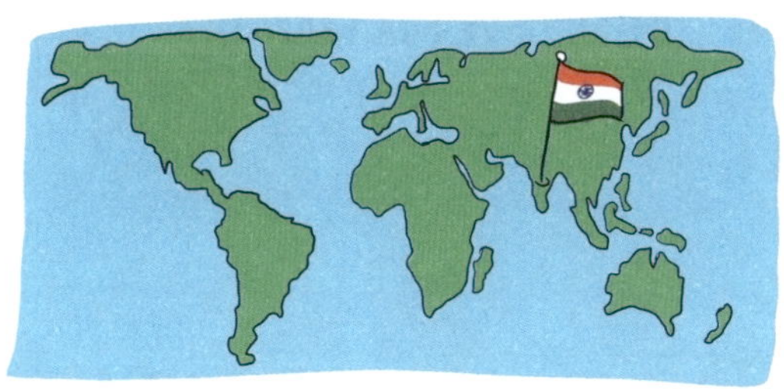

Land:
Indien

Affiliation:
IBM

Geprüft von: Jui Kulkarni

Firma/Position: IBM iX, Application Consultant

Experten-Tipps:

Vertrauen ist das A und O beim Start eines Interviews

- Wir können das Interview z.B. mit einem „Eisbrecher" beginnen. Zudem ist es wichtig, dem Befragten ein Gefühl der Sicherheit zu vermitteln, indem wir ihm z.B. zusichern, dass die im Interview gewonnenen persönlichen Informationen nicht an die Öffentlichkeit weitergegeben werden. Falls erforderlich, geben wir Hilfestellung in der Verwendung des Mikrofons und anderer technischer Geräte, die während der Interviews verwendet werden.

Baue eine persönliche Beziehung mit dem Befragten auf

- Befragte, die uns persönlich kennen, werden sich besser dabei fühlen, wenn sie ihre persönlichen Geschichten mit uns teilen.
- Betone, dass das Interview das Ziel hat, eine bessere Lösung für ihn als Nutzer zu gestalten.
- Menschen haben eine Abneigung gegenüber Cold Calls und Promo-Aktionen auf der Straße, die versuchen auf aggressive Weise etwas zu verkaufen. Wir machen deshalb bereits beim ersten Kontakt klar, dass wir diese Befragung ausschließlich zur Erforschung von Bedürfnissen durchführen und wir mit dieser Befragung kein kommerzielles Interesse verfolgen.

Spreche so viele Sinne wie möglich an

- Spiegelneuronen erfordern eine sensorische Wahrnehmung aus erster Hand, um zu funktionieren. Deshalb ist es wichtig, das Interview so zu gestalten, dass so viele Sinne wie möglich angesprochen werden. Die persönliche Begegnung mit den Nutzern in ihrer natürlichen Umgebung und die Aufzeichnung mit dem Smartphone sind nützliche Wege, um dies zu erreichen.

Validiere die Informationen aus den Interviews

- Die Authentizität der Aussagen des Befragten können wir mit Werkzeugen wie einem Rollenspiel und Shadowing überprüfen.

Verwende Storytelling, um gewonnene Erkenntnisse mit dem Team zu teilen

- Es ist eine große Herausforderung, die Insights aus den Interviews mit dem Team zu teilen. Daher wird Storytelling zu einem entscheidenden Werkzeug, um die Erkenntnisse über die Nutzer mit dem Team zu teilen.

Beschreibung des Anwendungsfalles

- Das Studierendenteam hat das Interview geplant und die Teammitglieder befragen, mit dem Prototyp und der Fragelandkarte ausgerüstet, eine Studentin über ihre Ängste in Bezug auf künstliche Intelligenz (KI).
- Die Studentin interagiert mit dem KI-Prototyp und das Team nimmt das Feedback auf.
- Das Design Thinking Team konsolidiert später die Erkenntnisse auf einer Interview Journey Map.

Key Learnings

- Es ist keine professionelle Ausbildung als Ethnograf notwendig, um dieses Tool gewinnbringend einzusetzen.
- Es ist schwierig, sich alle Informationen aus einem Interview zu merken. Deshalb am besten immer zu zweit rausgehen und entsprechende Notizen machen.
- Empathy Interviews bieten eine einzigartige Möglichkeit, Zeit mit einem Nutzer zu verbringen, seine Geschichten zu hören und mit W-Fragen tiefer zu graben.

Tool zum Download

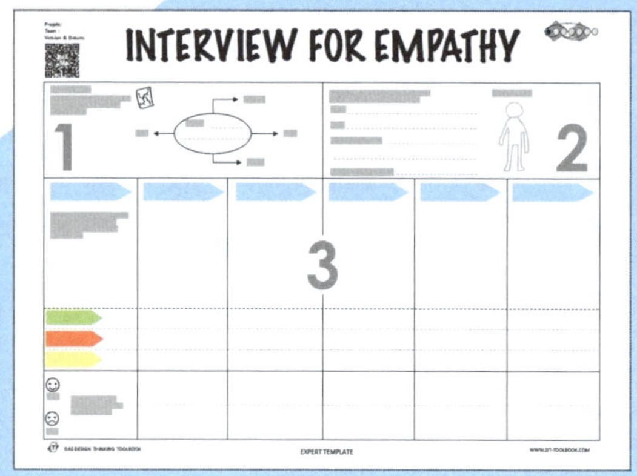

www.dt-toolbook.com/interview-empathy

Explorative Interview

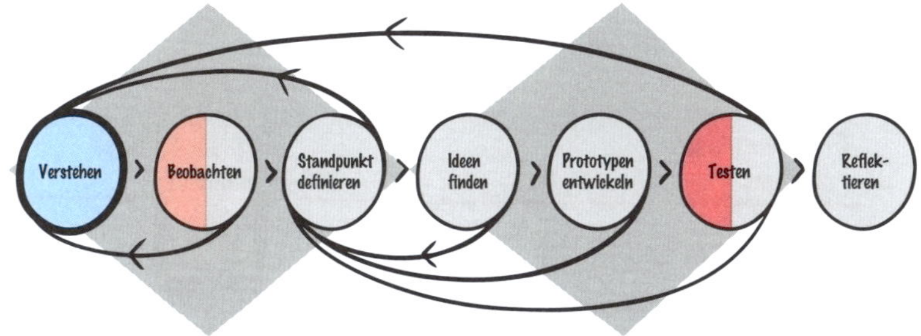

Ich möchte ...

mehr über den Nutzer erfahren, bevor über neue Produkte oder Dienstleistungen nachgedacht wird.

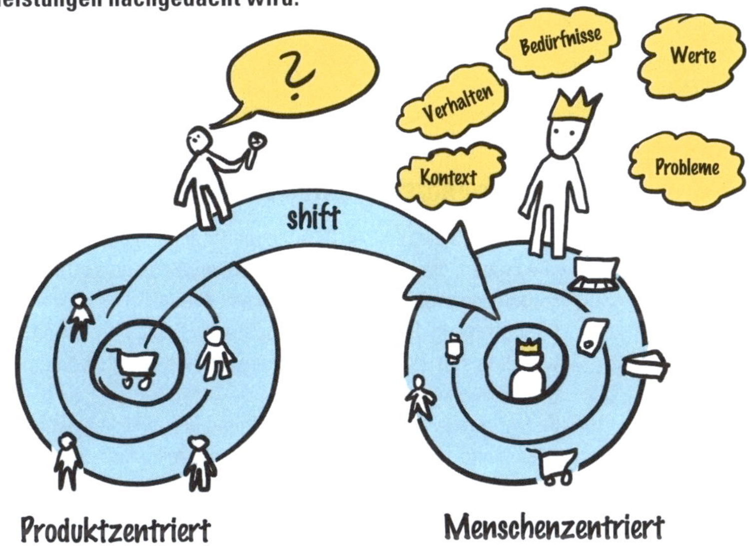

Was du mit dem Tool machen kannst:

- Den Alltag von Menschen erkunden.
- Ein tiefes Verständnis über den Nutzer und seine nicht ausgesprochenen Bedürfnisse erhalten.
- Eine Sicht auf die grundlegenden Werte, Überzeugungen, Motivationen und Bestrebungen erhalten, die das Verhalten beeinflussen.
- Eine Denkhaltung erzeugen, die nicht das Produkt in den Vordergrund stellt, sondern den Menschen mit seinen Bedürfnissen.
- Kulturelle und soziale Aspekte erkunden, die ggf. die Befriedigung von Bedürfnissen beeinflussen.
- In einer frühen Phase Risiken minimieren, Chancen erkennen und erste Konzeptideen prüfen.

Mehr Informationen über das Tool

- Ein „Explorative Interview" wird meist in der frühen Phase im Design Thinking Zyklus angewandt.
- In dieser Art von Interview möchten wir hauptsächlich etwas über den Alltag der Menschen erfahren, für die wir eine Lösung erstellen.
- Das „Explorative Interview" ist eine gute Möglichkeit, den Produktfokus zu verlassen und dem Team aufzuzeigen, dass unsere Nutzer andere Bedürfnisse haben.
- Somit eignet es sich, die bereits getroffenen Annahmen zu hinterfragen und die Entwicklung zum Beispiel auf die Funktionen und Erfahrungen zu lenken, die wirklich eine Relevanz haben.

Welche Tools könnten als Alternative verwendet werden?

- Beobachtungen, z.B. mit dem AEIOU Tool (siehe Seite 107), oder andere ethnografische Methoden, um ein tiefes Verständnis der gelebten Erfahrungen der Menschen zu gewinnen.

Welche Tools unterstützen die Arbeit mit diesem Tool?

- Customer Journey (siehe Seite 103)
- Persona / User Profile (siehe Seite 97)
- Association cards
- Walk and talk
- Visualisierungen von Aktivitäten, z.B. Day in a life

Was benötigen wir an Zeit und Material?

Gruppengrösse

1-2

- Optimal ist ein Interviewer, um eine tiefe Beziehung zum Befragten herzustellen.
- Alternativ kann eine Person das Interview führen, während eine andere Person Notizen macht.

Typische Dauer

60-120 Min.

- Die Entwicklung eines Interviewleitfadens braucht i.d.R. 40 min. Die Durchführung 60-120 Min.
- Genügend Zeit für die Exploration der Umgebung einplanen, um ein tiefes Verständnis für den Alltag der Teilnehmer zu erlangen.

Benötigtes Material

- Interviewleitfaden
- Stift und Papier
- Kamera oder Smartphone zur Aufnahme von Bildern und Videos, wenn die Befragten dies zulassen.

Template und Vorgehen Explorative Interview

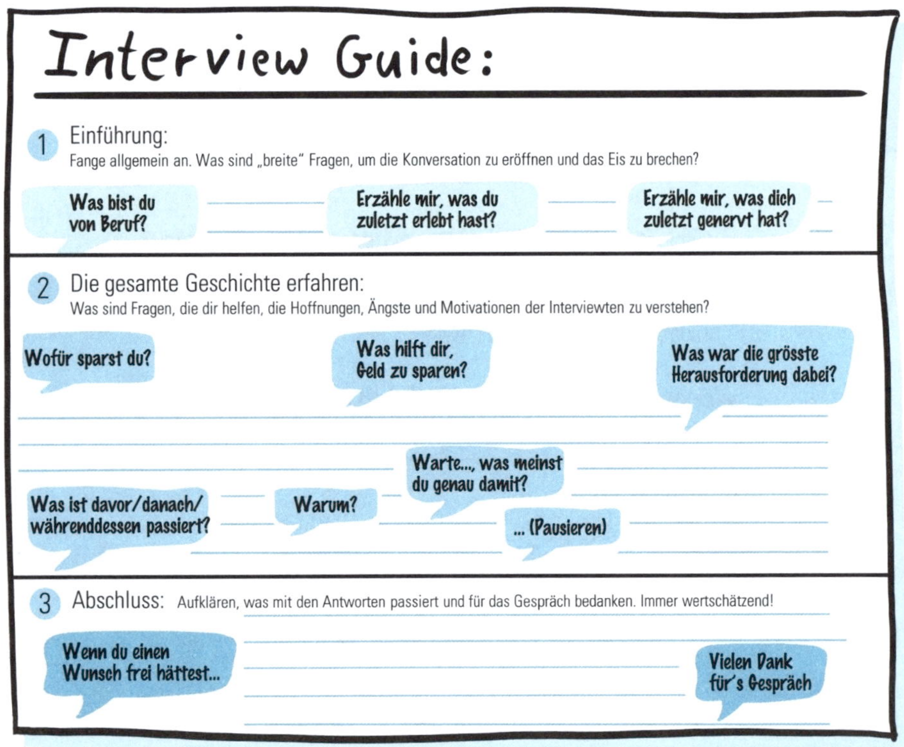

Wie das Tool angewandt wird ...

- **Schritt 1:** Erstelle einen Interviewleitfaden mit den Themen und Fragen, die behandelt werden sollen. Beginne mit breiten Fragen und zoome schrittweise in das Thema.
- Die Befragung des Teilnehmers sollte am Ort der typischen Anwendung stattfinden oder an einem Ort, wo er sich wohlfühlt – am besten zu Hause.
- Sei vorbereitet, vom Interviewleitfaden abzuweichen, wenn Fragen und Themen auftauchen, die dem Teilnehmer wichtig sind.
- **Schritt 2**: Stelle offene Fragen, wie „Was“, „Warum“ und „Wie“, und vermeide Ja/Nein-Fragen.
- Stelle sicher, dass die Fragen dem Teilnehmer ermöglichen, sein Verhalten oder seine Ansichten aus seiner eigenen Perspektive zu schildern.
- Frage nach konkreten Beispielen, um Standardantworten zu vermeiden, und suche nach bestimmten Ereignissen, z.B. „Wann hast du zuletzt…“.
- Versuche, tiefer zu graben, z.B. „Welche Bedeutung hat das für dich …“ oder „Warum hast du …“.
- Versuche zudem, die Sprache des Teilnehmers zu sprechen, und vermeide Fachwörter. Behalte im Hinterkopf, dass der Befragte der Experte für sein Leben ist.
- **Schritt 3:** Beende das Interview mit Fragen wie: „Was wäre, wenn du einen Wunsch frei hättest?“

Das ist das Lieblingstool von Rasmus Thomsen

Position:
Design Director & Partner at the strategic innovation agency IS IT A BIRD.

"I love Design Thinking because it has the potential to answer two fundamental questions in every innovation process: Are we designing the right thing? And are we designing the thing right? For me, the first question has always been the most important, which means we need to do the early work thoroughly by being truly explorative and curious about people and the worlds they inhabit."

Warum ist das sein Lieblingstool?

Produkte oder Dienstleistungen werden in unserem täglichen Alltag eingesetzt. Wenn wir den Kontext, in dem sie eingesetzt werden, nicht vollständig verstehen, können wir auch keine sinnvollen Lösungen entwerfen. Schließlich sollten sie so gestaltet werden, dass sie wirklich einen Mehrwert für den Nutzer darstellen. Das explorative Interview ist eine gute Möglichkeit, um sicherzustellen, dass wir das Richtige für unsere Zielgruppe entwickeln.

Land:
Dänemark

Affiliation:
IS IT A BIRD

Geprüft von: Philipp Bachmann

Firma/Position: Fachhochschule Graubünden, Leiter Service Innovation Lab SIL, Dozent für Strategie und Innovation

Experten-Tipps:

Fokussiere auf die jeweiligen Wertvorstellungen

- Wir sind offen, die eigenen Annahmen und Hypothesen infrage zu stellen.
- Hierbei scheuen wir uns nicht, scheinbar banale Fragen zu stellen oder Dinge infrage zu stellen, die für die meisten Menschen selbstverständlich sind. Wenn wir z.B. einen 5-Jährigen fragen würden, was ein Radio ist, werden wir eine ganz andere Antwort erhalten, als wenn wir einen Erwachsenen fragen.

Ein Bild sagt mehr als tausend Worte

- Durch Skizzen und Bilder können wir im Rahmen des „Explorative Interview" auch abstrakte Themen greifbarer machen und eine konkretere Art von Gespräch führen.
- Wenn es Sinn macht, bitten wir die Teilnehmer, uns zu zeigen, wie sie die Dinge machen, anstatt nur darüber reden.
- Wenn wir bei ihnen zu Hause sind, fragen wir die Teilnehmer nach Objekten von persönlicher Bedeutung, um eine zusätzliche persönliche Komponente über den Teilnehmer zu erhalten.

Ein gutes Gespräch hat Platz auch mal zu schweigen

- Wir nutzen kleine Gesprächspausen, um die Teilnehmer dazu zu bringen, die Situation zu analysieren.
- Wenn die Teilnehmer uns zu erkennen geben, dass sie die Interviewsituation als unangenehm empfinden, fragen wir, ob sie lieber nach draußen gehen oder einen Spaziergang machen möchten.
- Bei der Auswertung des Interviews ist besonders darauf zu achten, ob neue Themen und Fragen entstanden sind, die während des Interviews aufgetaucht sind. Überraschende Erkenntnisse sind bei solchen Interviews an der Tagesordnung.

Hole bei Bedarf Hilfe von außen

- Wir begegnen unseren Teilnehmern auf Augenhöhe in Bezug auf Sprache und Kleidungsstil.
- Wenn wir Hilfe benötigen, nehmen wir einen erfahrenen Design Thinker mit zum Interview.

Beschreibung des Anwendungsfalles

- Wir neigen alle dazu, erst mal eine Lösung zu suchen, statt den Dingen auf den Grund zu gehen. Ein Klassiker ist, ein Angebot für eine Zielgruppe zu entwickeln, ohne hinterfragt zu haben, ob diese überhaupt ein solches Angebot benötigen.
- Besser ist es, zuerst das „Explorative Interview" anzuwenden, um das Problem zu verstehen, bevor eine Lösung entwickelt wird.
- Der Erfolg eines Design Thinking Projekts hängt davon ab, ob wir das richtige Problem lösen oder nicht.
- Lilly kann auf ihr Team stolz sein, es gibt sogar ein Folge-Meeting.

Key Learnings

- Sei offen: Menschen, die befragt werden, haben vielleicht ein ganz anderes Weltbild und Wertesystem.
- Achte darauf: Am Anfang des Design Thinking Prozesses ist das Ziel, zu erkunden und zu verstehen.
- Sei naiv: Habe keine Angst, „dumme" Fragen zu stellen.

Tool zum Download

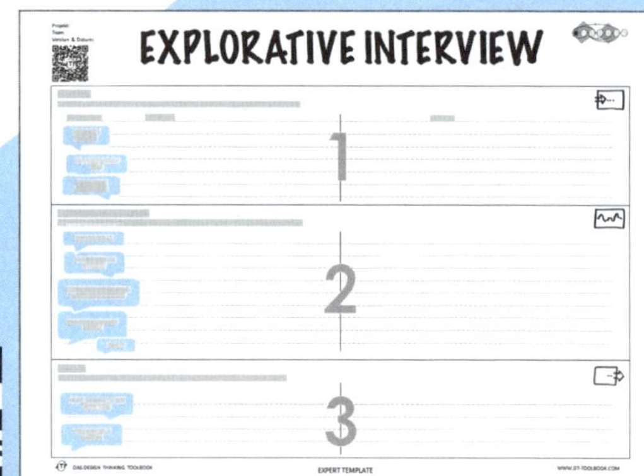

www.dt-toolbook.com/explorative-interview

Frage 5x Warum

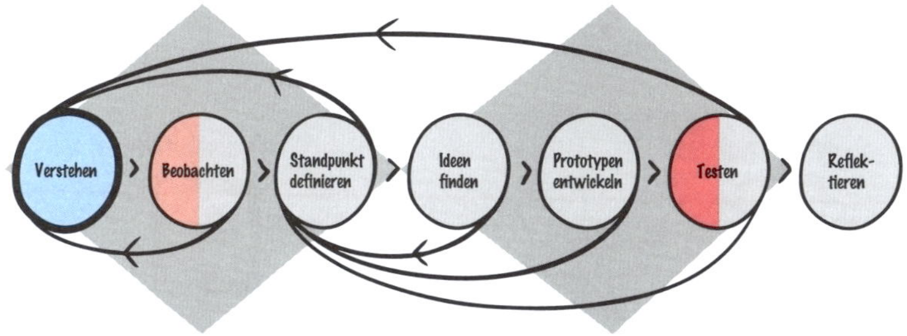

Ich möchte ...

ein Problem in der Tiefe verstehen und nicht nur an der Oberfläche kratzen.

Was du mit dem Tool machen kannst:

- Den wahren Grund eines Problems entdecken.
- Eine nachhaltige Lösung entwickeln.
- In die Tiefe gehen und mehr erfahren, als nur oberflächlich die Symptome zu erkunden, die offensichtlich sind.
- Tiefer und tiefer graben, um neue überraschende Erkenntnisse zu gewinnen.

Mehr Informationen über das Tool

- Wir fragen 5x „Warum?", um die Situation und die wahren Gründe für ein Problem zu verstehen.
- Diese Fragetechnik kann immer dann verwendet werden, wenn wir einen Benutzer befragen, beobachten und tiefer in die kritischen Erfahrungen oder Funktionen eines Problems einsteigen möchten.
- Das Tool wird hauptsächlich in den frühen Phasen des Designzyklus und beim Testen von Prototypen eingesetzt.
- Das wiederholte Fragen hilft uns, auch versteckte Probleme zu identifizieren, die ein Nutzer bei einer einmaligen Frage nicht äußern würde. So erlangen wir Einsichten auf einer anderen Ebene und können Situationen besser beurteilen.
- Wenn wir die Fragetechnik in der Testphase verwenden, kann es uns helfen, genauer zu verstehen, welche Funktionen und Erfahrungen funktionieren und welche noch angepasst werden müssen bzw. verworfen werden sollten.

Welche Tools könnten als Alternative verwendet werden?

- Feedback-Capture-Grid in der Testphase, um mehr über den Nutzer und das zu lösende Problem zu erfahren (siehe Seite 217)

Welche Tools unterstützen die Arbeit mit diesem Tool?

- Explorative Interview (siehe Seite 63)
- Persona / User Profile (siehe Seite 97)
- 6 W-Fragen (siehe Seite 71)

Was benötigen wir an Zeit und Material?

Gruppengrösse

2

- Optimal wird in 2er-Gruppen gearbeitet.
- Eine Person führt das Gespräch und die Zweite konzentriert sich auf die Dokumentation.

Typische Dauer

30-40 Min.

- Zeitbedarf so lange die Interviews dauern, i.d.R. 30-40 Min.
- Frage 5x Warum kann für ein spezifisches Problem angewendet werden oder als Leitfaden für ein Interview, um das Gespräch mehr in die Tiefe zu lenken.

Benötigtes Material

- Notizblock und Stifte.
- Smartphone oder Kamera, sofern der Interviewpartner mit der Aufzeichnung einverstanden ist.

Template 5x Warum

1 Detaillierte Beschreibung des Problems.

2

1. Warum ist es ein Problem (Problembeschreibung)?	Konsequenz
	Was ist das Problem? Welches sind seine Symptome?
2. Warum ?	Direkte Wirkung
	Warum tritt das Problem auf? Welche Technik wird verwendet?
3. Warum ?	Ursache – Wirkung
	Was könnte eine weitere Ursache für das Problem sein?
4. Warum ?	Organisatorische Hürden
	Wie könnte das Problem vermieden werden?
5. Warum ?	Systemhürden
	Welcher systematische Ansatz könnte das Auftreten verhindern?

Wie das Tool angewandt wird ...

- Nutze das Template oder notiere die Antworten auf einem leeren Blatt Papier.
- **Schritt 1:** Beschreibe das Problem so detailliert wie möglich und nutze Fotos oder Skizzen, um es zu beschreiben.
- **Schritt 2:** Starte mit einer „Root Cause"-Analyse und frage so oft wie möglich „Warum". Versuche, auf jede Antwort eine Folge-Warum-Frage zu stellen.
- Höre erst auf, „Warum" zu fragen, wenn es wirklich keinen Sinn mehr macht. Danach entweder ein anderes Problem auf diese Weise erkunden oder über die erhaltenen Antworten in eine vertiefte Diskussion mit dem Befragten eintauchen.
- Baue in der Lösungsdiskussion einfache Prototypen und Skizzen mit ein, um erste Reaktionen von potenziellen Nutzern zu erhalten.

Variation:

Neben dem „Warum" kann 5x „Wie" gefragt werden. Wende diese Fragetechnik an, um eine dauerhafte Lösung für die „Grundursache(n)" des Problems zu finden. Design Thinking Teams können mit den „Warum-Fragen" das Problem überprüfen und mit den „Wie-Fragen" ermitteln, wie es gelöst werden könnte.

Das ist das Lieblingstool von Florence Mathieu

Position:
Founder of Aïna, author of Le Design Thinking par la pratique, Eyrolles

"Empathy and experimentation through prototyping are the key elements of Design Thinking which I use for reinventing the life of the elderly. There isn't a better tool to start tackling aging than to put yourself in the shoes of our elder and understand their deep needs."

Warum ist das ihr Lieblingstool?

Gutes Design basiert auf einem tiefen Verständnis des Problems. Um innovative Lösungen zu entwickeln, muss ich deshalb den Ursprung des Problems genau analysieren. 5x Warum zu fragen hilft mir dabei, tiefer zu gehen und nicht an der Oberfläche eines Problems zu bleiben. 5x Warum ist das einfachste Tool, das wir anwenden können, wenn wir ein Interview mit guten Ergebnissen erzielen möchten. Es hilft uns, die Wurzeln des Problems zu verstehen, was wiederum zu besseren Lösungen führt.

Land:
Frankreich

Affiliation:
AÏNA

Geprüft von: Sebastian Garn

Firma/Position: B&B Markenagentur GmbH, Creative Director

Experten-Tipps:

Mache keine Annahmen

- Versuche, keine Vermutungen über die Wurzel (engl. Root) eines Problems anzustellen.
- Wir lassen unseren Interviewpartner seine Geschichte erzählen, hören aufmerksam zu und haken nach, wenn etwas unklar ist.

Nicht zu früh aufhören Fragen zu stellen

- Es gibt keine Garantie, dass fünf Warum-Fragen ausreichen, um auf den Grund zu stossen.
- Wir fragen so lange weiter, bis es unangenehm wird oder der wahre Grund gefunden wurde.

Überprüfe die Ergebnisse mit Rückfragen

- Um zu überprüfen, ob wir wirklich die Wurzel des Problems gefunden haben, eignen sich Umkehrfragen in Form eines Wenn-dann-Satzes.

  Beispiel:
  - Warum bist du krank geworden?
    – Weil ich am Wochenende draussen an der frischen Luft war.

  Umkehrfrage:
  - Wenn du am Wochenende nicht draussen an der frischen Luft gewesen wärst, dann wärst du jetzt nicht krank?
    – Vermutlich war eher die fehlende Jacke als die frische Luft die Ursache. Die frische Luft ist also nur ein Teil der Ursache. Durch weitere Warum-Fragen kann die Wurzel des Problems weiter aufgeschlüsselt werden.

Beschreibung des Anwendungsfalles

- Während des Interviews und in den nachfolgenden Diskussionen mit dem Design Thinking Team sind wiederholt widersprüchliche Aussagen aufgefallen.
- Das Team möchte in diesen Bereichen nochmals genauer nachfragen und geht mit dem Vorsatz ins Interview, diesmal mindestens fünfmal „Warum?" zu fragen, ehe es lockerlassen wird.
- Sie gehen so weit, dass sie so oft Warum fragen, bis die Interviewpartnerin keine Antwort mehr gibt und die Fragen schon fast philosophisch werden.

Key Learnings

- Beschreibe das Problem zu Beginn möglichst detailliert.
- Involviere Experten und Nutzer in die Problem-Ursachen-Analyse.
- Frage mindestens fünfmal Warum.
- Vergiss nicht, die Erkenntnisse zu dokumentieren.

Tool zum Download

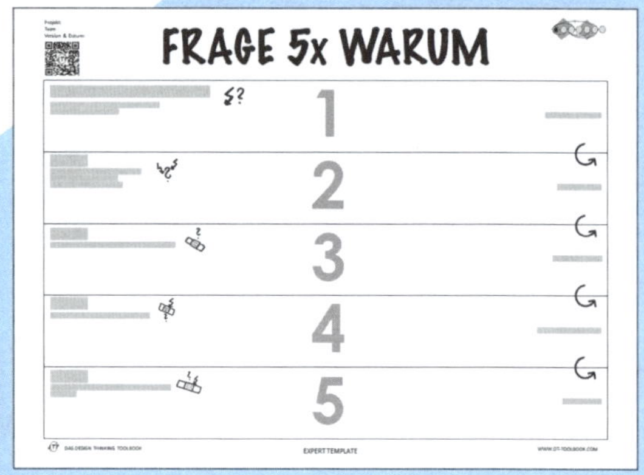

www.dt-toolbook.com/5xwhy

6 W-Fragen

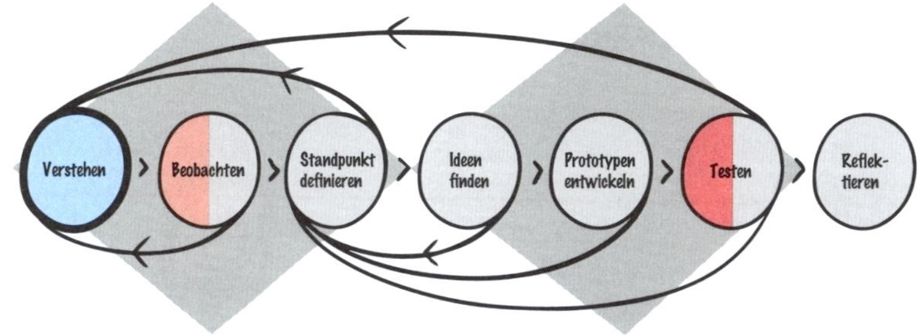

Ich möchte ...

Tiefgehende Einsichten erhalten, sowie neue Erkenntnisse und Informationen gewinnen, um das Problem bzw. die Situation ganzheitlich zu erfassen oder einfach nur relevante Fragen für ein Interview zu finden.

Was du mit dem Tool machen kannst:

- Neue Erkenntnisse und Informationen erhalten und das Problem bzw. die Situation strukturiert erfassen.
- Von konkreten Beobachtungen einer spezifischen Situation auf mehr abstrakte, potenzielle Emotionen und Motive schließen.
- Während der Beobachtungsphase „W-Fragen" benutzen, um genauer zu beobachten und bei neuen Erkenntnissen tiefer zu graben.

Mehr Informationen über das Tool

- Es lässt sich leicht erschließen, dass es sich bei W-Fragen um Fragewörter handelt, welche mit einem *W* beginnen, also Wer?, Was?, Wann?, Wo? Warum? und Wie?.
- 6 W-Fragen nutzen zum Beispiel investigative Journalisten als Grundlage ihrer Recherche. Sie nutzen die 6 W-Fragen, da es sich um offene Fragen handelt, die ein breites Spektrum an Antworten ermöglichen.
- Die W-Fragen geben uns die Möglichkeit, mehr über die Wünsche und Meinungen des Nutzers oder eines Kunden zu erfahren.
- Der einfache Aufbau der W-Fragen hilft in der divergierenden Phase, eine grundlegende Übersicht und tief gehende Einsichten zu erhalten. Vom Team gewonnene Erkenntnisse und Fotos der Beobachtung können damit analysiert werden und das Team in weitere Bereiche führen, die bislang unentdeckte Bedürfnisse und Erkenntnisse hervorbringen.
- Während der Beobachtungsphase helfen die „W-Fragen" zu erkunden, „was", „wo" und „wie" vonstattengeht.

Welche Tools könnten als Alternative verwendet werden?

- Interview for Empathy (siehe Seite 57)
- Explorative Interview (siehe Seite 63)
- AEIOU (siehe Seite 107)

Welche Tools unterstützen die Arbeit mit diesem Tool?

- Problem Statement (siehe Seite 49)
- Design Principles (siehe Seite 53)
- Frage 5x Warum (siehe Seite 67)

Was benötigen wir an Zeit und Material?

Gruppengrösse

3-5

- 6 W-Fragen können im Team angewandt werden oder auch zur Vorbereitung eines Interviews.
- Deshalb ist die Teamgrösse nebensächlich.

Typische Dauer

30-60 Min.

- Die Dauer variiert. 6 W-Fragen können sehr schnell und oberflächlich als Einstieg oder intensiv mit vielen Diskussionen genutzt werden.
- I.d.R. sind W-Fragen in vielen Phasen des Designzyklus ein nützliches Tool.

Benötigtes Material

- Template ausdrucken oder auf einem Papier das 6 W-Raster skizzieren.
- Stifte, Post-its

Template 6 W-Fragen

Wer	Was	Wann	Wo	Warum	Wie
Wer ist beteiligt?	Was wissen wir bereits über das Problem?	Wann hat das Problem begonnen?	Wo findet das Problem statt?	Warum ist das Problem wichtig?	Wie könnte dieses Problem eine Chance sein?
Wer ist von der Situation betroffen?	Was würden wir gerne wissen?	Wann möchte man Ergebnisse sehen?	Wo wurde es schon mal gelöst?	Warum tritt es auf?	Wie könnte es gelöst werden?
Wer ist der Entscheider?	Was sind Annahmen, die hinterfragt werden könnten?		Wo gab es ähnliche Situationen?	Warum wurde es noch nicht gelöst?	Wie ist bereits versucht worden, das Problem zu lösen?

Wie das Tool angewandt wird ...

- Die 6 W-Fragen können in verschiedenen Situationen eingesetzt. werden. Wir möchten zwei Situationen vorstellen.

Situation 1: Das Problem besser verstehen

Ziel: eine erste Übersicht über das Problem sowie Informationen zu möglichen Hypothesen und Anknüpfungspunkten erhalten.

- Versuche, alle relevanten W-Fragen zu stellen und zu beantworten.
- Wenn eine W-Frage im Kontext keinen Sinn macht, lasse sie aus.
- Schaue, wo Ungewissheiten bestehen oder sich weitere Fragen ergeben. Erkenne, welche Fragen im Interview gestellt werden sollen.

Situation 2: Mehr über die Bedürfnisse erfahren

Ziel: eine Basis für ein Interview mit Nutzern oder Stakeholdern erhalten.

- Mache eine Liste von möglichen Unterfragen (z.B. in Form einer Mindmap).
- Variiere die Fragen und „spiele" mit den Fragen. Passe sie der Situation an.
- Erstelle daraus die Interviewfragen oder eine Fragelandkarte.
- Versuche, viele Informationen zu erhalten. Frage nach dem *Warum* auch bei anderen W-Fragen.

Das ist das Lieblingstool von Kristine Biegman

Position:
Trainer / Coach / Facilitator human-centered design
launchlabs GmbH, Berlin

„Design Thinking forces us to open up, let go assumptions, experiment, embrace insecurity and 'failure' and above all: to trust the process. For me, Design Thinking is a powerful vehicle to make wonderful things happen in and between people while designing for people. I'm grateful to contribute to this every day!"

Warum ist das ihr Lieblingstool?

Die 6 W-Fragen sind wohl eins der am häufigsten gebrauchten Tools über den gesamten Design Thinking Zyklus. Besonders wertvoll sind die Fragen, um die Problemstellung und das damit verbundene Problemfeld besser zu verstehen. Zudem helfen W-Fragen, bereits gesammelte Informationen zu analysieren und zu hinterfragen. W-Fragen sind mein Lieblingstool, weil sie mir helfen, tiefer zu graben!

Land:
Deutschland

Affiliation:
launchlabs

Geprüft von: Moritz Avenarius

Firma/Position: oose, Design Thinking Facilitator & Strategy Consultant

Experten-Tipps:

Frage immer mehrmals nach Antworten

- Durch Nachfragen und nochmals fragen graben wir tiefer. Wir fragen auch, wenn wir die Antwort zu kennen glauben, nochmals nach. Es scheint uns befremdlich, aber wende ein „Beginners Mind" an und frage, wie ein Kind, mehrfach hintereinander „Warum".
- Zudem sollten wir versuchen, zu jeder Frage mehr als eine Antwort zu bekommen. Gerade widersprüchliche Antworten können interessant sein, um mehr über die echten Bedürfnisse zu erfahren.
- Wenn eine W-Frage aus der Tabelle im Kontext der Problemstellung keinen Sinn macht, lassen wir sie einfach aus.
- Wir versuchen, mit den 6 W-Fragen so viel Informationen zu erhalten wie möglich. Binde auch andere Fragetechniken mit ein, wie z.B. 5xWarum. Hier kann z.B. einen Liste mit möglichen Unterfragen erstellt werden, die in eine Mindmap fließen.

Drehe Fragen ins Negative, um neue Perspektiven zu erhalten

- Es kann Vorteile bringen und die Kreativität anregen, wenn die Fragen ins Negative gedreht werden, z.B. „Wann tritt das Problem NICHT auf?" oder „Wer ist NICHT betroffen?".
- Wir haben zudem gute Erfahrungen damit gemacht, die 6 W-Fragen im Rahmen vom Brainstorming oder als Basis für einen initialen Brain Dump zu nutzen, um zu sehen, was das Team alles zu glauben oder zu wissen meint.

No fake news – bleibe bei den Fakten

- Zudem ist es immer nützlich, die Antworten mit Fakten zu untermauern – z.B. auch mithilfe von Desk Research und Data Analytics.

Beschreibung des Anwendungsfalles

- Für die Vorbereitung von Tiefeninterviews mit Entscheidungsträgern in Singapur teilt sich das Team auf.
- Durch W-Fragen soll das Problem besser verstanden werden.
- Am Ende hat das Designteam mehr als 40 unterschiedliche W-Fragen gesammelt, die helfen werden, mehr über die digitale Transformation bei Unternehmen in Südostasien zu erfahren.
- Lilly motiviert das Design Thinking Team, die 6 W-Fragen noch öfters im Prozess zu nutzen.

Key Learnings

- Definiere die richtigen W-Fragen für die Situation.
- Beantworte die Fragen im Team, um eine strukturierte Übersicht zu gewinnen.
- Grabe im Kundeninterview tiefer und frage nach.
- Ergänze die Antworten mit wichtigen Fakten.

Tool zum Download

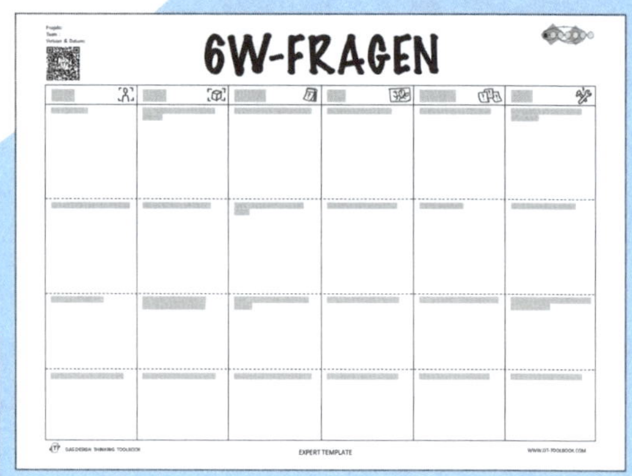

www.dt-toolbook.com/wh-questions

Jobs-to-be-done (JTBD)

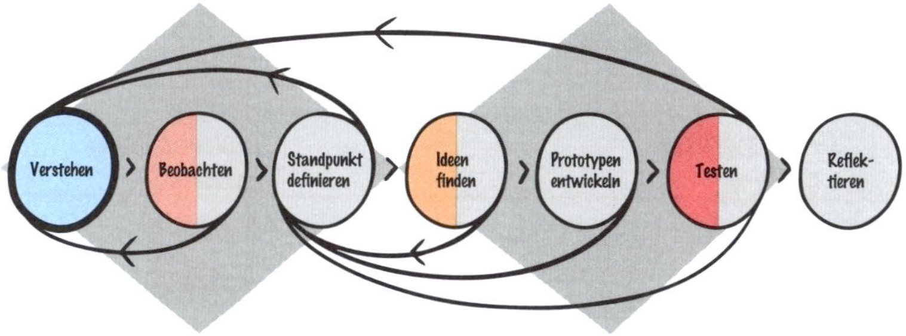

Ich möchte ...

die Problemlösung auf Dinge fokussieren, die den Kunden weiterbringen und ihm helfen, seine Aufgaben zu erledigen.

Wenn
ich mit der Digitalkamera ein Foto mache,

will ich
es so nachbearbeiten können, dass es aussieht wie von einem professionellen Fotografen.

So kann ich
perfekte Bilder zeigen.

Wenn
ich ein Foto mit meinem Handy mache,

will ich
es einfach bearbeiten können.

So kann ich
es schnell mit meinen Freunden teilen.

Was du mit dem Tool machen kannst:

- Die Kundenaufgaben (Jobs-to-be-done) strukturiert erfassen und neue Erkenntnisse gewinnen.
- Verborgene, meist bislang nicht ausgesprochene zu erfüllende Aufgaben des Kunden finden, um daraus später die Kundenbedürfnisse abzuleiten oder zu schärfen.
- Auch die gesamte Kundenerfahrung optimieren, um zum Beispiel einer Dienstleistung einen eindeutigen Zweck zu geben.

Mehr Informationen über das Tool

- Der Jobs-to-be-done (JTBD)-Ansatz von Clayton Christensen hilft dabei, sich auf den Kunden/Nutzer zu fokussieren und neue Lösungen zu finden.
- Wenn die Aufgaben, die ein Kunde zu erledigen hat, in der Tiefe verstanden sind, dann ist das Erfolgspotenzial nahezu garantiert.
- Deshalb erfährt JTBD eine immer größer Beliebtheit in der Design Thinking Community, weil die Ausrichtung auf die zu erfüllende Aufgabe des Kunden wie ein Kompass fungiert und disruptive Geschäftsmodelle ermöglicht.
- Die Grundidee von JTBD ist, dass Kunden nach einem Produkt oder einer Dienstleistung „schreien", wann immer sie eine Aufgabe zu lösen haben.
- Dabei geht es vor allen darum, die tieferliegenden sozialen, emotionalen oder persönlichen Aufgaben der Kunden zu befriedigen.

Welche Tools könnten als Alternative verwendet werden?

- Persona / User Profile (siehe Seite 97)

Welche Tools unterstützen die Arbeit mit diesem Tool?

- 6 W-Fragen (siehe Seite 71)
- Frage 5x Warum (siehe Seite 67)
- Interview for Empathy (siehe Seite 57)
- Customer Journey (siehe Seite 103)

Was benötigen wir an Zeit und Material?

Gruppengrösse

3-5

- JTBD kann für alle Teamgrössen genutzt werden. Eine effiziente Teamgrösse sollte 5 Personen nicht übersteigen
- Direkte Interviews mit dem Kunden, dann am besten paarweise

Typische Dauer

60-120 Min.

- Pro Interview sollten je nach Problemstellung 30-60 Min. gerechnet werden.
- Mache mindestens zwei Interviews
- Eine JTBD kann grundsätzlich in wenigen Minuten erfolgen, kann aber auch weitere Diskussionen in Gang bringen.

Benötigtes Material

- Post-its, Stifte, Marker
- Flipchart, Wand oder freie Fläche
- Evtl. Templates mit Muster-Kundenaufgaben

Template Jobs-to-be-done

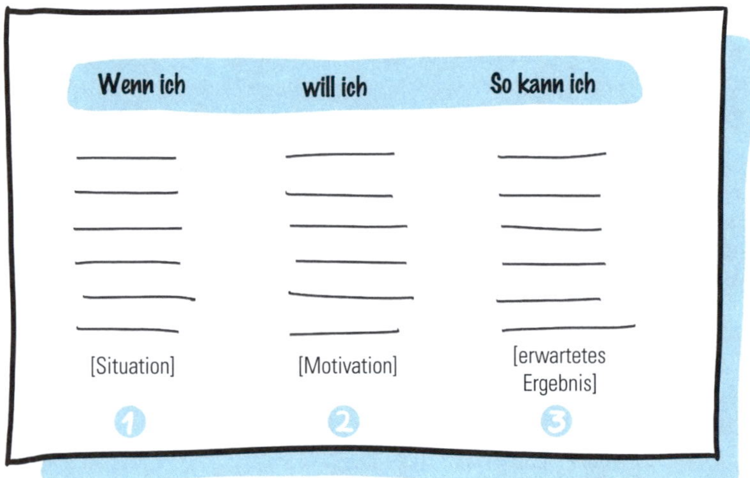

Wie das Tool angewandt wird ...

- Das JTBD besteht aus drei Elementen: (1) Beschreibung der Situation, (2) Erläuterung der Motivation und (3) welches Ergebnis erwartet wird.
- Erfasse mit dem JTBD-Ansatz die indirekten Ziele und Aufgaben. Um diese zu verstehen, ist es nötig, mit den 6 W-Fragen und der 5x Warum-Frage Methode tiefer zu graben.
- Die Kundenaufgaben können z.B. entlang der Customer Journey (siehe Seite 103) oder über den Produkt-Life-Cylcle erfasst werden. Die Aufgaben werden am besten einzeln aufgeschrieben und ggf. in verschiedene zu erfüllende Aufgaben unterteilt.
- Frage bei jeder Aufgabe, die zu erfüllen ist, nach dem *Warum*. Starte z.B. mit der Frage: *Warum* kauft der Kunde bei uns?
- Durch dieses Vorgehen können die Kundenaufgaben gesammelt, strukturiert und priorisiert werden.
- Schreibe die Kundenaufgaben nach dem Muster „Wenn … (Situation), will ich … (Motivation), so kann ich …(erwartetes Ergebnis)" auf.
- Frage als Nächstes auf dieser Basis nach dem „Warum nicht", also z.B. warum der Kunde nicht bei uns kauft.
- Generiere aus den Antworten der JTBD-Sätze neue Ideen und leite schließlich die Erfahrungen und Funktionen ab, welche für einen Nutzer kritisch sind.

Das ist das Lieblingstool von Patrick Schueffel

Position:
Professor & Liaison Officer der HEG Fribourg in Singapur
Momentum Builder bei STO Global-X

„Design Thinking hilft mir dabei, extrem schnell und kundenorientiert Produkte und Dienstleistungen zu entwickeln."

Customers don't just buy products, they hire them to do a job.
– Clayton Christensen

MORE THAN JUST ...

Warum ist das sein Lieblingstool?

Jobs-to-be-done ist mein Lieblingstool, da es einerseits einfach und intuitiv begreifbar ist und auf der anderen Seite nach tieferen Kundenbedürfnissen fragt. Richtig eingesetzt kann dieses Tool in Situationen, die zunächst trivial erscheinen, match-entscheidende Erkenntnisse liefern.

Land:
Singapur

Affiliation:
STO Global-X

Geprüft von: Line Gram Frokjaer

Firma/Position: SODAQ, Mechanical Design Engineer

Experten-Tipps:

Gehe den wahren Bedürfnissen auf den Grund

- Der JTBD-Ansatz ist wertvoll, weil Kunden/Nutzer sich schwertun, über ihre Bedürfnisse zu sprechen, aber sie sind in der Lage, über ihre zu erfüllenden Aufgaben zu sprechen und über Herausforderungen, die sie dabei haben.
- Damit der JTBD-Ansatz einen Nutzen stiftet, sollte er nicht nur oberflächlich angewandt werden, sondern es sollten einige Grundsätze beachtet werden. So ist die zu erfüllende Kernaufgabe des Kunden der Fokus der Wertschöpfung. Der JTBD ist die Grundlage für eine Marktopportunität, d.h., dass ebenfalls andere Aufgaben für ein ganzheitliches Bild betrachtet werden müssen, wie z.B. angrenzende und emotionale Aufgaben, sowie die Touchpoints eines Kunden/Nutzers über den Produktlebenszyklus. Führe diese Aufgaben nicht zusammen, sondern miss sie getrennt voneinander. Zudem kann jede Aufgabe durch KPIs gemessen werden, die zu definieren sind. Das erwartete Ergebnis ist Teil von einem Markt und beschreibt präzise, was der Kunde erreichen will. Die Ergebnisse sind lösungsunabhängig und sollten durch quantitative Erhebungstechniken verifiziert und gemessen werden.

Betrachte auch die Pains und Gains

- Versuche zudem, die Pains (Probleme und Schwierigkeiten) und Gains (Vorteile, Freuden), die der Kunde bei den Aufgaben hat, zu dokumentieren.
- Besonders Workarounds und improvisierte Lösungen des Kunden sind sehr aufschlussreich. Sie zeigen Punkte, in die Kunden Zeit und Geld investieren, um ihre Probleme zu lösen.

Beschreibung des Anwendungsfalles

- Lillys Team definiert die Aufgaben, die der Nutzer machen sollte. Sie nutzt dazu die Customer Journey als Basis und ergänzt diese mit weiteren wichtigen emotionalen und sozialen Aufgaben.
- Nach der Priorisierung werden die wichtigsten Aufgaben entlang des Jobs-to-be-done-Framework beschrieben.
- Für jeden Satz werden die wichtigsten Pains und Gains bestimmt. Die einzelnen JTBDs sind ein zentraler Ansatzpunkt für Lilly, um das Kundenerlebnis neu zu gestalten.

Key Learnings

- Die Kundenaufgaben werden nach dem Schema aufgeschrieben: „Wenn ich … (Situation), will ich … (Motivation), so kann ich …(erwartetes Ergebnis)".
- Die versteckten nichtfunktionalen, sozialen, emotionalen oder persönlichen Kundenaufgaben sind oft besonders wichtig und bilden den Schlüssel zur Lösung.
- Nutze das JTBD-Framework für alle Aufgaben entlang der Customer Journey.

Tool zum Download

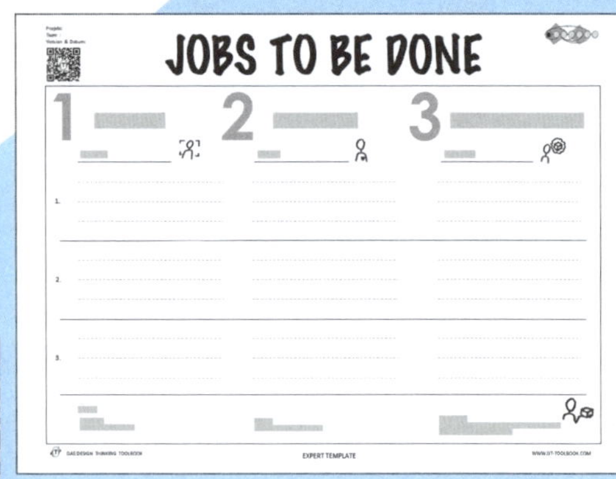

www.dt-toolbook.com/jtbd

Extreme/Lead User

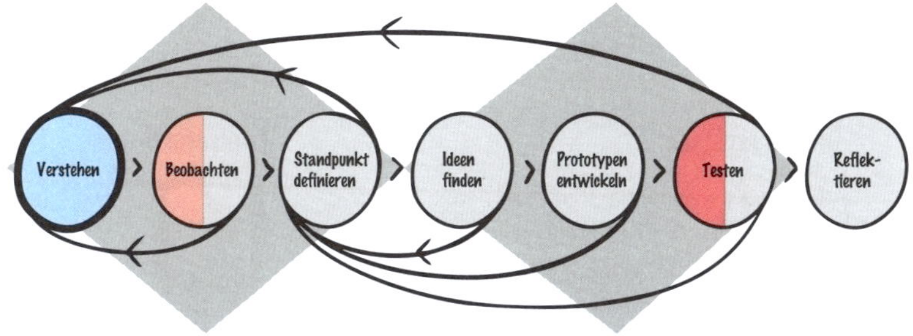

Ich möchte ...

neue, innovative Ideen und Nutzerbedürfnisse finden, die dem durchschnittlichen Nutzer (noch) nicht bekannt sind.

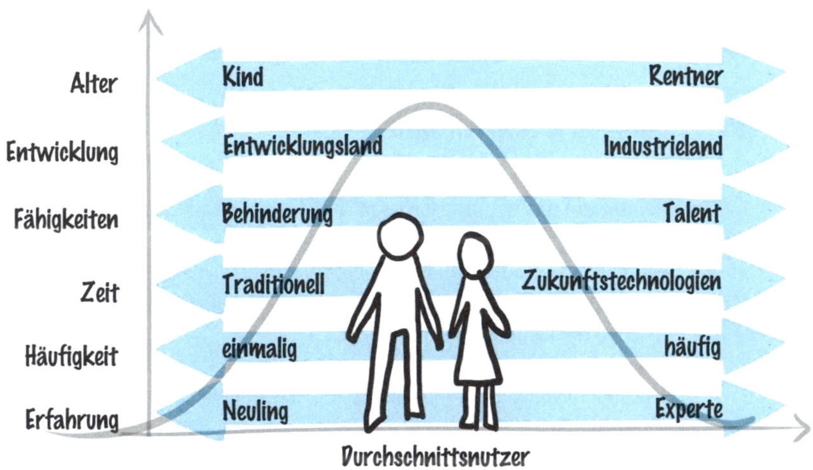

Was du mit dem Tool machen kannst:

- Die Bedürfnisse der Nutzer erkunden, die durchschnittliche Benutzer nicht in der Lage sind zu artikulieren.
- Neue innovative Ideen finden.
- Frühzeitige Trends des Nutzerverhaltens oder der Bedürfnisse erkennen.
- Ideen für ein integrativeres Design finden.

Mehr Informationen über das Tool

- Extreme/Lead User (oder auch bekannt als Power-User und Experten-User) basieren auf den gleichen Grundüberlegungen. Durch die Interaktion mit ihnen möchten wir bessere Informationen über die jeweiligen User und deren Bedürfnisse erhalten.
- Ein Lead User tritt oftmals selbst als Innovator auf. Lead User haben Bedürfnisse und Anforderungen, die dem Massenmarkt vorauseilen. Sie sind wertvolle Informationsquellen, da davon auszugehen ist, dass sie einen besonders hohen Nutzen von einer Bedürfnisbefriedigung oder der Problemlösung haben werden. Bei komplexen Produkten stößt jedoch die klassische Lead-User-Methodik an ihre Grenzen.
- Ein Extreme User ist hingegen ein Nutzer, der die üblichen Nutzungsgrenzen überschreitet oder das Produkt, System oder einen Raum deutlich mehr als ein durchschnittlicher Nutzer beansprucht, z.B. Taxifahrer vs. normaler Autofahrer, Extremsportler vs. Freizeitsportler.
- Extreme User erleben die Welt anders als ein durchschnittlicher User und haben deshalb pragmatischere oder intensivere Bedürfnisse. Die durch den Extreme User aufgedeckten Bedürfnisse sind oft auch latente Bedürfnisse bei der breiteren Bevölkerung.

Welche Tools könnten als Alternative verwendet werden?

- Interview for Empathy (siehe Seite 57)
- Explorative Interview (siehe Seite 63)
- AEIOU (siehe Seite 107)
- Empathy Map (siehe Seite 93)
- Peers observing Peers (siehe Seite 115)

Welche Tools unterstützen die Arbeit mit diesem Tool?

- 5xWarum-Fragen (siehe Seite 67)
- 6 W-Fragen (siehe Seite 71)
- Jobs-to-be-done (siehe Seite 75)

Was benötigen wir an Zeit und Material?

Gruppengrösse

2

- Optimal in 2er-Teams, damit eine Person sich auf das Gespräch konzentrieren kann und die zweite Person auf das Protokollieren der Aussagen.

Typische Dauer

30-120 Min.

- Die Interaktion mit dem Nutzer in seinem Umfeld kann unterschiedlich lang sein.
- Meist braucht es viel Zeit und Ausdauer, den Lead User ausfindig zu machen. Extreme Users sind oft leichter zu finden.
- Frage bekannte Nutzer nach Empfehlungen für andere potenzielle Lead User.

Benötigtes Material

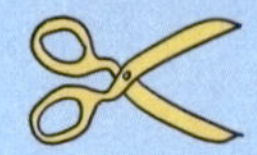

- Notizblock und Stifte
- Smartphone oder Kamera, wenn es der Interviewpartner gestattet, zur Dokumentation der Erkenntnisse.

Vorgehen Extreme User/Lead User

	Charakteristik	Komplexität	Outcome	Vorgehen
Lead User	Dem Trend voraus; Bereit, Zeit und Ressourcen zu investieren, sehr erfahren und gut vernetzt	Schwer zu finden	Meist sehr gute Erkenntnisse	1. Trend identifizieren 2. Identifikation von Lead Usern 3. Co-Creation mit Lead User 4. Reflexion und Projektion der Ergebnisse auf Problemstellung
Extreme User	Extreme: jung/alt, arm/reich Unterschiede: Regelmässig/selten Nutzer, Experte/Laie	Einfach zu finden	Gute Zusatzinformationen	1. Extreme User identifizieren 2. Beobachtung und Interaktion festlegen (Befragung, Shadowing oder Gruppenbefragung) 3. Erkenntnisse für Persona nutzen, Problem Statement schärfen oder erste Ideen sammeln

Wie das Tool angewandt wird ...

Lead User

- Identifiziere den potenziellen Lead User für einen Markttrend oder auf dem Gebiet der jeweiligen Problemstellung.
- Befragung oder Co-Creation mit dem Lead User. Es empfiehlt sich, die Lead User immer auch nach Empfehlungen zu anderen potenziellen Lead User zu fragen.
- Aus der Interaktion mit Lead Usern entstehen meist neue Lösungsansätze oder Wege, die wir bislang nicht bedacht haben.

Extreme User

- Identifiziere potenzielle Extreme User basierend auf Dimensionen, in denen ein solcher User interessant sein könnte (z.B. ein Kind oder ein älterer Mensch, ein Anfänger oder ein Superexperte).
- Entscheide, wie am besten mehr über sie/ihn zu erfahren ist.
- Nutze die Erkenntnisse, um mehr über das Problem oder eine breitere Zielgruppe zu erfahren.
- Power User sind heavy User, die sich durch hohe Anwendungsintensität auszeichnen.

Vorgehen:

- Bei der Zusammenarbeit, Befragung und der Beobachtung der Lead User, Power User oder Extreme User sollten wir besonders auf Workarounds oder bislang unbekannte Lösungsalternativen achten, die ein solcher User möglicherweise entwickelt hat. Solche Erkenntnisse sollten später im Rahmen von Prototypen und Tests mit den Durchschnittsnutzern validiert werden, um sicherzustellen, dass eine erste Idee, die solche Attribute enthält, auch den Bedürfnissen der Mehrheit entspricht.

Das ist das Lieblingstool von Katja Holtta-Otto

Position:
Professor of Product Development, Design Factory, Aalto University

„Design thinking is really people thinking. It is thinking about the people we develop for, also the non obvious people."

Warum ist das ihr Lieblingstool?

Für mich ist die Interaktion mit diesen Usern so, als würde mir jemand eine Lupe geben, die es mir ermöglicht, ihre Bedürfnisse zu sehen, die schon immer da waren, die ich aber bislang noch nicht erkannt habe. In verschiedenen Design Challenges hat mich die Arbeit mit Extreme Usern weitergebracht. So habe ich z.B. in einem Projekt Insights über Rollstühle erhalten. In der Interaktion mit Extreme Usern wurde mir bewusst, dass diese Hilfsmittel nicht nur auf der Straße funktionieren sollten, sondern auch auf unebenen Flächen.

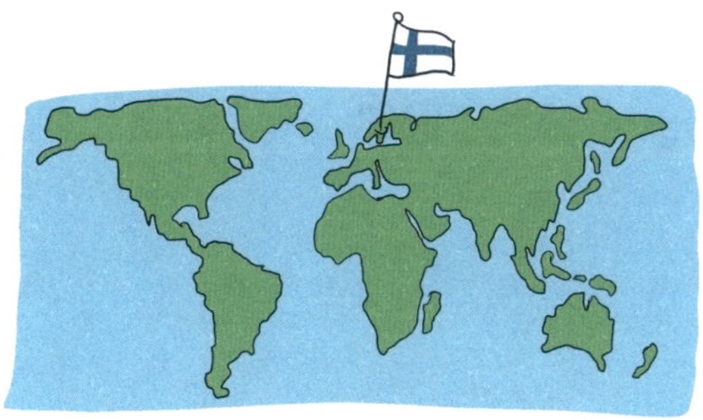

Land:
Finnland

Affiliation:
Aalto University

Geprüft von: Andreas Uthmann

Firma/Position: CKW, Head of New Business & Innovation

Experten-Tipps:

Suche nach wilden Ideen

- Der inspirierende Austausch mit Extreme Usern führt uns oft zu wilden und neuen Ideen. Wir sollten jede Gelegenheit nutzen, Zeit mit dieser Art von Usern zu verbringen.
- Generell sollten wir jeden Nutzer wie einen Experten behandeln. Wir respektieren ihre Belange, besonders wenn es sich um sensible Bevölkerungsgruppen handelt.

Verlasse bestehende Grenzen

- Wir haben sehr gute Erfahrungen mit dem Austausch von ganzen Gruppen (z.B. 8–12 Extreme Usern) gemacht. Die unterschiedlichen Meinungen und der Austausch untereinander bringt oftmals weitere Erkenntnisse.
- Daraus lässt sich ableiten, dass wir immer mehrere Extreme User beobachten und befragen sollten. Dadurch wird die Wahrscheinlichkeit, Muster zu erkennen, erhöht.
- Aber aufgepasst. Nicht jeder, der etwas extrem anwendet, ist innovativ. Ein Extreme User ist kein Lead User, deshalb sind diese Nutzer unter Umständen ein Teil der normalen User.

Nutze alle Kanäle, um mit den Lead-User in Kontakt zu bleiben

- Um mit Lead Usern zu interagieren und in Kontakt zu bleiben, gibt es verschiedene Möglichkeiten. Diese reichen von WhatsApp-Gruppen bis zu temporären Blogs, sie können auf gewöhnliche Nutzer oder Lead User ausgerichtet sein und bieten vielfältige Diskussionsmöglichkeiten.
- Zudem können Chats temporär eingerichtet werden und alle Teilnehmer können darin Beiträge verfassen. Ein „Ideenbriefkasten" für spontane erste Gedanken und auch kleinere Umfragen befeuern die Interaktion zusätzlich.

Beschreibung des Anwendungsfalles

- Um die Bedürfnisse der Mehrheit zu erfassen, bestimmt Lillys Team Lead User und Extreme User.
- Ein Extreme User ist der Gamer. Er ist nur noch in seiner virtuellen Welt zu Hause und kriegt vieles in der realen Welt nicht mehr mit. Dafür hat er sehr konkrete Vorstellungen, was gut gestaltete virtuelle Welten können sollten.
- Lillys Team möchte sich auf solche Extreme User konzentrieren, um das Problemverständnis noch weiter zu schärfen.
- Bilder der identifizierten Lead und Extreme User helfen dem Team, Empathie mit diesen aufzubauen.

Key Learnings

- Berücksichtige alle extremen Benutzerbedürfnisse, auch wenn sie auf den ersten Blick als nicht relevant erscheinen. Oft nehmen wir Dinge nicht richtig wahr (z.B. sind wir nicht in der Lage, in einer lauten Umgebung zu hören).
- Teste die Anforderungen später mit allen Arten von Usern und nicht nur mit den Extreme- und Lead Usern.

Tool zum Download

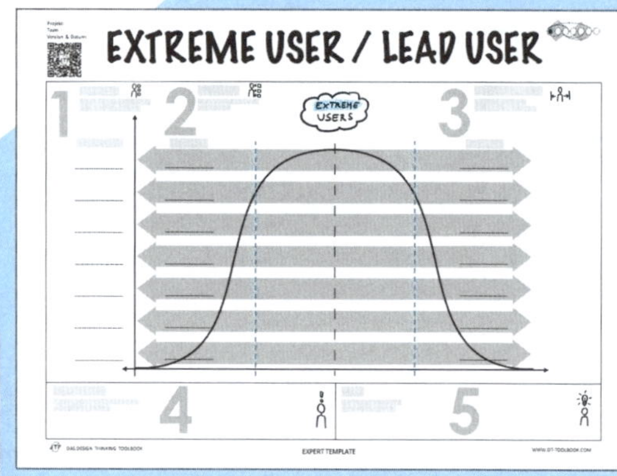

www.dt-toolbook.com/extreme-user

Stakeholder Map

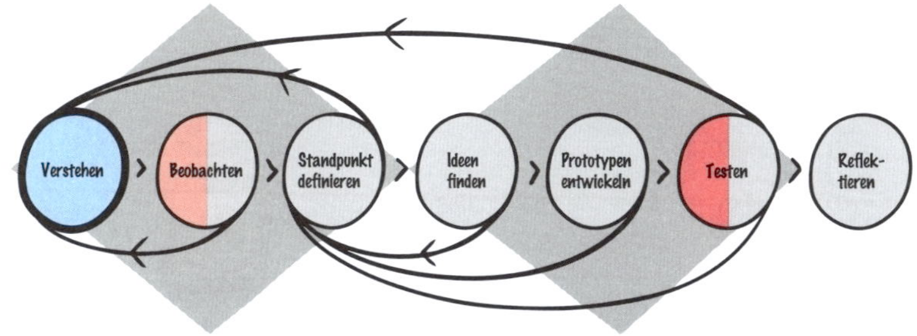

Ich möchte ...

einen Überblick über alle Stakeholder, also Organisationen und Menschen, erhalten, die einen Anspruch oder Interesse an der Problemstellung und einer potenziellen Lösung haben.

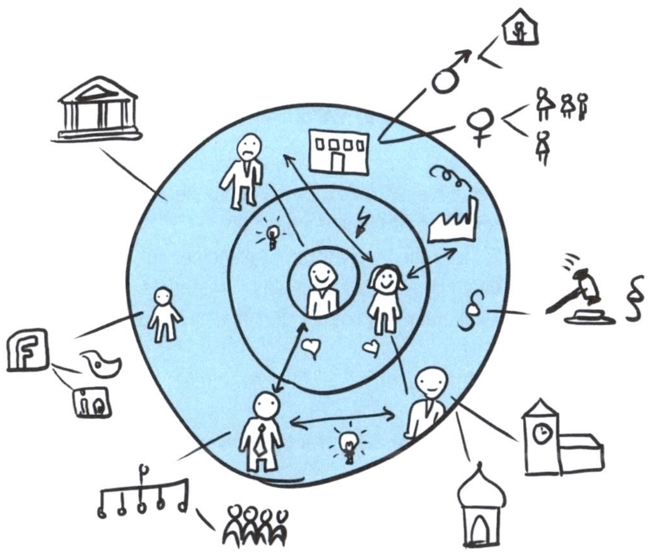

Was du mit dem Tool machen kannst:

- Wertvolle Informationen für die strategische und kommunikative Planung sowie zukünftige Aktivitäten erhalten.
- Annahmen über den Einfluss von bestimmten Akteuren auf das Projekt treffen.
- Hinweise über fehlende Informationen zu Akteuren identifizieren, z.B. welche Akteure noch nicht genügend berücksichtigt wurden (weisse Flecken).
- Erste Schlussfolgerungen über Allianzen oder Machtverhältnisse sowie potenzielle Konflikte zwischen verschiedenen Stakeholdern identifizieren.

Mehr Information über das Tool

- Die Stakeholder Map ist eine Visualisierung, die hilft, die Position der Stakeholder zu verdeutlichen. Dieses Tool ist Teil der Stakeholderanalyse, die das Ziel hat, herauszufinden, welche Interessen, hemmenden und unterstützenden Faktoren, und welche Machtverhältnisse im System herrschen.
- Die Stakeholder Map und die Analyse geben Auskunft über die Eigenschaften und Beziehungen aller Interessengruppen und dient dazu, mit den jeweiligen Stakeholdern effektiv zu kommunizieren.
- Die Interessengruppen zu verstehen und eine Beziehung zu ihnen aufzubauen ist ein wesentlicher Teil des Prozesses.
- Wissen über Stakeholder ist zentral, da sie über „top oder flop" eines Projekts entscheiden, aber auch in der Umsetzung von Lösungen eine zentrale Bedeutung haben.

Welche Tools könnten als Alternative verwendet werden?

- Power-Interest-Matrix

Welche Tools unterstützen die Arbeit mit diesem Tool?

- 6 W-Fragen (siehe Seite 71)
- AEIOU (siehe Seite 107)
- Brainstorming (siehe Seite 151)

Was benötigen wir an Zeit und Material?

Gruppengrösse

3-6

- Idealerweise wird das Team um Vertreter der jeweiligen Stakeholder ergänzt.
- Oft erarbeitet das Designteam eine erste Map und validiert in nachgelagerten Gesprächen mit den Stakeholdern die Ergebnisse.

Typische Dauer

60-240 Min.

- Die Erstellung einer Stakeholder Map dauert je nach Komplexität zwischen 60-240 Min.
- Oft braucht es etwas Zeit, bis alle Beteiligten offen über Stakeholder und ihre Bedürfnisse sprechen.

Benötigtes Material

- Großes Papier und Stifte
- Großer quadratischer Tisch oder Whiteboard
- Figuren von Fabuland® oder Playmobil® bietet die Möglichkeit, den einzelnen Akteuren einen Charakter zu geben.

Vorgehen und Template Stakeholder Map

1. Use Case definieren
2. Stakeholder Brainstorming

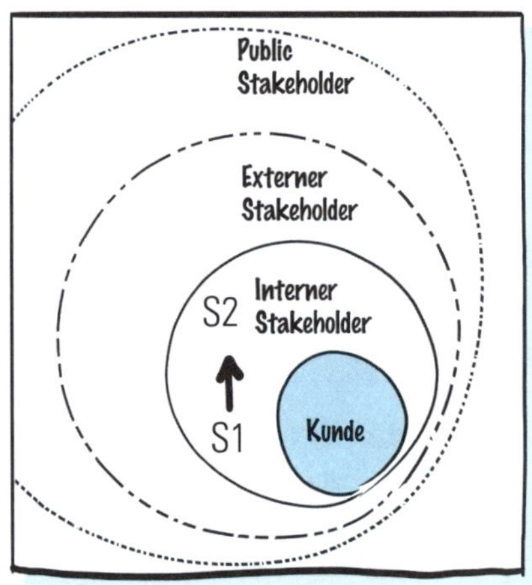

3. Stakeholder Map, zeichne Verbindungen ein.

Enge Beziehung (häufiger Kontakt, Informationsaustausch, Koordination, gegenseitiges Vertrauen, gleiche Interessen).

Schwache oder informelle Beziehung. Fragezeichen zeigt unklare Beziehung.

Institutionell etablierte Allianzen und Kooperationen.

Der Pfeil zeigt die Fliessrichtung von z.B. Informationen und Werten.

Der Blitz zeigt Spannungen, Konflikte oder Gefahren zwischen den Stakeholdern, unterbrochene oder verletzte Beziehungen.

Wie das Tool angewandt wird ...

- **Schritt 1:** Starte damit, den Anwendungsfall zu bestimmen. Hierbei kann es sich um ein Produkt, Projekt oder die Zusammenarbeit von unterschiedlichen Abteilungen handeln.
- **Schritt 2**: Liste alle involvierten Stakeholder auf.
- Schärfe durch Fragen zusätzlich das Verständnis über die verschiedenen Stakeholder. Die Fragen sind je nach Anwendungsfall zu definieren:
  - Wer profitiert vom Erfolg? Wer hat Interesse, dass es erfolgreich wird?
  - Mit wem arbeiten wir zusammen? Wer liefert uns wertvolle Ideen?
  - Wie kann sich Sales und Marketing profilieren?
  - Wer blockiert aus welchen Gründen die Idee? Wer profitiert von einem Scheitern?
- **Schritt 3:** Erstelle eine Stakeholder Map und platziere die verschiedenen Stakeholder auf der Karte. Trage anschließend die Verbindungen der Stakeholder zueinander ein.
- Definiere und verwende für die Verbindungen verschiedene Symbole, z.B. unterbrochene Linien für komplexere Beziehungen.
- Reflektiere die Stakeholder Map und bestimme die nächsten Schritte, Handlungen und möglichen Konsequenzen aus der Arbeit mit der Stakeholder Map.

Das ist das Lieblingstool von Amber Dubinsky

Position:
Mitgründerin THES – TauscHaus – EduSpace

„Ich lebe nach dem Grundsatz: Erst wenn man in der Lage ist, ‚es' zu visualisieren, hat man ‚es' auch wirklich verstanden."

Warum ist das ihr Lieblingstool?

Die Dynamiken innerhalb des Teams, der Abteilung, der Organisation und der weiteren Interessengruppen sind oftmals hoch spannend, komplex und entscheidend. Es ist also von grosser Wichtigkeit, diese Wechselbeziehungen zu verstehen, und dafür ist die Erstellung der Stakeholder Map essenziell. Mit den identifizierten Beziehungen ist dann konstruktiv umzugehen, dies erfordert viel Feingefühl, Klarheit und Transparenz.

Land:
Schweiz

Affiliation:
THES
Projektwoche
„jugendliche
Unternehmen"

Geprüft von: Remo Gander

Firma/Position: Bossard Group, Group Project Manager

Experten-Tipps:

Bringe die richtigen Akteure zusammen

- Für die Erstellung einer Stakeholder Map und zur Analyse der Stakeholder ist es wichtig, eine sorgfältige Auswahl der Teilnehmer zu treffen. Zum einen benötigen wir Expertenwissen und zum anderen Teilnehmer, die eine neue Perspektive einbringen. Oft macht es Sinn, erst mal im Projektteam die Stakeholder Map zu erstellen und später im Prozess die wichtigsten Akteure zu befragen und die Annahmen zu hinterfragen.

Arbeite effizient und effektiv

- Generell ist es wichtig, bei der Definition von Stakeholdern nicht breit, sondern so spezifisch wie möglich zu sein.
- Für das Brainstorming, die Positionierung und die Bewertung der Stakeholder ist genügend Zeit einzuplanen. Eine gemeinsame Symbolsprache hilft bei der Interpretation. Wir haben sehr gute Erfahrungen gemacht, bei Stakeholder Maps verschiedene Figuren zu benutzen, wie z.B. die Tierwelt von Lego Fabuland. Für die Verbindungen können auch Schnüre und Pfeifenputzer in verschiedenen Farben dienen.

Identifiziere die wichtigsten Player für die Umsetzung

- Die Kommunikation der Ergebnisse und regelmäßige Aktualisierung während des gesamten Projekts ist zu empfehlen. Eine Stakeholder Map für die Implementierung eines Vorhabens kann für den Erfolg entscheidend sein. Wir haben gute Erfahrungen mit der Anwendung von Stakeholderanalysen in der Vorbereitung zur Umsetzung von Lösungen gemacht.

Beschreibung des Anwendungsfalles

- Lilly macht zunächst ein Brainstorming mit ihrem Team. Sie wählen anschliessend zusammen die wichtigsten Stakeholder aus. Für eine bessere Identifizierung mit den Stakeholdern nutzt das Team Symbolfiguren, welche die Persönlichkeit beschreiben oder symbolisieren.
- Aus der Anordnung lassen sich die Beziehungen untereinander darstellen und bestimmen, wer die wichtigsten sind und wer wie einbezogen wird.
- So können frühzeitig Kommunikationsmassnahmen definiert werden und niemand wird vergessen. Lilly wird auf dieser Basis die wichtigsten Stakeholder einbeziehen und mit ihnen z.B. die Prototypen testen.

Key Learnings

- Definiere einen konkreten Anwendungsfall.
- Erstelle eine Liste mit allen relevanten Stakeholdern.
- Stelle spezifische Kernfragen, z.B. „Wer profitiert vom Erfolg?".
- Trage die Stakeholder auf einer Stakeholder Map ein und visualisiere ihre Beziehung zueinander.
- Reflektiere das Ergebnis und leite konkrete Schritte davon ab.

Tool zum Download

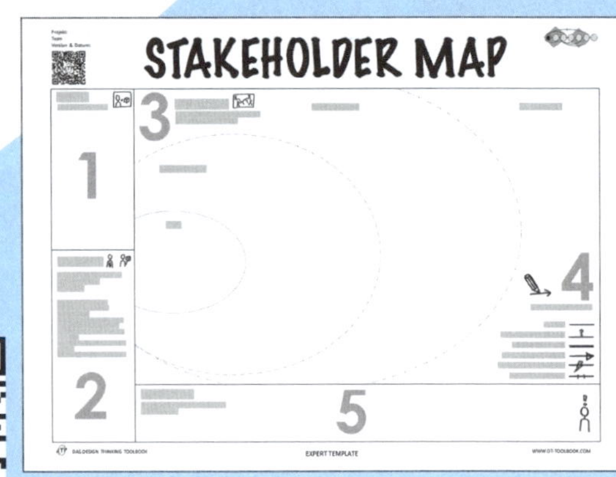

www.dt-toolbook.com/stakeholder-map

Emotional Response Cards

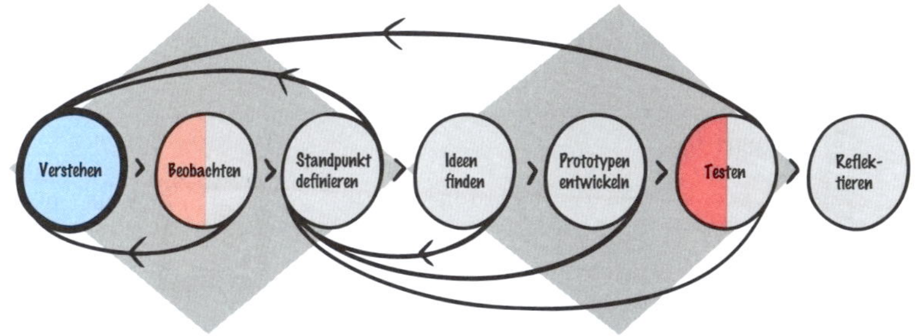

Ich möchte ...

in der Interaktion mit einem Nutzer mehr über seine Gefühle erfahren, um bessere Interviewergebnisse und Erkenntnisse zu erhalten.

Was du mit dem Tool machen kannst:

- Bestehende Produkte vor dem Re-Design auf ihre Attraktivität testen und mit neuen Ideen vergleichen.
- Mehr z.B. über Konkurrenzprodukte, Marken und Erlebnisse lernen.
- Aussagen zu Strategie, Informationsarchitektur, Interaktion, Ästhetik, und Geschwindigkeit sammeln.
- Vision: Schon beim Kickoff vom Auftraggeber erfahren, wie er sein Produkt vom Nutzer charakterisiert haben möchte.
- Bei neuen Produkten, z.B. nach einem Usability Test, erfahren, was der Benutzer erlebt, gedacht und gefühlt hat.
- Prototypen über verschiedene Iterationen hinweg vergleichen.

Mehr Informationen über das Tool

- Die Emotional Response Cards sind ein qualitatives Werkzeug zur empathischen Zielgruppenanalyse. Die Karten bieten der Zielgruppe eine einfache Hilfe, mit der es gelingt, dass diese gezielt und tiefer über eine Situation spricht.
- Dadurch wird die Zielgruppe angeregt, über ihre Emotionen, Glaubenssätze und Wahrnehmungen zu reden. Menschen können sich gut daran erinnern, wie sich etwas angefühlt hat, aber sie benötigen meist einen Auslöser, um zu starten.
- Die Emotional Response Cards werden meist in den frühen Phasen des Design Thinking Zyklus verwendet, um Verständnis zu erlangen und die Entwicklungsrichtung zu bestimmen.
- Die „Microsoft Reaction Cards" wurden zum ersten Mal von Joey Benedeck und Trish Miner im Jahr 2002 in der Publikation „Measuring Desirability" erwähnt – damals noch auf der Basis von 118 Karten. Wir haben mit 50 Emotional Response Cards gute Erfahrungen gemacht.

Welche Tools könnten als Alternative verwendet werden?

- Interview for Empathy (siehe Seite 57)
- Empathy Map (siehe Seite 93)

Welche Tools unterstützen die Arbeit mit diesem Tool?

- Persona / User Profile (siehe Seite 97)
- Structured Usability Test (siehe Seite 229)
- Solution Interview (siehe Seite 225)
- 5xWarum (siehe Seite 67)
- 6 W-Fragen (siehe Seite 71)

Was benötigen wir an Zeit und Material?

Gruppengrösse

1-2

- Optimal sind 2-er Teams. Eine Person beobachtet das Gespräch, während die andere Person Fragen stellt.
- Es funktioniert aber auch mit einem Interviewer.

Typische Dauer

15-20 Min.

- Für die Vorbereitung der Emotional Response Cards werden ca. 5 Min. benötigt.
- Für einen Durchlauf sind je nach nachgelagerten Fragen 10-15 Min. einzuplanen.

Benötigtes Material

- 1x 50er-Set der Emotional Response Cards
- Notizblock und Stift für die Dokumentation der Antworten

Template Emotional Response Cards

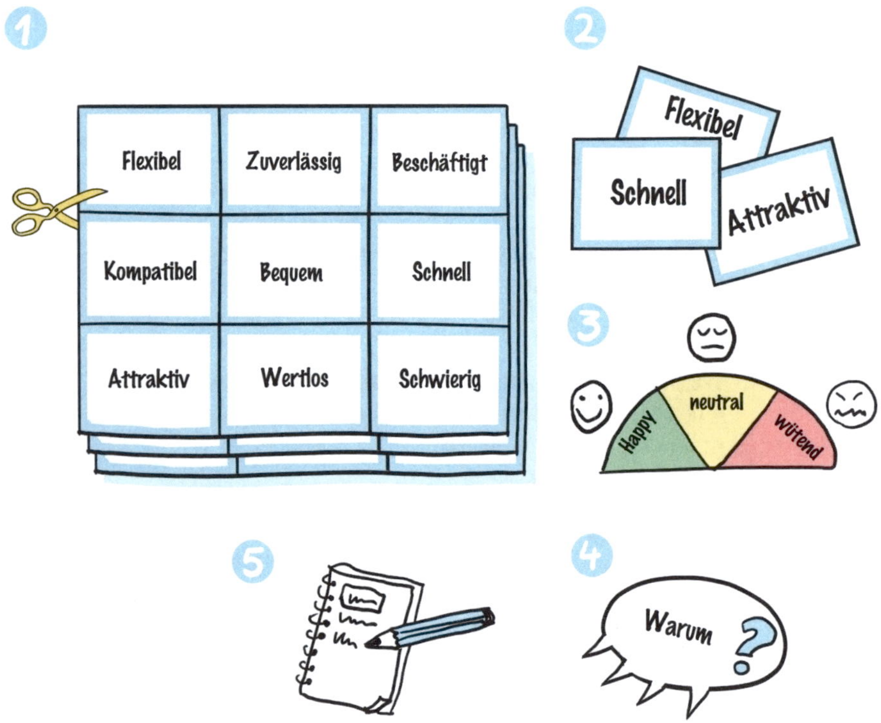

In Anlehnung an Microsoft Desirability Toolkit.

Wie das Tool angewandt wird ...

- **Schritt 1:** Drucke die 50 Karten mit den Adjektiven aus und klebe sie auf einen dünnen Karton.
- **Schritt 2:** Lege die Karten beliebig sortiert auf einem separaten Tisch aus.
- **Schritt 3**: Bitte nach dem Test die Nutzer, diejenigen 3 Karten aus dem Set auszuwählen, welche das Erlebnis mit dem Produkt am besten beschreiben. Ergänze dazu, dass es nicht wichtig ist, dass das Adjektiv genau zutrifft, und es durchaus auch negativ sein darf! Es dient nur als Auslöser für eine Emotion. Die Person darf ruhig bei der Auswahl Emotionen zeigen und auch einen Selbstdialog führen. Notiere Auffälligkeiten! Sobald die Testperson eine Karte in die Hand nimmt, lege diese auf dem Tisch beiseite und notiere das Adjektiv. Lass bei den Notizen noch etwas Platz für spätere Erkenntnisse.
- **Schritt 4:** Sobald der User die 3 Karten ausgewählt hat, erkunde (mit Fragen) das Adjektiv der jeweiligen Situation, in der der User es so empfunden hat, und vertiefe mit Fragen nach dem Warum. Ergänze mit anderen Fragetechniken, wie „Was hättest du stattdessen erwartet?“ usw.
- **Schritt 5**: Notiere auch den O-Ton der Aussagen. Mach ein Foto der Kartensituation oder halte die Geschichten auf Video fest.

Das ist das Lieblingstool von Armin Egli

Position:
UX Consultant und Dozent für User Experience und Innovation

„Design Thinking ist mein magischer Werkzeugkoffer, mit dem ich zusammen mit dem Kunden das richtige Produkt kreieren kann."

Warum ist das sein Lieblingstool?

Ich glaube, der Weg zum guten Produkt ist nicht offensichtlich. Die Lösung liegt oft nah (im Problem), aber ist unsichtbar. Meine Aufgabe ist es, den Kern des Vorhabens und des Problems zu erfassen. Die wichtigste Frage dabei ist die nach dem WARUM. Zusammenhänge und Ursprungsprobleme finde ich, wenn ich nah an die beteiligten Personen herankomme. Das braucht Vertrauen. Habe ich dieses, kann ich nach persönlichen Geschichten forschen. Die Response Cards bieten einen ganz einfachen Einstiegspunkt dazu. Und dann, ja dann, grabe ich tiefer.

Land:
Schweiz

Affiliation:
Zühlke

Geprüft von: Philip Hassler

Firma/Position: Venturelab, Co-Managing Director

Experten-Tipps:

Emotional Response Cards können auch zur Klärung einer Vision oder im Rahmen eines Prototyp-Tests eingesetzt werden.

Beschreibe die größere Vision

- Die Karten werden benutzt, um den Auftraggeber noch vor Start des Projekts für sein späteres Produkt und dessen Eigenschaften zu sensibilisieren.
- Die Dauer setzt sich nun zusammen aus den (nicht abschliessenden) Überlegungen zum Produkt (ca. 5 Minuten) und der Befragung nach dem Warum (ca. 5 Minuten). Interessant ist bei der Befragung von z.B. CEO und Produktmanager, zu sehen, auf welcher Ebene (Strategie, Funktion, Interaktion, Ästhetik) die Befragten antworten. Das kann bereits Aha-Effekte geben, welche z.B. für die Design Principles wichtige Informationen liefern.

Erkunde die Reaktion auf einen Prototypen

- Die Karten werden zur vertieften Analyse der Benutzersicht nach einem Test z.B. eines Prototyp benutzt.
- Die typische Dauer setzt sich zusammen aus der Zeit für die Ziehung der 3 Karten (ca. 3 Minuten) und dann für die Geschichten (das Warum), welche der Benutzer zu jeder Karte erzählt (ca. 10 Minuten).

Starte immer zuerst mit der IST-Situation

- Falls Ist-Situationen abgefragt werden (ev. mit mehreren Tools) und danach auch noch nach der gewünschten zukünftigen Situation gefragt werden soll: Zuerst mit allen Tools die Ist-Situation abfragen und erst dann die Gedanken zum Soll abholen. Sonst laufen wir Gefahr, dass die Ist-Abfrage beeinflusst wird.

Beschreibung des Anwendungsfalles

- Im Rahmen von „Future of Work" haben die Designteams verschiedene Etagen-Layouts für die agile Zusammenarbeit gestaltet.
- Nach einem typischen Walk-through durch ein 3D-Model setzt das Team die „Emotional Response Cards" ein, um fernab von der Raumgrösse die Beziehung zum Raumkonzept zu testen.
- Die Testperson wählt das Adjektiv „schwierig" aus und sagt dazu: „Wenn ich mir vorstellen muss, in diesen Räumlichkeiten zu arbeiten ... uff ... sie sind nicht einladend, um effektiv zusammenzuarbeiten und es ist z.B. schwer, ein Stand-up-Meeting in den engen Gängen durchzuführen.

Key Learnings

- Menschen erinnern sich an Emotionen!
- Menschen fällt es leichter, sich zu erinnern, wenn sie einen Auslöser wie eine Emotional Response Card erhalten.
- Nutzer und Kunden möchten meist höflich sein. Die Karten helfen, Hemmungen abzubauen.

Tool zum Download

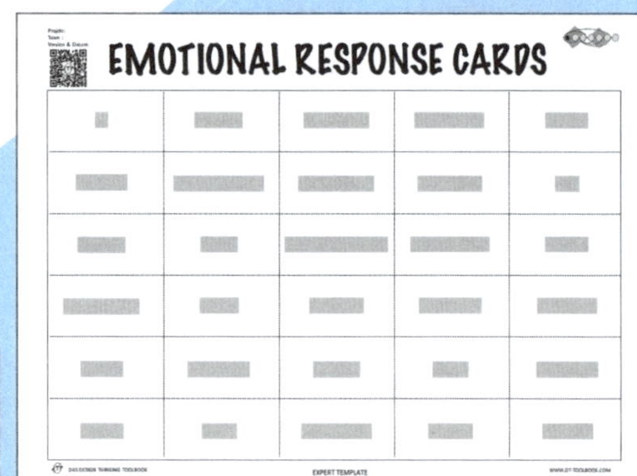

www.dt-toolbook.com/response-cards

Phase: Beobachten

Nachdem wir eine Problemstellung definiert haben, geht es in die nächste Phase im Design Thinking Prozess, die Beobachtung. In dieser Phase möchten wir so viel wie möglich über einen Nutzer und seine Bedürfnisse erfahren. Deshalb arbeiten wir mit Kundenerlebnisketten, Personas, explorativen Interviews und nutzen einfache Tools wie das AEIOU Framework. Diese Werkzeuge helfen uns, Erkenntnisse zu sammeln und zu dokumentieren.

Empathy Map

Ich möchte ...

den Kunden/Nutzer besser verstehen, seine Gefühle wahrnehmen und mich in sein Handeln einfühlen.

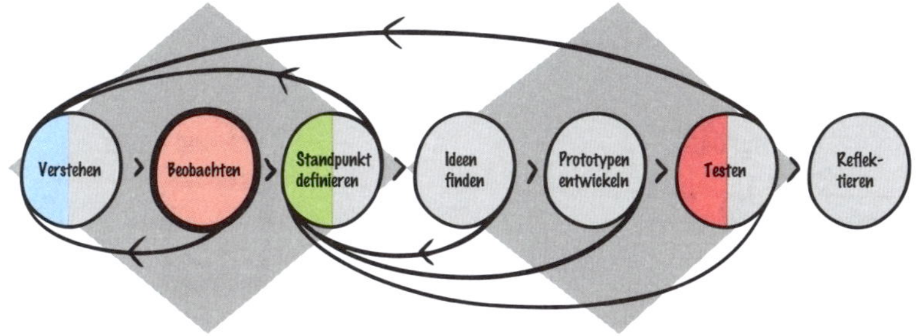

Was du mit dem Tool machen kannst:

- Erkenntnisse aus den Beobachtungen oder Tests mit Nutzern dokumentieren und den Nutzer von verschiedenen Perspektiven erfassen, um so Empathie aufzubauen.
- Besser verstehen, wo der Nutzer Probleme (Pains) oder mögliche Vorteile (Gains) hat, und seine Aufgaben (sog. Jobs-to-be-done) ableiten.
- Erkenntnisse sammeln, um eine Persona zu erstellen.
- Beobachtungen einfacher zusammenfassen und unerwartete Einblicke festhalten.

Einige Informationen über das Tool:

- Eine Empathy Map ist ein Werkzeug zur empathischen Zielgruppenanalyse. Dieses wird genutzt, um Gefühle, Gedanken und Einstellungen bestehender oder potenzieller Nutzer und Kunden zu identifizieren und deren Bedürfnisse zu verstehen.
- Ziel ist, sich mit möglichst offenen W-Fragen einen tiefen Einblick über den potenziellen Nutzer zu verschaffen.
- Im Vergleich zu einer Customer Journey Map oder Persona fokussiert sich die Empathy Map stärker auf die Gefühlslage der potenziellen Kunden.
- Wir nutzen die Empathy Map hauptsächlich in den Phasen Verstehen, Beobachten, Standpunkt definieren und Testen.
- Es empfiehlt sich zudem, mit Experten zu sprechen, die den Nutzer/Kunden gut kennen, und natürlich selber Hand anzulegen und das zu tun, was der Nutzer macht: „Laufe in den Schuhen des Nutzers."

Welche Tools könnten als Alternative verwendet werden?

- Interview for Empathy (siehe Seite 57)
- Feedback-Capture-Grid (in der Phase Testen, siehe Seite 217)
- Value Proposition Canvas

Welche Tools unterstützen die Arbeit mit der Empathy Map?

- Customer Journey (siehe Seite 103)
- Persona / User Profile (siehe Seite 97)
- Jobs-to-be-done (siehe Seite 75)

Was benötigen wir an Zeit und Material?

Gruppengrösse

2-3

- Optimal in einer Gruppe von 2 Personen pro Interview.
- Eine Person dokumentiert und protokolliert, während die andere Person die Fragen stellt.

Typische Dauer

20-30 Min.

- I.d.R. 20-30 Minuten oder solange das Interview oder Gespräch dauert.
- Das Ableiten einer zu erfüllenden Aufgabe kann zusätzlich Zeit in Anspruch nehmen, da der „job to be done" oftmals nicht offensichtlich ist.

Benötigtes Material

- Mehrere Empathy Map Templates auf A4 oder A3 ausdrucken
- Stifte und Post-Its, um die wesentlichen Punkte auf die Empathy Map zu notieren

Template und Vorgehen Empathy Map

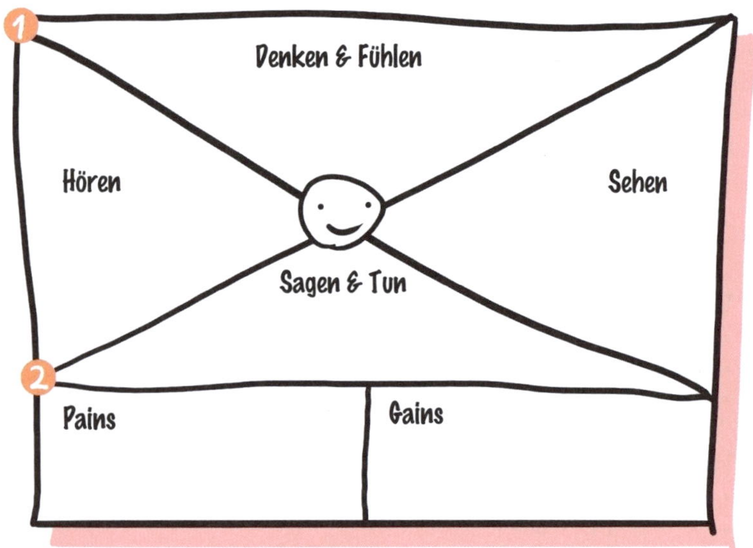

Wie das Tool angewandt wird ...

- In der Empathy Map ergründen wir „Bedürfnisse". Wir denken in Verben (Aktivitäten, bei denen der Nutzer Hilfe braucht), nicht in Nomen (Lösungen).
- Skizziere das Layout auf Papier oder nutze das Empathy Map Template.
- **Schritt 1:** Fülle während des Interviews (oder direkt danach) die Felder im Template aus.
  1. WAS SIEHT DER KUNDE/NUTZER?
     - Wie sieht sein Umfeld aus?
     - Wo ist der Kunde? Was sieht er?
  2. WAS HÖRT DER KUNDE/NUTZER?
     - Was hört der Nutzer/Kunde?
     - Wer beeinflusst ihn?
     - Wer spricht mit ihm?
  3. WAS DENKT & FÜHLT DER KUNDE/NUTZER?
     - Welche Emotionen bewegen den Nutzer/Kunden?
     - Was denken die Nutzer/Kunden?
     - Was zeigt das über sie und ihre Haltung auf?
  4. WAS SAGT & TUT DER KUNDE/NUTZER?
     - Was sagt der Kunde/Nutzer?
     - Was alles muss der Nutzer/Kunde machen?
     - Wo verhält sich der Nutzer evtl. widersprüchlich?
- **Schritt 2:** Ergänze ebenfalls die Felder PAINS UND GAINS
  - Welches sind seine größten Probleme und Herausforderungen?
  - Welche Möglichkeiten und Vorteile könnte er/sie haben?

Das ist das Lieblingstool von Laurène Racine

Position:
Product Manager at Ava

„Ambiguity surrounds us in every aspect of life. Design Thinking not only provides a mindset to solve problems in an ambiguous world, but also to thoroughly enjoy them."

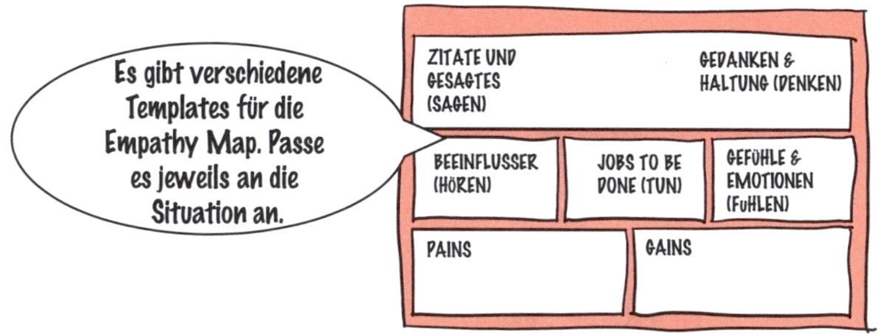

Warum ist das ihr Lieblingstool?

Gutes Design basiert auf tiefem Verständnis für die Person, für die man gestaltet. Designer haben viele Methoden, um diese Art Empathie zu entwickeln. Die Empathy Map hilft uns, neugierig und wie ein Anfänger an die Situation heranzugehen. Wir machen bewusst und mit allen Sinnen die Erfahrung, die der Nutzer macht! Sie ist eine gute Ergänzung und hilft z.B., die Persona und die Situation eines Kunden zu verstehen. Am besten funktioniert es jedoch, wenn wir uns in die gleiche Situation begeben.

Land:
Schweiz

Affiliation:
Ava

Geprüft von: Jessika Weber-Sabil

Firma/Position: Breda University of Applied Sciences, Sr. Researcher and Lecturer

Experten-Tipps:

Schaffe die Grundlage für das Wertversprechen

- Ergänze die PAINS UND GAINS nachher im Gespräch mit dem Team. So findet zugleich eine Überprüfung der Aussagen in der Empathy Map und eine Reflexion statt.
- Leite aus dem TUN die Kundenaufgaben (Job to be done) ab.
- So hast du direkt eine gute Basis für die Erstellung der Persona oder des Value Proposition Canvas.

Dokumentiere die Ergebnisse

- Die Erkenntnisse aus der Interaktion gut dokumentieren. Am besten mithilfe von Fotos und Videos, die wir so am einfachsten mit unserem Designteam teilen können.
- Notiere die erstaunlichsten und wichtigsten Zitate und Aussagen wörtlich.

Fokussiere auf menschliche Werte

- Gedanken, Meinungen, Gefühle und Emotionen können nicht direkt beobachtet werden. Diese werden von den verschiedensten Hinweisen abgeleitet. Achte auch auf Körpersprache, Klangfarbe und Wortauswahl, diese sagen meist mehr als die gesprochenen Worte und nehmen diese mit der Kamera auf.

Verliere die wichtigsten Aspekte nicht aus dem Auge

- Konzentriere dich auf die wichtigsten Punkte, d.h. nur die drei wichtigsten PAINS und GAINS.

Suche nach Widersprüchen

- Achte auf Widersprüche und überlege, was daraus zu schliessen ist. Oft erkennen wir auch Neues aus Widersprüchen zweier Eigenschaften oder Aussagen – z.B. ein Widerspruch in dem, was der Nutzer/Kunde sagt und wie er schließlich handelt.

Beschreibung des Anwendungsfalles

- Nach dem Interview fassen alle Teilnehmer ihre wichtigsten Erkenntnisse zusammen und tragen sie in der Empathy Map ein.
- Da Lillys Team das gesamte Interview mit dem Extreme User mit Video aufgenommen hat, können wichtige Passagen nochmals angesehen werden.
- Am Ende werden auch die Pains und Gains sowie die Kundenaufgaben (Jobs-to-be-done) bestimmt. Diese Erkenntnisse überträgt das Team ins User Profile bzw. später auf eine Persona, die diesen Erkenntnissen entspricht.

Key Learnings

- Empathie ist die Fähigkeit, andere Menschen, ihr Leben, ihre Situation, ihre Arbeit wirklich zu verstehen und Probleme aus ihrer Perspektive zu lösen. Empathie aufbauen heisst, den Nutzer zu treffen.
- Nutze Verben und nicht Nomen. Bedürfnisse sind Verben (Aktivitäten, bei denen der Nutzer Hilfe braucht). Nomen sind meistens Lösungen.
- Annahmen überprüfen, hinterfragen und Erkenntnisse ableiten.

Tool zum Download

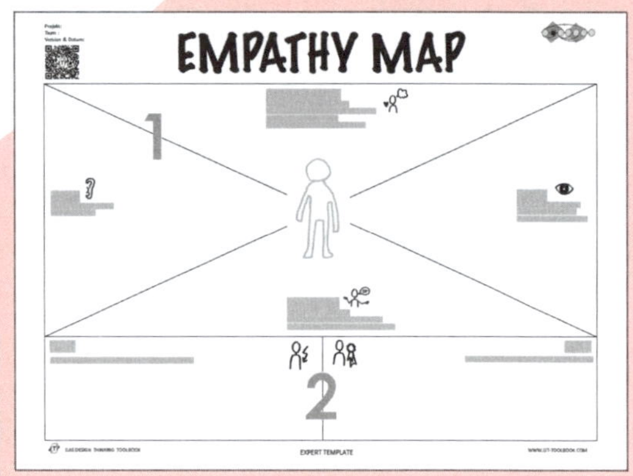

www.dt-toolbook.com/empathy-map

Persona/User Profile

inkl. Variationen als Freestyle Persona und Future User

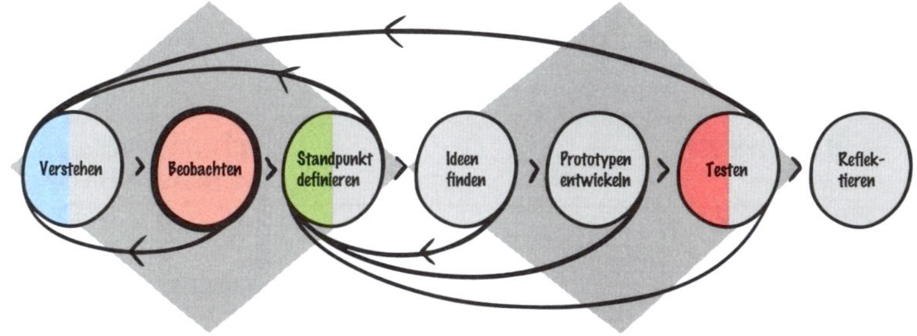

Ich möchte ...

mehr über den Nutzer/Kunden und eine mögliche Lösung erfahren.

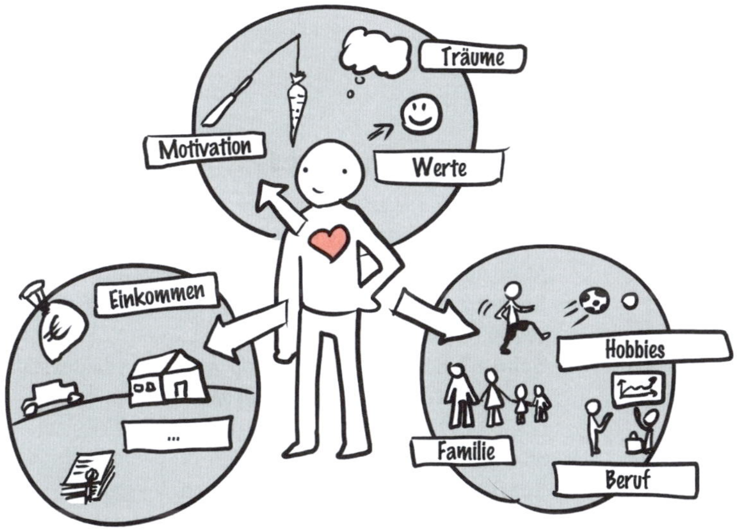

Was du mit dem Tool machen kannst:

- Einen fiktiven Charakter erstellen, der ein potenzieller Nutzer/Kunde einer Lösung ist.
- Ein gemeinsames Bild im Team über den Nutzer/Kunden erstellen
- Die Ziele, Wünsche und Bedürfnisse eines typischen Nutzers/Kunden visualisieren und mit dem Designteam teilen.
- Ein konsistentes Verständnis über eine Zielgruppe erhalten.
- Geschichten und Bilder dokumentieren, die ein typischer Nutzer/Kunde erlebt.

Einige Informationen über das Tool:

- Eine Persona (auch oft als Benutzer-, Kunden- oder Käufer-Persona bezeichnet) stellt einen fiktiven Charakter dar, der erstellt wird, um einen Nutzer- oder Kundentyp zu repräsentieren.
- Die Persona stellt eine potenzielle neue Lösung, zum Beispiel eine Website, eine Marke, ein Produkt oder einen Service in den Kontext zu den jeweiligen Bedürfnissen und den zu erfüllenden Aufgaben.
- Hierbei kann es sich auch um einzelne Funktionen, Interaktionen oder auch um das visuelle Design einer Website handeln.
- Eine Persona soll so genau wie möglich beschrieben werden. Das heisst, sie hat einen Namen, ein Geschlecht und basisdemografische Daten, wie z.B. Alter, Beruf, Hobbys. Zudem werden Angaben zur Persönlichkeit und zu Charaktereigenschaften der Persona festgehalten. Auf dieser Basis lassen sich die Ziele, Bedürfnisse sowie Ängste ableiten. Ebenso kann die Biografie einer Persona helfen, Rückschlüsse von sozialem Milieu auf das Kaufverhalten zu ziehen.
- Das Team soll die Persona real treffen können.

Welche Tools könnten als Alternative verwendet werden?

- Persona aus dem Internet
- Freestyle Persona (siehe Variation auf Seite 99)
- Future User Persona (siehe Seite 100)

Welche Tools unterstützen die Arbeit mit dem User Profile bzw. der Persona?

- Interview for Empathy (siehe Seite 57)
- Empathy Map (siehe Seite 93)
- 6 W-Fragen (siehe Seite 71)

Was benötigen wir an Zeit und Material?

Gruppengrösse

2-5

- Das ganze Design Team (optimal 2-5 Personen) nimmt aktiv an der Diskussion teil und ergänzt mit seinen Beobachtungen und Erkenntnissen.
- Das User Profile kann auch einzeln ausgefüllt werden.

Typische Dauer

20-40 Min.

- Für die reine Erstellung eines Kundenprofils reichen i.d.R. 20-40 Min. Für die Detaillierung (z.B. mit Fotos) muss zusätzlich Zeit eingerechnet werden.
- Für jede Problemstellung sollte ein eigenes Kundenprofil oder eine Persona erstellt werden.
- Zudem können auch zwei oder mehr Personen eine Zielgruppe darstellen.

Benötigtes Material

- Template oder Flipchart mit aufgezeichneter Struktur
- Stifte und Post-its
- Fotos von der Beobachtung von potenziellen Kunden in ihrer natürlichen Umgebung

Vorgehen und Template User Profile Canvas

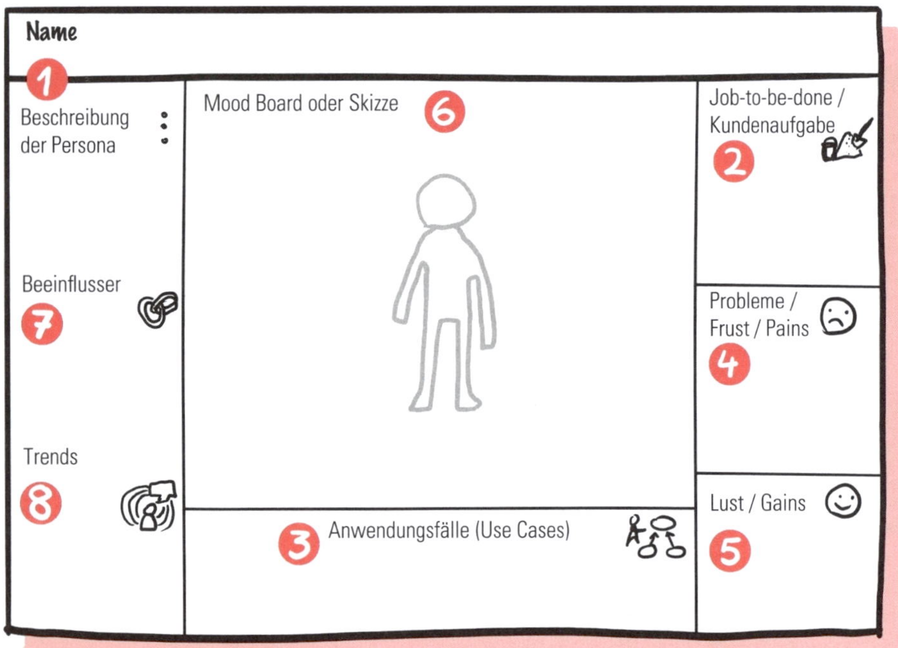

Wie das Tool angewandt wird ...

- **Schritt 1:** Beschreibe die Persona. Gib ihr einen Namen, bestimme das Geschlecht und das Alter. Ergänze weitere Attribute wie soziales Milieu, Familie, Hobbys etc.
- **Schritt 2**: Was ist die Aufgabe (Job), die der Nutzer macht? Wobei kann ihm geholfen werden?
- **Schritt 3:** Beschreibe alle Anwendungsfälle im Kontext der Problemstellung (Wo? Was? Wie?). Wo nutzt der Nutzer unser Angebot? Was passiert vor- und nachher? Wie nutzt er es?
- **Schritt 4:** Welches sind die größten Schwierigkeiten und Probleme, die der Nutzer hat? Das können ungelöste Probleme oder Schwierigkeiten sein, die der Nutzer mit den existierenden Produkten und Angeboten hat.
- **Schritt 5:** Bestimme die Gains (Möglichkeiten, Vorteile) und Pains (Probleme, Herausforderungen), die der Nutzer hat oder haben könnte.
- **Schritt 6:** Mache eine Skizze, die den Kunden visualisiert (optional), oder ergänze das User Profile mit Fotos oder Ausschnitten aus Magazinen ähnlich einem Moodboard, wie es Designer zur Inspiration nutzen.
- **Schritt 7:** Überlege dir, wer die Persona beeinflusst (Familie, Kinder, Stakeholder etc.) und welche generellen Trends (z.B. Megatrends, Markt- und Technologietrends etc.) einen Einfluss auf die Persona ausüben.

VARIATION – FREESTYLE PERSONA

Was benötigen wir an Zeit und Material?

Gruppengrösse

2-5

- Das ganze Design Team (optimal 2-5 Personen) nimmt aktiv an der Diskussion teil und ergänzt mit den durchgeführten Beobachtungen und Erkenntnissen.

Typische Dauer

20-60 Min.

- Für die reine Erstellung einer Persona werden 20-60 Min. benötigt.
- Zudem muss entsprechend Zeit eingeplant werden, um Infos zur Persona zu ermitteln und die erstellte Persona zu verifizieren.

Benötigtes Material

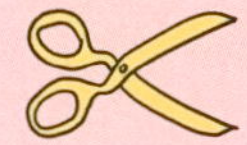

- Papierbogen 2x1 Meter
- Stifte, Post-its, Marker
- Zeitschriften, Zeitungen
- Tesafilm, Kleber
- Bilder aus dem Internet
- Fotos

Vorgehen und Template Freestyle Persona

Wie das Tool angewandt wird ...

- Die Feestyle Person entsteht ad hoc, basierend auf den Erinnerungen von einem Nutzer, den wir angetroffen haben.
- **Schritt 1**: Erstelle ein Modell des Nutzers in Lebensgrösse.
  Tipp: Lege den Papierbogen auf den Boden. Eine Person legt sich in die gewünschte Position der Persona und jemand anders aus dem Team zeichnet den Umriss ab.
- **Schritt 2:** Stelle den Nutzer im Kontext des Problems oder seines Handelns dar. Ergänze die Zeichnung mit typischen Elementen dafür
- **Schritt 3:** Komplettiere die Freestyle Persona mit demografischen Informationen, bestimme das Geschlecht und das Alter.
- **Schritt 4:** Gib der Persona einen Namen.
- **Schritt 5:** Nutze Elemente aus dem Kundenprofil (z.B. Pains, Gains, Jobs-to-be-done, Anwendungsfälle) und füge Verhaltensweisen, Gewohnheiten, Emotionen und soziale Beziehungen der Persona hinzu.
- **Schritt 6**: Ergänze die Persona. Bestücke die Persona mit Bildern aus Zeitschriften, Zeitungen und diskutiere, welche Marken sie trägt, von wem sie beeinflusst wird, und sei spezifisch in Bezug auf Werte, Moral und Umgebungsfaktoren.

VARIATION – FUTURE USER PERSONA

Was benötigen wir an Zeit und Material?

Gruppengrösse

2-5

- Das ganze Designteam, (optimal 2-5 Personen), nimmt aktiv an der Diskussion teil und ergänzt mit seinen Beobachtungen und Erkenntnissen.

Typische Dauer

45-60 Min.

- Für die reine Erstellung eines Future Users werden 15-30 Min. benötigt.
- Zusätzlich muss Zeit (15-30 Min.) eingeplant werden, um Informationen zu sammeln.
- Rechne auch Zeit für die Interpretation ein.

Benötigtes Material

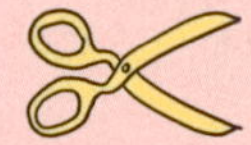

- Papierbogen 2x1 Meter
- Stifte
- Zeitschriften, Zeitungen
- Tesafilm, Kleber
- Bilder aus dem Internet
- Fotos

Vorgehen und Template Future User Persona

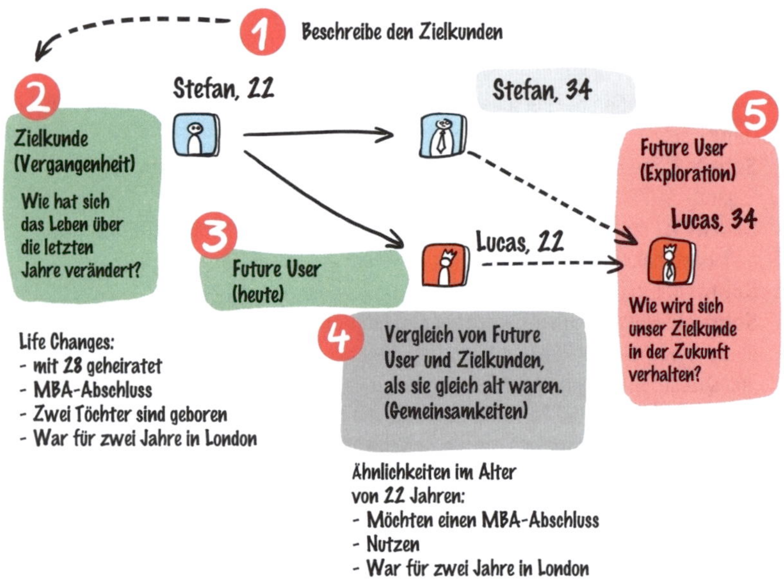

Adaptiert von Playbook for Strategic Foresight von Tamara Carleton und William Cockayne, 2013, verfügbar unter www.innovation.io/playbook

Wie das Tool angewandt wird ...

Der Future User versucht, die Persona des zukünftigen Nutzers zu extrapolieren. Besonders bei Innovationsprojekten mit einem langen Zeithorizont (>5 Jahre) machen solche Überlegungen Sinn.

- **Schritt 1:** Beschreibe den Zielkunden.
- **Schritt 2:** Überlege und diskutiere mit dem Team, was für einen Lifestyle und welche Wertvorstellungen dieser Kunde vor 12 Jahren hatte und welche Entscheidungen er traf.
  - Wie haben sich diese im Laufe der Zeit geändert? (Veränderungen durch z.B. Heirat mit 28, MBA-Abschluss, Vater von zwei Töchtern, Auslandsaufenthalt in London für 2 Jahre)
- **Schritt 3:** Beschreibe anhand dieser Generationsrecherche, wie unser Future User im Hier und Jetzt existiert.
- **Schritt 4:** Vergleiche die zwei Personen (Stefan und Lucas), als sie 22 Jahre alt waren, und versuche zu verstehen, was sich geändert hat bzw. gleich geblieben ist, bis sie 34 Jahre alt geworden sind.
  - Ähnlichkeiten im Alter von 22 Jahren, z.B. möchten beide einen MBA-Abschluss machen, nutzen beide öffentliche Verkehrsmittel, sind beide Single.
- **Schritt 5:** Extrapoliere den zukünftigen Zielkunden. Das Alter unseres Future Users ist dabei dasselbe wie vom heutigen Zielkunden.
- **Schritt 6:** Welche Erkenntnisse gewinnst du daraus? Was wird zukünftig wichtiger?

Das ist das Lieblingstool von Carina Teichmann

Position:
Agile Digitalization Consultant, Mimacom AG

„Personas represent the core of design thinking. With the persona concept we investigate the user's education, lifestyle, interests, values, goals, needs, desires, attitudes, and actions to build radical innovations."

Warum ist das ihr Lieblingstool?

Ich finde es spannend, mir vorzustellen, für wen ich ein Produkt entwickeln möchte – dabei fallen mir viele Rollen und Charaktere ein. Eine Freestyle Persona macht das Arbeiten mit einem potenziellen Nutzer lebendiger und ich kann die Bedürfnisse und Wünsche der Kunden so besser erstehen. Eine Persona in Lebensgrösse hilft, sich den potenziellen Kunden oder Nutzer noch besser vorzustellen.

Land:
Schweiz

Affiliation:
Mimacom AG

Geprüft von: Florian Baumgartner

Firma/Position: Innoveto by Crowdinnovation AG | Innovation Enabler und Partner

Experten-Tipps:

Sei so realistisch wie möglich

- Wir haben bei bestimmten Problemstellungen sehr gute Erfahrungen mit sog. Persona-Twins gemacht, wie z.B. ein Ehepaar oder andere Systeme, die miteinander interagieren (z.B. Robona in der Mensch-Roboter-Interaktion).
- Zu vermeiden sind zu allgemein und geschlechtsneutrale Personas, die über alle Alterskategorien Relevanz haben. Deshalb der Tipp, die Persona so detailliert und real wie möglich zu beschreiben.

Verbessere die Persona fortlaufend

- Generell neigen wir dazu, schnell Annahmen über bestimmte Zielgruppen zu treffen. So entstehen Stereotypen, die auf falschen Annahmen basieren. Falls wir unsicher sind, sollten wir rausgehen, um jemanden zu finden, der so ist wie unsere Persona. Finden wir niemanden, so sind die Annahmen verkehrt gewesen.
- Personas entwickeln sich über den gesamten Designzyklus weiter. In jeder Interaktion, beim Testen von Prototypen und bei Beobachtungen kommen neue Erkenntnisse hinzu, die wir mit unserem Designteam teilen und auf der Persona festhalten.

Verwende gezielt aussagekräftige Zitate

- Wir haben zudem gute Erfahrungen damit gemacht, die Persona mit aussagekräftigen Zitaten anzureichern, die von Kunden und Nutzern preisgegeben wurden. So wird die Persona noch authentischer und lebendiger.
- Bei der Anzahl von Personas pro Problemstellung sollten wir nur so viele erstellen, wie wir uns als Team, inkl. der Eigenschaften der Persona, merken können.

Beschreibung des Anwendungsfalles

- Lillys Team arbeitet in diesem Projekt mit einem User Profile Canvas für mehrere Kundentypen. Das Team mag die Struktur, denn es macht die wichtigsten Erkenntnisse schnell sichtbar.
- Sie beschreiben den Hintergrund der Persona, ihr Informationsverhalten, ihre Pains, Gains etc., und reichern die Persona mit Zitaten an.
- Zudem möchte das Team mit Future Personas arbeiten. Die Mensch-Roboter-Beziehung wird immer wichtiger und Lillys Team möchte sehen, wie Menschen in Zukunft diese in ihre Teams integrieren.

Key Learnings

- Eine Persona stellt einen fiktiven Charakter dar, der erstellt wird, um einen Nutzer- oder Kundentyp zu repräsentieren.
- Die Persona basiert auf Fakten aus Interviews und Beobachtungen.
- Ergänze die Persona mit Bildern aus Zeitungen und Zeitschriften.
- Ziel ist, mehr über die Pains, Gains und die zu erfüllenden Aufgaben (jobs to be done) der Persona im Kontext der Problemstellung zu erlangen.

Tool zum Download

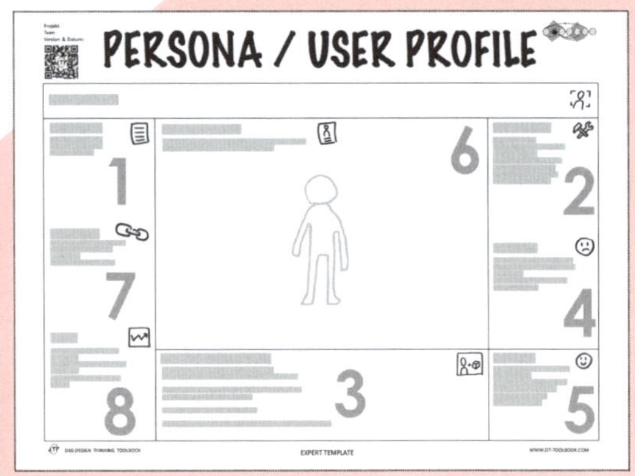

www.dt-toolbook.com/persona

Customer Journey Map

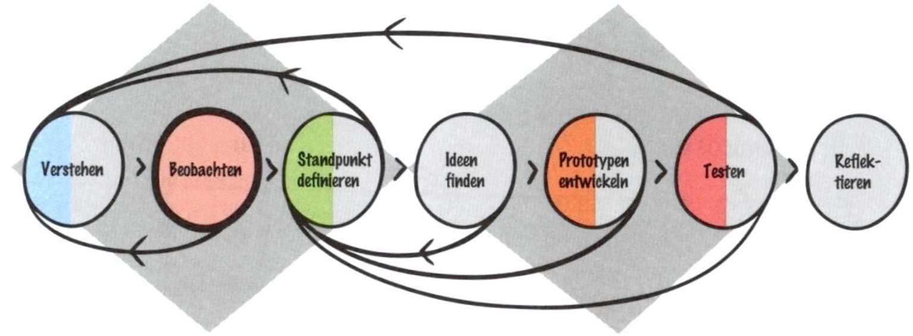

Ich möchte ...

in die Fussstapfen meiner Kunden treten, um im Detail zu verstehen, was sie erleben, wenn sie mit unserem Unternehmen, unseren Produkten oder Dienstleistungen interagieren.

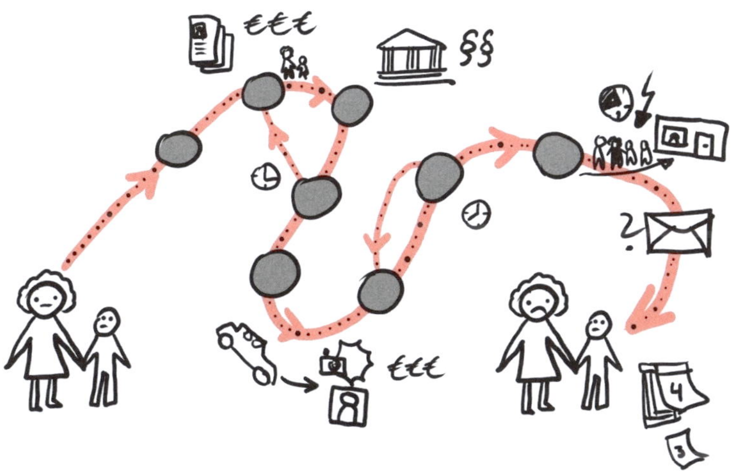

Was du mit dem Tool machen kannst:

- Ein gemeinsames Verständnis im Team über die Erfahrungen von Kunden mit einem Unternehmen, Produkt oder einer Dienstleistung etablieren.
- „Moments of misery" identifizieren, die das Kundenerlebnis beeinträchtigen.
- Ein gutes Verständnis über alle Touchpoints des Kunden erhalten.
- Problempunkte und Lücken in der Kundeninteraktion schließen und eine einzigartige Erfahrung realisieren.
- Ein neues und verbessertes Kundenerlebnis gestalten.
- Neue Produkte und Dienstleistungen kundenorientiert entwickeln.

Einige Informationen über das Tool:

- Eine Customer Journey Map ermöglicht uns, Empathie zum Kunden aufzubauen, indem wir seine Handlungen, Gedanken, Emotionen und Gefühle visualisieren, die in einer Interaktion entstehen.
- Im Gegensatz zu einer Prozesslandkarte, die i.d.R. nur die internen Prozesse eines Unternehmens abbilden, ist eine Customer Journey Map auf den Menschen und seine Bedürfnisse gerichtet.
- Zudem werden in der Customer Journey Map auch die Aktionen betrachtet, die nicht in einem direkten Zusammenhang mit dem Produkt oder der Dienstleistung stehen (z.B. informieren, warten, bestellen, Lieferung, installieren, Kundenservice, entsorgen).
- Die Customer Journey Map wird meistens in den Phasen Verstehen, Beobachten und Prototypen entwickeln genutzt.
- Die Customer Journey ist ebenfalls eine gute Basis für die Erstellung eines Service Blueprints.

Welche Tools könnten als Alternative verwendet werden?

- Service Blueprint (siehe Seite 203)

Welche Tools unterstützen die Arbeit mit der Customer Journey Map?

- Interview for Empathy (siehe Seite 57)
- Personas / User Profile (siehe Seite 97)
- Jobs-to-be-done (siehe Seite 75)

Was benötigen wir an Zeit und Material?

Gruppengrösse

4-6

- Gemischte Teams aus Experten und Personen mit wenig Erfahrung im jeweiligen Prozess.
- Idealerweise zwischen 4-6 Personen pro Gruppe.

Typische Dauer

120-240 Min.

- die Dauer ist von der Komplexität abhängig. Ein erster Entwurf kann in 120 Min. entstehen.
- Oftmals braucht es Variationen für bestimmte Kundengruppen und Ereignisse der Customer Journey Maps.

Benötigtes Material

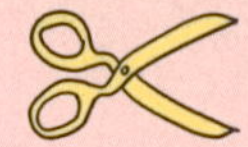

- Post-its, Stifte, Marker
- grosses Whiteboard
- viel Platz an der Wand, um Bilder von Kunden, Orten und Aktivitäten aufzuhängen und die Journey zu visualisieren

Vorgehen und Template Customer Journey Map

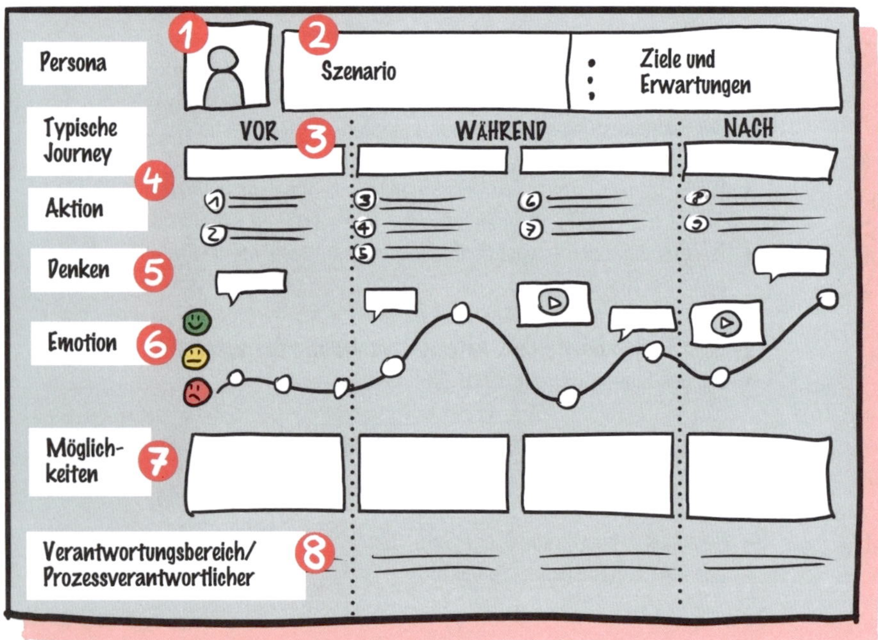

Wie das Tool angewandt wird ...

- **Schritt 1:** Wähle eine Persona aus, die in der Customer Journey Map verwendet werden soll, und teile die Geschichte über die Persona mit dem Designteam.
- **Schritt 2:** Wähle dann ein Szenario oder eine zu erledigende Aufgabe aus. Was macht die Persona und was ist der Kontext? Es kann sich um ein End-to-End-Erlebnis oder eine Teilmenge davon handeln.
- **Schritt 3:** Definiere, was VOR, WÄHREND und NACH der eigentlichen Erfahrung passiert, um sicherzustellen, dass die wichtigsten Schritte enthalten sind. Markiere z.B. mithilfe von Post-its alle Erfahrungsschritte. Es ist einfacher, auf der Meta-Ebene eine Übersicht zu erstellen, bevor man ins Detail geht.
- **Schritt 4:** Entscheide, welche Interaktionen wo und wie zugeordnet werden sollen. Das Template gibt uns Platz für die typische Journey und die jeweiligen Aktionen.
- **Schritt 5 & 6:** Ergänze, was die Persona dabei denkt (Schritt 5), und die Emotionen, die sie fühlt (Schritt 6). Zeichne den emotionalen Status (positiv und negativ) jedes Schrittes mit farbigen Klebepunkten oder Emoticons auf.
- **Schritt 7 & 8:** Definiere die Verbesserungsmöglichkeiten (Schritt 7) und die jeweiligen Handlungs-/Prozessverantwortlichen in der Organisation (Schritt 8). Wenn sich ein klares Bild an Erfahrungen herauskristallisiert, kommen automatisch Fragen, neue Einsichten und Möglichkeiten zur Verbesserung dem Designteam in den Sinn.

Das ist das Lieblingstool von Jennifer Sutherland

Position:
Customer Experience Designer und Innovator für New Way of Work, einschließlich Design Thinking, Lean Startup und Innovation.

„Design Thinking, as with many other methodologies, should be approached from a principles point of view. The tools should be applied in a 'fit-for-purpose' manner in line with these principles rather than in a dogmatic, prescribed sequence."

Warum ist das ihr Lieblingstool?

Unternehmen und Innovationsteams sind gut darin, einen bestehenden Prozess zu verbessern oder sich im stillen Kämmerchen Ideen auszudenken. Zu selten fokussieren sie sich aber auf den Kunden und seine Erfahrung mit einem Unternehmen über alle Interaktionen. Customer Journey Maps erzeugen bei Innovationsteams in der Regel „AHA" Momente, weil der Prozess aus einer anderen Perspektive betrachtet wird.

Land:
South Africa

Affiliation:
Independent Consultant

Geprüft von: Bryan Richards

Firma/Position: Design innovator at Aspen Impact and professor at Indiana University

Experten-Tipps:

Denke über den Tellerrand hinaus

- Denke wie ein investigativer Journalist, stelle Fragen, um die emotionale Customer Journey wirklich zu vertiefen.
- Der Kontext (Person und Szenario) ist wichtig. Zum Beispiel ist der Kauf eines Hauses eine ganz andere Journey für ein frisch verheiratetes Paar, das sein erstes Haus kauft, als der Kauf eines Ferienhauses für einen Millionär.
- „Journeys" die uns zum Verständnis einer bestehenden Erfahrung nützlich sein können, sind z.B. alle Aktionen, die ein Kunde unternimmt, der Kontext der Handlung, das Nachdenken über einen Entscheid, das Gefühl nach dem Kauf und alle Möglichkeiten zur Verbesserung der Interaktion.

Definiere Aktionen und Ziele

- „Journeys" die wir für die Gestaltung einer zukünftigen Erfahrung, für einen bestehenden Prozess oder ein neues Produkt nutzen können, sind Aktionen, Ziele und Kundenerwartungen und Misserfolge. Aber auch Situationen, die die Erwartungen übertreffen.
- Maßnahmen, welche die Erwartungen übertreffen.
- Eine mögliche Customer Journey können wir so abbilden, dass sie als erster Prototyp dient. So können wir z.B. den Erstkontakt einer Kundeninteraktion testen.
- Es gibt viele Möglichkeiten, eine Customer Journey zu verbessern, z.B. Emotionen herausnehmen oder Lösungen früher auf der Journey anbieten. Zudem können Schnittstellen zwischen physischer und digitaler Welt gestaltet werden, aber auch positive Erfahrungen noch verstärkt, negative entfernt oder die Reihenfolge verändert werden.

Beschreibung des Anwendungsfalles

- Lillys Team unterteilt die Customer Journey Map in Hauptphasen und betrachtet die Phasen einzeln. So kann sich das Design Thinking Team besser auf jede Phase fokussieren.
- Das Team stellt sicher, dass alle denselben Anwendungsfall betrachten und sich über die Ziele einig sind.
- Auf Basis der Customer Journey Map und der Emotionskurve bestimmt das Team die grösseren Problembereiche, welche betrachtet werden sollen.
- Aus der Diskussion entstehen neue Erkenntnisse, z.B. dass die Skalierung über Franchising nicht optimal aufgesetzt ist.

Key Learnings

- Die Customer Journey Map hilft dem Team, ein gemeinsames Verständnis für den Kunden und seine Probleme zu erhalten, indem die Emotionen entlang einer Journey erfasst werden.
- Die Touchpoints zeigen die Berührungspunkte, die der Nutzer mit einem Unternehmen hat und die gezielt optimiert werden können, um dem Nutzer das gewünschte Erlebnis zu offerieren.

Tool zum Download

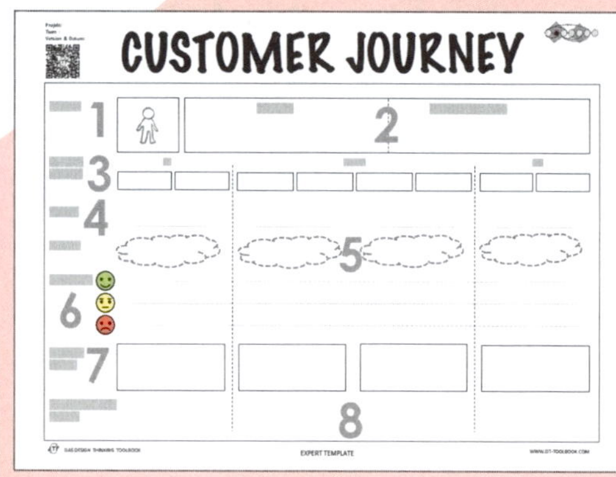

www.dt-toolbook.com/journey-map

AEIOU

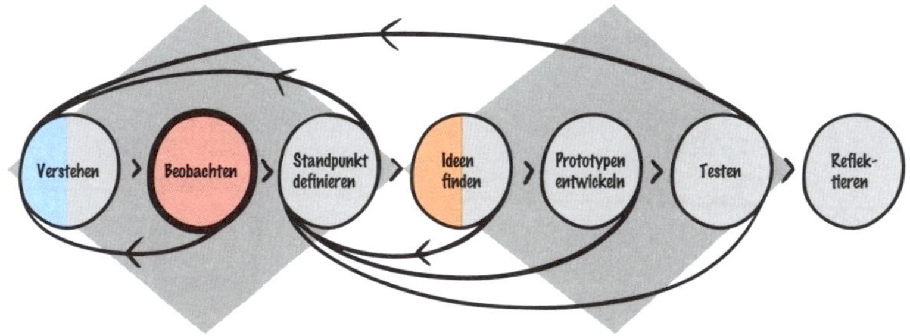

Ich möchte ...

mehr über das Problem, den Nutzer/Kunden und seine Umgebung erfahren.

Was du mit dem Tool machen kannst:

- Struktur in eine Beobachtung bringen und die richtigen W-Fragen stellen, die für den Erkenntnisgewinn entscheidend sind.
- Die Auswertung von vielen Erkenntnissen – bei grösseren Designteams, die parallel Beobachtungen durchführen – erleichtern.
- Den Nutzer in Bezug zur Aktivität, zum Raum und zu einem Gegenstand setzen.
- Erkenntnisse sammeln, die nicht öffentlich sind.
- Insights auch von unerfahrenen Designteams erheben lassen, weil das AEIOU-Tool Struktur und Anleitung an die Hand gibt.

Einige Informationen über das Tool:

- Das AEIOU-Framework wurde 1991 von Rick Robinson, Ilya Prokopoff, John Cain und Julie Pokorny entwickelt.
- Das AEIOU wird im Design Thinking in der Feldbeobachtung und als Visualisierungstechnik für neue Erkenntnisse genutzt.
- Ziel ist, sich mit möglichst offenen W-Fragen einen tiefen Einblick über die potenziellen Nutzer zu verschaffen.
- AEIOU wird hauptsächlich in der Phase Verstehen und Beobachten genutzt. Es kann auch für neue Ideen eine Quelle der Inspiration sein.

Welche Tools können alternativ verwendet werden?

- Spradley's 9 Dimensionen: Space, Actors, Activities, Objectives, Acts, Events, Time, Goals, Feelings
- A (x4): Atmosphere, Actors, Activities, Artifacts
- Sotirin: Territory, People, Stuff, Talk
- POSTA: Person, Objects, Situation, Time, Activity

Welche Tools unterstützen die Arbeit mit AEIOU - Framework?

- Explorative Interview (siehe Seite 63)
- Persona / User Profile (siehe Seite 97)
- 6 W-Fragen (siehe Seite 71)
- Frage 5x Warum (siehe Seite 67)

Was benötigen wir an Zeit und Material?

Gruppengrösse

1-2

- Optimal 1-2 Personen pro Beobachtung.
- Je nach Situation beobachten und dokumentieren alle oder eine Person interagiert mit dem Nutzer, während die andere Person dokumentiert.

Typische Dauer

60 Min.-
24 Std.

- Eine Beobachtung kann zwischen 1 Stunde und einem ganzen Tag gehen.
- Die Dauer und Häufigkeit hängt von der Problemstellung ab und wie schnell Erkenntnisse gesammelt werden können.

Benötigtes Material

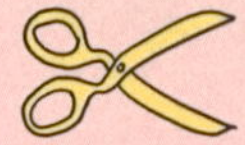

- Den AEIOU-Fragebogen auf A4 ausdrucken und auf einen festen Karton kleben oder auf einem Clipboard befestigen, sodass man gut darauf schreiben kann.
- Stifte

Template AEIOU

Activities	Was passiert? Was machen die Personen? Was ist ihre Aufgabe? Welche Aktivitäten führen sie aus? Was passiert vorher und nachher?
Environment	Wie sieht das Umfeld aus? Was ist der Charakter und die Funktion des Raums?
Interaction	Wie agieren die einzelnen Systeme miteinander? Gibt es Schnittstellen? Wie interagieren die Benutzer untereinander? Wie erfolgt die Bedienung?
Objects	Welche Gegenstände und Devices werden benutzt? Wer benutzt die Gegenstände, in welchem Umfeld?
User	Wer sind die Nutzer? Welche Rolle nehmen die Nutzer ein? Wer beeinflusst sie?

Wie das Tool angewandt wird ...

- **Schritt 1:** Starte mit der Recherche und finde heraus, wo sich der Nutzer wann aufhält und wie er am Besten zu kontaktieren ist.
- **Schritt 2:** Sei dort, wo der Nutzer/Kunde im Zusammenhang mit der Problemstellung gegenwärtig ist.
- **Schritt 3:** Arbeite mit dem AEIOU-Template, das in den einzelnen Bereichen Fragen und Hinweise bereitstellt, die beobachtet werden sollen.
- Händige für die Beobachtung jedem Teammitglied einen Fragebogen aus, sodass jeder sich Notizen machen kann. Ein Smartphone gibt die Möglichkeit, zusätzlich Fotos und Videos zu erstellen.
- Sammle Eindrücke in Form von Notizen, Fotos, Videos, Interviews und Feldbeobachtungen.
- Besonders in der Feldbeobachtung hilft das AEIOU-Framework als Einstieg, um den User in seiner Umgebung zu beobachten.
- Strukturiere nach der Beobachtung die Aufzeichnungen. Bleibe am besten in der Struktur der entsprechenden Überschriften.
- Ergänze die direkten Beobachtungen mit Fotos oder kurzen Videos.
- **Schritt 4:** Nach Abschluss der Feldbeobachtung mit dem AEIOU-Framework clustere und sortiere die Erkenntnisse in Themenblöcke mit übergeordneten Überschriften, um schließlich Muster zu erkennen.

Das ist das Lieblingstool von Steffi Kieffer

Position:
Design Thinking Coach & Design Strategist at Revelate

„Design Thinking is not just a method or process, it's a mindset of how you approach challenges. It helps us to create products and services that bring real value to people, as well as gives us creative confidence to navigate the landscape of an ever changing world."

Warum ist das ihr Lieblingstool?

Das Arbeiten mit dem AEIOU-Tool ist ein bisschen wie eine Schatzsuche: Man weiß nie, welche großen Dinge man entdecken wird. Schließlich sind Entdeckungen das Herzstück der Innovation. Es ist auch eine ziemlich demütigende Erfahrung, die uns daran erinnert, wie wenig wir eigentlich über unsere Benutzer wissen, über ihre Umgebung und wie sie mit Sachen interagieren.

Land:
Deutschland

Affiliation:
revelate

Geprüft von: Daniel Steingruber

Firma/Position: SIX, Innovation Manager

Experten-Tipps:

Passe das AEIOU-Framework an deine Bedürfnisse an

- Das AEIOU-Framework ist ein guter Ausgangspunkt, um eine Beobachtung zu starten.
- Die Fragen im AEIOU sollten den jeweiligen Bedürfnissen angepasst werden.
- AEIOU ist kein starres Framework, sondern es gibt den Rahmen mit Kategorien, die sich als nützlich erwiesen haben. So wird das AEIOU u.a. als Methode im Rahmen von „Design Your Future" (siehe Seite 289) eingesetzt, wo es als Reflexion von Aufzeichnungen aus einem Energie-Journal dient. Der Bereich „Activities" enthält in diesem Beispiel Fragen zur eigenen Person, z.B. „Welche Aktivitäten machen mir Spaß?".

Adaptiere die Struktur an das jeweilige Problem

- Bei komplexeren Problemstellungen empfiehlt es sich, mit Unterkategorien zu arbeiten. Dies empfiehlt sich dann, wenn Ereignisse in einer zeitlichen Reihenfolge ablaufen.
- Generell haben die einzelnen AEIOU-Kategorien einen sehr starken Bezug zueinander und es empfiehlt sich, eine gedankliche Verknüpfung herzustellen.

Visualisiere die gesammelten Erkenntnisse

- Zeichnungen von einem Ablauf und Storytelling geben uns die Möglichkeit, das große Bild zu beschreiben und es effektiv mit unserem Team zu teilen.

Beschreibung des Anwendungsfalles

- Das AEIOU-Framework gibt Lillys Team eine einfache Struktur für Beobachtungen. Die Ergebnisse lassen sich später einfach von verschiedenen Beobachtungen konsolidieren.
- Zudem sind in diesem Vorgehen bereits die wichtigsten W-Fragen enthalten.
- So können auch ad hoc Beobachtungen ohne grosse Vorbereitung durchgeführt werden.

Key Learnings

- Das AEIOU hilft in der intensiven Recherche und Feldbeobachtung zur Inspiration, Erkenntnisgewinnung und bei der Klärung von Rahmenbedingungen.
- Es eignet sich besonders auch für ungeübte Designteams, weil es Fragen und Struktur im Rahmen einer Beobachtung vorgibt und sich die Erkenntnisse später schnell zusammenführen lassen.

Tool zum Download

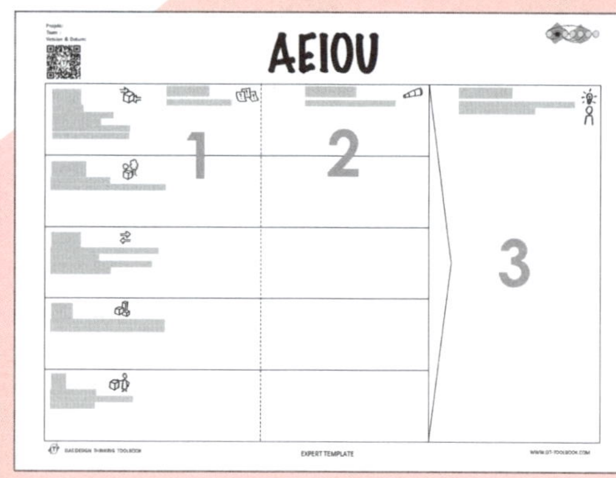

www.dt-toolbook.com/aeiou

Analyse-Fragen-Builder

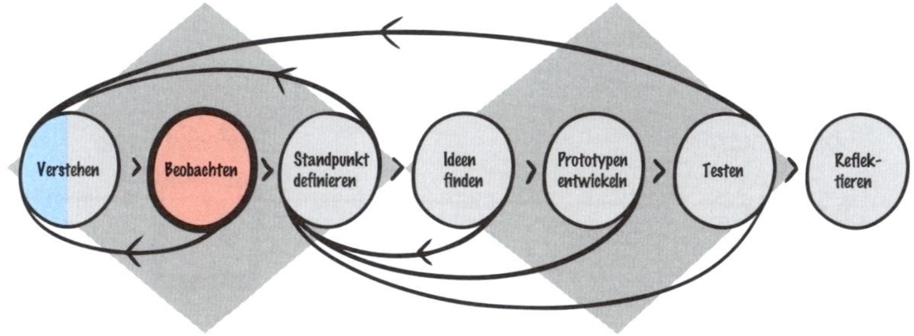

Ich möchte ...

durch die zielgerichtete Analyse von Daten Erkenntnisse gewinnen, die in verschiedenen Phasen im Design Thinking Prozess nützlich sind.

Was du mit dem Tool machen kannst:

- Relevante Einflussfaktoren erkennen, welche die Basis für ein neues oder verbessertes Produkt oder Angebot bilden, und diese dann zielgerichtet analysieren.
- Verhindern, im Analyseprozess nicht kreativ genug zu sein, weil der Fokus auf technischen „Details" liegt.
- Effizienzsteigerung im Analyseprozess durch Vermeidung von Leerläufen realisieren.
- Ein standardisiertes Vorgehen nutzen, um den Problem- und Lösungsraum nochmals mithilfe von Daten zu durchleuchten.

Einige Informationen über das Tool:

- Daten geben uns viele Antworten, wenn die richtigen Fragen gestellt werden. Der Analyse-Fragen-Builder hilft uns, die richtigen Fragen zu stellen, um gute Erkenntnisse zu erhalten.
- Ein strukturiertes Vorgehen schafft Raum für die nötige Kreativität zur Ermittlung der relevanten Einflussfaktoren, weil eine Ablenkung durch Kreativitäts-Killer vermieden wird.
- Wenn wir uns über die Einflussfaktoren im Klaren sind und danach konsequent mit W-Fragen arbeiten, können wir in kurzer Zeit passende Fragen für die Analyse erarbeiten und schliesslich im eigentlichen Analyseprozess schnell relevante Insights gewinnen.
- Wir nutzen den Analyse-Fragen-Builder hauptsächlich in der Phase Verstehen und Beobachten.

Welche Tools können alternativ verwendet werden?

- Extreme User / Lead User (siehe Seite 79)
- Context Mapping (siehe Seite 133)

Welche Tools unterstützen die Arbeit mit dem Analyse-Fragen-Builder?

- 6 W-Fragen (siehe Seite 71)
- 5xWarum-Fragen (siehe Seite 67)
- Jobs-to-be-done (siehe Seite 75)

Was benötigen wir an Zeit und Material?

Gruppengrösse

2-5

- Optimal ist ein interdisziplinäres Team mit 2-5 Personen.
- Es sind keine Vorkenntnisse im Bereich Data Analytics notwendig.

Typische Dauer

30-60 Min.

- Die Dauer und Häufigkeit hängt stark von der Problemstellung ab. I.d.R. pro Fragestellung 30-60 Min.

Benötigtes Material

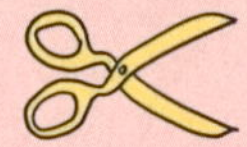

- Mehrere Blätter grosses Papier (beispielsweise Flipchart-Bögen) und ein Whiteboard, um die erarbeiteten Fragen zu notieren
- Stifte

Vorgehen Analyse-Fragen-Builder

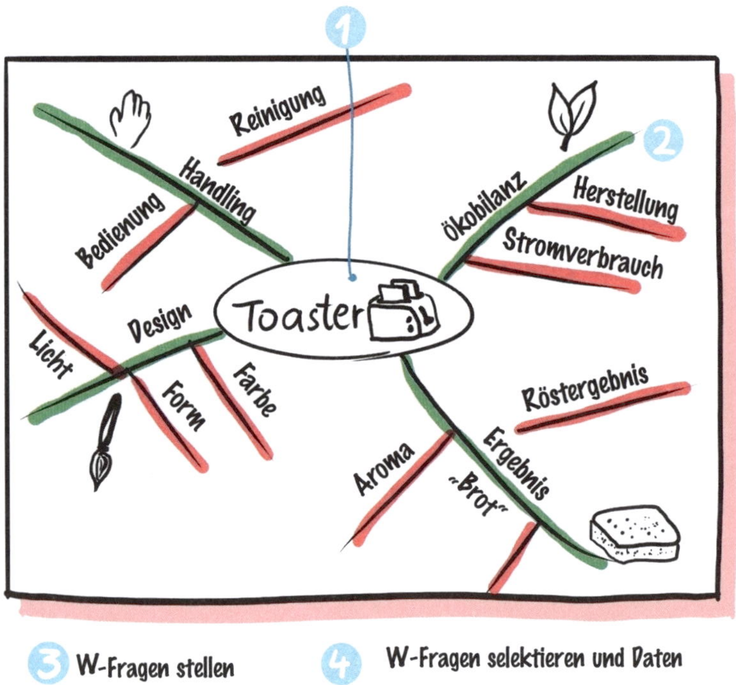

Wie das Tool angewandt wird ...

- **Schritt 1:** Definiere das Zentrum des Analyse-Fragen-Builder, dies kann ein neues Produkt, Angebot oder neuer Prozess sein. Als relevante Einflussfaktoren, was z.B. das Produkt können muss, werden die Bedürfnisse an dieses definiert, z.B. Ökobilanz (Stromverbrauch, Ressourcen für die Herstellung). Diese Verästelungen werden so oft gemacht, bis sichergestellt werden kann, dass wirklich alles aufgeführt ist, was relevant ist. Oft kommen in diesem Vorgehen neue Erkenntnisse ans Licht.
- **Schritt 2:** Als Nächstes definiere die relevantesten Einflussfaktoren. Entweder gibt es hierzu bereits Daten, ansonsten befrage eine Fokusgruppe oder erkunde, ob das Wissen im Design Thinking Team vorhanden ist.
- **Schritt 3**: Im nächsten Schritt werden die Fragen festgelegt. Für die 3 bis 5 relevantesten Einflussfaktoren wende die W-Fragen an. Zum Beispiel Aroma des Toasts: Wer mag getoastetes Brot? Wie dunkel darf das Brot sein, damit es nicht verbrannt schmeckt? Was macht das Aroma von Toast aus? Wann muss es besonders gut schmecken? Wo gibt es den besten Toast als Rohmaterial zu kaufen?
- **Schritt 4:** Gehe im letzten Schritt die notierten W-Fragen durch und überlege, wo Daten bei der Beantwortung helfen könnten. Überlege erst danach, woher die Daten kommen. Diese gibt es meist im Unternehmen, im Internet oder sie müssen erhoben werden.

Das ist das Lieblingstool von Esther Cahn

Position:
Co-Founder und CEO of Signifikant Solutions AG

„Design Thinking ist ein wertvolles Instrument, um eine strukturierte Kreativität in einen Analyseprozess einzubringen."

Warum ist das ihr Lieblingstool?

In den vielen Workshops, in denen dieses Instrument zur Anwendung gekommen ist, haben wir immer wieder festgestellt, wie plötzlich Aspekte bzw. Einflussfaktoren aufgetaucht sind, die niemand auf dem Radar hatte. Zudem: Sind die Fragen erst einmal definiert, ist der Analyseprozess danach deutlich effizienter.

Land:
Schweiz

Affiliation:
Signifikant Solutions AG

Geprüft von: Amanda Mota

Firma/Position: Docway Co. / UX Designer

Experten-Tipps:

Setze das Design Thinking Mindset aktiv ein

- Eine Map aufzuzeichnen ist ein wichtiger kreativer Prozess. Wir sollten uns dafür Zeit nehmen und so die Arbeit mit Daten gut vorbereiten.
- Wir haben in der Anwendung dieses Tools gute Erfahrungen mit interdisziplinären Teams gemacht, sodass keine Einflussfaktoren vergessen werden.
- Wir sollten uns nicht davon abschrecken lassen, dass es vielleicht schwierig ist, gewisse Daten zu bekommen. Wenn wir wissen, welche Daten wir effektiv brauchen, und ein bisschen recherchieren, sind mehr Daten aufzutreiben, als wir zunächst gedacht haben.

Das hybride Modell kombiniert Design Thinking und Big Data Analytics

- Wir haben generell sehr gute Erfahrung mit der Anwendung des Hybriden Models (Kombination von Big Data Analytics und Design Thinking) gemacht. Das Modell forciert, Data Insights und Human Insights über den gesamten Design Thinking Zyklus situativ zu nutzen.

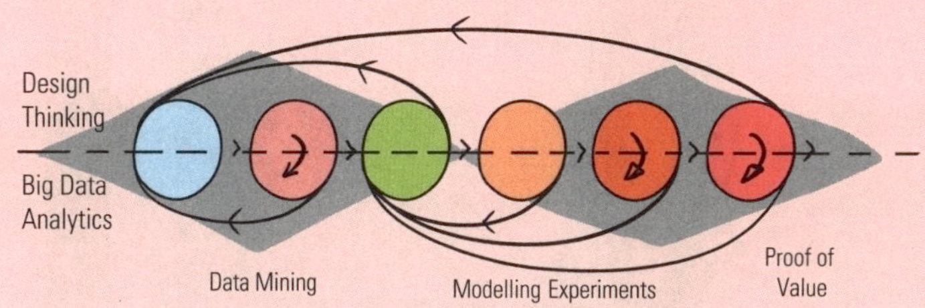

Beschreibung des Anwendungsfalles

- Lilly empfiehlt ihren Teams, falls mit Big Data Analytics in Designprojekten gearbeitet wird, Abstand von der direkten Anwendung von Analytic-Tools zu nehmen und sich zuerst die Struktur und die Fragen zu überlegen, die mit der Datenanalyse beantwortet werden sollen.
- Im Beispiel von einem virtuellen Assistenten hat sich ein Designteam von Lilly überlegt, was für Funktionen einen guten Assistenten ausmachen, welche Attribute wirklich wichtig sind und schliesslich, wie diese Fragen mit Data-Analytics beantwortet werden können.

Key Learnings

- Mit konkreten Fragen in einen Datenanalyseprozess zu starten macht diesen deutlich effizienter.
- Daten und Tools sind meist nicht das wirkliche Problem.
- Sei kreativ, auch wenn es um Big Data Analytics geht.

Tool zum Download

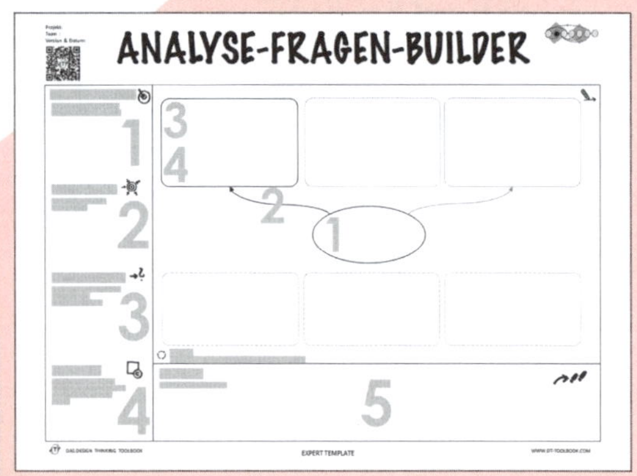

www.dt-toolbook.com/analyse-builder

Peers Observing Peers

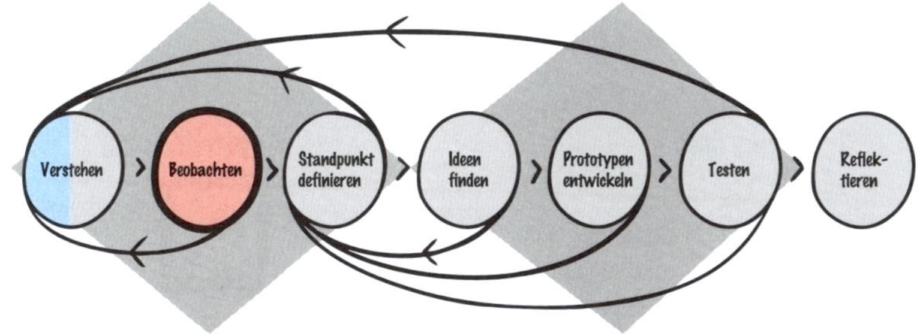

Ich möchte ...

auf Augenhöhe verstehen, was wirklich vor sich geht.

Was du mit dem Tool machen kannst:

- Auf „natürliche" und unauffällige Weise das Verhalten und die Bedürfnisse eines Nutzers erkunden.
- Ein besseres Verständnis über das Problem oder die Design Challenge erhalten, die definiert wurde.
- Neue Erkenntnisse erhalten, wie das Problem heute gelöst wird, welche Workarounds angewandt werden und wie der Prozess in der realen Welt gelebt wird.

Einige allgemeine Informationen über das Tool:

- Die Beobachtung von Peers hilft zu verstehen, wie sich Nutzer in einer „natürlichen" Umgebung verhalten.
- Peers, die Peers beobachten, helfen besonders dann, wenn Interviews nicht möglich sind oder in einer initialen Phase keine direkten Interviews geführt werden sollen.
- Dieses Vorgehen kann zum Beispiel auch im Rahmen der Phase „Testen" viel tiefere Einblicke geben, wie zum Beispiel Prototypen oder Minimum Viable Products (sog. MVPs) genutzt werden.
- Peers observing Peers wird jedoch vornehmlich in den Phasen Verstehen und Beobachten genutzt.

Welche Tools können alternativ verwendet werden?

- AEIOU (siehe Seite 107)
- Interview for Empathy (siehe Seite 57)
- Personas / User Profile (siehe Seite 97)
- Solution Interview (z.B. In der Testphase, siehe Seite 225)

Welche Tools unterstützen die Arbeit mit Peers observing Peers?

- Empathy Map (siehe Seite 93)
- 5x Warum (siehe Seite 67)
- 6 W-Fragen (siehe Seite 71)

Was benötigen wir an Zeit und Material?

Gruppengrösse

3-7

- Je nach Situation und Design Challenge sollten nicht mehr als 3 Personen eine einzelne Beobachtung durchführen.
- Optimal beobachtet ein Peer einen anderen.

Typische Dauer

60-240 Min.

- Die Dauer hängt sehr stark davon ab, was wir beobachten möchten. I.d.R. 60-240 Min.
- Nach der Beobachtung kann die Dokumentation und der Austausch mit anderen Beobachtern nochmals einiges an Zeit in Anspruch nehmen.

Benötigtes Material

- Notizblock und Stift
- Mobiltelefon oder Videokamera, wenn die beobachteten Personen zustimmen.
- Skizzen oder Fotos

Template und Vorgehen Peers Observing Peers

Wie das Tool angewandt wird ...

Unterscheide generell zwischen Beobachtung und Interpretation. Bei Peers observing Peers geht es um das, was wir sehen, und nicht um das, was wir denken. Deshalb nutzen wir das Template und beschreiben nur das, was wir wirklich sehen.

- **Schritt 1:** Beschreibe, was gesehen wird, z.B. die Abhandlung, wie etwas gemacht wird. Falls wir bereits Kenntnisse über den Kontext besitzen und z.B. die Häufigkeit eines Verhaltens herausfinden möchten, können zusätzlich Kategorien definiert werden, durch die z.B. festgestellt wird, wie oft etwas passiert.
- **Schritt 2:** Notiere alle Schritte, die der „Peer" macht. Bei der Beobachtung ist sicherzustellen, dass sich die Probanden während der Beobachtung möglichst normal verhalten.
- **Schritt 3:** Neben dem Sammeln von Erkenntnissen ist es auch empfehlenswert, mit anderen Beobachtern zu diskutieren, wie sie den Prozess wahrgenommen haben. Typische Fragen sind: Was hast du als überraschend empfunden? Was hast du gelernt?
  Oftmals bekommen wir so weitere Hinweise, die über die dokumentierte Beobachtung hinausgehen.
- **Schritt 4:** Interpretiere die Verhaltensweisen.
- **Schritt 5:** Leite entsprechende Schlüsse daraus ab.

Das ist das Lieblingstool von Ina Goller

Position:
Professorin für Innovationsmanagement an der Berner Fachhochschule und Gründerin von Skillsgarden AG

„Design Thinking is by far the most fun approach to generate and validate ideas so that sustainable solutions can be generated."

Warum ist das ihr Lieblingstool?

Mit Peers observing Peers können wir viel lernen. Es ermöglicht uns nicht nur, über Probleme oder Lösungen zu sprechen, sondern zum Beispiel auch tiefe Einblicke über Routinen zu erlangen. Es ist mein Lieblingstool, weil ich vollstes Vertrauen in die Vorgehensweise und die Aussagekraft der Erkenntnisse habe. Es gibt uns Informationen über die Realität, wie Prozesse wirklich gelebt werden, und zeigt, wie informelle Organisationswege beschritten werden, um eine Aufgabe zu erfüllen.

Land:
Schweiz

Affiliation:
skillsgarden

Geprüft von: Jean Michael Chardon

Firma/Position: Logitech AG | Head of AI, CTO Office

Experten-Tipps:

Definiere einen klaren Fokus
Was soll beobachtet werden? Wer soll beobachtet werden? Was soll gelernt werden?

Training ist unerlässlich
Beobachten, ohne zu interpretieren, kann erlernt werden und ebenfalls, wie mit den Erkenntnissen der Beobachter richtig umzugehen ist.

Es geht nicht nur um die Beobachtung
Der Prozess der Datenerhebung und die Befragung der Beobachter nach der Beobachtung ist ebenfalls sehr wichtig.

Trenne die Beobachtung von der Interpretation
Achte auf Abkürzungen und Workarounds, die eigentlich nicht so vorgesehen waren oder bei denen der Nutzer selbst gemachte Hilfsmittel verwendet oder Dinge zweckentfremdet.

Achte auf Routinen und Details
Mache auch quantifizierbare Angaben, z.B. wie lange etwas dauert. Quantitative Analysen können gut mit Charts und Diagrammen visualisiert werden.

Wenn möglich, dann imitiere die Handlungen
Schlüpfe in die Rolle von anderen Menschen und imitiere deren Handlungen. Sprich laut aus, was gerade gemacht wird, und die anderen Personen aus dem Team machen sich Notizen.

Beschreibung des Anwendungsfalles

- Die Teams von Lilly möchten mehr über die Abläufe in großen Unternehmen erfahren.
- In vielen Beobachtungen, die sie selbst durchgeführt haben, hatten sie den Eindruck, dass die Menschen sich nicht authentisch verhalten haben.
- Mit Peers observering Peers möchten sie einen anderen Weg wählen. Sie leiten Mitarbeitende an, wie sie ihre Umgebung und Kollegen beobachten sollen. Das Team bekommt ganz neue Perspektiven!

Key Learnings

- Definiere, was beobachtet werden soll.
- Finde motivierte Beobachter, stelle sicher, dass sie wissen, was der Unterschied zwischen Beobachtung und Interpretation ist.
- Nutze die Interaktion zwischen den Beobachtern für einen Erkenntnisgewinn.

Tool zum Download

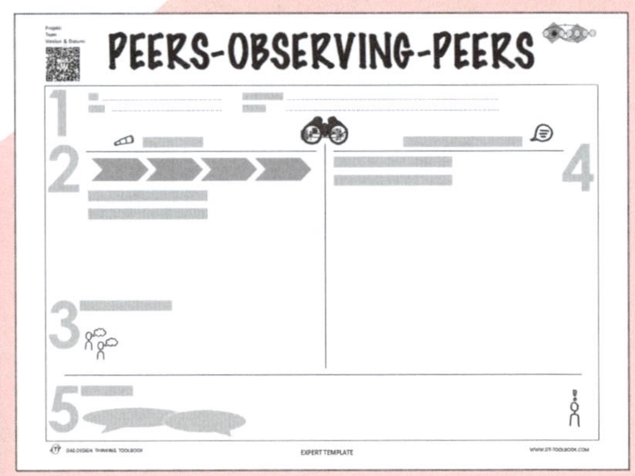

www.dt-toolbook.com/observing-peers

Trendanalyse

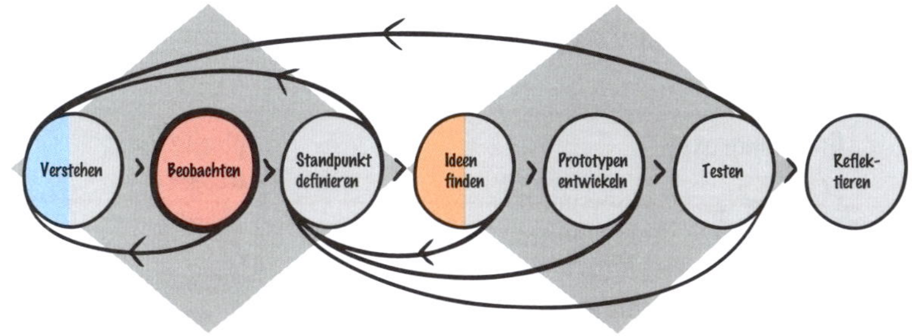

Ich möchte ...

Trends frühzeitig erkennen und diese in der Problemdefinition und Lösungsfindung miteinbeziehen.

Was du mit dem Tool machen kannst:

- Megatrends, Trends und ihre Berührungspunkte erkunden.
- Den größeren Zusammenhang von Trends visualisieren und mit dem Design Thinking Team oder Auftraggebern diskutieren, ob und wie die Trends zusammenspielen.
- Eine zu einfache, subjektive und eventuell monokausale Sichtweise auf eine Entwicklung vermeiden und ganzheitliche Ansätze finden.
- Überschneidungen und kausale Zusammenhänge von Trends fest- und darstellen und auch Rückschlüsse auf die mögliche Bedeutung eines Trends ableiten.
- Wertvolle Kontextinformationen zur Problemstellung oder einer Idee gewinnen.

Einige Informationen über das Tool:

- Das Ziel der Trendanalyse ist, Trends zu identifizieren und zu quantifizieren. Ebenso sollen die Ursachen und der Einfluss auf das Vorhaben ergründet werden. Auf dieser Basis werden Chancen und Risiken identifiziert und Handlungsoptionen abgeleitet.
- Das Trendanalyse-Tool hilft bei der Sammlung wertvoller Kontextinformation rund um gesellschaftliche, wirtschaftliche und technologische Entwicklungen.
- Es dient als Ausgangspunkt für weitere Schritte, wie etwa der Erstellung von Produkt- oder Dienstleistungskonzepten.
- Das Verständnis der in Abhängigkeit zueinander stehenden Trends gibt dem Designprozess Tiefe und Qualität.
- Bei der Suche nach den einzelnen phänomenologischen Ausprägungen und Überschneidungen der Trends wird in kleinen iterativen Schritten vorgegangen, die so laufend zu neuen Erkenntnissen führen.

Welche Tools können alternativ verwendet werden?

- Context Mapping (siehe Seite 133)
- Phänomenologie
- Szenariotechniken
- Prognostisches Crowdsourcing

Welche Tools unterstützen die Arbeit mit der Trendanalyse?

- Explorative Interview (siehe Seite 63)
- Frage 5x Warum (siehe Seite 67)
- Vision Cone (siehe Seite 141)

Was benötigen wir an Zeit und Material?

Gruppengrösse

2-5

- Optimal mit Teams in einer Grösse zwischen 2-5 Personen.
- Je nach Themenfokus und Komplexität können auch mehr Leute zugleich oder sequenziell involviert werden.

Typische Dauer

120-240 Min.

- Der Zeitraum hängt davon ab, wie komplex die Fragestellung ist und wie viel bereits im Vorfeld recherchiert wurde.
- Eine erste Trendanalyse mit einem dazu passenden Affinity Chart ist in 2 Std. machbar.

Benötigtes Material

- Grosse Fläche Papier oder Karton
- Farbige Schnüre (U-Bahn-Linien)
- Pinnadeln, kleine Wäscheklammern
- Stifte
- Post-its (in verschiedenen Farben)

Vorgehen Trendanalyse

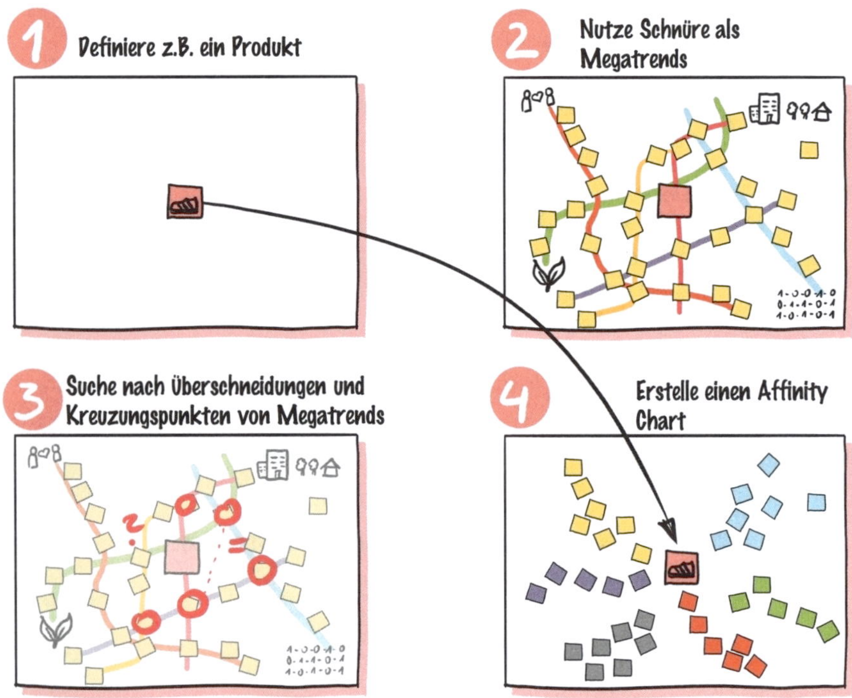

Wie das Tool angewandt wird ...

Nutze für die Trendanalyse das Trend-Tube-Mapping (Megatrends)

- **Schritt 1:** Im Zentrum steht ein Produkt, Service oder eine Entwicklung, die betrachtet werden soll. Dieses wird auf ein Post-it geschrieben.
- **Schritt 2**: Die unterschiedlich farbigen Schnüre repräsentieren verschiedene Megatrends wie Urbanisierung, Digitalisierung, Nachhaltigkeit. An die Fäden werden die Phänomene oder Ausprägungen der Megatrends gehängt, die zuvor z.B. in einem Workshop oder in einer Fokusgruppe ermittelt wurden.
- **Schritt 3:** Danach wird nach Zusammenhängen bzw. möglichen Überschneidungen gesucht, wie sie auch bei U-Bahn-Linien vorzufinden sind. Es wird erkundet, wo sich das Produkt oder der Service in diesem Kontext ansiedelt.

Erweitere die Trendanalyse mit einem Affinity Chart (Trendthemen)

- **Schritt 4:** Ein Affinity Chart ist eine Gruppierung von zusammenpassenden Elementen und visualisiert typische Muster. Sie wird für den strukturierten Output der Trendanalyse genutzt. Dazu werden z.B. die Elemente an den Kreuzungspunkten näher betrachtet und mögliche Ausprägungen und Stossrichtungen davon gesucht (z.B. Wandern → Stadtwandern). Passende Kärtchen zu Branchen-, Konsumenten-, Marketing- und Technologietrends ergänzen das Bild. Bemerkung: Kärtchen können mehrfach genutzt werden, indem sie einfach dupliziert werden.

Das ist das Lieblingstool von Thomas Duschlbauer

Position:
CEO KompeTrend

„Auch wenn die Arbeit mit Trends und Megatrends gewisse Limitationen hat, eröffnet sie dennoch neue Perspektiven und stösst die Diskussion im Designteam an."

Warum ist das sein Lieblingstool?

Ich arbeite gerne mit der physischen Trendanalyse, weil in einer kleinen Gruppe in der unmittelbaren Auseinandersetzung mit den Trends sehr viele neue Sichtweisen entstehen, revidiert und neu formuliert werden können. Es ist ein Ringen um Erkenntnisse und die Visualisierungen helfen, die Komplexität in den Griff zu bekommen.

Land:
Österreich

Affiliation:
KompeTrend

Geprüft von: Yves Karcher

Firma/Position: InnoExec Sàrl | Workshop Facilitator für Innovation und Organisationsdesign

Experten-Tipps:

Validiere die Ergebnisse mit vorhandenen Statistiken

- Da es sich bei der Anwendung der Trendanalyse erst mal nur um eine rein qualitative Sichtweise handelt, empfiehlt es sich, diese Annahmen auch mit statistischen Daten zu untermauern oder zu verifizieren.

Visualisierungen helfen, die Komplexität zu reduzieren

- Für die Visualisierung ist es notwendig, die Megatrends und Trends bereits in dokumentierter und aktueller Form vorliegen zu haben.
- Je mehr Megatrends (Trend-Tube-Mapping) wir identifizieren, desto komplexer wird der Prozess und desto mehr Platz wird für für die Umsetzung benötigt.
- Wenn wir ein bereits entwickeltes Produkt oder eine Dienstleistung im Kontext der Trends verorten möchten (z.B. für einen Businessplan), dann genügt eine kleinere Auswahl an Trends und deren Ausprägungen (z.B. Digitalisierung -> IOT, Big Data, AI, VR, AR …).

Nutze die gewonnenen Erkenntnisse in vollem Umfang

- Wir haben sehr gute Erfahrung damit gemacht, die Trends für neue Geschäftsmodelle, Produkte oder Services zu nutzen. Insbesondere eine vielfältige Betrachtung an Trends und deren Ausprägungen kann in der Kombinatorik der Schlüssel für disruptive Innovationen sein (z.B. Kombination von Künstlicher Intelligenz und Blockchain).
- Der 4. Schritt (Affinity Chart) ist aus unserer Erfahrung besonders dann wertvoll, wenn wir spezielle Fragestellungen zum Zielgruppenverhalten oder zum Einsatz neuer Technologien haben.
- Die Trendanalyse hilft zudem, Nischen aufzuspüren oder gegensätzliche Trends zu erkennen.

Beschreibung des Anwendungsfalles

- Das Designteam hat mit Desk Research ganz viele entscheidende Sachverhalte gefunden. Die statistischen Daten und gefundenen Trends helfen, das Problem besser zu verstehen.
- Die quantitativen Trends, aber auch qualitative Trendanalysen mit Bildern zeigen, dass Lillys Team auf die richtigen Elemente setzt, die in Zukunft noch an Bedeutung gewinnen werden.

Key Learnings

- Durch die Trendanalyse bekommt das Designteam für eine Problemstellung oder eine Idee eine bessere Orientierung.
- Die Diskussion in der Gruppe hilft, ein gemeinsames Bild von Megatrends, Trends und Entwicklungen zu erlangen.
- Trends entwickeln sich ständig weiter und eine kontinuierliche Reflexion und Auseinandersetzung hilft, diesen Veränderungen zu folgen.
- Nutze Trendreports sowie „Google Trends", ein wichtiges (und kostenloses) Online-Tool für das Aufspüren und Visualisieren von Trends.

Tool zum Download

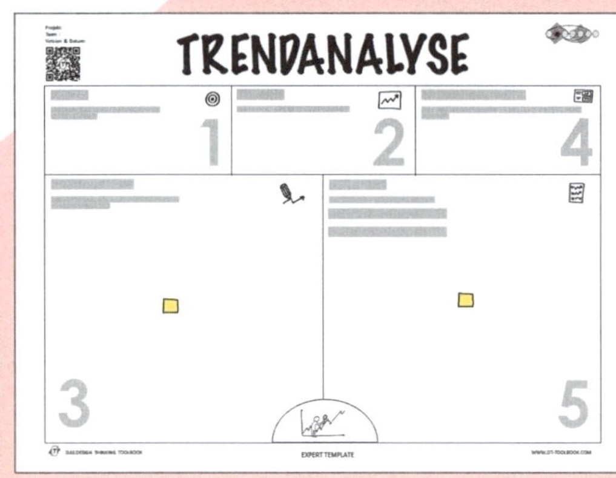

www.dt-toolbook.com/trends

Phase: Standpunkt definieren

Am Ende der Problemanalyse werden die Erkenntnisse zusammengefasst, geclustert, diskutiert und bewertet. Die Teamsicht auf das Problem wird in Form eines Standpunktes formuliert. Dieser dient später als Startpunkt in der Lösungssuche. Verschiedene Methoden wie z.B. Storytelling und „How might we …" als Fragetechnik unterstützen diesen Vorgang.

„How might we …"-Frage

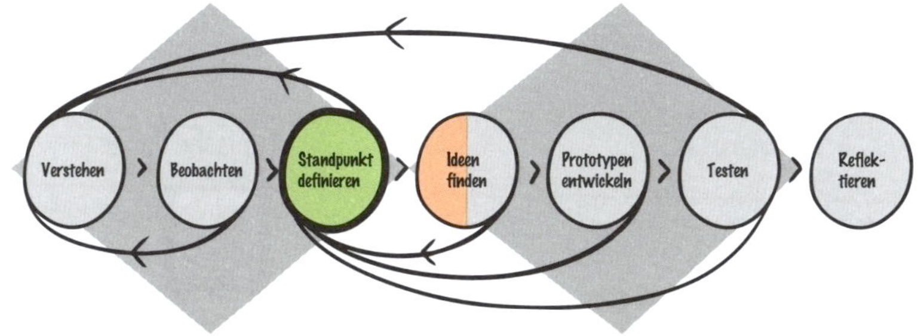

Ich möchte …

eine Frage formulieren, die es erlaubt, später in der Phase „Ideen finden" zielgerichtet zu arbeiten.

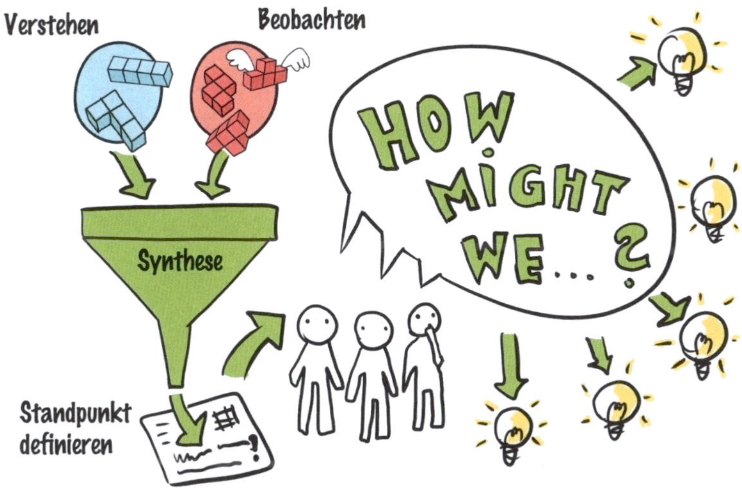

Was du mit dem Tool machen kannst:

- Ein latentes Bedürfnis in eine Design Challenge überführen.
- Das Ziel der späteren Ideenfindung und die Absicht mit dem Design Thinking Team in einem konkreten Satz niederschreiben.
- Den Umfang und Rahmen des Ideenfindungsprozesses definieren.

Einige Informationen über das Tool:

- Die „How might we …" (HMW)-Frage (Wie könnten wir…) ist ein elementarer Bestandteil im Design Thinking Werkzeugkasten.
- Die HMW-Frage nutzt eine spezielle Ausdrucksweise, die hilft, in eine explorierende Denkweise zu kommen.
- Das „How" impliziert, dass es mehrere mögliche Wege gibt, die Frage zu lösen, das „Might" schafft einen sicheren Raum, in dem wir wissen, dass eine potenzielle Idee funktionieren könnte, und das „We" erinnert uns daran, dass wir das Problem als Team lösen.

Welches Tool kann stattdessen verwendet werden?

- Devil's Advocate – „Was wäre, wenn sich die Menschen nicht erinnern könnten?"
- Im Gegensatz – „Was wäre, wenn sich der Pain in ein Gain verwandelt?"
- Umgekehrt – „Was wäre, wenn z.B. der Patient den Arzt diagnostiziert?"
- Zeitrahmen – „Wie würde/hätte die Situation in/vor 20 Jahren aussehen/ausgesehen?"
- Provokation – Foto/Gewebe/Zitat/Ton/Geruch – „Wie müssen wir die Lösung gestalten, dass niemand mehr etwas anderes nutzen möchte?"
- Analogie – Finden einer Analogie, um auf dieser Basis das Problem zu lösen – „Was können wir aus einem Boxenstopp bei der Formel 1 zum Thema Zeit lernen?"
- Wunder – „Wenn wir Zauberer wären, wie würden wir das lösen?"

Welche Tools unterstützen die Arbeit mit diesem Tool?

- Alle Werkzeuge aus der Phase Standpunkt definieren (S. 119–148)
- Storytelling (siehe Seite 129)

Was benötigen wir an Zeit und Material?

Gruppengrösse

3-5

- Jede HMW-Frage in Gruppen von 3-5 Personen erstellen.

Typische Dauer

5-15 Min.

- Formulierung der HMW-Frage kann sehr schnell gehen, wenn gute Erkenntnisse identifiziert worden sind.
- Definition einer HMW-Frage dauert i.d.R. nicht länger als 15 Minuten.

Benötigtes Material

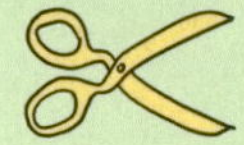

- Whiteboards oder Stellwände
- Post-its, Stifte, Papier

Vorgehen „How might we ...“-Frage

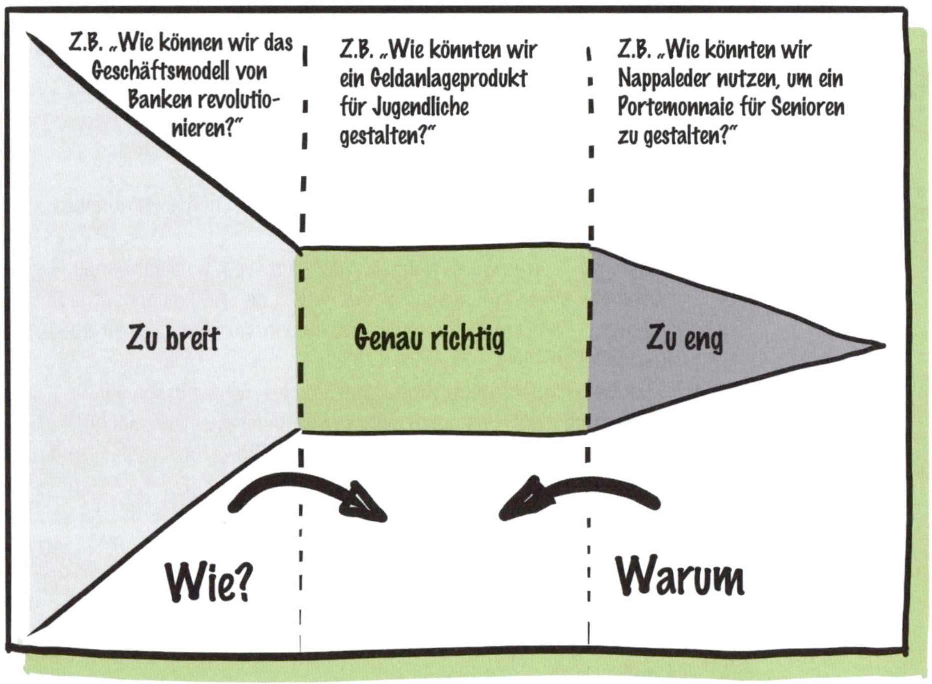

Wie das Tool angewandt wird ...

- Reflektiere die Erkenntnisse aus den vorhergehenden Phasen Verstehen und Beobachten. Hieraus ergibt sich eine Synthese der Einsichten.
- Motiviere das Design Thinking Team, mehrere „How might we ...?“ Fragen zu erstellen.
- Jede Frage folgt der Logik „Wie können wir...“, gefolgt von einem Verb, einem Adjektiv und einer Art von Benutzer (z.B. Millennials, Senioren).
- Lies die HMW-Frage laut vor und frage, ob das Team durch die Frage inspiriert ist, viele Lösungsideen zu finden. Wenn nicht, könnte die Frage zu eng gefasst sein, d.h., die Frage nimmt bereits eine Lösung vorweg oder erlaubt es nicht, sie weiter zu erkunden. Oder die HMW-Frage ist zu breit, d.h., die Frage versucht, die Welt zu verbessern, und das Team fühlt sich mit der Aufgabenstellung verloren.
- Um diesem Dilemma entgegenzuwirken, gibt es zwei Fragetechniken: Frage „WARUM“, um den Betrachtungsfokus zu erweitern, und Frage „WIE“, um den Betrachtungsfokus einzuengen.
- Steht die HMW-Frage, so kann die Ideenfindungsphase gestartet werden. Beginne z.B. mit einem offenen Brainstorming, das erste Ideen generiert.

Das ist das Lieblingstool von Andrés Bedoya

Position:
Innovation project manager, d.school Paris at école des Ponts

„Design thinking is more than a process, it's a culture that has the tremendous power of facilitating the transformation of reality into something that make sense for humans."

Warum ist das sein Lieblingstool?

Als Ingenieur bin ich ein großer Fan von verschiedenen Ideen und die HMW-Frage ist für mich die Schnittstelle zwischen tiefem Verständnis der Nutzer und einer unendlichen Anzahl von Möglichkeiten, die wir in der Phase Ideen generieren erkunden können, um schliesslich eine gute Lösung für den Nutzer oder Kunden zu realisieren.

Land:
Frankreich

Affiliation:
d.School Paris

Geprüft von: Bettina Maisch

Firma/Position: Senior Key Expert Consultant, Siemens Corporate Technology

Wie könnten wir...

WISSEN	VERSTEHEN	ANWENDEN	BEWERTEN	KREIEREN
definieren	vorhersagen	lösen	umrahmen	erstellen
identifizieren	reflektieren	bewerben	vergleichen	entwickeln
beschreiben	demonstrieren	konstruieren	experimentieren	ändern
übereinstimmen	unterscheiden	wählen	fragen	umschreiben
erkennen	entdecken	vorbereiten	prüfen	entwickeln
auswählen	forschen	produzieren	korrelieren	einbilden
untersuchen	transformieren	zeigen	separieren	verhandeln
erzählen	beschreiben	Richter	analysieren	gestalten
visualisieren	vergleichen	übertragen	vergleichen	strukturieren

Experten-Tipps:

Es gibt kein richtig und falsch bei der Definition von Fragen

- Es gibt kein Richtig oder Falsch bei einer HMW-Frage. Wir empfehlen, sich auf das Bauchgefühl zu verlassen, um zu prüfen, ob die HMW-Frage für die Problemstellung passt.
- Wenn die HMW-Frage passend ist, verspüren wir den Drang, Ideen dafür zu suchen. Wenn die Frage nicht passend ist, fallen uns meistens auch keine Ideen ein.
- Aus unserer Erfahrung ist es effektiver, mehrere HMW-Fragen für ein gegebenes Themengebiet oder -cluster zu erstellen, als eine lange Debatte über die richtige Flughöhe einer bestimmten Frage zu starten. Die jeweiligen HMW-Fragen können als Prototyp verstanden und mit einem kurzen Brainstorming getestet werden. Die passendste wird dann weiterverfolgt.

Bewusst sein für wen eine Lösung gesucht wird, ist wichtig

- Neben der Beschreibung des Problems ist darauf zu achten, dass ein Zielkunde für das Projekt definiert wird. Wir versuchen hierbei, den Nutzer und seine Bedürfnisse hervorzuheben, sobald sein Problem erkannt ist.

Hebe die wichtigsten Aussagen hervor

- Wir haben gute Erfahrung damit gemacht, einen dicken Marker zu verwenden, um die relevanten Bedürfnisse hervorzuheben.
- Ein großes Blatt Papier und Post-its im Format A5 helfen, die Frage sichtbar für alle zu formulieren.

Beschreibung des Anwendungsfalles

- Die richtige „Wie könnten wir …" Frage hilft, die Zeit für die nächste Prototyp- & Test-Phase effizient zu nutzen.
- Jeder im Team hat einige Fragen vorbereitet. Gemeinsam diskutieren sie die Positionierung oder formulieren die HMW-Frage mithilfe von Wie- und Warum-Fragen um, bis Konsens im Team herrscht und alle überzeugt sind, die richtige Frage gefunden zu haben.
- Lilly lässt genügend Zeit, um die HMW-Frage zu finden. Besonders bei grossen Gruppen braucht die wichtige Diskussion und die Interaktion Zeit, um eine gute HMW-Frage zu formulieren. Mit der richtigen Fragestellung kommen wir schneller zum Ziel.

Key Learnings

- Diskutiere nicht zu lang über eine HMW-Frage. Zeitdruck hilft, agil zu bleiben und nicht in der Ausformulierung stecken zu bleiben.
- Optimistisch und nah bei den Bedürfnissen der Nutzer zu sein, ist ein Must, um mehrere und gute HMWs zu finden.

Tool zum Download

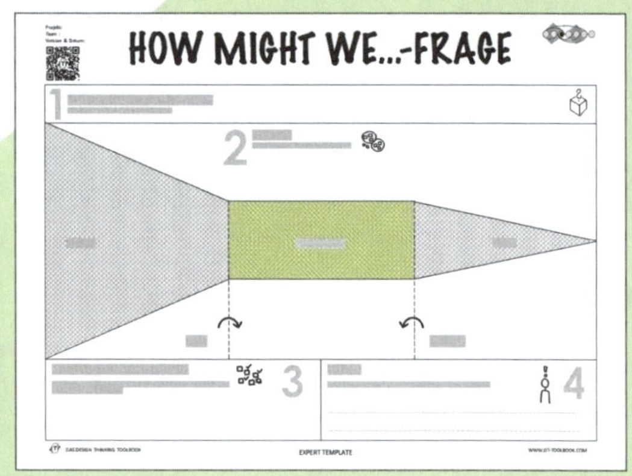

www.dt-toolbook.com/hmw

Storytelling

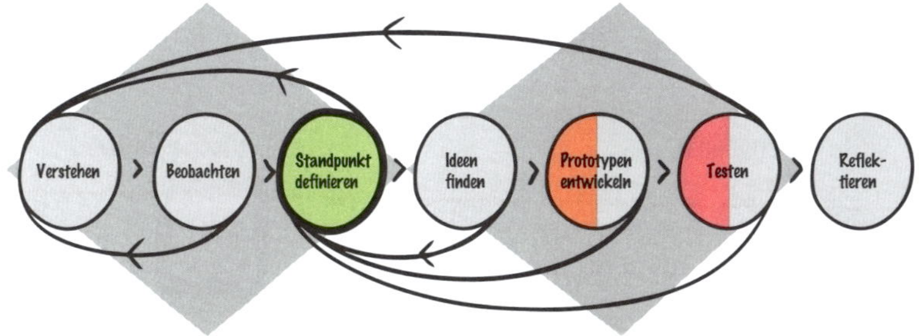

Ich möchte ...

meine Erkenntnisse, Ideen und Lösungen meinen Teammitgliedern und anderen Stakeholdern vorstellen.

Was du mit dem Tool machen kannst:

- Recherchieren, mit Menschen sprechen und Empathie schaffen, um daraus tief greifende Geschichten zu formulieren.
- Ergebnisse z.B. aus der Phase Verstehen und Beobachten zusammenfassen und mit dem Team diskutieren.
- Das Unerwartete hervorheben und neue Perspektiven erzeugen.
- Generell Erkenntnisse, Ideen, aber auch Ergebnisse (Lösungen) mit anderen teilen.

Einige Informationen über das Tool:

- Geschichten helfen uns, das Wissen auf eindrückliche Weise zu teilen.
- Storytelling (Geschichten erzählen) ist ein Tool, welches uns in vielen Phasen über den Design Thinkig Zyklus ein hilfreiches Werkzeug ist.
- Storytelling hat uns über Jahrtausende geholfen, Wissen über Generationen hinweg zu teilen. Im Kontext von Design Thinking hilft es uns, die Bindung zum Team herzustellen, den Fokus zu legen, Motivation zu wecken, sowie Anreize für Kreativität und Empathie zu schaffen!
- Ebenfalls können Geschichten über Daten erzählt werden. Durch eine animierte Visualisierung von Daten lassen sich ebenfalls Wow-Effekte erzielen.

Welches Tool kann stattdessen verwendet werden?

- Empathy Map (siehe Seite 93)
- I like, I wish, I wonder (siehe Seite 239)
- Context Mapping (siehe Seite 133)
- NABC (siehe Seite 177)
- Szenarioanalysen

Welches Tool unterstützt die Arbeit mit diesem Tool?

- Customer Journey (siehe Seite 103)
- Service Blue Print (siehe Seite 203)
- Feedback-Capture-Grid (siehe Seite 217)
- Interview for Empathy (siehe Seite 57)
- Stakeholder Map (siehe Seite 83)
- Szenarioanalysen
- Trendanalyse (siehe Seite 119)

Was benötigen wir an Zeit und Material?

Gruppengrösse

2-5

- Optimal sind Teamgrössen von 2-5 Personen in der Anwendung des Storytellings.
- Für die Diskussion der Erkenntnisse erzählt jeder Einzelne die Geschichte, die er beobachtet hat.

Typische Dauer

10-30 Min.

- Die Erkenntnisse zusammenzufassen und eine Geschichte daraus zu formulieren variiert nach Design Challenge und Anzahl von Erkenntnissen (ca. 30 Min.).
- Die Erzählung pro Nutzer sollte nicht länger als 5-10 Minuten dauern.

Benötigtes Material

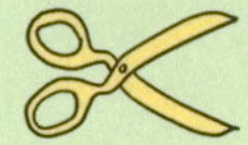

- Grosses Whiteboard, Flipchart oder ausgedruckte/aufgemaltes Template
- Post-its, Stifte, Marker

Vorgehen und Template Storytelling

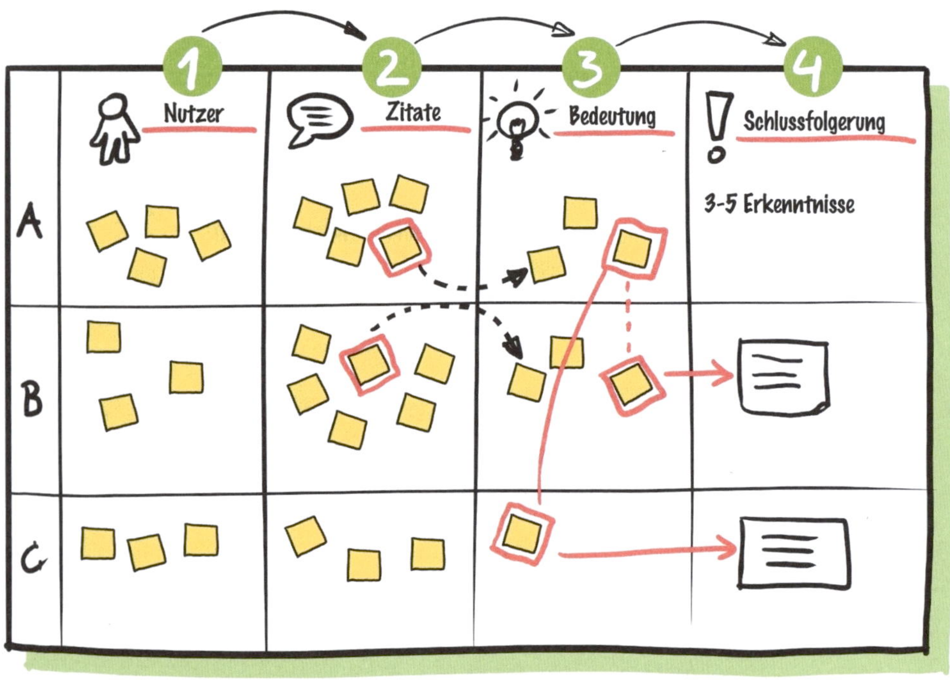

Wie das Tool angewandt wird ...

- **Schritt 1:** Drucke die Vorlage aus oder zeichne die Struktur auf einem Flipchart oder Whiteboard nach. Für die Nutzung von Storytelling in der Kommunikation von Ergebnissen aus der Phase Verstehen und Beobachten ist das folgende Vorgehen besonders gut geeignet.
- **Schritt 2:** Ermutige jedes Teammitglied, eine Zeile z.B. pro befragte Person (A-n) auszufüllen und fasse dann die Highlights und Besonderheiten der Person bzw. des Nutzers zusammen (Spalte 1). Füge wichtige Zitate der Person hinzu.
- **Schritt 3**: interpretiert als Team gemeinsam die Ergebnisse und definiert die Bedeutung.
- **Schritt 4:** Ziehe zusammen mit dem Team ein Fazit und fasse die wesentlichen Erkenntnisse aus dem Interview zusammen. Mit dieser Grundlage seid ihr einen Schritt weiter, die Ergebnisse als Geschichte mit dem Team und den Stakeholdern zu teilen. Der Entwurf einer Geschichte kann z.B. in Stichpunkten formuliert werden, ein Storyboard erstellt oder ein kleines Video produziert werden, das die Abhandlung nachspielt.

Das ist das Lieblingstool von Jessica Dominquez

Position:
Entrepreneur and Freelance Designer

In the highly globalized world we live, there is a need for new ideas that can help to improve our lives, and that is the precise reason innovation is important. Design Thinking is the best way to materialize those ideas through an interdisciplinary team with an user centered goal.

Warum ist das ihr Lieblingstool?

Storytelling ist das beste Tool, um die Erkenntnisse aus den Interviews mit anderen zu teilen. Auf diese Weise werden Gefühle und Emotionen der Nutzer oder deren Feedback zu unseren Ideen oder Prototypen lebendig. Das Erzählen von Geschichten braucht etwas Mut und Übung, aber da unserem Verstand und unserer Stimme keine Grenzen gesetzt sind, ist Storytelling ein sehr wirkungsvolles Werkzeug.

Land:
Kolumbien

Affiliation:
Pick-a-Box

Geprüft von: Jeremias Schmitt

Firma/Position: 5Wx new ventures GmbH, Co-Founder | Managing Partner

Experten-Tipps:

Worauf zu achten ist

- Schreibe nicht nur Stichworte auf die Post-its, sondern auch Skizzen oder Visualisierungen.
- Fotos oder sonstige Artefakte mit aufhängen! So kann das Storytelling-Board wie ein Moodboard angereichert werden.
- Gib den Personen/Nutzern Namen, damit wir wissen, von wem wir sprechen. Das können auch spezifische Erkennungszeichen sein, z.B. „Der komische Typ mit der blauen Mütze" oder „Die Chanel-Frau, die sehr viel auf ihr äußeres Wert gelegt hat".

Ein vielseitiges Tool!

- Storytelling kann auch als Prototyping-Werkzeug eingesetzt werden und hilft, die Erkenntnisse aus dem Test zusammenzufassen.
- Storytelling hilft beim Lernen und fördert Innovationen und die Vermittlung von Wissen und Informationen.

Experimentiere mit verschiedenen Arten von Geschichten

- Eine Geschichte mit einer grossen Spannung oder einem Cliff-Hänger zu erzählen bringt die Leute dazu, sich zu konzentrieren. Andererseits werden Geschichten mit einem emotionalen Hintergrund ein Gefühl des Vertrauens wecken und eine Bindung zum Publikum aufbauen.

Beschreibung des Anwendungsfalles

- Lilly motiviert das Team, immer wieder von der divergierenden Phase in die konvergierende zu wechseln und dabei die Erkenntnisse zusammenzufassen und zu gliedern.
- Es ist nicht immer einfach, die relevanten Aussagen zu bündeln. Oft sieht das Team den Wald vor lauter Bäumen nicht mehr und verliert sich in Details.
- Lilly hat gute Erfahrungen mit diesem Storyboard gemacht. Es hilft, die wichtigsten Punkte herauszukristallisieren, deren Bedeutung zu finden und daraus die wesentlichen Erkenntnisse im Team abzuleiten.

Key Learnings

- Storytelling kann genutzt werden, um die Erkenntnisse aus der Interaktion mit dem Nutzer zusammenzufassen oder kann Prototyp und Testmethode sein.
- Geschichten sind wertvoll, wenn sie wahr sind, deshalb müssen sie immer mit realen Ereignissen unterstützt werden.

Tool zum Download

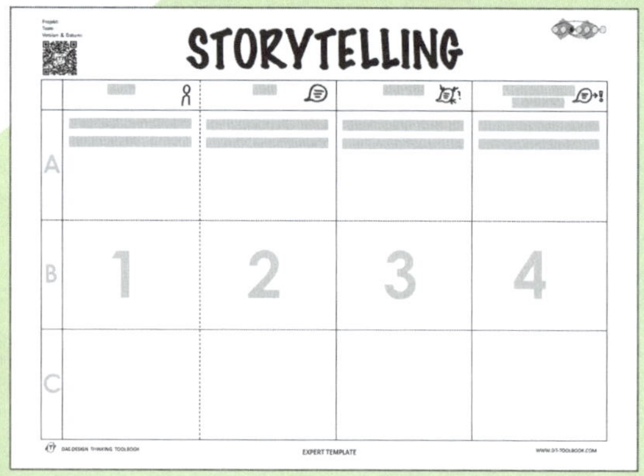

www.dt-toolbook.com/storytelling

Context Mapping

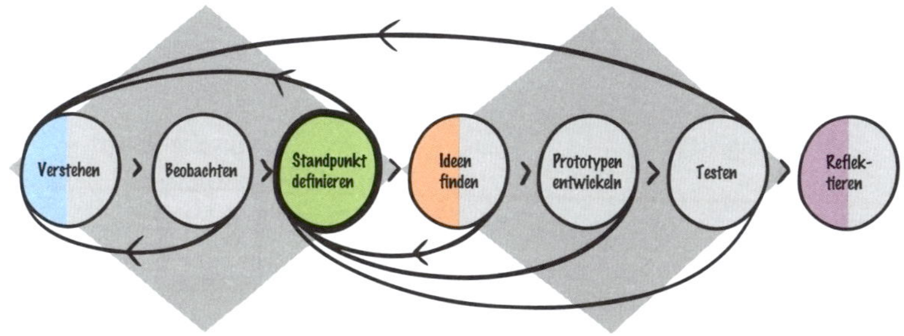

Ich möchte ...

mich mit dem Kontext z.B. eines Problems auseinandersetzen.

Was du mit dem Tool machen kannst:

- Von einem „Experten" lernen: dem Benutzer, der unerwartete Einblicke in das, was er in seinem Leben durchmacht, preis gibt.
- Ein größeres Bild von einer bestimmten Situation machen. Wie erleben andere diese Erfahrungen? Wann erleben sie diese Erfahrung? Mit wem und in welchem Zusammenhang?
- Dem Grundsatz folgen: „Wissen ist Information mit zusätzlichem Kontext." Um wahres Wissen zu schaffen, muss der Kontext bekannt sein und dieses Tool hilft, dieses Bewusstsein zu schaffen.

Einige Informationen über das Tool:

- Die Methode des Context Mapping gibt uns als Designern unerwartete Einblicke in ein System und Teilsystem.
- Es ermöglicht uns, den Nutzer/Kunden in seiner alltäglichen Erfahrung zu erleben.
- Durch die Anwendung wird das Implizite explizit gemacht.
- Im Context Mapping geht es nicht darum, viele Einsichten zu gewinnen. Das Ziel ist, mehr darüber herauszufinden, wie die jeweilige Erfahrung empfunden wird.
- Das Mapping hilft, den Erkenntnissen aus der Beobachtung eine Struktur zu geben und auf diese Weise den Nutzer besser zu verstehen.

Welches Tool kann stattdessen verwendet werden?

- Customer Journey (siehe Seite 103)
- Analyse-Fragen-Builder (siehe Seite 111)

Welches Tool unterstützt die Arbeit mit diesem Tool?

- Interview for Empathy (siehe Seite 57)
- Empathy Map (siehe Seite 93)
- 6 W-Fragen (siehe Seite 71)
- Frage 5x Warum (siehe Seite 67)

Was benötigen wir an Zeit und Material?

Gruppengrösse

2-4

- Je nach der Komplexität der Design Challenge können an einer Context Map 2-4 Personen arbeiten.
- Wenn die Gruppen zu groß sind, geht oft Dynamik verloren.

Typische Dauer

40-60 Min.

- I.d.R. werden 40-60 Min. für eine durchdachte Context Map benötigt.
- Die Zeit kann je nach Design Challenge variieren.
- Erkenntnisse, die mit anderen Tools bereits erarbeitet wurden, beschleunigen das Vorgehen.

Benötigtes Material

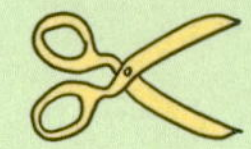

- Papier, Stifte, Kamera
- Stellwände oder Whiteboard

Template Context Mapping

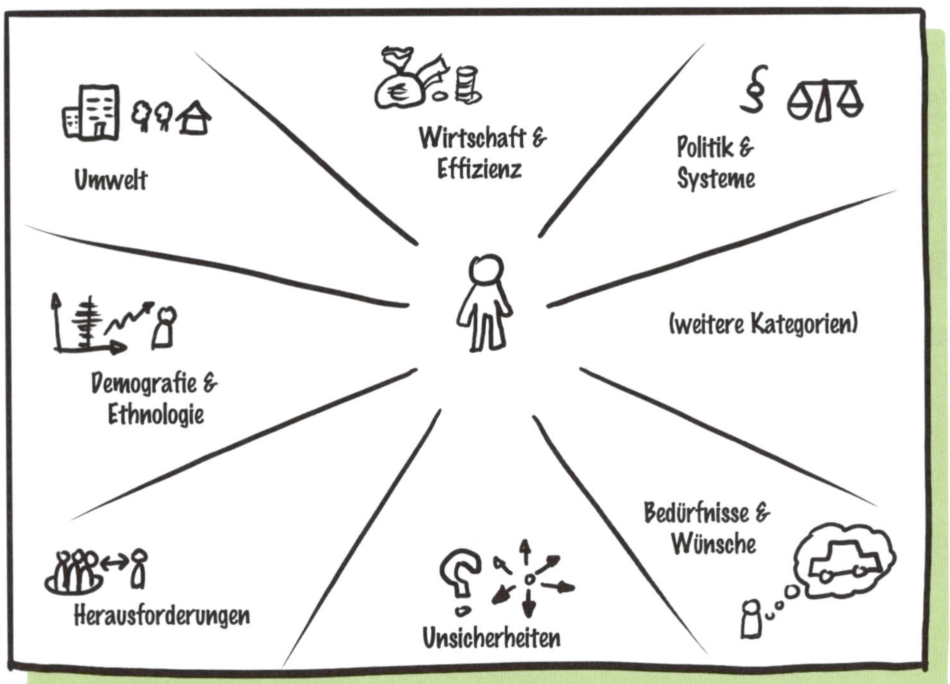

Wie das Tool angewandt wird ...

- Für eine gute Context Map werden viele Erkenntnisse benötigt, deshalb so oft wie möglich rausgehen, um zu beobachten und zu verstehen. Es gibt keinen Ersatz, die Realität aus Sicht des Nutzers so zu sehen, wie er sie sieht. Es ist wichtig, zu verstehen, für wen eine Lösung gesucht wird.
- Beobachte den Nutzer und sein Umfeld. Typische Fragen: Was macht er? Wo macht er es? Mit wem macht er es? Welche Auswirkungen hat sein Handeln auf die Umwelt? Welche Personen unterstützen? Gibt es gemeinsame Werkzeuge oder Hilfsmittel?
- Mache Bilder von der Umgebung und dem Nutzer.
- Definiere Bereiche, auf die der Fokus gelegt werden soll. Nutze die Vorstellungskraft für einen breiten Kontext oder einen beschränkten.
- Lege Kategorien des jeweiligen Kontexts fest, z.B. Trends, Wirtschaft, Standort oder Technologiefelder.
- Falls notwendig, ordne diese Kategorien neu an, um neue Verbindungen zu schaffen und neue Erkenntnisse zu gewinnen.
- Fülle die Kategorien auf dem Template mit den Erkenntnissen aus.
- Lasse bewusst ein oder zwei Felder offen, um das Team zu ermutigen, neue Kategorien, die wichtig erscheinen, hinzuzufügen.

Das ist das Lieblingstool von Denise Pereira De Carvalho

Position:
Brazil Innovation Leader-DuPont Do Brasil

„Design Thinking has changed the way I look into people, life and experiences. It has given me a pause to ask myself what is underneath people's behavior and understand them better."

Warum ist das ihr Lieblingstool?

Context Mapping ist mein Lieblingswerkzeug, weil der Kontext wichtig ist und unsere Sichtweise auf die Situation verändert. Durch den Einsatz des Tools sind wir in der Lage, unerwartete Einblicke zu gewinnen, das Gesamtbild zu verstehen und Teile des Prozesses zu erschliessen, die für den Nutzer/Kunden von Bedeutung sind.

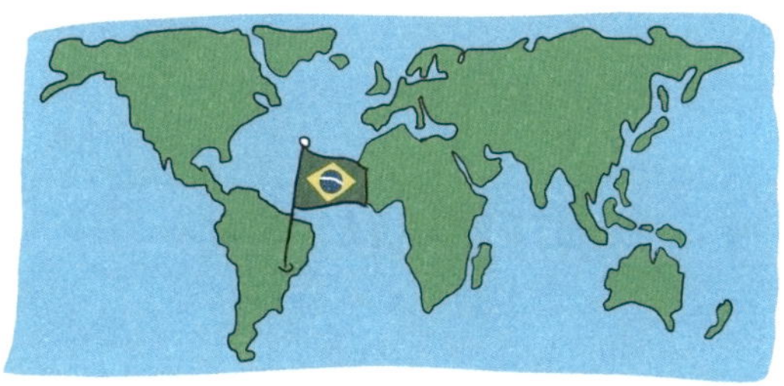

Land:
Brasilien

Affiliation:
DuPont

Geprüft von: Patrick Labud

Firma/Position: bbv Software/User Experience Experte

Experten-Tipps:

Laufe in den Schuhen der potentiellen Kunden

- Wir haben ein Bewusstsein für unsere eigene Perspektive und für eine bestimmte Situation, aber noch viel wichtiger ist, dass wir akzeptieren, dass der Benutzer eine andere haben kann.
- Wir sind offen für Überraschungen, für Dinge, die wir überhaupt nicht im Sinn hatten.
- Die Anwender sind die wahren Experten ihrer Routine und ihrer Erfahrungen.

Der Kontext verändert die Wahrnehmung der Erfahrung

- Wir haben im Hinterkopf, dass die Menschen sich nicht immer ihrer Alltagserfahrung bewusst sind. Sie sind es so gewohnt und übersehen häufig die Details, die für einen Designprozess wichtig sind.
- Wir sollten die Bedeutung, das Implizite explizit zu machen, nicht unterschätzen, da es wertvolle Erkenntnisse bringen kann.
- Wir versuchen, unseren Geist zu befreien und von Annahmen zu lösen und zu lernen.

Jede Hypothese kann nützlich sein

- Wir befreien uns von Erwartungen, dass etwas richtig oder falsch ist. Wir wertschätzen jede neue Erkenntnis, auch wenn sie nicht unserem Weltbild entspricht.
- Wir haben gute Erfahrung damit gemacht, sich ein „Beginner-Mind", des „Nicht-Wissens" anzutrainieren.
  Es schafft Raum für das Neue.

Variation: Context Map ohne vorbeschriftete Elemente

- Häufig werden die vielen Elemente priorisiert und aufgelistet. Bei einer Auflistung wird der oberste als der wichtigste angeschaut.
- Für die Darstellung verschiedener Elemente kann auch eine nicht vordefinierte Context-Map, z.B. in Form einer Daisy-Map („Gänseblümchen") verwendet werden. Alle acht Blütenblätter sind quasi gleichberechtigt, keines gilt visuell als wichtiger.
- Das Team bestimmt, welche Dinge wichtig oder kritisch sind und trägt sie in der Context Map ein.

Beschreibung des Anwendungsfalles

- Es ist wichtig, dass das Team ein gemeinsames Bild hat. Die Context Map hilft dem Team, zu verstehen und zu visualisieren, was sie schon wissen und wo noch grössere Unklarheiten bestehen.
- Besonders das Thema der Angst vor KI und der digitalen Transformation ist interessant, da hier grössere Unterschiede zwischen Asien und Europa bestehen. Die Context Map hilft dem Team, diese Unterschiede zu sehen und zu verstehen, wo in den nächsten Iterationen der Schwerpunkt gelegt werden soll.

Key Learnings

- Verstehe, woher der Nutzer kommt.
- Der Kontext und die Erfahrung ändern sich in verschiedenen Situationen.
- Erste Gedanken über die Situation sind meist falsch und erst durch die Erkundung von Erkenntnissen können wir gute Lösungen gestalten.

Tool zum Download

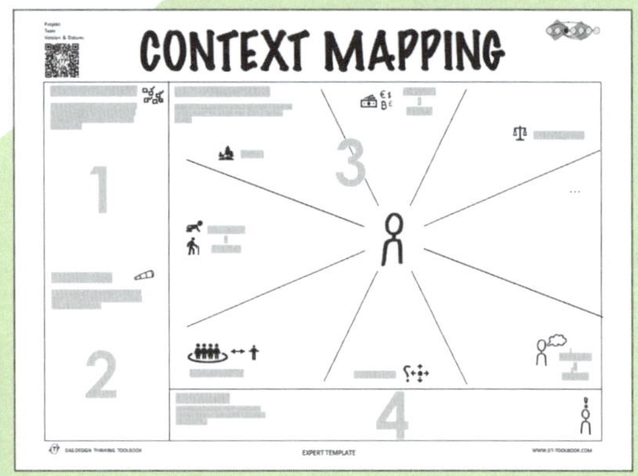

www.dt-toolbook.com/context-map

Define Success

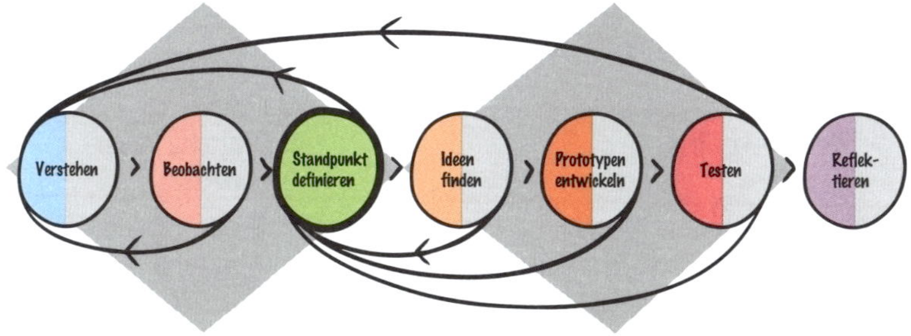

Ich möchte ...

dem Team eine Hilfestellung über den gesamten Designzyklus geben, insbesondere in Bezug auf die Auswahl von Optionen.

Erfolg ist, viele Handtaschen zu besitzen.

Erfolg ist, keine Ziele und Pläne zu haben und trotzdem glücklich zu sein.

Erfolg ist, mehr Geld zu haben, als deine Frau ausgeben kann.

Erfolg ist, einen Mercedes-Traktor zu haben, der bereits abbezahlt ist.

Was du mit dem Tool machen kannst:

- Eine Abstimmung und Einigkeit im Team erlangen, welcher Erfolg erzielt werden soll.
- Sicherstellen, dass Anforderungen der Organisation/Management/Benutzer und anderer Interessengruppen verstanden sind, sodass es später einfacher ist, ein Buy-in von den Entscheidungsträgern zu erhalten.
- Die Auswahl und die Priorisierung von Optionen während des gesamten Projekts vereinfachen.
- Eine Basis für das Messen über KPIs zu schaffen, falls welche für das Vorhaben erwünscht sind.

Einige Informationen über das Tool:

- Define Success kann in verschiedenen Phasen im Design Thinking Zyklus angewandt werden. Zum einen im Rahmen der Standpunktdefinition und zum anderen bei der späteren Implementierung des Vorhabens.
- Die Fragestellungen sind ähnlich, betreffen jedoch jeweils einen anderen Zeithorizont. Was möchten wir in einem Monat erreicht haben? Wo stehen wir mit dem Geschäftsmodell in 5 Jahren?
- Define Success definiert Meilensteine für die Lösung des Problems und für die spätere Umsetzung.

Welches Tool kann stattdessen verwendet werden?

- Storytelling in der Ausgestaltung einer Vision (siehe Seite 129)
- Design Principles (siehe Seite 53)

Welches Tool unterstützt die Arbeit mit Define Success?

- Measure and Evaluate
- Stakeholder Map (siehe Seite 83)
- Vision Cone (siehe Seite 141)
- Szenarioanalysen
- Trendanalyse (siehe Seite 119)

Was benötigen wir an Zeit und Material?

Gruppengrösse

4-10

- Optimal zusammen mit Teammitgliedern aus dem Designteam und wenn möglich den Entscheidungsträgern, die das Projekt später abnehmen und genehmigen müssen.

Typische Dauer

60-90 Min.

- Zeitaufwand i.d.R 60-90 Min.
- Ergebnisse regelmäßig reflektieren, Adjustierung bei externen und internen Änderungen
- Anwendung z.B. jeweils vor der Auswahl von Lösungen für den Prototyp (ca. 5 Min).

Benötigtes Material

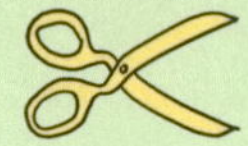

- Grosses Whiteboard oder Stellwände
- Flipchart, Post-its, Stifte und Marker

Template Define Success

Definiere Fragen:	Antworten	Bewerten & Selektieren
Wie hoch könnte der finanzielle Erfolg sein (z.B. Verkauf, Umsatz oder Marktanteil, Anforderungen von Geldgebern oder Partnern)?		
Welchen Wert wird das Projekt für das Unternehmen oder die Benutzer/Stakeholder haben?		
Wie könnte der Erfolg für unsere Anwender aussehen? (d.h. ein Problem lösen, besser als die aktuelle Lösung, eine Antwort auf ein bestimmtes neues Ziel anbieten)		
Welchen Erfolg könnten unsere wichtigsten Partner und Stakeholder verzeichnen?		
Wie wichtig könnte der Erfolg für jedes Teammitglied und das Team sein?		
Wie wichtig wäre der Erfolg für das Management?		
Wie sieht der Business Case für meine wichtigsten Stakeholder aus?		
Welches könnten die wichtigsten Meilensteine sein?		

Wie das Tool angewandt wird ...

- Nutze für „Define Sucess“ Post-its, um jedem Teammitglied die Möglichkeit zu geben, seine Gedanken zu teilen.
- Bereite eine Liste an relevanten Fragen vor, zum Beispiel was interner und externer Erfolg bedeutet, um sicherzustellen, dass eine 360°-Vision entsteht.
- Ermutige alle Teilnehmer, auf Post-its die Antworten zu den Fragen zu schreiben. Danach entweder alle Gedanken auf einmal oder von den Teilnehmern einzeln abholen.
- Lasse am besten zuerst alle ihre Gedanken teilen, um im Anschluss die Elemente des Erfolgs zu diskutieren und zu verfeinern. Wähle danach die Kernelemente für den Erfolg aus (z.B. durch die Bildung von Clustern). Mache auf dieser Basis eine Abstimmung über die Hauptbereiche, z.B. mit Dot Voting (siehe Seite 159).
- Binde idealerweise wichtige Entscheidungsträger mit ein, wie das Management, Gründer und Partner, um mit der Abstimmung im Vorfeld sicherzustellen, dass keine Zeit und kein Geld verschwendet werden. Aber noch viel wichtiger ist, dass keine Frustration über den Designzyklus oder am Ende des Projektes entsteht.

Das ist das Lieblingstool von Helene Cahen

Position:
Innovation Consultant and Founder at Strategic Insights

„Design Thinking is a powerful process that helps teams work better on innovation projects with a user-centered perspective."

Warum ist das ihr Lieblingstool?

Aus meiner Erfahrung in der Arbeit mit vielen Designteams ist es wichtig, Annahmen im Voraus zu beseitigen und ein Team darauf auszurichten, wie der Erfolg aussehen könnte. Dies kann viel Zeit und Geld sparen, da in einer frühen Phase die Erwartungen klar definiert werden. Durch die regelmäßige Reflexion können Veränderungen im Projekt frühzeitig diskutiert, Handlungen angepasst und Budgets anders alloziert werden.

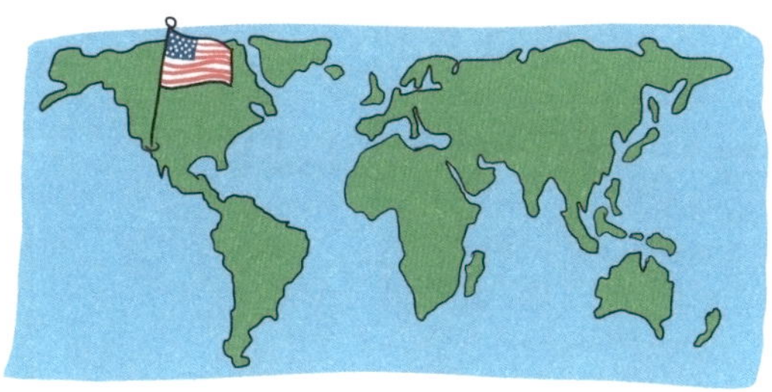

Land:
USA

Affiliation:
Strategic Insights

Geprüft von: Mike Pinder

Firma/Position: Senior Innovation Consultant

Experten-Tipps:

Sei achtsam bei der Definition von Erfolg

- Wenn wir die Erfolgsfaktoren definieren, schreibt jeder die Antworten auf, sodass wir eine neutrale Sicht auf die Wünsche erlangen.
- Wenn die jeweilige Meinung geteilt wird, die auf die Post-its geschrieben wurde, hören wir einfach zu und kleben die Antwort an die Wand. Dies geschieht kommentarlos und wir urteilen noch nicht über die jeweilige Aussage.
- Wir planen genügend Zeit für die Beurteilung und Auswahl ein. In der Regel brauchen wir hierfür doppelt so viel Zeit wie für das Zusammentragen der Erfolgsfaktoren.

Suche nach Success Stories

- Suche nach bekannten Erfolgsgeschichten in und außerhalb der Organisation, um ein Gespür zu bekommen, was möglich ist. Beispiele:
  Braun: Designing a simplified IoT electric toothbrush
  PepsiCo: Design Thinking as part of the strategy
  Procter & Gamble: Using Design Thinking for product development
  Bank of America: Keep the change programm
  Deutsche Bank: Evolution of Design Thinking in IT
  GE Health: Building a better MR scanner for children
  IDEO & Cambodia: Using Design Thinking to bring sanitation
  Nike: Design Thinking infuses everything Nike does
  Airbnb: Applying Design Thinking in avoiding bankruptcy
  Apple: Think differently about innovation through Design Thinking
  IBM: Cultural change with Design Thinking at IBM
  Google: How to brainstorm like a Googler

Beschreibung des Anwendungsfalles

- Lillys Team definiert früh im Projekt, was für sie Erfolg heisst und welche Komponenten erfüllt sein müssen, damit alle im Team sagen: „Wow, war das ein gutes Projekt!"
- Es stellt sich dabei heraus, dass nicht nur die primär wirtschaftlichen Faktoren entscheidend sind, sondern auch die Zusammenarbeit im Team und der soziale Nutzen für die Gesellschaft.
- Das Team wird darum in den nächsten Iterationen dem sozialen und emotionalen Aspekt mehr Beachtung schenken.

Key Learnings

- Am besten so früh wie möglich definieren.
- Schlüsselpersonen im Projekt einladen, also Teammitglieder und Entscheidungsträger.
- Neue Informationen und Einflüsse von außen machen es notwendig, die Definition von Erfolg ständig zu reflektieren.

Tool zum Download

www.dt-toolbook.com/define-success

Vision Cone

„Past – Present – Future"

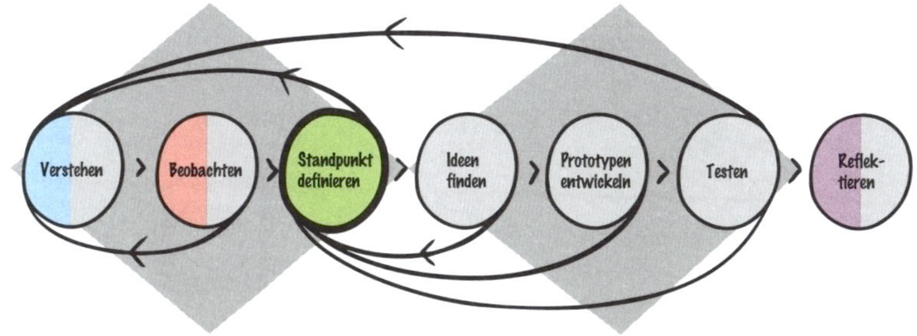

Ich möchte ...

eine wünschenswerte Zukunft gestalten und erkunden, was jetzt zu tun ist, um das Ziel zu erreichen.

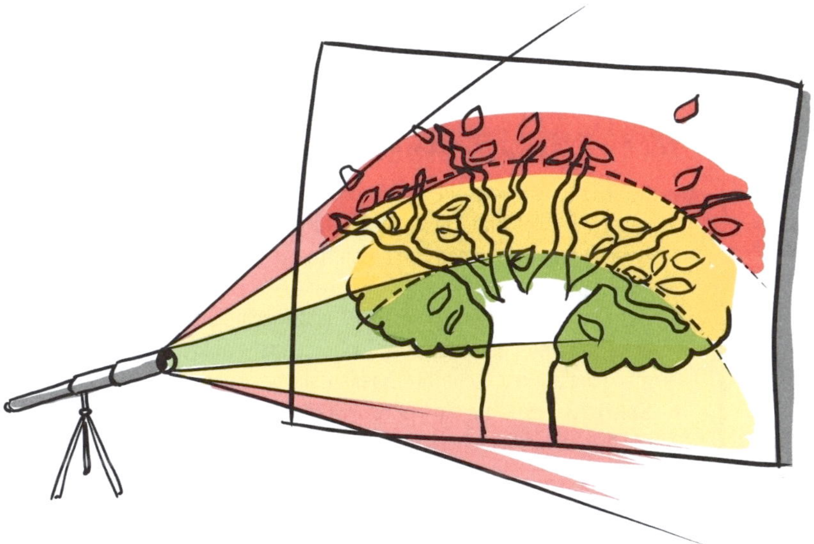

Was du mit dem Tool machen kannst:

- Ein Gefühl für Veränderungen im Zeitverlauf erhalten.
- In Perioden und Abschnitten denken, zum Beispiel von der Vergangenheit in die Zukunft, indem verschiedene Ergebnisse über die Zeit abgebildet werden.
- Eine projizierte, plausible, mögliche, bevorzugte oder absurde Zukunft skizzieren.
- Die Visionen mit konkreten nächsten Schritten verknüpfen.
- Das Potenzial aller Möglichkeiten aufzeigen, zum Beispiel hinsichtlich der technologischen und soziologischen Entwicklungen.

Einige Informationen über das Tool:

- Der Vision Cone ist ein Tool, das aktuelle innovative Entwicklungen mit der Vergangenheit und der Zukunft verbindet.
- Es hilft, die Gesamtvision zu konkretisieren und in umsetzbare Schritte zu zerlegen.
- Der Vision Cone ist zentral, um zum Beispiel Unsicherheiten in positive Aspekte von Innovationsprojekten zu re-framen (= etwas in einen neuen Rahmen stellen und es dadurch umdeuten. Z.B. ein Problem in eine Chance oder Marktopportunität umdeuten).
- Das Tool fordert die Designteams auf, diese unsichere Zukunft aktiv zu gestalten.
- Mit dem Tool können technologische und gesellschaftliche Entwicklungen abgebildet und mit dem aktuellen Projekt im Zeitablauf verknüpft werden.

Welches Tool kann stattdessen verwendet werden?

- Context Mapping (siehe Seite 133)
- Scenario Planning Tools

Welches Tool unterstützt die Arbeit mit diesem Tool?

- Storytelling (siehe Seite 129)
- Define Success (siehe Seite 137)
- Future-User (siehe Seite 100)
- Trendanalyse (siehe Seite 119)
- Progression Curves (siehe Das Design Thinking Playbook Seite 207)

Was benötigen wir an Zeit und Material?

Gruppengrösse

2-5

- Im besten Fall arbeitet das gesamte Designteam an einem Vison Cone.
- Es besteht auch die Möglichkeit, einzeln an Vision Cones zu arbeiten und diese später zusammenzuführen.

Typische Dauer

90-120 Min.

- Zeitaufwand von 90-120 Minuten
- 30 Minuten Status quo definieren, 30 Minuten Vergangenheit abbilden, 30 Minuten, ersten Entwurf möglicher Zukunftsperspektiven erstellen und verbleibende Zeit für die Retropolation.

Benötigtes Material

- Papier, Stifte, Post-its
- Schnüre und Nadeln (Optional zur Verbindung von Vision Cones)

Vorgehen und Template Vision Cone

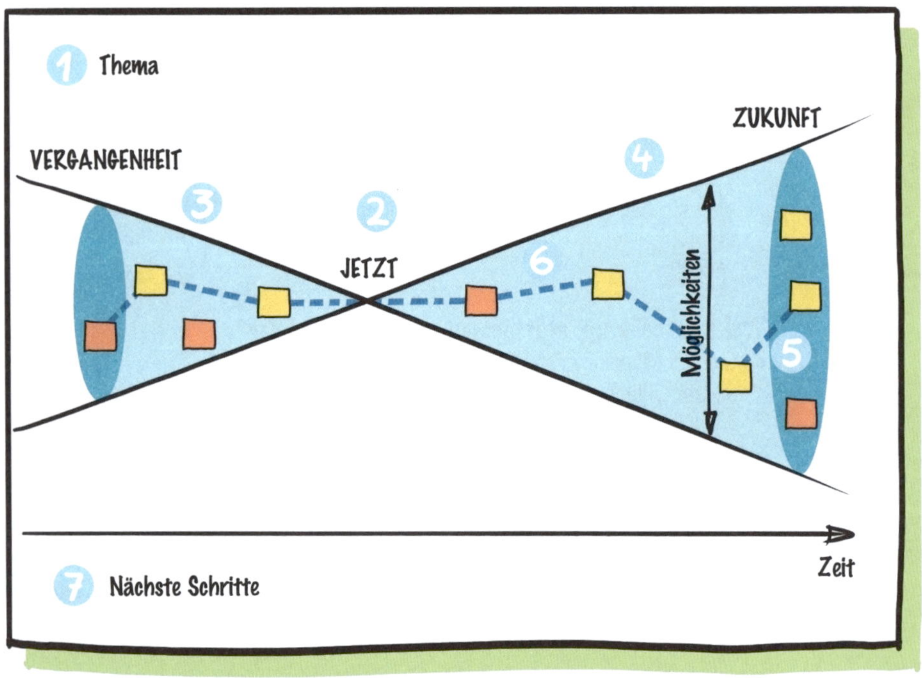

Wie das Tool angewandt wird ...

- **Schritt 1:** Definiere ein Thema, das zur aktuellen Herausforderung passt (z.B. Mobilität, Gesundheit). Nutze das Template oder zeichne zwei verbundene Cones und beschrifte sie mit VERGANGENHEIT, JETZT und ZUKUNFT.
- **Schritt 2:** Beginne mit dem JETZT und beschreibe den Status quo des Vorhabens, den Stand der Technik und die aktuelle Wahrnehmung in der Gesellschaft (z.B. teilautonomes Fahren).
- **Schritt 3:** Fokus auf die VERGANGENHEIT. Füge die Erkenntnisse der bisherigen Forschung sowie wichtige technologische und soziologische Veränderungen hinzu. Versuche, so genau wie möglich bei den Jahreszahlen zu sein, und versuche, verwandte Ereignisse zu verbinden (z.B. 1960er-Jahre, Autos geführt von Magnetstreifen als Pilot in der USA).
- **Schritt 4: Fokus auf die ZUKUNFT.** Notiere alle Erkenntnisse einer fiktiven Zukunft. Niemand weiß, mit welcher Wahrscheinlichkeit sie eintreffen werden (z.B. selbstfliegende Autos).
- **Schritt 5:** Identifiziere aus den Erkenntnissen mögliche Zukunftsperspektiven und gib jeder einen einprägsamen Namen.
- **Schritt 6:** Selektiere die Perspektiven, die im Kontext des Vorhabens „wünschenswert" sind. Führe eine Retropolation, ausgehend von einer wünschenswerten Zukunft, durch und definiere, was JETZT eintreffen müsste, um die gewünschte Zukunft zu erreichen.
- **Schritt 7:** Leite daraus konkrete nächste Schritte ab.

Das ist das Lieblingstool von Samuel Huber

Position:
Strategy & Development Lead at Goodpatch

„With design thinking I no longer need to first give presentations about the design mindset but can go straight into conversations with a diverse set of interesting people."

Warum ist das sein Lieblingstool?

Wenn wir etwas Neues entwickeln, ist es die Vision, die alle unsere Aktivitäten auf ein gemeinsames Ziel ausrichtet. Mithilfe eines Vision Cone können wir diese Vision in einem zeitlichen Kontext von der Vergangenheit bis in die Zukunft stellen. Wir lernen, woher etwas kommt, wo es jetzt ist und wohin es gehen könnte. Eine Stärke der Vision Cones ist die Art und Weise, wie die Möglichkeiten visualisiert werden, oder besser gesagt die Unsicherheit. Es gibt nie nur eine, sondern eine Vielfalt an Zukunftsmöglichkeiten. Einige dieser Zukunftsaussichten sind wünschenswert, andere sollten wir versuchen zu vermeiden. Allen gemeinsam ist, dass wir sie aktiv gestalten müssen.

Land:
Deutschland

Affiliation:
Goodpatch

Geprüft von: Andy Tonazzi

Firma/Position: Konplan AG, Chief Excitement Officer

Experten-Tipps:

Die Zukunft basiert auf unserer Phantasie und Imagination!

- Beschreibe im Status quo auch aktuelle Ängste und Einschränkungen und „parke" sie sichtbar.
- Bei Vision Cones geht es um Inspiration und Fantasie. Dies funktioniert am besten, wenn unser Team frei arbeiten kann. „Parke" deshalb allfällige Ängste und Einschränkungen gleich zu Beginn.
- Es ist wichtig, die Vergangenheit und Zukunft als eine Vielzahl von Möglichkeiten zu verstehen. Über die Vergangenheit kann man nachträglich immer anders berichten und so kann man die Zukunft immer auf alternative Weise gestalten.
- Im Vision Cone geht es nicht um Vorhersagen, sondern vielmehr um Chancen. Es liegt an uns, zu entscheiden, welche Zukunft wir gestalten möchten. Was bedeutet es für mein Unternehmen konkret? Wie sind die Auswirkungen?

Alles ist miteinander verbunden und in einem System integriert!

- Es gibt verschiedene Arten von „Futures": geplante, plausible (entsprechen dem aktuellen Wissen), mögliche (die auf bestimmten Zukunftstechnologien beruhen, und absurde (werden nie passieren). Letztere liefern die besten Ergebnisse, da wir nur dann an die Grenzen des Möglichen kommen, wenn wir an das Undenkbare denken.
- Wir lassen die Vergangenheit Revue passieren. Dies ist meist sehr inspirierend, aber wir sollten darauf achten, uns nicht in die Vergangenheit zu verlieben, die dann die Zukunft beeinflusst. Wir sollten versuchen, nicht linear aus der Vergangenheit die Zukunft abzuleiten.

Design-Fiction ist die beste Geschichte der Zukunft!

- Wir haben gute Erfahrung mit der Verwendung von Vision Prototyps (siehe Seite 191) gemacht, um unsere Geschichte über die Zukunft zu erzählen. Das Gleiche gilt für Artefakte der Vergangenheit.

Beschreibung des Anwendungsfalles

- Lillys Team betrachtet im Vision Cone auch die sozialen Aspekte von KI und der digitalen Transformation.
- Das Team diskutiert, ob es schon bald eine globale Steuer auf die Arbeit von Robotern geben könnte. Das hätte einen grossen Einfluss auf die Verteilung des Einkommens und auf die Art, wie wir arbeiten.
- Neben den sozialen Themen werden auch die Technologien genauer betrachtet. Der Gartner Hype Cycle hilft dem Team bei der Einordnung, was ein Hype ist und was schon eine gewisse Maturität im Markt hat.

Key Learnings

- Starte im JETZT, lasse die Vergangenheit Revue passieren und baue gedankliche Zukunftsszenarien.
- Gehe von einer wünschenswerten Zukunft aus und definiere, was heute geschehen müsste, damit die Zukunft so eintritt.
- Nutze das Storytelling, um den Vision Prototyp mit anderen zu teilen.

Tool zum Download

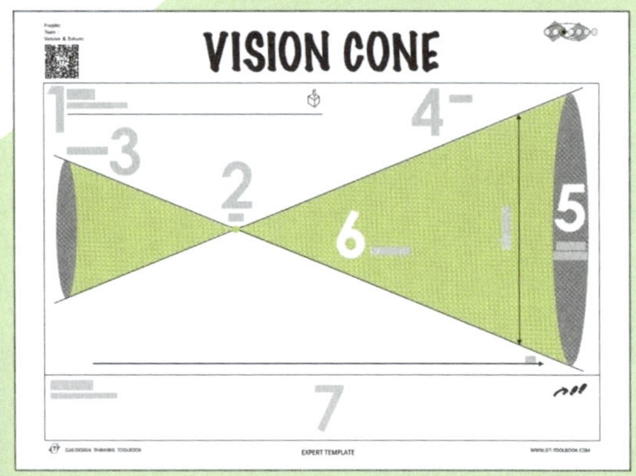

www.dt-toolbook.com/vision-cone

Critical Items Diagram

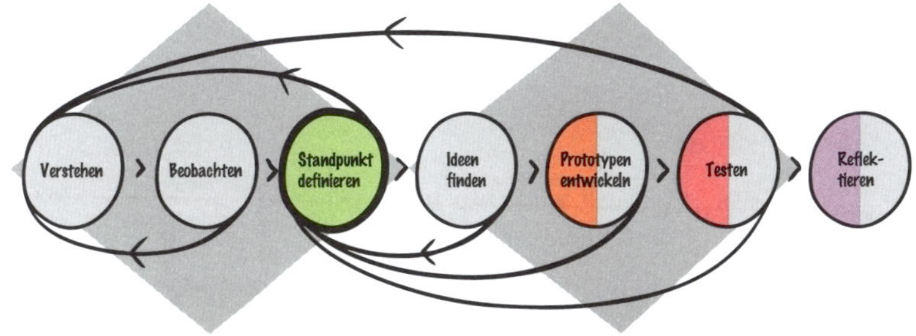

Ich möchte ...

die Erkenntnisse aus den ersten Phasen strukturieren und mich auf die Ideenfindung und das Experimentieren vorbereiten.

Was du mit dem Tool machen kannst:

- Die Ergebnisse aus den Phasen Verstehen und Beobachten aufarbeiten und die entscheidenden Elemente herausfiltern.
- Die Phasen „Ideen finden" und „Prototypen entwickeln" vorbereiten und somit eine gute Ausganslage schaffen.
- Dem Team helfen, sich über die für das Projekt essenziellen Dinge klarzuwerden und zu einigen.
- Verschiedene How-might-we-Fragen ableiten.

Einige Informationen über das Tool:

- Das Critical Items Diagram hilft dem Team, sich nach den ersten Erkenntnissen, der Definition eines POV oder dem Bau einer Persona auf die für die Zielgruppe entscheidenden erfolgskritischen Elemente zu einigen. Diese Elemente müssen später mit dem finalen Prototyp gelöst werden.
- Die beschriebenen Elemente im Critical Items Diagram können entweder die Erfahrung beschreiben, die ein Nutzer von der Lösung erwartet, oder eine Funktion darstellen, die erwartet wird.
- Die Elemente des Diagramms sollten nach jeder Iteration hinterfragt werden. Jedoch werden einige zwingend für eine kritische Erfahrung oder kritische Funktion bis in den finalen Prototyp Relevanz haben.

Welches Tool kann stattdessen verwendet werden?

- Context Mapping (siehe Seite 133)
- Vision Cone (siehe Seite 141)

Welches Tool unterstützen die Arbeit mit diesem Tool?

- HMW-Frage (siehe Seite 125)
- Persona / User Profile (siehe Seite 97)
- Empathy Map (siehe Seite 93)
- Explorative Interview (siehe Seite 63)
- 5x Warum-Fragen (siehe Seite 67)

Was benötigen wir an Zeit und Material?

Gruppengrösse

2-5

- Optimalerweise trägt das gesamte Designteam zum Critical Items Diagram bei.
- Die Darstellung hilft zudem in der Diskussion mit Auftraggebern zur Schärfung der Problemstellung.

Typische Dauer

30-60 Min.

- Je klarer die Situation und je weniger Ungewissheit, desto schneller sind die wichtigsten Themen definiert.
- Das Critical Items Diagram gibt Struktur und erleichtert die Erstellung einer HMW-Frage.

Benötigtes Material

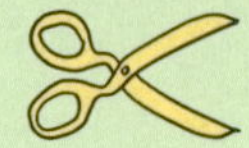

- Großes Blatt Papier
- Post-its und Stifte
- Stellwände oder Whiteboard

Vorgehen und Template Critical Items Diagram

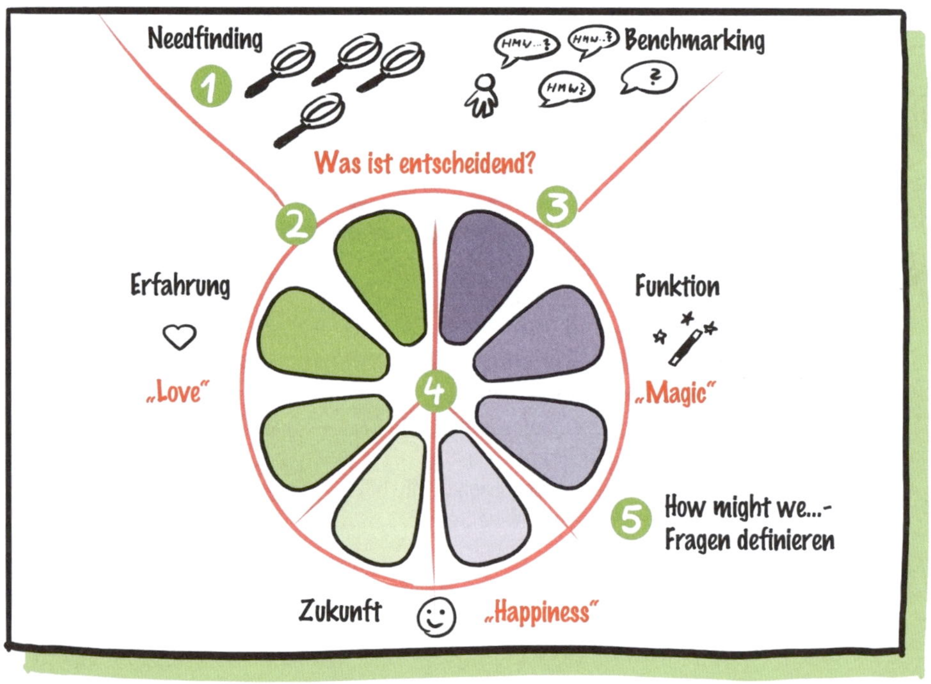

Adaptiert von Playbook for Strategic Foresight and Innovation von Tamara Carleton und William Cockayne, 2013, verfügbar unter www.innovation.io/playbook

Wie das Tool angewandt wird ...

Definiere mit dem Team die entscheidenden Elemente des Problems, um aus diesen verschiedene „How might we …"-Fragen zu bestimmen.

- **Schritt 1:**. Kläre zu Beginn dieses Schritts die Frage : „Was ist entscheidend für eine erfolgreiche Lösung des Problems?" Basis hierfür sind die Erkenntnisse aus den Phasen Verstehen und Beobachten.
- **Schritt 2:** Skizziere am Whiteboard oder auf einem großen Blatt Papier ein „Critical Items Diagram" und diskutiere im Team, welche Erfahrungen der Nutzer machen muss bzw. welche Funktionen für den Nutzer entscheidend sind.
- **Schritt 3:** Jedes Teammitglied schreibt die für ihn/sie entscheidenden 8 Elemente auf Post-its.
- **Schritt 4:** Jeder nennt je vier Erfahrungen und vier Funktionen, wobei jeweils eine davon sich auf ganz neue oder die zukünftigen Erwartungen fokussiert.
- **Schritt 5:** Führe die Ergebnisse zusammen und finde im Team Einigung über die acht entscheidenden Elemente. Definiere auf dieser Basis „How might we …"-Fragen, die interessant genug sind, um die Phase „Ideen finden" erfolgreich zu starten.

Das ist das Lieblingstool von Christian Hohmann

Position:
Dozent für Produktinnovation, Hochschule Luzern

„Design Thinking ist mir wichtig, weil es konsequent die Bedürfnisse aller Stakeholder in den Vordergrund stellt und dabei hilft, Produkte zu vermeiden, die mit Funktionen überladen sind."

Warum ist das sein Lieblingstool?

Ich stelle immer wieder fest, dass es Teams im Prozess schwerfällt, immer wieder die für das Problem wichtigen Elemente oder Kriterien festzuhalten, die für das Gelingen der späteren Umsetzung entscheidend sind. Aus diesem Grund bin ich ein grosser Fan des Critical Items Diagram, weil man sich auf ganz einfache Art und Weise immer wieder vor Augen führen kann, was eigentlich wirklich wichtig ist. Es hilft den Teams, sich auf eine gemeinsame Linie zu einigen.

Land:
Schweiz

Affiliation:
Hochschule Luzern

Geprüft von: Marius Kienzler

Firma/Position: Adidas AG, Senior Manager Brand Communication

Experten-Tipps:

Arbeite auch hier in Iterationen

- Wir stellen sicher, dass diese Aktivität mit dem gesamten Kernteam durchgeführt wird und dass ein gemeinsames Verständnis der entscheidenden Elemente entsteht.
- Wie viele Schritte im Design Thinking ist die Arbeit an diesen acht Elementen ein iterativer Prozess. Man wird sie demnach auch nicht beim ersten Versuch direkt perfekt beschreiben können. Nach jedem Experiment sollten die Elemente hinsichtlich ihrer Gültigkeit überprüft werden.

Vermeide lange Diskussionen

- Mit diesem Tool sollte jedoch nicht allzu lange gearbeitet werden. Es besteht die Gefahr, dass man sich in Diskussionen verliert. Wenn wir uns nicht einigen können, nehmen wir einfach mehr Elemente auf und prüfen deren Wichtigkeit durch kleine Experimente.
- Idealerweise benötigt die Erstellung des Diagramms nicht länger als max. 60 Minuten. Je kürzer, desto besser.
- Wir platzieren die aktuell gültigen Critical Items z.B. als grosses Plakat an einem Ort, an dem sie von allen Teammitgliedern gesehen werden können.

Und auch hier helfen Visualisierungen für ein besseres Verständnis

- Visualisierungen und Zitate aus den Interviews oder dem Testing können die einzelnen Elemente anreichern und führen zu einem besseren Verständnis des jeweiligen Elements.

Beschreibung des Anwendungsfalles

- Im Critical Items Diagram fasst Lillys Team die entscheidenden Faktoren zusammen.
- Lilly nutzt das Tool zuerst, um die Hypothesen zu priorisieren, die das Team aus den verschiedenen Interviews, Recherchen und Analysen gewonnen hat. Diese Annahmen werden dann im Critical Experience und Critical Function Prototyp überprüft.
- Danach nutzt Lilly das Tool, um die Erkenntnisse aus den Iterationen zusammenzufassen und wirklich die entscheidenden Faktoren und Bedürfnisse festzuhalten.

Key Learnings

- Das „Critical Items Diagram" beschreibt die entscheidenden Elemente, die in einer potenziellen Lösung wichtig sind.
- Akzeptiere, dass sich diese Elemente über die Zeit verändern können, wenn neue Erkenntnisse entstehen oder andere Bedürfnisse entdeckt werden.

Tool zum Download

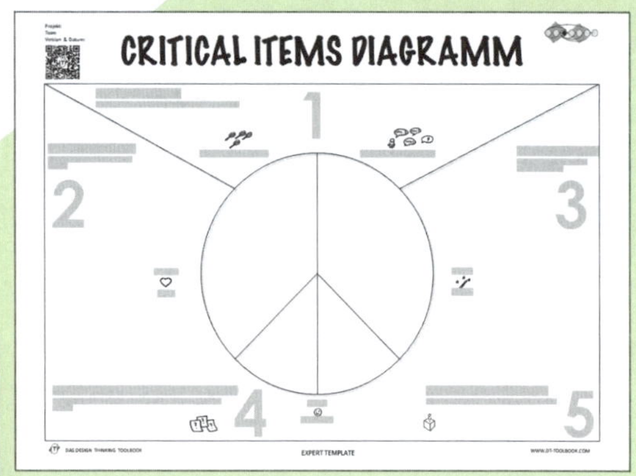

www.dt-toolbook.com/critical-items

Phase: Ideen finden

Der Klassiker im Finden von Ideen ist das Brainstorming. Brainstorming wird in der Phase „Ideen finden" in unterschiedlichster Weise angewandt. Es geht in erster Linie darum, möglichst viele Ideen zu generieren, bevor diese sortiert, kombiniert oder geclustert werden. Die Auswahl der präferierten Ideen erfolgt meist im Rahmen einer Bewertung und Abstimmung im Team. Hier kommen Werkzeuge wie die Punktbewertung und die Entscheidungsmatrix zum Einsatz. Die Auswahl von Ideen ist eines der schwierigsten Elemente im Designzyklus, da die frühen Phasen von einer hohen Ungewissheit gekennzeichnet sind.

Brainstorming

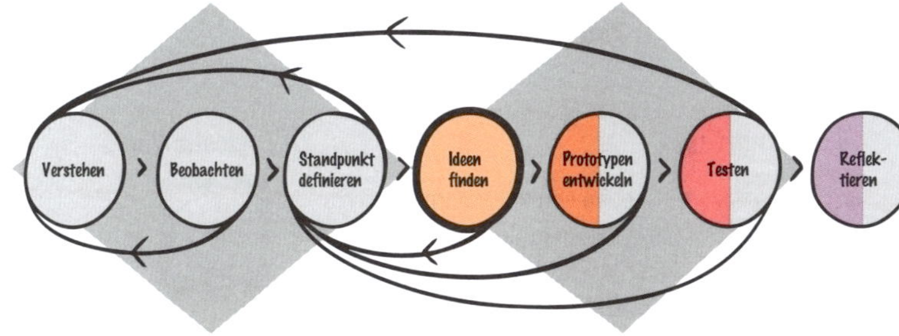

Ich möchte ...

rasch viele Ideen finden und dabei ist Quantität wichtiger als Qualität.

Was du mit dem Tool machen kannst:

- Viele Ideen generieren, die dem Team spontan in den Sinn kommen.
- Das ganze Kreativitätspotenzial des Design Thinking Teams nutzen.
- Sofort eine hohe Anzahl an Varianten zur Verfügung haben.
- Eine interdisziplinäre Sichtweise auf ein Problem erhalten, das unterschiedliche Kompetenzen repräsentiert.
- Ideen und Sichtweisen von einer heterogenen Gruppe einsammeln.
- Begeisterung wecken und ein Momentum entstehen lassen.

Einige Informationen über das Tool:

- Brainstorming ist eine Ideengenerierungstechnik, bei der alle Teilnehmer ihr Wissen einbringen können.
- Sehr häufig wird Brainstroming in der Phase „Ideen finden" in unterschiedlichster Weise und mit unterschiedlichem Fokus angewandt.
- Gute Brainstorming-Sitzungen regen die Kreativität an und erlauben, dass sich alle Teilnehmer ungeachtet ihrer Hierarchiestufe mit allen Ideen einbringen dürfen.
- Vor der eigentlichen Ideenfindung wird Brainstorming oft als „Brain Dump" genutzt, sodass alle im Team erst mal ihre Ideen und Lösungsansätze kundtun können. Dieses Vorgehen hilft, den Kopf frei zu bekommen. In späteren Brainstormings kann man sich dann auf die jeweilige Problemstellung oder Aufgabe konzentrieren.
- Brainstorming hat keine Grenzen – alle Ideen sind willkommen!

Welches Tool kann stattdessen verwendet werden?

- Brainwriting / 6-3-5-Methode (siehe Seite 163)
- Special Brainstorming (siehe Seite 167)
- Analogien & Benchmarking als Inspiration (siehe Seite 171)

Welches Tool unterstützt die Arbeit mit diesem Tool?

- How might we ...-Frage (siehe Seite 125)
- Ideenparkplatz (Ein Ideenparkplatz dient dazu, Ideen zu parken, die spannend klingen, aber aktuell nicht zur Lösung des Problems beitragen.)

Was benötigen wir an Zeit und Material?

Gruppengrösse

4-6

- Gruppen von 4-6 Personen sind in einem Brainstorming am effektivsten.
- Bei zu grossen Gruppen oder Gruppen mit hierarchischen Unterschieden darauf achten, dass alle sich einbringen.

Typische Dauer

5-15 Min.

- Meist wenige Minuten (5-15 Min.)
- Nach einer gewissen Zeit nimmt die Kreativität ab und muss durch neue Anreize (z.B. andere Methoden und Fragestellungen) belebt werden.

Benötigtes Material

- Post-its
- Stifte
- Wand oder Whiteboard

Brainstorming-Regeln

Wie das Tool angewandt wird ...

- **Schritt 1:** Bereite eine klare HMW-Fragestellung für das Brainstorming vor, zum Beispiel in der Form „Wie könnten wir …" oder „Welche Möglichkeiten gibt es …" (siehe Seite 125).
- **Schritt 2:** Wiederhole vor dem Brainstorming die Brainstorming-Regeln. Versuche, während des Brainstormings die Gruppe zu motivieren, mehr Ideen zu nennen und auf den Ideen der anderen aufzubauen. Achte darauf, dass alle gehört werden und alle Ideen aufgeschrieben werden. Weise darauf hin, pro Post-it nur eine Idee aufzuschreiben und klar und deutlich zu schreiben. Ebenfalls können statt Worte kleine Skizzen auf das Post-it gemalt werden.
- **Schritt 3:** Clustere und beurteile in regelmäßigen Abständen die Ideen mit dem Team.
- **Schritt 4:** Entscheide, ob noch mehr Kreativität gebraucht wird, um z.B. wildere Ideen zu erhalten, oder starte ein Brainstorming in Bereichen, in denen generell noch mehr Ideen gesucht werden.

Variante: Strukturiertes Brainstorming

- Alle Teilnehmer schreiben ihre Ideen auf ein Post-it.
- Nach einer gewissen Zeit fängt jemand an, seine Ideen auf ein Flipchart zu kleben und zu erläutern. Gibt es bereits ein ähnliches Post-it, so wird ein weiteres dazu geklebt.
- Während der Erläuterungen der anderen Teammitglieder sollten neue Ideen generiert werden und neue Post-its beschrieben werden.
- Das Ergebnis ist eine bereits geclusterte Auflistung von Ideen, die dann bewertet werden können.

Das ist das Lieblingstool von Malgorzata Waszkiewicz

Position:
Assistant Professor an der Fakultät für Management, Warsaw University of Technology, und aktiver Teil der Warsaw Design Factory Crew.

„Nowadays, where the world is going faster and faster, technologies are changing in the twinkling of an eye and the young generation loves changes, Design Thinking techniques are getting more and more important."

Warum ist das ihr Lieblingstool?

Mir gefällt Brainstorming, weil es zum einen die Wirkungsfähigkeit des Designteams als auch das individuelle Potenzial von jedem einzelnen Teammitglied aufzeigt. Es gibt uns einen Einblick in die unterschiedlichen Standpunkte im Team, die je nach Disziplin, Alter, Berufs- und Lebenserfahrung variieren. Wichtig ist, dass es keine Kritik an Ideen gibt, was bedeutet, dass auch die verrücktesten Ideen geteilt werden können. Oft kommen wir über den Design Thinking Zyklus auf Ideen zurück, die vorher nicht machbar erschienen. Das finde ich immer wieder beeindruckend!

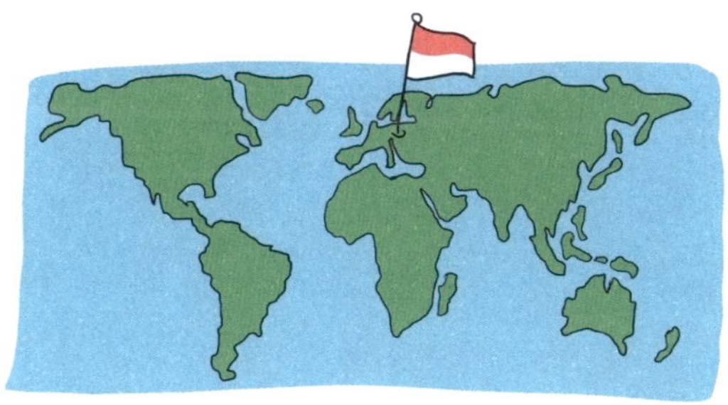

Land:
Polen

Affiliation:
Warsaw University of Technology

Geprüft von: Adrian Sulzer

Firma/Position: SATW, Head of Communications and Marketing

Experten-Tipps:

Das Ziel ist nicht die perfekte Idee zu erhalten, sondern viele Ideen

- Wir kritisieren niemals eine Idee, denn wir könnten sie später nochmals brauchen!
- Eine Brainstorming Session ist eine gute Möglichkeit, mehr über die anderen Teams zu erfahren, wie sie denken und wie sie unter Zeitdruck arbeiten.
- Wir haben sehr gute Erfahrung damit gemacht, Brainstorming nicht nur in der Ideenphase, sondern auch zu Beginn des Projekts, vor einem Sprint oder in der Neudefinition des Problems zu verwenden.
- In einer Reihe von Brainstormings mit unterschiedlichen Fragestellungen entstehen sehr viele Ideen und es empfiehlt sich, die Wände mit Post-its zu fotografieren, denn sie können schnell im Eifer verschwinden.

Verlasse bestehende Routinen und Wege

- Die präferierten Ideen am besten gemeinsam mit dem Team auswählen.
- Oft ergeben sich auch aus Verknüpfungen von Ideen sehr gute Lösungen, deshalb mit der nötigen Sorgfalt die Ideen ansehen.
- Wir haben gute Erfahrungen damit gemacht, Brainstormings zu Beginn des Tages durchzuführen. Falls das nicht möglich ist, am besten nach einer Pause oder nach einem Warm-up damit starten.
- Brainstorming ist auch ein gutes Werkzeug, um Geschäftsmodelle zu verbessern und in der Arbeit mit dem Lean Canvas zu verwenden (siehe Seite 251).
- Es hat sich auch bewährt, vor einem ersten Brainstorming bewusst keine Vorstellungsrunde durchzuführen, in der bekannt gegeben wird, wer welche Funktion innehat.

Beschreibung des Anwendungsfalles

- Lilly's Team ist geübt im Brainstorming.
- Meistens nutzen sie strukturiertes Brainstorming. Sie finden das effizienter als das normale Brainstorming – zudem kommt jeder gleichberechtigt zur Geltung. Dabei schreibt jeder zuerst seine Ideen auf Post-its und dann werden die Ideen zusammengetragen.
- Das Team stellt sich selber die Zeit. Sie brauchen dafür keinen Moderator mehr und auch keinen, der die Einhaltung der Brainstorming-Regeln im Auge behält.
- Das Team arbeitet mit Respekt zusammen und baut auf den Ideen der anderen auf.

Key Learnings

- Führe Brainstorming in einer ruhigen und entspannten Atmosphäre durch.
- Nimm alle Ideen von jedem auf – kritisiere sie nie!
- Verwende Brainstorming in verschiedenen Phasen im Design Thinking Zyklus. Es ist nützlich für einen ersten „Braindump" in der Phase Ideen finden, aber auch um z.B. Geschäftsmodelle zu verbessern.

Tool zum Download

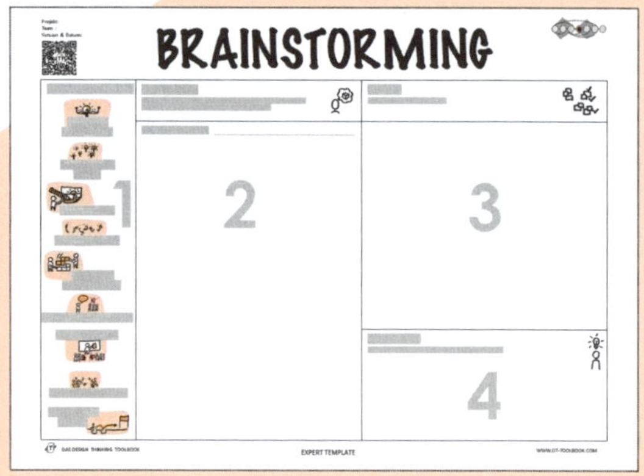

www.dt-toolbook.com/brainstorming

2x2-Matrix

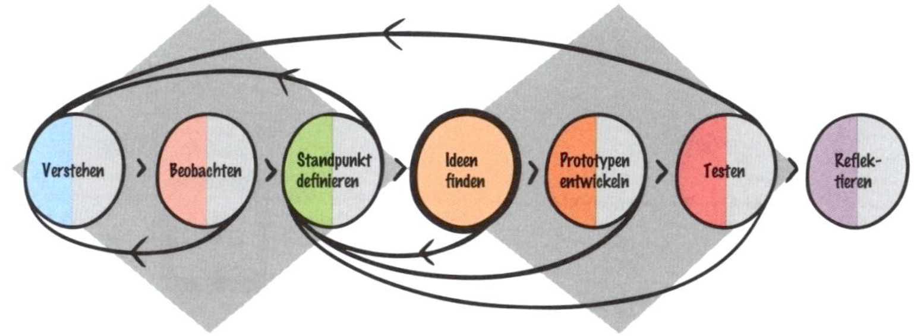

Ich möchte ...

Ideen kategorisieren und priorisieren oder z.B. auch strategische Chancen und Muster erkennen.

Was du mit dem Tool machen kannst:

- Schnell feststellen, welche Ideen weiterverfolgt werden sollen und welche Ideen verworfen werden sollen.
- Einen ersten Überblick darüber erhalten, welche Ideen bereits eine gewisse Reife haben.
- Strategische Innovationen, Marktopportunitäten und viele weiterer Kategorisierungen und Priorisierung von Ideen durchführen.
- Es überall dort einsetzen, wo Entscheidungen getroffen werden müssen.

Einige Informationen über das Tool:

- Die 2x2-Matrix ist eine visuelle Möglichkeit, Ideen zu kategorisieren.
- Die Matrix ist hochgradig modifizierbar, weil jede Art eines sinnvollen Achsenattributs verwendet werden kann.
- Die 2x2-Matrix kann auch dafür verwendet werden, um die Denkweise von einer reinen Ideenorientierung hin zur Erkennung von unerfüllten Benutzerbedürfnissen und strategischen Möglichkeiten zu verändern.
- Hauptsächlich wird die 2x2-Matrix im Rahmen der Priorisierung von Ideen, aber auch in allen anderen Phasen genutzt.

Welches Tool könnte stattdessen verwendet werden?

- Dot Voting (siehe Seite 159)
- Kano-Klassifizierung in Begeisterungs-, Leistungs- und Basisanforderungen.

Welches Tool unterstützt die Arbeit mit diesem Tool?

- Venn-Diagramme zur Machbarkeit, Wirtschaftlichkeit und Wünschbarkeit (siehe Seite 20)
- Design Principles (siehe Seite 53)
- Define Success (siehe Seite 137)
- Dot Voting (siehe Seite 159), um eine Priorisierung innerhalb eines Quadranten zu machen.

Was benötigen wir an Zeit und Material?

Gruppengrösse

2-8

- Je kleiner die Gruppe, desto kürzer die Diskussion. Das ermöglicht eine schnelle Bewertung.
- Für Gruppen über 8 Personen können auch Dot Voting Verfahren hilfreich sein.

Typische Dauer

15-45 Min.

- Je nach Anzahl an Ideen inkl. kurzer Diskussion braucht es etwa 30-60 Sek. pro Idee.
- Für eine offene Diskussion und Bewertung wird i.d.R. mehr Zeit, z.B. 45 Min. benötigt.

Benötigtes Material

- Whiteboard oder ein großes Blatt Papier als Vorlage
- Flipchart, Post-its, Stifte und Marker
- Bereits beschriebene Post-its aus Brainstormings oder Ideen Cluster

Beispiel für Achsen einer 2x2-Matrix

Achse	Gegenteil
Cool	Normal
Machbar (Doable)	Unmöglich
Schwierig	Einfach
Wichtig	Vernachlässigbar
Kosten	Einsparung
Nutzen	Kein Bedürfnis
Aufwand	Einfach
Impact	Negativer Impact
Wert	Kein Wert/Nutzen
Neuigkeit	Existierend
Ambivalenz	Spezifisch

Wie das Tool angewandt wird ...

- **Schritt 1**: Zeichne die Vorlage und benenne die Achsen entsprechend den gewünschten Anforderungen. Siehe Tabelle links als Referenz. Verwende z.B. „hoch" und „tief" oder gegensätzliche Attribute. Tipp: Bei der Ideenbewertung eher den Fokus auf die Benefits für den Nutzer und die Machbarkeit legen und für die Chancenanalyse am besten messbare und greifbare Kriterien nutzen.
- **Schritt 2:** Beginne mit der Positionierung, indem die Ideen im Team laut ausgesprochen werden:
  - Starte mit der groben Einordnung und der Frage in welchem Quadranten die Idee platziert werden soll.
  - Platziere die Idee in Relation zu den anderen Ideen. Achte auf die Meinungen im Team und versuche, einen Konsens zu finden.
  - Alternativ kann auch zuerst eine Achse und dann die zweite Achse beurteilt werden.
  - Mache so lange weiter, bis alle Ideen auf der Matrix positioniert sind.
- **Schritt 3:** Wähle Ideen für die weitere Bearbeitung aus.
  - Wenn es im Feld oben rechts mehrere Ideen gibt, wähle die Top 3 zur Diskussion aus.
  - Wenn es im rechten oberen Quartal weniger als 3 Ideen zu verfolgen gibt, überprüfe die Entwicklungsfelder auf umsetzbare Ideen.
  - Überprüfe auch, ob es leere Quadranten gibt, hier ist Potenzial für weitere Möglichkeiten und unerfüllte Bedürfnisse.

Das ist das Lieblingstool von Vesa Lindroos

Position:
Independent Consultant

„Design thinking has been my go-to treasure box of tools for the past 8 years. I feel that Design Thinking is applicable everywhere, even when my colleagues and the teams I've worked with have not been namely introduced to Design Thinking as an entity. I have found it very approachable and easy to convey philosophy to introduce to even the most basic everyday situations."

Warum ist das sein Lieblingstool?

Ich bin sehr fasziniert von der Tatsache, dass die 2x2-Matrix praktisch wie ein Schweizer Taschenmesser als Werkzeug einsetzbar ist. Durch die unendlichen Möglichkeiten an Achsen lassen sich die unterschiedlichsten Anwendungsfälle abbilden. Das Spektrum reicht von grundlegenden technischen Entscheidungen über lösungsorientierte Geschäftsmodelle bis hin zu konzeptionellen Überlegungen. Die pure Einfachheit in Verbindung mit der hohen visuellen Wirkung macht es zu meinem absoluten Lieblingswerkzeug.

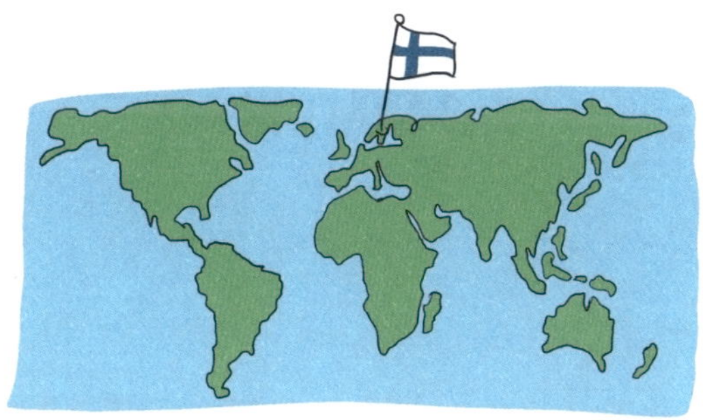

Land:
Finnland

Affiliation:
Freelancer

Geprüft von: Ingunn Aursnes

Firma/Position: Sopra Steria, Senior Manager, Business Design

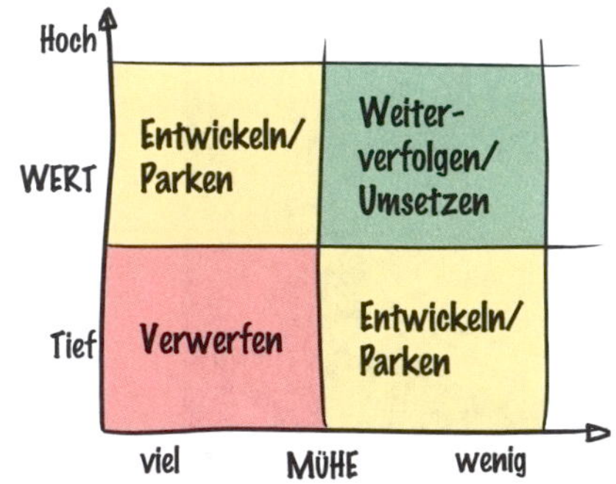

Experten-Tipps:

Anzuwenden bei der Selektion bis hin zur Auswahl von strategischen Optionen

- Die 2x2-Matrix kann auch als Werkzeug für die strategische Planung eingesetzt werden: Anstatt uns auf neue Ideen zu konzentrieren, fokussieren wir uns auf die aktuellen Anwendungen und Chancen. So lassen sich z.B. Bereiche identifizieren, die keine Ideenabdeckung haben.
- Generell ist zu empfehlen, die Achsen SMART zu machen, d.h. spezifisch, messbar, erreichbar, realistisch und zeitlich definiert. Dadurch wird die 2x2-Matrix ebenfalls zu einem wertvollen Werkzeug in der Phase „Prototypen entwickeln".
- Wenn wir limitierende Faktoren für ein Attribut festlegen, sollten wir auch daran denken, dass diese Faktoren auf verschiedenen Ebenen wirken können, z.B. auf die Technologie, den Projektumfang, den Zeitrahmen oder die Ressourcen.

Denke in Systemen

- Wir haben bei komplexen Problemstellungen gute Erfahrung damit gemacht, die Komplexität der Idee zu reduzieren. Dies erfolgt, indem wir die Ideen in einzelne Bestandteile zerlegen.
- Für eine rasche Bewertung einer Idee, gerade in frühen Phasen, hat sich unserer Favorit mit den Achsen „Cool" und „Machbar" bewährt. So ist die coolste Idee vielleicht noch nicht machbar, aber die beiden Achsen helfen bei der Diskussion und ermöglichen uns die Frage: „Gibt es einen Weg, dass diese coole Idee realisiert werden könnte?"
- In späteren Phasen kann die Quantifizierung in Form eines Kosten-Ertrags-Charts hilfreich sein. Diese wird von Investoren gerne als Entscheidungsgrundlage verwendet.

Beschreibung des Anwendungsfalles

- In ganz frühen Phasen verwendet Lilly gerne die Achsen „Cool" und „Machbar". Da sie bereits kurz vor dem Problem-Lösungs-Fit stehen, verwenden sie lieber die Achsen „Impact" und „Aufwand".
- Sie diskutieren im Team die Positionierung der einzelnen Ideen und verfolgen dann die interessantesten Ideen weiter.
- Die Ideen im orangen Bereich kommen auf den Ideenparkplatz.
- Wenn das Team nicht weiterkommt, ist der Parkplatz ein guter Ort, um sich zu inspirieren.

Key Learnings

- Halte die Ideen möglichst einfach – Komplexität bedeutet Verwirrung auf der Matrix.
- Schreibe einzelne Post-its neu oder teile eine Idee auf mehrere Ideen auf, wenn dies zur Klärung der Positionierung beiträgt.
- Nicht alle Achsenkombinationen liefern zielgerichtete Ergebnisse. Experimentiere mit verschiedenen Möglichkeiten und passe die Achsen der Problemstellung und den Zielen an.

Tool zum Download

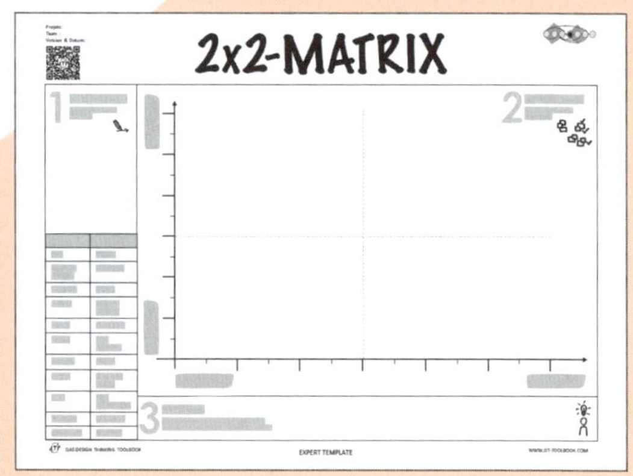

www.dt-toolbook.com/2x2-matrix

Dot Voting

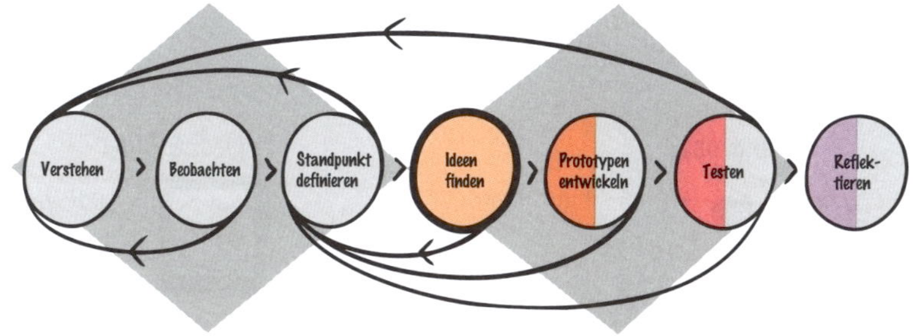

Ich möchte ...

eine klare Entscheidung darüber treffen, welche Möglichkeiten in Form von Ideen oder Konzepten weiterverfolgt werden sollen.

Was du mit dem Tool machen kannst:

- Gemeinsame Entscheidungen im Team treffen.
- Die Auswahl einschränken und damit vereinfachen und priorisieren.
- Schnellere Entscheidungen treffen und langatmige „Analyselähmungen" vermeiden.
- Meinungsverschiedenheiten in Teams auflösen und Machtspiele vermeiden.
- Die Meinung aller Beteiligten in den Entscheidungsprozess einbeziehen.
- Sich schließlich auf die besten Ideen und Marktopportunitäten fokussieren.

Einige Informationen über das Tool:

- Neben einer großen Anzahl an Ideen, die z.B. in einem Brainstorming entwickelt werden, ist die Auswahl der Ideen ein entscheidender Schritt.
- Für eine Bewertung der Ideen und das Clustering gibt es unterschiedliche Möglichkeiten. Eine einfache Möglichkeit ist die Verwendung von Klebepunkten, die von den Teilnehmern auf den Ideen platziert werden. So ergibt sich eine schnelle und demokratische Abstimmung.
- Dieses Tool ermöglicht das Anhören und Treffen von Entscheidungen auf der Grundlage von Reflexion und Übereinstimmung mit den Zielen und Herausforderungen der Design Challenge (und NICHT auf der Grundlage von Macht, Rang und Extrovertiertheit).
- Das Dot Voting gibt den Teilnehmern Eigenverantwortung und ein klares Verständnis über den Entscheidungsprozess.
- Dot Voting ist visuell, flexibel, schnell, einfach und passt so perfekt zum Design Thinking Mindset.
- Wir nutzen es über den gesamten Design Thinking Zyklus.

Welches Tool kann stattdessen verwendet werden?

- 2x2-Matrix (siehe Seite 155)
- Umfragen (entweder innerhalb des Teams und/oder extern)
- Diskussion der verschiedenen Alternativen und Konsensfindung

Welches Tool unterstützt die Arbeit mit dem Tool?

- Brainstorming (siehe Seite 151)
- Design Principles (siehe Seite 53)

Was benötigen wir an Zeit und Material?

Gruppengrösse

5-10

- Optimal für Teams mit 5-10 Personen.
- Wenn die Gruppe größer ist, gibt es auch die Möglichkeit, sie in kleinere Gruppen aufzuteilen.

Typische Dauer

5-20 Min.

- I.d.R. werden 5-20 Min. benötigt oder so lange, wie die Teilnehmer brauchen, um sich die Alternativen anzusehen und ihre Stimme abzugeben.
- Dot Voting ist eines der schnellsten Verfahren, um ein Stimmungsbild zu erhalten und eine Entscheidung zu treffen.

Benötigtes Material

- Punktaufkleber (Dots) oder dicke farbige Markierungen (einfarbig)
- Eine große Fläche mit den Ideen, z.B. mit Post-its oder Ideenclustern

Vorgehen Dot Voting

Wie das Tool angewandt wird ...

Ausgangslage: Die Teilnehmer haben bereits Ideen auf Post-its, z.B. im Rahmen einer Brainstroming-Sitzung, gesammelt.

Schritt 1: Kläre die Kriterien vor der Abstimmung. Beispiel für Kriterien:

- beste Eignung für langfristige Ziele
- wird den Kunden/Nutzer begeistern
- unterstützt die Vision
- größte Chance für Wettbewerbsvorteile
- Einhaltung der Terminvorgaben
- höchste Wirkung auf die Kundenzufriedenheit

Schritt 2: Platziere die Post-its mit Ideen an der Wand oder am Whiteboard, damit jeder sie sehen kann.

- Stelle jedem Teilnehmer eine bestimmte Anzahl an Stimmen zur Verfügung (normalerweise zwischen 3–5 Punkten) und fordere auf, eine Wahl zu treffen. Im Stillen gibt jeder Teilnehmer seine Stimme auf dem Post-it via „Dot Voting" ab, die seiner Meinung nach am besten den Kriterien entspricht.
- Lasse die Teilnehmer wählen, ob sie mehrere Stimmen auf ein Post-it oder ihre Stimmen auf verschiedene Ideen verteilen möchten.

Schritt 3: Ordne und gruppiere die Ideen mit den meisten Punkten neu. Triff auf der Basis der Prioritäten eine transparente Entscheidung und bestimme im Anschluss die nächsten Schritte.

Das ist das Lieblingstool von Ingunn Aursnes

Position:
Senior Manager, Business Design. Sopra Steria

„For me Design Thinking connects my heart and mind in a creative way. It's a powerful combo of mindset, process and tools enabling to deeply empathize with the users, and explore new strategic business opportunities. I love how it challenges both my left and right brain hemisphere."

Warum ist das ihr Lieblingstool?

Dot Voting ist ein sehr vielseitiges Werkzeug. Es kann zum Beispiel im Rahmen einer Diskussion eingebunden werden und es hilft uns, wenn wir bei Entscheidungen schnell und transparent vorankommen möchten. Mich fasziniert am Dot Voting die Schnelligkeit, Klarheit und positive Energie, die in der Aktion entsteht. Das Tool hilft, klare und schnelle Entscheidungen zu treffen, insbesondere auch dann, wenn wir Entscheidungen im Rahmen von komplexen Problemstellungen und mit multidisziplinären Teams treffen müssen, wo es oftmals zu anstrengenden Diskussionen kommen kann.

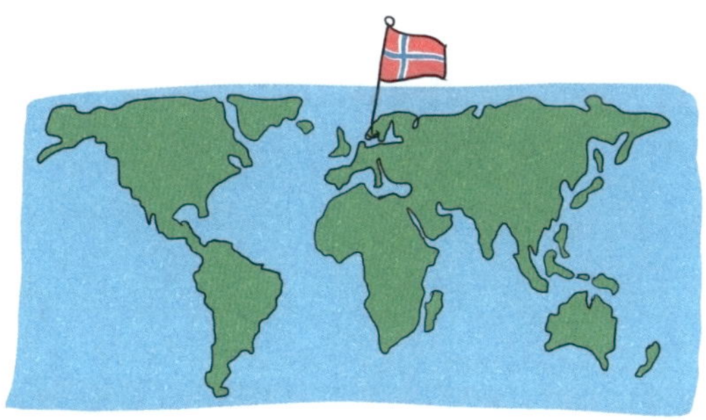

Land:
Norwegen

Affiliation:
Sopra Steria

Geprüft von: Vesa Lindroos

Firma/Position: Independent Consultant

Tipps:

- **Präsentiere die Ideen vor der Abstimmung**
  Eine kurze Erklärung sichert ein tieferes Verständnis, bevor das Dot Voting durchgeführt wird.
- **Gleichstand! Was jetzt?**
  Führe eine zweite Abstimmung über die Gewinner durch oder nutze die 2x2-Matrix, welche auf Seite 155 vorgestellt wurde.
- **Verwende Farbmarkierungen als Alternative zu Klebepunkten**
  Jeder Teilnehmer erhält einen Stift und wird aufgefordert, kleine Kreise/Punkte in der Abstimmung zu malen.
- **Begrenze die Anzahl der Möglichkeiten**
  Führe ähnliche Ideen oder Konzepte zusammen.
  Bündle Themen und stimme zuerst über die Hauptthemen ab – und dann über einzelne Ideen.
- **Gebe Mitläufern keine Chance**
  Bitte die Teilnehmer, ihre Entscheidungen im Stillen zu treffen und dann alle gleichzeitig abzustimmen. Wenn die Gefahr besteht, dass die Einzelnen durch eine Person (z.B. den Chef) zu stark beeinflusst werden, sollte diese Person als letzte ihre Beurteilung abgeben.
- **Nutze einen Ideenparkplatz**
  Es kann wertvoll sein, Ideen für zukünftige Projekte aufzuheben.
- **Erweitere den Rahmen mit Crowd-voting**
  Binde Kunden oder Kollegen ein, um Prioritäten zu setzen.
- **Nutze farbliche Kodierungen**
  Gibt es unterschiedliche Gruppen, z.B. Nutzer/Kunden und interne, die die Ideen beurteilen, können unterschiedliche Farben verwendet werden.
- **Arbeite mit Heat Maps**
  Dot Voting kann auch verwendet werden, um Teile einer Idee oder eines Konzepts hervorzuheben. Die Teilnehmer werden angewiesen, Teile von Ideen hervorzuheben.
- **Nutze Masseinheiten für eine detaillierte Beurteilung**
  Dot Voting kann auch in Form einer Skalenabfrage, z.B. Bewertung auf einer Skala von 0 (z.B. Idee nicht umsetzen) bis 10 (Idee auf jeden Fall umsetzen) erfolgen.

Beschreibung des Anwendungsfalles

- Die Ideenbewertung ist immer spannend. Ist das Team etwa einer Meinung und haben alle dieselben Favoriten oder gehen die Meinungen weit auseinander?
- Jeder im Team überlegt sich, wo er/sie die Punkte setzen möchte. Dann kleben die Teammitglieder alle auf einmal die Punkte auf. Sie achten darauf, dass Lilly am Schluss ihre Punkte aufbringt, damit die anderen nicht beeinflusst werden.
- Von einer Idee sind alle angetan. Die anderen Punkte liegen völlig verteilt. Das Team diskutiert jetzt die Ideen mit den Punkten nochmals miteinander, kombiniert einige Ideen und macht eine neue Bewertungsrunde, um eine Alternative zur ersten Idee zu erhalten.

Key Learnings

- Plane das Dot Voting und wähle die Anzahl der Punkte.
- Erläutere vor der Abstimmung die Kriterien für die Abstimmung.
- Trenne Ideengenerierung und Ideenbewertung voneinander.
- Nutze einen Ideenparkplatz für coole Ideen, die später vielleicht Relevanz haben.

Tool zum Download

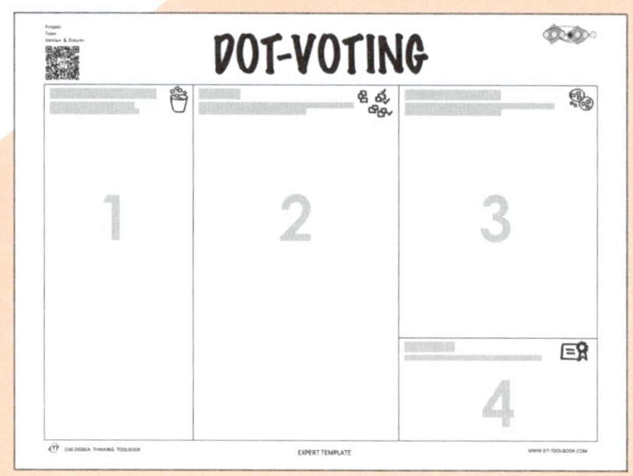

www.dt-toolbook.com/dot-voting

6-3-5-Methode

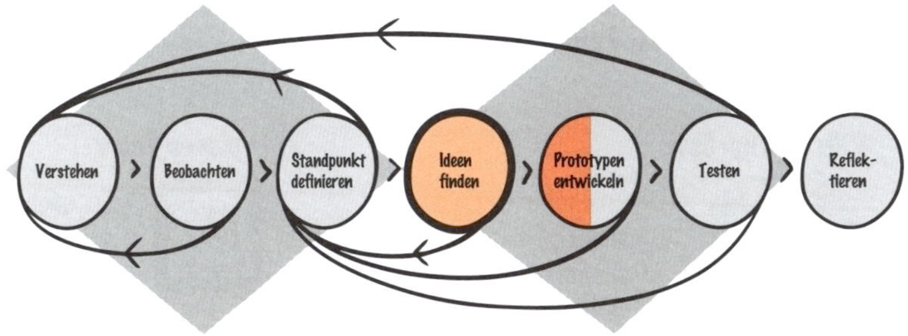

Ich möchte ...

mit einer Gruppe strukturiert und schnell viele Ideen generieren.

Was du mit dem Tool machen kannst:

- Neue Ideen generieren oder bestehende Ideen weiterentwickeln und diese jeweils einfach dokumentieren.
- Ungeübte Workshop-Teilnehmer auf eine strukturierte Art, mit einem einfach erlernbaren Ansatz an Brainwriting und die Regeln von Brainstorming heranführen.
- In stiller Einzelarbeit das kreative Potenzial auch von Personen erfassen, welche in offenen Gruppensituationen eher zurückhaltend sind.
- Die Generierung von ausgefallenen Ideen durch die explizite Trennung von Ideengenerierung und Ideenbewertung fördern.

Einige Informationen über das Tool:

- Brainwriting mit der 6-3-5-Methode ermöglicht die strukturierte Ideenfindung und -weiterentwicklung in sämtlichen Iterationen und über den gesamten Designzyklus.
- Die Bezeichnung „6-3-5" ist abgeleitet von einer optimalen Teamgrösse von sechs Teilnehmern, die in der ersten Runde je drei Ideen zu einem Problem produzieren. Jede dieser Ideen wird in den nächsten 5 Folgerunden von den anderen Teilnehmern weiterentwickelt.
  Die Technik eignet sich besonders für die Ideenfindung auf Basis konkreter Problemstellungen und Standpunkten.
- Bei einer Gruppe von 6 Teilnehmern kommen mit dem Tool in kürzester Zeit (unter 30 Minuten) bis zu 108 Ideen zusammen.

Welches Tool kann stattdessen verwendet werden?

- Brainstorming (siehe Seite 151)
- Special Brainstorming (siehe Seite 167)
- Analogien & Benchmarking als Inspiration (siehe Seite 171)
- Andere Kreativitätstechniken

Welches Tool unterstützt die Arbeit mit dem Tool?

- How might we…-Frage (siehe Seite 125)
- 2x2-Matrix (siehe Seite 155)
- Dot Voting (siehe Seite 159)
- Regeln des Brainstorming (siehe Seite 151)

Was benötigen wir an Zeit und Material?

Gruppengrösse

4-6

- Optimal mit 6 Personen. Mit Anpassungen an Template und Ablauf kann auch eine andere Gruppengrösse gewählt werden.
- Bei grossen Gruppen mehrere kleine Gruppen bilden.

Typische Dauer

30-40 Min.

- Für sechs Durchgänge und das Generieren von Ideen ist je nach Komplexität der Fragestellung und Erfahrung der Teilnehmenden mit je 3 bis 5 Minuten, pro Durchgang (6 insgesamt) zu rechnen.
- Ebenfalls sollte Zeit für die anschließende Selektion der Ideen eingeplant werden.

Benötigtes Material

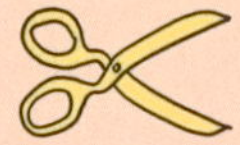

- Papierbögen (oder ausgedrucktes Formular)
- Stifte, Post-its
- Ggf. auch Klebepunkte für die Bewertung, falls die Selektion via Dot Voting erfolgen soll.

Template 6-3-5-Methode

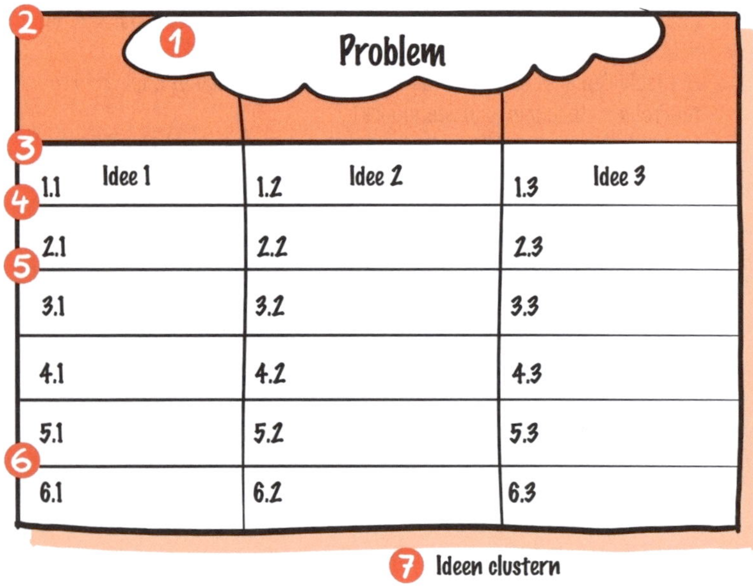

Wie das Tool angewandt wird ...

- **Schritt 1:** Bilde Gruppen von je 6 Personen und erkläre das Problem.
- **Schritt 2:** Gib jedem Teilnehmer ein Blatt Papier mit einem Raster aus drei Spalten und sechs Zeilen (total 18 Felder) oder lass dieses durch die Teilnehmenden selbst auf das Blatt aufmalen.
  Variante: Nimm ein Blatt mit 6 Spalten, sodass 6 Ideen entwickelt werden können, und 6 Zeilen (total 36 Felder), damit durch diese Anordnung ganz neue Ideen entwickelt werden können.
- **Schritt 3.** Die Teilnehmenden schreiben drei Ideen in die erste Zeile des Blatts innerhalb der definierten Zeit (3–5 Minuten). Das Ganze geschieht, ohne zu sprechen.
- **Schritt 4:** Das befüllte Blatt wird nach Ablauf der Zeit im Uhrzeigersinn an das nächste Gruppenmitglied weitergeben.
- **Schritt 5:** Gib den Teilnehmern etwas Zeit zur Durchsicht der bereits notierten Ideen. Fordere dann die Teilnehmenden auf, die nächste Zeile des Blatts mit weiteren Ideen, wiederum innerhalb der definierten Zeitspanne, zu füllen. Idealerweise werden die vorhandenen Ideen weiterentwickelt. Die Ideen können (müssen aber nicht) auf den Ideen der anderen Teilnehmenden aufbauen oder diese ergänzen.
- **Schritt 6:** Der Prozess von Weitergeben und Befüllen wird so lange wiederholt, bis alle Zeilen bzw. Felder ausgefüllt sind.
- **Schritt 7:** Clustere und bewerte die Ideen mit dem Team und stimme die nächsten Schritte ab.

Variante: Die Ideen können statt auf das Blatt auch auf Post-its geschrieben werden.

Das ist das Lieblingstool von Philipp Guggisberg-Elbel

Position:
Business Design Consultant bei mm1 und Dozent

„Inzwischen nutze ich Design Thinking nicht nur beruflich zur Entwicklung neuer Produkte und Geschäftsmodelle, sondern das Mindset hat inzwischen eine hohe Bedeutung in meinem Privatleben gefunden: z.B. in der Planung unserer Hochzeit – ein komplexes Vorhaben voller Ambiguität. Design Thinking hat geholfen, die menschlichen Bedürfnisse im Zentrum zu behalten, ohne aber Machbarkeit und Wirtschaftlichkeit ausser Acht zu lassen. Es war eine sehr schönes Fest."

Warum ist das sein Lieblingstool?

In meinen Design Sprints nutze ich die 6-3-5-Methode sehr gerne, um mit größeren Gruppen auf eine strukturierte Weise und mit hoher Geschwindigkeit viele Ideen zu generieren oder weiterzuentwickeln. Und dies auch mit Gruppen, die mit Design Thinking noch wenig Erfahrung haben oder mit Personen, die in „mündlichen" Gruppensituationen eher zurückhaltend sind und tendenziell lieber anderen den Vortritt lassen.

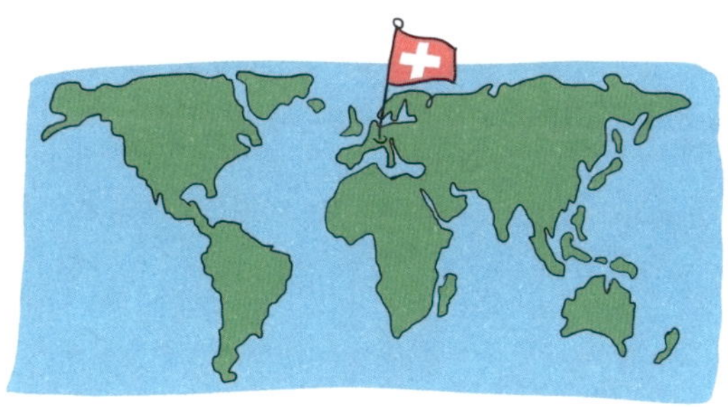

Land:
Schweiz

Affiliation:
mm1

Geprüft von: Maurice Codourey

Firma/Position: UNIT X, CEO and Partner | xperts on demand

Experten-Tipps:

Definiere „powerful Questions"
Zur Formulierung der Fragestellung eignet sich eine „How might we…"-Frage, welche eine eindeutige und spezifische Perspektive bzw. einen Point of View aufweist (z.B. eine Persona in ihrem Kontext). Die Fragestellung hat einen grossen Einfluss auf die zu generierenden Ideen.

Behalte den Fokus im Auge
Die Fragestellung muss von allen Teilnehmenden verstanden sein, um Ideen fokussiert zu generieren. Es macht ggf. Sinn, die Problemstellung in der Gruppe vor dem Einsatz der Methode zu diskutieren, im Raum aufzuhängen und dann die Teilnehmenden zu bitten, diese auch auf ihrem Blatt zu notieren.

Skizziere Ideen, als nur darüber zu sprechen
Je nach Fragestellung macht es Sinn, Ideen zu skizzieren, statt mühsam zu umschreiben. Falls die Ideen in jedem Fall skizziert sein sollen, empfiehlt sich die Verwendung von grösseren Papierformaten wie A3.

Entwickle Ideen
Motiviere die Gruppe(n), auf bisherigen Ideen aufzubauen, diese zu ergänzen oder weiterzuentwickeln. Bereits auf den Blättern notierte oder skizzierte Ideen sollen die Teilnehmenden in jeder Runde neu inspirieren oder weiterentwickeln.

Wähle Ideen aus
Die vorhandenen Ideen auf jedem Blatt intuitiv oder anhand von Kriterien bewerten und z.B. eine definierte Anzahl an Ideen via Dot Voting (siehe Seite 159), auswählen und markieren. Alternativ können die Ideen ausgeschnitten und auf Matrizen geklebt werden (zum Beispiel 2x2-Matrix), um den Ideenraum zu illustrieren (siehe Seite 155).

Beschreibung des Anwendungsfalles

- Ein Teil-Team von Lillys Team, bestehend aus 6 Personen, möchte schnell viele Anfangsideen generieren.
- Dafür malen alle Teammitglieder je ein 3x6-Raster auf ein Blatt Papier, notieren/zeichnen und kleben sie ins Raster innerhalb von 4 Minuten in Einzelarbeit die ersten 3 Ideen auf Post-its.
- Dann geben sie das Blatt so lange weiter und befüllen es jeweils mit 3 weiteren, teilweise aufbauenden Ideen, bis das Blatt voll befüllt ist.
- In weniger als einer halben Stunde kommen so bis zu 108 Ideen zusammen. Die Ideen werden in den Gruppen wiederum in 6 Durchgängen anhand von zuvor definierten Kriterien bewertet und anschliessend präsentiert.

Key Learnings

- 6-3-5-Methode „in a nutshell": 6 Personen notieren jeweils 3 Ideen auf ein Blatt und geben es 5 Mal zum weiteren Ausfüllen weiter.
- Mit dem Tool können viele Ideen in relativ kurzer Zeit generiert werden und es hat den Vorteil, dass diese durch das stille Arbeiten nicht zerredet werden.
- Die Methode regt zum Weiterentwickeln an und trennt Ideengenerierung von Ideenbewertung.

Tool zum Download

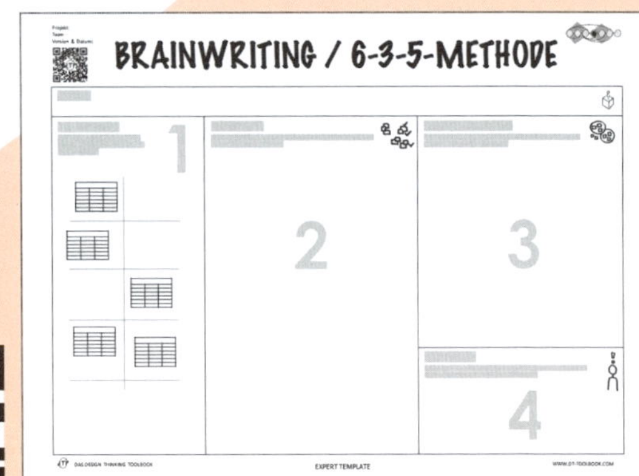

www.dt-toolbook.com/6-3-5

Special Brainstorming

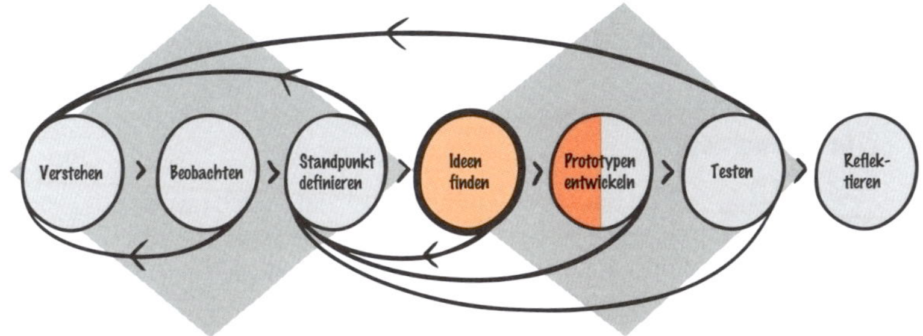

Ich möchte ...

in begrenzter Zeit eine große Anzahl ausgefallener Ideen generieren.

Was du mit dem Tool machen kannst:

- Eine grosse Anzahl Ideen in begrenzter Zeit generieren.
- Den gegenseitigen Austausch und aktives Zuhören zwischen Gruppenmitgliedern fördern, um auf gesammelten Ideen aufzubauen.
- Durch verschiedene Herangehensweisen unterschiedliche Perspektiven einnehmen und ein Problem aus mehreren Blickwinkeln betrachten.
- Die Kreativität auf unterschiedliche Weise, z.B. durch negatives Brainstorming, Figuring Storming oder Bodystorming, erhöhen.

Einige Informationen über das Tool:

- Special Brainstorming Techniques eignen sich als Alternative zum traditionellen Brainstorming-Ansatz.
- Sie sind insbesondere dann hilfreich, wenn eine Gruppe bei der Ideenfindung nicht weiterkommt oder wiederholt ähnliche Ideen generiert.
- Zu den Special Brainstorming Techniques gehören z.B. Tools wie das negative Brainstorming, Figuring Storming und Bodystorming.
- Welches Brainstorming angewandt werden soll, ist sehr stark von der Problemstellung, den Teilnehmern und den Zielen abhängig.
- Special Brainstorming Techniques werden hauptsächlich in der Phase Ideen finden genutzt, um die Kreativität nochmals zu steigern oder definierte Ziele zu erreichen.

Welches Tool kann stattdessen verwendet werden?

- Brainstorming (siehe Seite 151)
- 6-3-5-Methode (siehe Seite 163)
- Analogien & Benchmarking als Inspiration (siehe Seite 171)
- „I like / I wish / I wonder?" (siehe Seite 239)

Welches Tool unterstützt die Arbeit mit diesem Tool?

- Persona / User Profile (siehe Seite 97)
- Empathy Map (siehe Seite 93)
- „How might we ...-Frage" (siehe Seite 125)

Was benötigen wir an Zeit und Material?

Gruppengrösse

2-10

- Eine Brainstorming-Gruppe besteht typischerweise aus mindestens zwei bis drei und maximal zehn Personen.
- Kleinere Gruppen sind besonders dann geeignet, wenn die Gruppenmitglieder sehr divers sind oder geübt darin, verschiedene Perspektiven einzunehmen.
- Grössere Gruppen können bei Bedarf in kleinere Untergruppen unterteilt werden, die parallel arbeiten.

Typische Dauer

10-20 Min.

- Für jede der beschriebenen Brainstorming-Techniken werden ca. 10 bis 20 Minuten benötigt (je nach angewandter Methode und Grösse des Teams).

Benötigtes Material

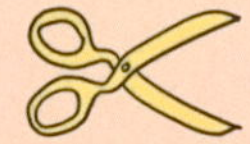

- Post-its, Stifte
- Auswahl an Bildern von Koryphäen, z.B. für das Figuring Storming

Vorstellung von drei verschiedenen Special Brainstorming Techniques:

1 Negatives Brainstorming

Negatives Brainstorming kombiniert den klassischen Brainstorming-Ansatz mit der sog. Umkehrmethode. Anstatt eine Lösung zu finden, konzentrieren sich die Teilnehmer auf alles, was das Problem noch verschlimmern könnte. Z.B. anstatt Ansätze zur Verbesserung einer Verkehrssituation zu finden, fokussiert sich die Gruppe darauf, den Stau für die betroffene Strecke zu maximieren.

Die Ergebnisse aus dieser Brainstorming-Übung werden im Anschluss evaluiert und darauf geprüft, ob neue Ansatzpunkte daraus entstehen oder ob bestimmte Aspekte eliminiert werden können, welche ein Problem typischerweise verschärfen.

2 Figuring Storming

Oftmals ist es einfacher, sich in eine bestimmte Person hineinzuversetzen und eine Situation aus ihrem Blickwinkel zu betrachten, um ein Problem zu lösen. Diesem Ansatz folgt die Figuring Storming Methode, welche Brainstorming aus der Sicht einer Drittpartei betreibt. Dazu wird die Frage gestellt: Wie würde „X" das Problem lösen?

Als „X" eignen sich Berühmtheiten wie Albert Einstein oder der Präsident der Vereinigten Staaten, aber auch Personen aus unserem Alltag wie unser Partner, Familienmitglieder oder der Chef sowie Personas, die im Rahmen des Design Thinking Prozesses definiert wurden.

3 Bodystorming

Bodystorming geht einen Schritt weiter, indem es die Testpersonen physisch in eine bestimmte Situation hineinversetzt. Dabei wird das Szenario mittels relevanter Umgebung, Artefakte und Personen so gut wie möglich nachgestellt, um die Testpersonen dieses hautnah erleben zu lassen. Durch physisches Ausprobieren und Testen können die Probanden so neue Ideen ableiten.

Beispiel: Ein Team, welches Produkte für betagte Menschen entwickelt, kann beispielsweise Vaseline auf die Brillengläser auftragen, um die Welt durch die Augen von älteren Menschen wahrzunehmen.

Eine Variante ist auch, ständig in Bewegung zu sein und im Gehen Ideen zu notieren.

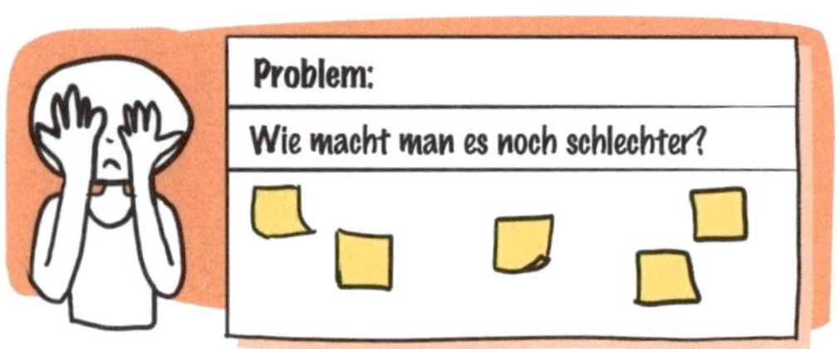

Das ist das Lieblingstool von Miriam Hartmann

Position:
Dozentin für Design Thinking an der Fachhochschule Graubünden. Design Thinking Facilator bei Hoffmann-La Roche AG

„Eine der grössten Herausforderungen besteht darin, aus unserem „Lösungsdenken" auszubrechen und das Problem ganzheitlich zu verstehen, bevor wir anfangen, Lösungen zu entwickeln. Design Thinking hilft uns dabei, unsere natürliche Neugierde zu stimulieren, Annahmen zu hinterfragen und unseren Kunden mit einem offenen Mindset zu begegnen."

Warum ist das ihr Lieblingstool?

Oftmals ist der Fokus der Teilnehmer beim traditionellen Brainstorming relativ breit, was zu einer Vielzahl an Ideen führt, die nicht mehr direkt in Verbindung zum eigentlichen Problem stehen. Insbesondere bei abstrakten oder komplexen Problemen stossen Brainstorming-Gruppen oftmals an ihre Grenzen. Special Brainstorming Techniques können dabei helfen, ein Problem aus einem anderen Blickwinkel zu betrachten und mittels alternativer Herangehensweisen den Druck auf die Teilnehmer, eine gute Idee zu produzieren, zu entschärfen.

Land:
Schweiz

Affiliation:
Roche
Quriosity

Geprüft von: Kristine Biegman

Firma/Position: launchlabs GmbH, Berlin, Trainer / Coach / Facilitator human-centered design

Experten-Tipps:

Schaffe ein kreatives Umfeld
Brainstorming funktioniert dann am besten, wenn die Teilnehmer entspannt sind. Mittels bequemer Stühle und Kissen kann eine „Wohlfühl-Atmosphäre" geschaffen werden; grosse und flexible Schreibflächen helfen dabei, die Kreativität der Gruppe zu fördern.

Nutze „Time Boxing", um im Flow zu bleiben
Wie beim traditionellen Brainstorming hilft ein gewisser Zeitdruck dabei, möglichst viele unterschiedliche Ideen zu generieren und diese ungefiltert aufs Blatt zu bringen, d.h., der Kreativität freien Lauf zu lassen. Es empfiehlt sich daher, jeweils kurze Brainstorming-Sequenzen durchzuführen (10 Minuten) und diese mit einem Timer zu stoppen.

Vermeide alle Arten von Kritik während des Brainstormings
Es gibt keine „schlechten" Ideen, denn aus jeder noch so ausgefallenen Idee kann eine gute Lösung entstehen, wenn sie weiterentwickelt wird. Während des Brainstorming-Prozesses sollen daher Wertungen der Ideen unbedingt vermieden werden.

Nutze erweiterte Tools für komplexe oder abstrakte Probleme
Special Brainstorming Techniques sind hilfreich für komplexe oder abstrakte Probleme, bei denen es den Teilnehmern schwerfällt, unmittelbare Lösungen zu identifizieren. Experimentiere damit und sammle Erfahrungen in ihrer Anwendung.

Negatives Brainstorming

Figuring Storming

Bodystorming

Beschreibung des Anwendungsfalles

- In der Ideenfindungsphase versuchten die Teams von Lilly, viele Ideen zur Lösung des definierten Problems zu generieren. Brainstorming unterstützt, mögliche Ansatzpunkte zu identifizieren, allerdings hatten einige Teams relativ bald das Gefühl, sich im Kreis zu drehen und nicht mehr weiterzukommen.
- Andere Techniken, wie negatives Brainstorming, verhalfen den Teams, ihren Gedankenhorizont zu erweitern und neue Anknüpfungspunkte zu identifizieren. Im anschliessenden Figuring Storming wurden bekannte Unternehmen wie Apple und Google als auch Personen wie Elon Musk genutzt. Dadurch konnten weitere mögliche Lösungsansätze identifiziert werden.

Key Learnings

- Special Brainstorming Techniques sind hilfreich für komplexe oder abstrakte Probleme.
- Ansonsten gilt auch hier: Quantität vor Qualität, alle Gruppenmitglieder zu Wort kommen lassen, es gibt keine „schlechten" Ideen.
- Clustere, bewerte und dokumentiere die Ergebnisse erst im Anschluss.

Tool zum Download

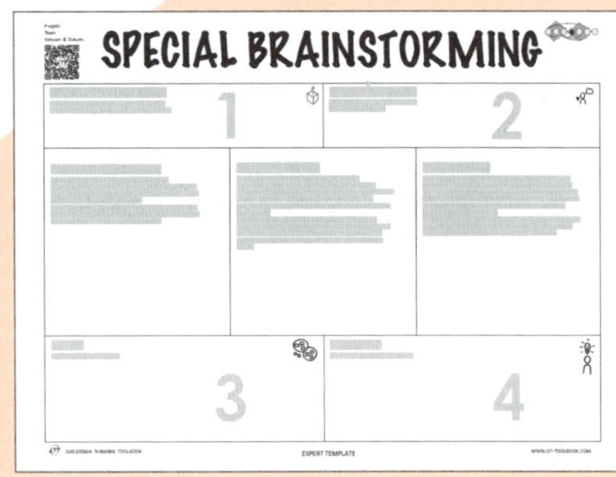

www.dt-toolbook.com/special-brainstorming

Analogien & Benchmarking als Inspiration

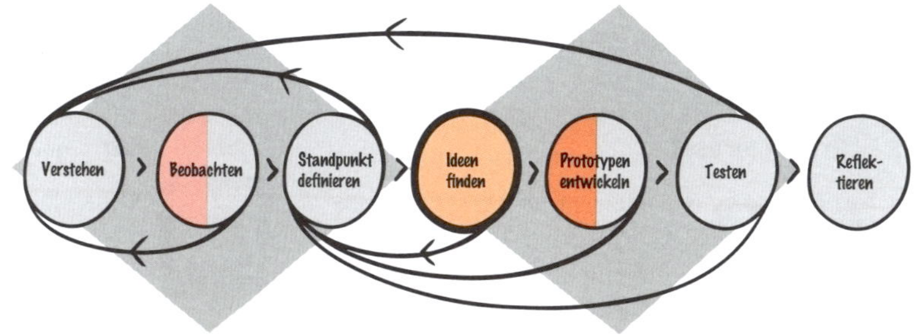

Ich möchte ...

Inspiration für Ideen und Ansätze finden, indem scheinbar getrennt voneinander existierende „Welten" im Kontext der Problemstellung erkundet werden.

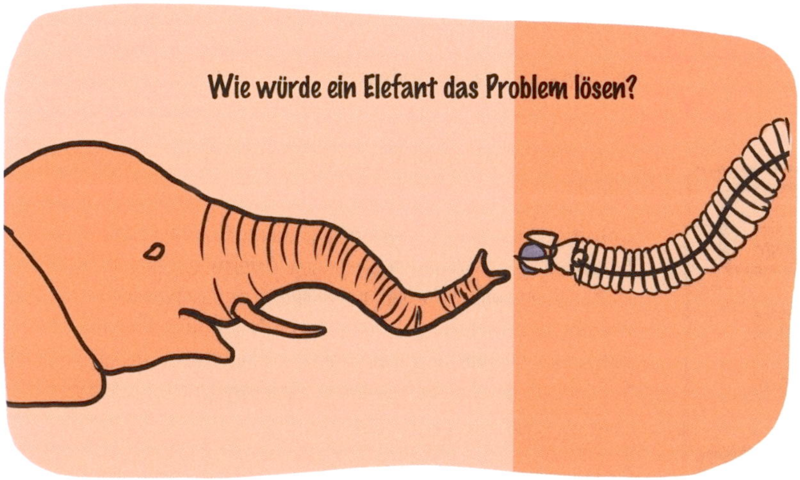

Was du mit dem Tool machen kannst:

- Ideen generieren, die zu einem WOW-Effekt führen.
- Ideen sowie komplexe Sachverhalte durch Analogien in einer verständlichen Art und Weise erklären.
- Inspiration finden, indem wir Probleme und deren Lösungen von einem anderen Bereich mit unserem Problem vergleichen.
- Unterstützende kognitive Denkprozesse integrieren, die bei offenen und schlecht strukturierten Problemen (sog. ill-defined and wicked problems) notwendig sind.
- In der Kombination mit Sketch Notes die volle Kreativität entfalten.

Einige Informationen über das Tool:

- Analogien und Benchmarks helfen, die Betrachtungsweise auf das Problem zu verändern, um neue Ideen zu generieren und die Ideenfindung anzuregen. So kann z.B. eine andere Branche, die Tierwelt, Personen oder Organisationen als Benchmark oder Analogie dienen.
- Analogien und Benchmarking kann in den frühen Phasen im Designzyklus eingesetzt werden, wie z.B. in der Definition des Problems. Es wird jedoch meist in der Phase Ideen finden genutzt.

Welches Tool kann stattdessen verwendet werden?

- Brainstorming (siehe Seite 151)
- Special Brainstorming (siehe Seite 167)
- Brainwriting / 6-3-5-Methode (siehe Seite 163)

Welches Tool unterstützt die Arbeit mit diesem Tool?

- How might we…-Frage (siehe Seite 125)
- AEIOU (siehe Seite 107)

Was benötigen wir an Zeit und Material?

Gruppengrösse

3-8

- Optimal in einer Gruppengrösse von 3-6 Personen.
- Größere Gruppen von mehr als 8 Personen können in kleinere Gruppen aufgeteilt werden.

Typische Dauer

30-120 Min.

- Die Arbeit mit Analogien kann zeitintensiv sein.
- Besonders die damit verbundene Recherche und Identifikation von Merkmalen, Attributen bis hin zu Gesprächen mit Experten benötigt oftmals mehrere Stunden.

Benötigtes Material

- Whiteboard oder Flipcharts
- Post-its, Stifte, Marker
- Internet und Drucker (falls Analogien mit Menschen oder Industrien durchgeführt werden)

Vorgehen Analogien und Benchmarking

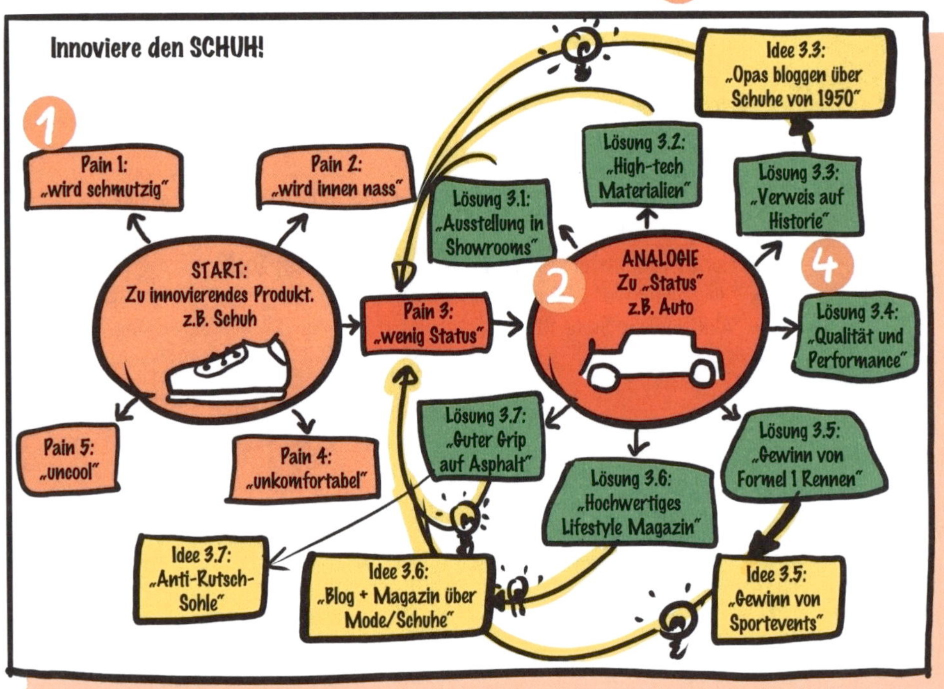

Wie das Tool angewandt wird ...

Schritt 1: Liste die kritischen Erfahrungen oder die grössten PAINS der Problemstellung auf, z.B. beim Schuh der PAIN: „wenig Status".

Schritt 2: Verwende Brainstorming- oder Brainwriting-Methoden, um nach Szenarien, Systemen, Orten oder Objekten zu suchen, die ebenfalls PAINS aufweisen, aber anscheinend gelöst wurden. Im Beispiel (links) wurde der PAIN „Status" erfolgreich in der Automobilbranche und der PAIN „unkomfortabel" bei einem Sofa gelöst usw. Für die Suche nach Analogien stelle Fragen wie:

- Was machen andere Branchen?
- Wie löst die Natur das Problem?
- Warum ist es in anderen Ländern kein Problem?

Schritt 3: Führe Interviews mit Experten, die diese vergleichbaren Bereiche, Szenarien, Systeme, Orte oder Objekte gut kennen. Erstelle ein „Analogien-Inspiration-Board" und zeige neuen Erkenntnisse.

Schritt 4: Liste Lösungen auf, wie z.B. „Status" in der Automobilbranche gelöst wurde durch „Hochwertiges Lifestyle Magazin".

Schritt 5: Übertrage anschließend die Lösung der Analogie auf das ursprüngliche Problem. Manche Lösungen aus dem Analogiebereich lassen sich fast 1:1 übertragen, andere brauchen in der Anwendung etwas mehr Kreativität.

VARIATION – ANALOGIEN MIT SKETCH NOTES FINDEN

Was benötigen wir an Zeit und Material?

Gruppengrösse

- In Einzelarbeit oder als Gruppe von bis zu 12 Personen oder mehr
- Die Gruppengrösse ist fast beliebig skalierbar.

1-12

Typische Dauer

- Es können mehrere Durchgänge gemacht werden.
- Jeder Durchgang benötigt ca. 30 Min.

30-60 Min.

Benötigtes Material

- Ein Flipchart pro Person
- Bei Einzelarbeit ein DIN A4- oder DIN A3-Blatt. Bei Gruppenarbeiten DIN A2 oder DIN A1
- Stifte und Post-its
- Optional: Internet für die Suche von Bildern

Template und Vorgehen Analogien mit Sketch Notes finden

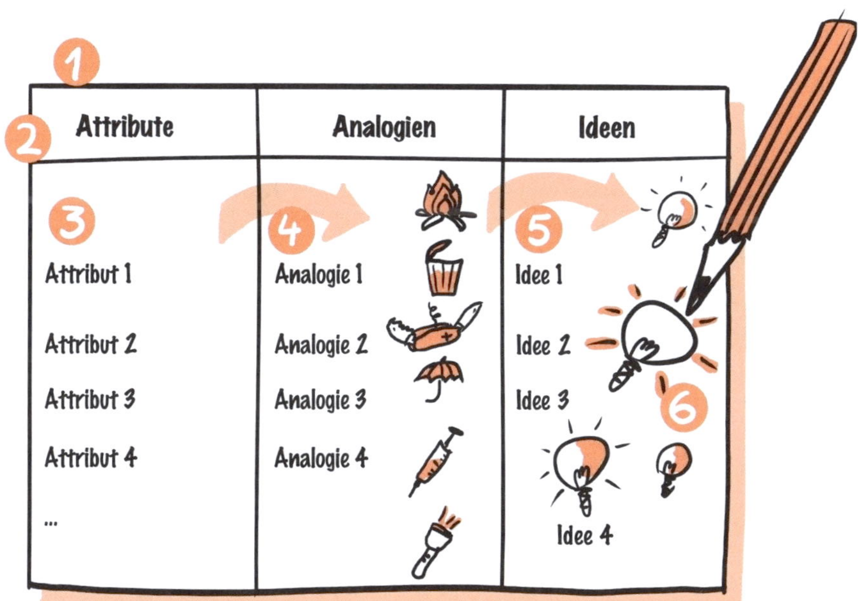

Wie das Tool angewandt wird ...

Um die Kreativitätsleistung zu steigern, können wir eine Kombination aus Design durch Analogietechnik und Skizzen verwenden. Zu der bereits erklärten Arbeit mit Analogien nutzen wir Sketch Notes.

Schritt 1: Unterteile ein grosses Papier in drei Spalten.

Schritt 2: Benenne die Spalten mit Attributen, Analogien und Ideen.

Schritt 3: Liste die Attribute über das Problem oder das Problem Statement (siehe Seite 49).

Schritt 4: Fordere das Designteam auf, Analogien zu den jeweiligen Attributen zu finden.

Schritt 5: Löse in der Gruppe das Problem aus der Sicht der Analogie in Form von Sketch Notes. Wie Sketch Notes gezeichnet werden, ist auf Seite 174 zu finden.

Schritt 6: Entwickle daraus originelle und realisierbare Ideen für die Problemstellung oder Teile davon.

Das Erstellen von Sketch Notes macht nicht nur Spaß, sondern ermöglicht dem Design Thinking Team auch, großartige Analogien zu finden.

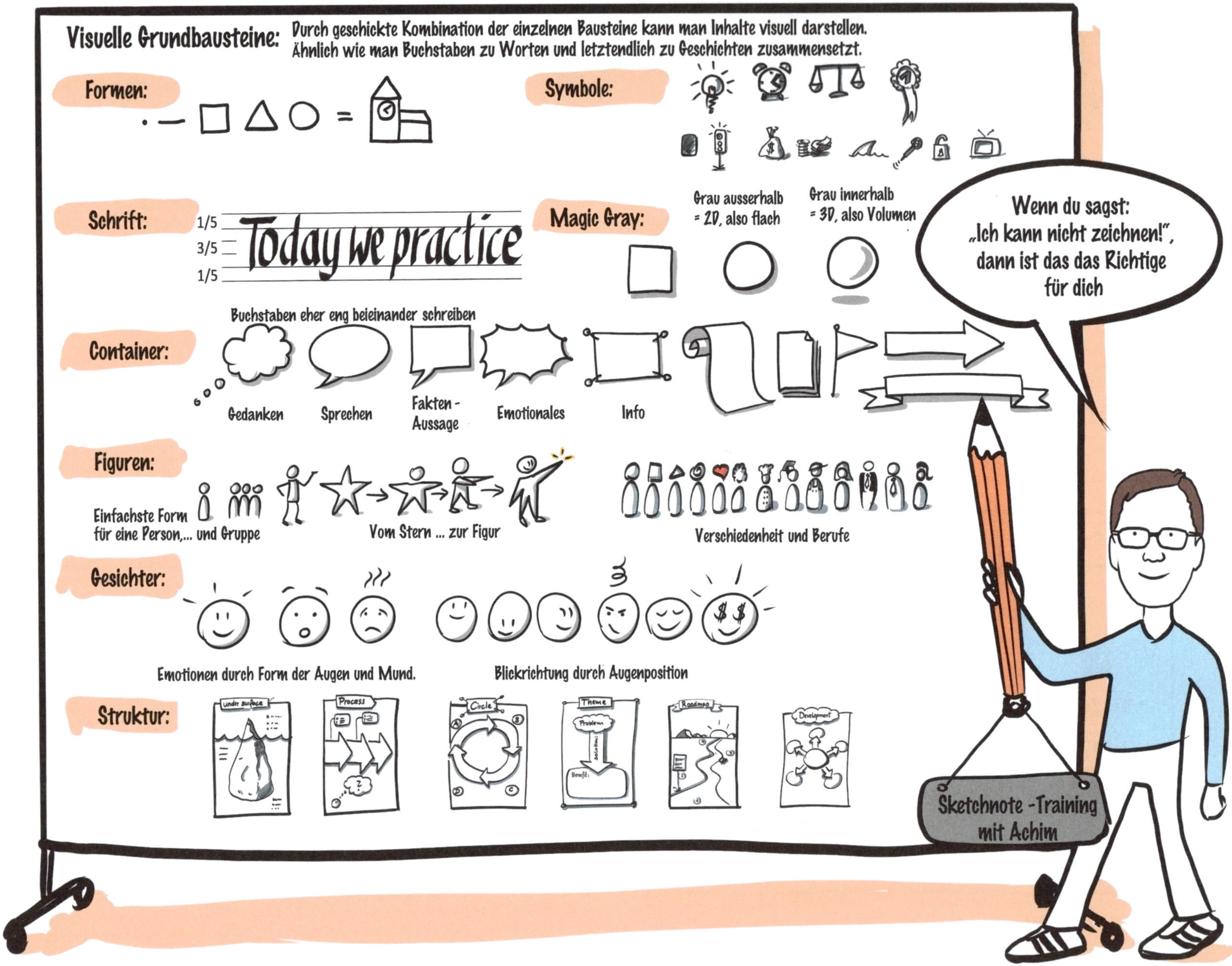
Visuelle Grundbausteine:
Durch geschickte Kombination der einzelnen Bausteine kann man Inhalte visuell darstellen. Ähnlich wie man Buchstaben zu Worten und letztendlich zu Geschichten zusammensetzt.
Formen:
Symbole:
Schrift:
1/5
3/5
1/5
Today we practice
Buchstaben eher eng beieinander schreiben
Magic Gray:
Grau ausserhalb = 2D, also flach
Grau innerhalb = 3D, also Volumen
Wenn du sagst: „Ich kann nicht zeichnen!", dann ist das das Richtige für dich
Container:
Gedanken
Sprechen
Fakten-Aussage
Emotionales
Info
Figuren:
Einfachste Form für eine Person,... und Gruppe
Vom Stern ... zur Figur
Verschiedenheit und Berufe
Gesichter:
Emotionen durch Form der Augen und Mund.
Blickrichtung durch Augenposition
Struktur:
Process
Circle
Theme
Problem
Roadmap
Development
Sketchnote-Training mit Achim

Das ist das Lieblingstool von Julia Gumula

Position:
Senior Manager Communications at B. Braun Melsungen AG

„Design Thinking has revolutionized the way we create solutions for (future) clients and keep sevolving through everyday practice."

Warum ist das ihr Lieblingstool?

Für mich ist die Arbeit mit Analogien die perfekte Ergänzung zu traditionellen Brainstormingansätzen. Das Tool hilft in der Ideengenerierung und passt hervorragend zum Design Thinking Mindset. Besonders Analogien mit Sketch Notes zu verbinden macht sehr viel Freude beim Erstellen, aber auch für den Betrachter. Sie erhöhen unsere kreative Wirksamkeit und unser Selbstvertrauen. Die Kombination beider Techniken vereint das Beste aus beiden Welten.

Land:
Deutschland

Affiliation:
B. Braun

Geprüft von: Thomas Schocher

Firma/Position: CSS Versicherung, Fachspezialist Transformation

Experten-Tipps:

Fokussiere auf die für den Nutzer kritischen Erfahrungen
Wenn wir Analogien suchen, dann sollten wir uns z.B. auf die kritischen Erfahrungen konzentrieren und so neue und interessante Aspekte identifizieren, die wir für unsere Problem anwenden können.

Betrachte auch ausgefallene Branchen und Konzepte
Wir haben sehr gute Erfahrung mit Analogien und Benchmarks gemacht, die sehr weit von unserer Branche oder dem Problem entfernt sind, d.h. sehr wenige gemeinsame Aspekte auf den ersten Blick vorhanden gewesen sind, aber geholfen haben, ein Problem zu lösen.

Einfallslos in Bezug auf eine Analogie? Google einfach.
Eine weitere Möglichkeit, Analogien zu finden und sich inspirieren zu lassen, ist eine Google-Bilder-Suche. Gib z.B. „schnell" und „komfortabel" ein und du erhältst Tausende von Objekten, die solche Merkmale enthalten.

Übe täglich, um das Gehirn darauf zu konditionieren
Tägliche Übungen verbessern die Assoziationskraft. Es ist daher nützlich, den Geist zu trainieren, Ähnlichkeiten zu finden, und zwar täglich, z.B. beim Fernsehen oder auf dem Weg zur Arbeit.

Das Kopieren von anderen ist erlaubt
Eigentlich sollten wir immer, wenn ein Problem auftaucht, überlegen, wie es die anderen bereits gelöst haben.

Verwende dieses Tool spontan und oft
Nutze die Assoziationstechnik auch spontan während einer Brainstorming-Sitzung. Frage die Teilnehmer zum Beispiel: Wie wird der Kundenservice in einem 5 Sterne-Hotel gelöst?

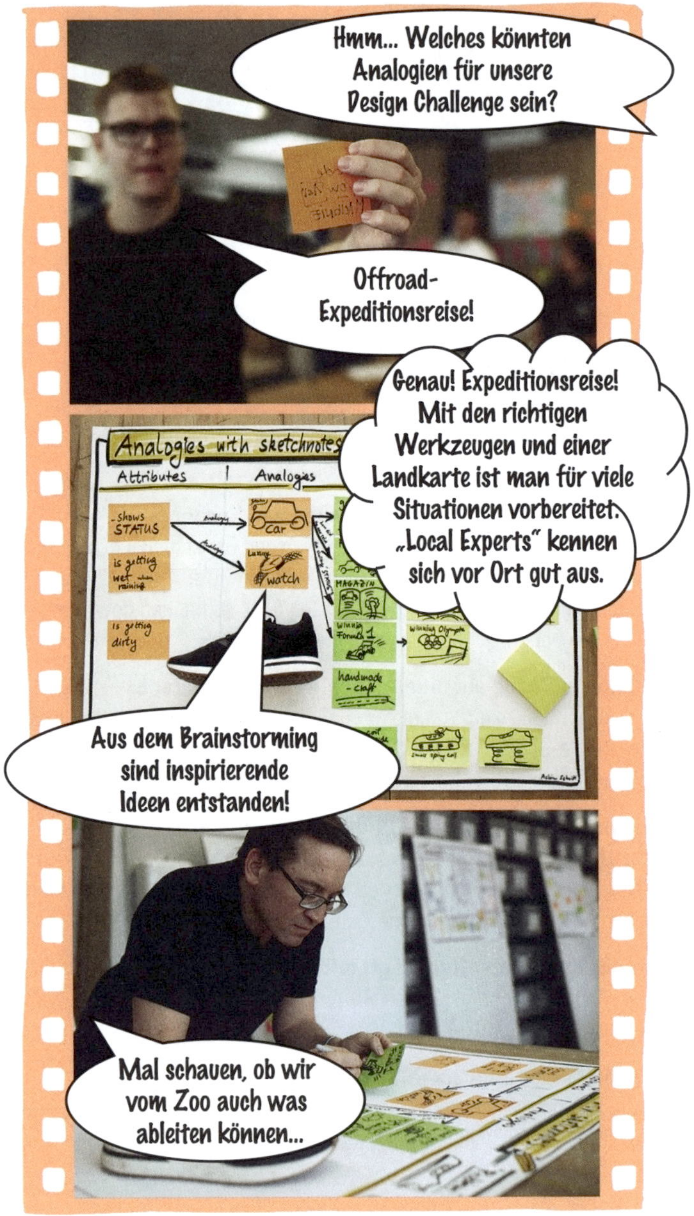

Beschreibung des Anwendungsfalles

- Zur Steigerung der Kreativität möchte Lillys Team mit Analogien und Benchmarks arbeiten.
- Nach einem intensiven Brainstorming über Analogien entstehen Gedanken zu Zoo, Ausserirdischen, fremden Planeten, Offroad-Expeditionsreisen durch Afrika und viele weitere.
- Schliesslich kommen aus den Analogien entscheidende Impulse zum Thema Kultur, natürliche Umgebung und Verständnis in Bezug auf neue Gegebenheiten.

Key Learnings

- Inspiration mit Analogien und Benchmarks kann jede Ideenfindung bereichern.
- Oft entstehen so völlig neue Lösungsansätze und Ideen, die wir bislang als Experten in unserer Domain oder Branche ausser Acht gelassen haben.
- Die Kombination von Analogie und Sketches erhöht die Kreativitätsleistung von Design Thinking Teams.

Tool zum Download

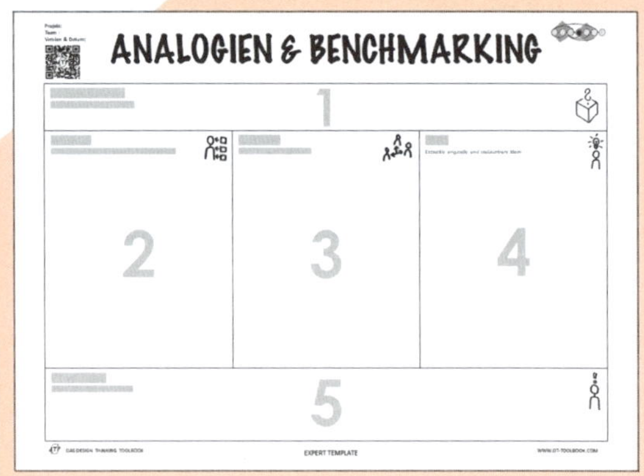

www.dt-toolbook.com/analogy

NABC

Need, Approach, Benefit, Competition

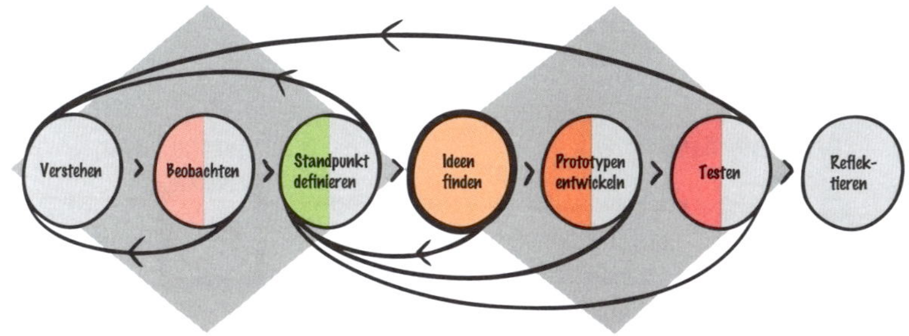

Ich möchte ...

innerhalb kürzester Zeit den Kern einer Idee erfassen und zielgerichtet mit anderen teilen.

Was du mit dem Tool machen kannst:

- Schnell den Kern einer Idee, eines Konzepts oder eines Prototyps erfassen.
- Sicherstellen, dass der Nutzer/Kunde im Fokus steht, indem mit der Frage nach dem Kundenproblem gestartet wird und daraus eine intensive Auseinandersetzung mit dem Kundenbedürfnis folgt.
- Eine Idee unter den vier verschiedenen Aspekten Need (Problem/Bedürfnis), Approach (Lösung/Leistungsversprechen), Benefit (Nutzen) und Competition (Alternative/Konkurrenz) betrachten.
- Eine Idee in einer frühen Phase präsentieren und wichtige Feedbacks einholen.
- Verschiedene Ideen/Konzepte miteinander vergleichen.

Einige Informationen zum Tool:

- Das NABC ist die minimale Form einer Geschäftsideen-Strukturierungsmethode, sie erfasst die ersten vier Grundfragen (NABC, also Need, Approach, Benefit und Competition) rund um den Kontext der Idee.
- Das NABC kann in vielen Phasen eingesetzt werden, z.B. in der Ideenfindung, aber auch bei der Validierung von Prototypen oder zum besseren Verständnis der Nutzer.
- Oft wird das NABC bei der Dokumentation bzw. nach der Generierung von Ideen und bei der Präsentation von Geschäftsideen und Innovationsvorhaben gegenüber Feedbackgebern genutzt.
- Zudem kann das NABC in Kombination mit einem (Elevator) Pitch (siehe Variation Seite 179) genutzt werden.

Welches Tool kann stattdessen verwendet werden?

- Zum Start kann auch ein ganz einfacher Ideensteckbrief mit Titel, Beschreibung und Skizze eingesetzt werden (siehe Das Design Thinking Playbook Seite 105).
- Grundsätzlich kann das NABC aus jeder anderen Geschäftsideen-/Geschäftsmodell-Strukturierungsmethode abgeleitet oder dazu weiterentwickelt und vertieft werden z.B. Business Modell Canvas und Lean Canvas (siehe Seite 251).
- Storytelling (siehe Seite 129)

Welches Tool unterstützt die Arbeit mit diesem Tool?

- Watering Hole-Methode mit grünem und rotem Feedback
  - Grünes Feedback: Welches sind die Stärken der Idee? Was sollte beibehalten werden?
  - Rotes Feedback: Welches sind die Schwächen der Idee? Was sollte verbessert werden?

Was benötigen wir an Zeit und Material?

Gruppengrösse

1-6

- Im Normalfall reicht eine Person, welche den ersten Entwurf der Formulierung erstellt.
- Prüfung des Inhaltes und der Verständlichkeit durch weitere Personen.

Typische Dauer

20-40 Min.

- Die typische Dauer hängt stark von der Phase ab und wie viele Informationen bereits vorhanden sind.
- Grundsätzlich ist es möglich, eine NABC in 30 bis 60 Minuten genügend ausführlich und verständlich zu beschreiben.

Benötigtes Material

- NABC-Kreuz auf A4/A3 ausgedruckt oder elektronisch direkt auf PC, Laptop.
- Post-its, Stifte, Marker

Template und Vorgehen NABC

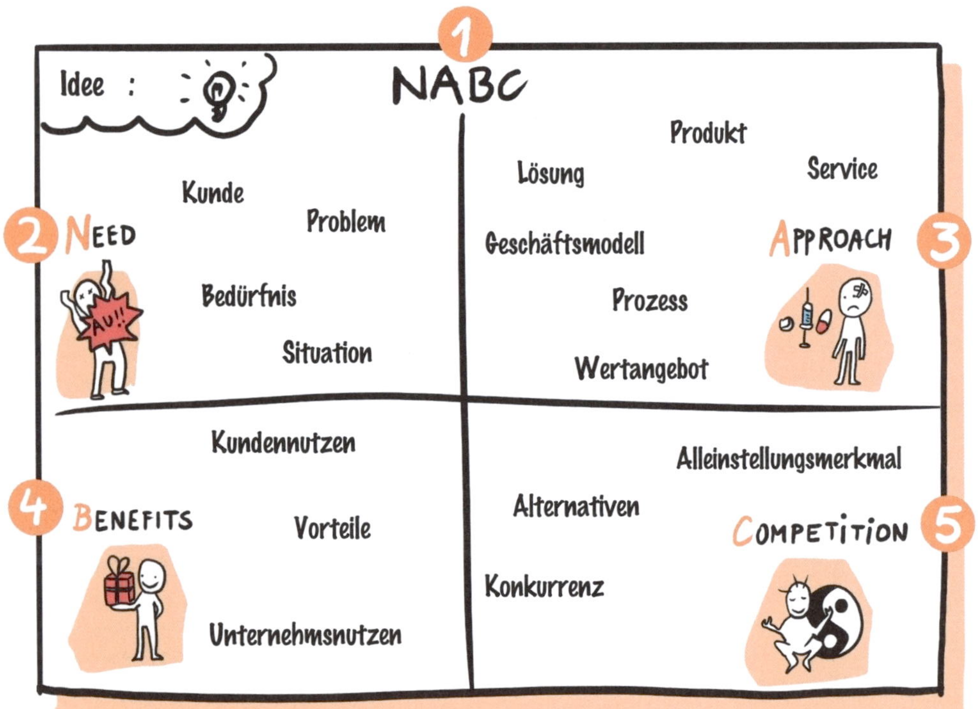

Wie das Tool angewandt wird ...

- **Schritt 1:** Zeichne ein NABC-Kreuz oder verwende die Vorlage.
- **Schritt 2:** Beginne bei N wie Need (Problem/Bedürfnis) und beschreibe
  - das Problem, das der Kunde hat,
  - den typischen Kunden, der dieses Problem hat,
  - die typische Alltagssituation, in der das Problem auftaucht,
  - das Bedürfnis, das daraus entsteht.
- **Schritt 3:** Gehe zu A wie Approach (Lösungsansatz) und erkläre,
  - wie das Problem gelöst wird, d.h. wie der Lösungsansatz/das Leistungsversprechen ist,
  - das Produkt, den Service oder den Prozess,
  - wie das Geschäftsmodell aussieht bzw. wie damit Geld verdient wird.
- **Schritt 4:** Mache weiter mit B wie Benefit (Nutzen) und formuliere sowohl qualitativ, als auch quantitativ:
  - den Nutzen für den Kunden
  - den Nutzen für dich/dein Unternehmen
- **Schritt 5:** Ergänze bei C wie Competition (Konkurrenz) die Alternativen und Konkurrenten, welche heute und in Zukunft bestehen. Führe zusätzlich die Alleinstellungsmerkmale der Lösung auf.

Das ist das Lieblingstool von Mathias Strazza

Position:
Leiter Future Banking, u.a. verantwortlich für das PFLab (Innovationslabor) von PostFinance. Zudem Fachreferent für Innovationen und Innovationsmanagement.

„Der Kunde, sein Verhalten, sein Problem und somit sein Bedürfnis steht im Mittelpunkt. Heute werden sogar Kundenerlebnisse bewusst gestaltet. Unter dem Begriff „Design Thinking" sind Prozess, Methoden und Mindset zusammengefasst. Auch Laien können durch die Auseinandersetzung mit dem Thema – schnell – kundenorientiert Neues entstehen lassen."

Warum ist das sein Lieblingstool?

Das NABC beginnt mit dem Kunden und seinem Problem und nicht mit der Lösung. Es ist mein Lieblingswerkzeug, weil das NABC es schafft, auch in einer kurzen Präsentation (Pitch) von 5 Minuten jemandem den Kern einer Idee in den wesentlichen Aspekten zu vermitteln und verständlich zu machen. In einer frühen Phase werden erste wichtige Fragen gestellt, später hilft einem die Methode, die Fülle der Informationen zur Vermittlung wieder zu reduzieren.

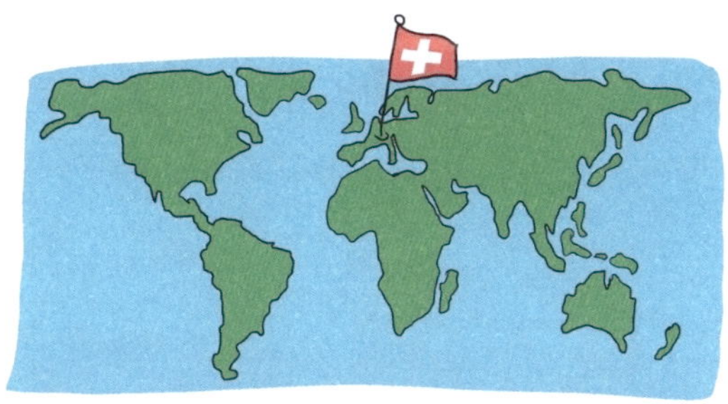

Land:
Schweiz

Affiliation:
PFLab
(PostFinance)

Geprüft von: Christine Kohlert

Firma/Position: Professor an der Mediadesign Hochschule für Design und Informatik

Experten-Tipps:

Verwende die Inhalte von der NABC für den jeweiligen Zweck

- Setze unterstützend zu den Beschreibungen im NABC immer auch Visualisierungen, Skizzen und Zeichnungen ein.
- Wir haben sehr gute Erfahrung mit dem Storytelling gemacht für die Vermittlung von Inhalten aus dem NABC.
- Halte bei einer Präsentation nicht zwingend am NABC-Kreuz fest. Sofern z.B. PowerPoint eingesetzt wird, können die Abschnitte auch nacheinander eingebracht werden (ein Abschnitt pro Folie).
- Nicht nur Ideen, sondern auch Prototypen lassen sich so schnell präsentieren.
- Ist das Problem einmal beschrieben und eine Lösung bekannt, suchen wir bewusst noch andere, neue Lösungen. Insbesondere dann, wenn wir auf der Suche nach radikaleren Veränderungen sind.

Variation: NABC und der Elevator-Pitch

- Der Elevator-Pitch ist die kürzeste Präsentationsform und dient dazu, jemanden innerhalb von 30–45 Sekunden zu überzeugen. Dabei hat sich bewährt, den Pitch in drei Teile aufzuteilen: Den Einstieg (Hook), den Mittelteil (Core) und den Schluss (Close). Im Mittelteil wird das NABC eingesetzt.
- Zusammenfassend der NABC-Pitch im Überblick:

Einstieg (Hook):

- Errege die Aufmerksamkeit durch eine Aussage, ein Schlagwort, eine Schlagzeile, eine Frage, provoziere!
- Wecke den Appetit, das Interesse.
- Sei andersartig, einzigartig, überraschend.

Mittelteil/Kern (Core): NABC

Schluss (Close):

- Wie geht es weiter? Was soll erreicht werden?
- Aufforderung und nächste Schritte.

Beschreibung des Anwendungsfalles

- Aufgrund eines bekannten Kundenproblems werden verschiedene Ideen kreiert. Diese werden in einem NABC dokumentiert und visualisiert.
- Zu einem späteren Zeitpunkt wird das Design Thinking Team die Idee im Rahmen eines NABC-Pitches präsentieren und Feedback dazu einholen.
- Lillys Team nutzt das NABC oft auch für verschiedene Anwendungen. Sie setzen es z.B. auch ein, um den Fokus zu definieren oder um den Prototyp zu präsentieren.
- Lilly erinnert das Team immer wieder daran, bei den Alternativen weiter zu denken, als nur die naheliegenden Wettbewerber anzusehen.

Key Learnings

- Das NABC findet in der Regel auf einer Seite Platz.
- Beschreibe die Needs (Bedürfnisse), Approach (Lösungsansatz), Benefit (Nutzen) und Competition (Konkurrenz) in Bezug auf die potenzielle Lösung.
- Nutze NABC zudem für die Vorbereitung eines Elevator-Pitches oder als Hilfsmittel zur Definition einer Value Proposition im Business Model Canvas.

Tool zum Download

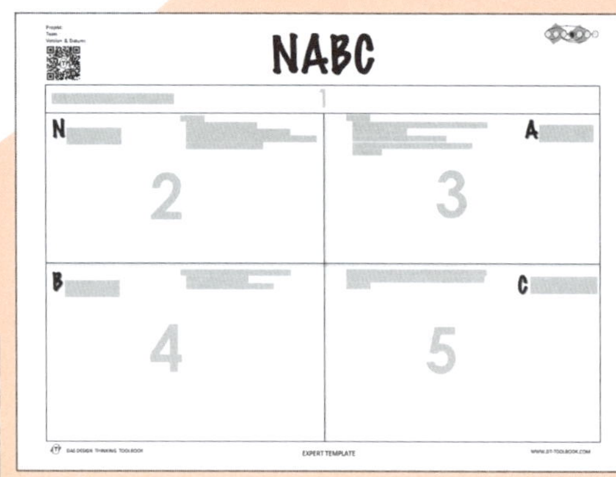

www.dt-toolbook.com/nabc

Blue Ocean Tool & Buyer Utility Map

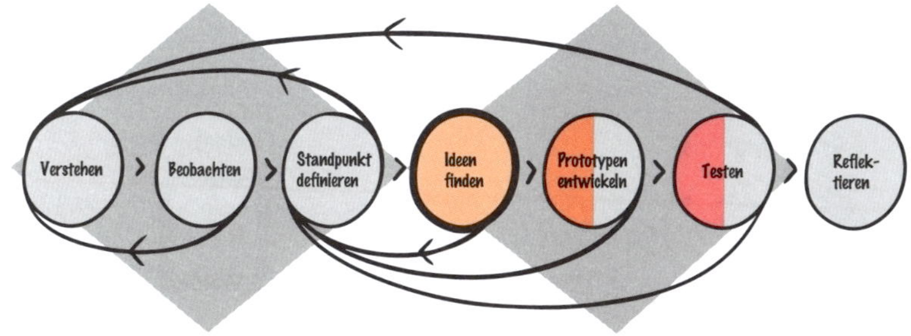

Ich möchte ...

ein Produkt oder einen Service vom Wettbewerb differenzieren und neue Marktopportunitäten erschliessen.

Was du mit dem Tool machen kannst:

- Neue ungenutzte Marktchancen erkunden.
- Differenzierte und neue Angebote auf Basis der Nutzerbedürfnisse bereitstellen.
- Eine Strategie an neue Marktbedürfnisse durch Verständnis des Wettbewerbsvorteils anpassen.
- Die für die Design Challenge passende Vision oder eine Roadmap für die schrittweise Umsetzung und Steuerungsmechanismen etablieren.

Einige allgemeine Informationen über das Tool:

- Blue Ocean und Blue Ocean Shift von W. Chan Kim und Renée Mauborgne helfen bei der Definition einer einzigartigen Value Proposition.
- Durch eine Buyer Utililty Map wird der Fokus auf den Nutzer/Kunden gelegt. Seine Erfahrungen mit Dienstleistungen und Produkten lassen sich i.d.R. in einen Zyklus von sechs Phasen unterteilen (Kauf, Lieferung, Nutzung, Zubehör, Wartung und Entsorgung).
- Erkenntnisse aus der Anwendung des Tools können auch helfen, einen Standpunkt zu definieren oder erste Ideen zu generieren, nachdem der Wettbewerb und die Bedürfnisse der Nutzer beobachtet und analysiert wurden.
- In der Buyer Utility Map wird mit verschiedenen Hebeln gearbeitet, die Faktoren eines Angebots entweder reduzieren, eliminieren, anheben oder neu schaffen werden. Ziel ist, sich vom Wettbewerb zu unterscheiden und innovative Angebote zu gestalten.

Welches Tool könnte stattdessen verwendet werden?

- Lean Canvas (siehe Seite 251)
- Value Proposition Canvas

Welche Tools unterstützen die Arbeit mit diesem Tool?

- Persona / User Profile (siehe Seite 97)
- NABC (siehe Seite 177)
- 2x2-Matrix (siehe Seite 155)
- Konkurrenzanalyse, inkl. SWOT-Analsyse
- Benchmark-Analyse der Wettbewerber

Was benötigen wir an Zeit und Material?

Gruppengrösse

4-6

- In kleineren Designteams können Vorschläge zur Buyer Utility Map besser erarbeitet werden als in grossen Teams.
- Grosse Teams bei Bedarf in mehrere kleinere Gruppen aufteilen.

Typische Dauer

30-120 Min.

- Das Ausfüllen der Buyer Utility Map beansprucht i.d.R. 30 Minuten.
- Eine komplette Durchführung, inkl. einer umfassenden Wettbewerberanalyse, mehrere Tage.

Benötigtes Material

- Einige Blätter Papier
- Stifte, Post-its, Marker
- Templates in A0 ausdrucken

Template und Vorgehen Blue Ocean Tool

Neue Wertekurven mit dem Four Actions Framework 1

Erhöhen 2
Welche Faktoren könnten weit über den bisherigen Branchenstandard erhöht werden?

Reduzieren
Welche Faktoren könnten weit unter den bisherigen Branchenstandard reduziert werden?

Eliminieren
Welche Faktoren sind in der Branche gesetzt und könnten eliminiert werden?

Kreieren
Welche Faktoren, die die Branche bisher noch nie offeriert hat, könnten kreiert werden?

Sechs Phasen der Käufer-Erfahrung

Sechs Nutzen-Hebel

	Einkauf	Liefe-rung	Nutzung	Erwei-terung	Wartung	Entsor-gung
Produk-tiviät						
Einfach-heit						
Conve-nience						
Risiko						
Fun & Image						
Nach-haltigkeit						

Aktueller Branchenfokus 3

Blue OceanAngebot 4

5 Neues Blue Ocean Wertangebot

Wie das Tool angewandt wird ...

- **Schritt 1:** Starte mit dem „Four Action Framework" (Erhöhen, Reduzieren, Eliminieren oder Kreieren). Der Fokus liegt auf der Definition der strategischen Faktoren, auf die sich der direkte oder alternative Wettbewerb oder die Branche als Ganzes für ein Produkt oder eine Dienstleistung konzentriert, zum Beispiel Produktivität, Preis, Garantie etc.
- **Schritt 2:** Bestimme, welche dieser Faktoren erhöht, reduziert, eliminiert oder welche neu kreiert werden können. Wähle die kritischsten Faktoren aus.
- **Schritt 3:** Ordne diese kritischen Faktoren in die Buyer Utility Matrix ein. Definiere zuerst die kritischen Entscheidungsfaktoren für den Nutzer/Kunden für das heute bekannte Angebot.
- **Schritt 4:** Überlege dann, welche Faktoren reduziert oder beseitigt werden können. Dann folgt der kreative Teil. Führe mit dem Team ein Brainstorming durch, um die ungenutzten Faktoren zu adressieren. Hierfür sollten zusätzliche Wertbereiche identifiziert werden, die eine Dienstleistung oder ein Produkt möglicherweise füllen kann.
- **Schritt 5:** Definiere aus dem Ergebnis das neue „Blue Ocean" Wertangebot.

Das ist das Lieblingstool von Alice Froissac

Position:
Co-founder& Design Thinking expert at Openers–ME310 Alumni @ d.schoolParis

„Design Thinking allows you both to understand your users who are all unique and to work with people with other backgrounds than yours. By combining all those characteristics and differences, you can do amazing discoveries and be really creative and innovative. It is a great opportunity to make things happen."

Warum ist das ihr Lieblingstool?

Blue Ocean als Tool ermöglicht es, pragmatisch eine Differenzierungsstrategie zu entwickeln. Der Ansatz ist für mich eine erstklassige Kombination aus Empathie mit dem Kunden und einer Wettbewerbs-Benchmark-Analyse. Durch einen Perspektivenwechsel ist das Angebot der Wettbewerber weder furchteinflößend noch müssen wir es kopieren. Es dient als Inspiration für unsere Arbeit in der Definition von einzigartigen Produkten und Dienstleistungen. Die Buyer Utility Map hilft, den Status quo zu hinterfragen und bei der Einführung eines neuen Angebots die Value Proposition zu definieren.

Land:
Frankreich

Affiliation:
openers

Geprüft von: Sebastian Fixson

Firma/Position: Babson College, Researcher | Teacher | Advisor on Innovation and Design

Experten-Tipps:

Erweitere die Buyer Utility Map und die Non-Customers Map projektspezifisch
Die Aktivitäten eines Kunden können bei Bedarf entsprechend erweitert werden. Zum Beispiel wie der Nutzer auf das Produkt aufmerksam geworden ist, ob er Produkte beim Kauf verglichen hat, welche Lieferung er präferiert, ob Informationen über die Retourenabwicklung einen Einfluss hatten, ob laufende Kosten ein Thema waren, ob Kommentare in sozialen Medien den Kaufprozess beeinflussten. In Bezug auf die Nutzung des Produkts können Attribute wie Einfachheit, Bequemlichkeit und Risikominimierung wichtig sein.

Red Ocean	Blue Ocean	Black Ocean
Existierende Märkte Starke Konkurrenz	Nicht umkämpfte Märkte Wenig Konkurrenz	Ökosystemgetriebene Märkte Ohne Konkurrenz

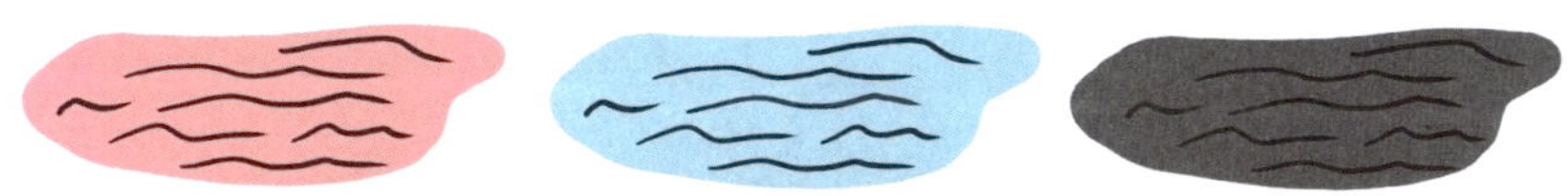

Variation: Black Ocean/Minimal Viable Ecosystem

- Neben dem Shift von einer Red Ocean zu einer Blue Ocean Strategie ist zu empfehlen, sich ebenfalls Gedanken über eine Black Ocean Strategie zu machen, wie es im Design Thinking Playbook von Lewrick et al. (2018: 240 ff.) für das Design von Business Ökosystemen erläutert ist.
- Die Black Ocean Strategie hat das Ziel, ein System an Akteuren zu gestalten, in dem die anderen Wettbewerber keine Chance haben, langfristig zu konkurrieren.
- Das Vorgehen basiert auf einem iterativen Prozess, bei dem über vier Design Loops ein Minimum Viable Ecosystem (MVE) entsteht.
- Der MVE dient als Grundlage, die Wertströme und Angebote jedes einzelnen Akteurs so zu optimieren, dass Wettberber keine Chance haben, zu überleben.
- In der Definition des Angebots werden initial die Angebote gewählt, welche die grösste Marktdurchdringung haben, wenige Funktionalitäten und den grössten Kundennutzen.

Beschreibung des Anwendungsfalles

- Nachdem Lillys Teams die Wettbewerber analysiert und die Nutzer beobachtet haben, ist es an der Zeit, die Erkenntnisse über den Fokus des Marktes und der Mitbewerber zu analysieren.
- Lilly ist in einem reifen Markt. Die Teams haben festgestellt, dass die meisten Mitbewerber sich auf die Produktivitätssteigerung durch die digitale Transformation konzentrieren.
- Das gibt Lillys Team die Möglichkeit, andere Hebel der Nutzensteigerung für den Kunden zu adressieren.

Key Learnings

- Zögere nicht, regelmäßig auch Nutzer/Kunden während der Definition einer Blue Ocean Strategie zu befragen.
- Binde Experten aus der eigenen oder von fremden Branchen mit ein, um die Faktoren besser zu ermitteln und neue Faktoren zu definieren.
- Fülle die Buyer Utiliy Map am besten im Team aus.
- Erkunde auch Möglichkeiten, Teil einer Black Ocean Strategie zu werden.

Tool zum Download

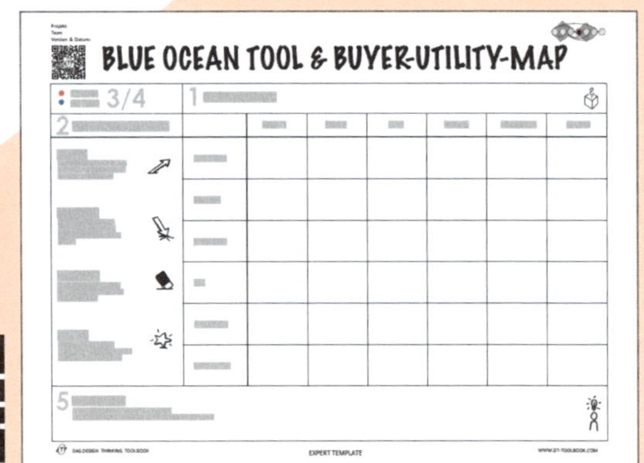

www.dt-toolbook.com/utility-map

Phase: Prototypen erstellen

Der Bau von Prototypen dient dazu, die ausgewählten Ideen greifbar und erlebbar zu machen. Die Prototypen reichen von einem einfachen Critical Function Prototyp bis hin zum finalen Prototyp. Für den Bau von Prototypen nutzen wir einfaches Material, das gut genug ist, um eine Funktion oder eine Erfahrung zu testen. Die Phase „Prototyp erstellen" steht in enger Verbindung zur nächsten Phase „Testen". Das Feedback aus den Tests dient dazu, mehr über den Nutzer zu erfahren und den aktuellen Prototyp zu verbessern oder zu verwerfen. Dieses Vorgehen drückt sich im Design Thinking Motto aus: Love it! Change it! Or Leave it! Durch frühes Scheitern haben wir die Möglichkeit, zu lernen und in einer nächsten Iteration einen besseren Prototyp zu bauen.

Häufig verwendete Arten von Prototypen

Wir möchten einleitend auf den nächsten Seiten kurz die bekanntesten Ausprägungen eines Prototyps vorstellen. Wir nutzen für die Prototypen die Terminologie, wie wir sie bereits im „Das Design Thinking Playbook" eingeführt haben, wohl wissend, dass es für die Varianten unterschiedliche Begriffe gibt. Welcher Prototyp genutzt wird, ist zudem vom Kontext der Problemstellung abhängig, ebenfalls wie viele Prototypen gebaut werden bzw. wie oft der Mikrozyklus durchlaufen wird, bis wir einen finalen Protototyp gestaltet haben.

Zur besseren Veranschaulichung der einzelnen Prototypen haben wir eine einfache Design Challenge als Beispiel definiert, die schnell Aufschluss darüber gibt, was der Fokus des jeweilen Prototyps ist und wie er sich über den Design Thinking Zyklus verändert. In der Regel werden die Prototypen über die Zeit hochauflösender und konkreter, während die ersten Ideen noch einfache Skizzen sind.

Design Challenge:

Wie sieht die optimale Lösung für Wanderer aus, die während einer Bergtour auf Flüssigkeit angewiesen sind und den Tagesbedarf an Wasser einfach und sicher transportieren möchten?

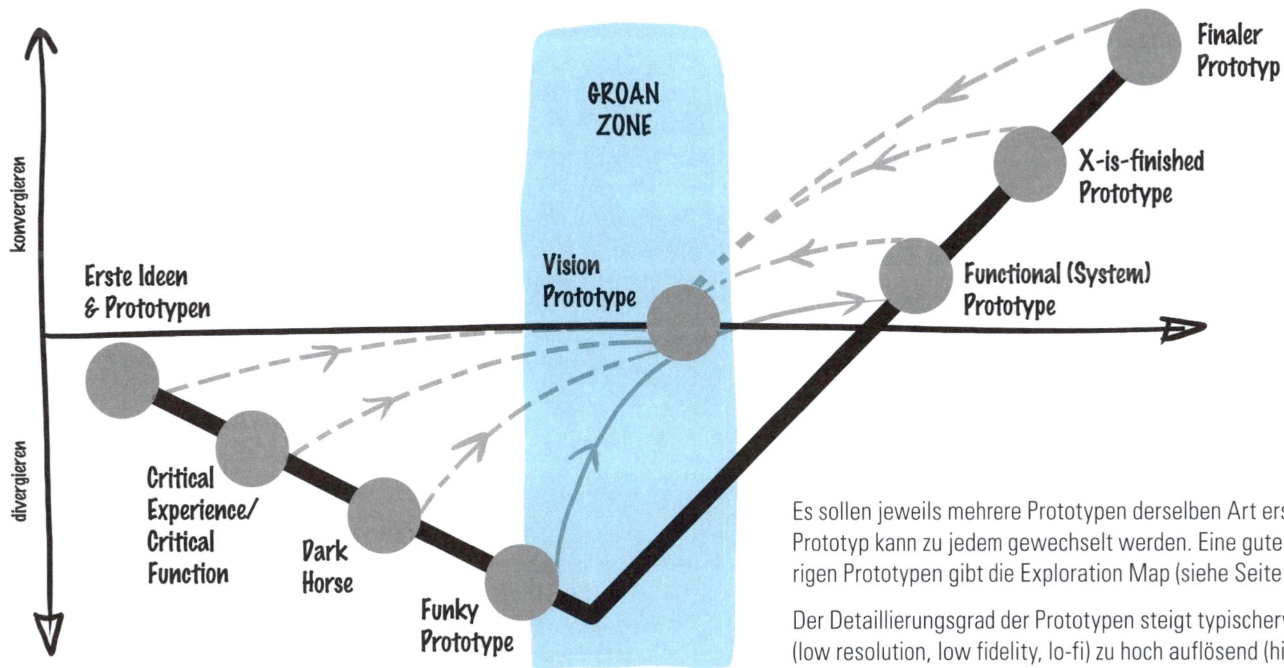

Es sollen jeweils mehrere Prototypen derselben Art erstellt werden. Von jedem Prototyp kann zu jedem gewechselt werden. Eine gute Orientierung über die bisherigen Prototypen gibt die Exploration Map (siehe Seite 195).

Der Detaillierungsgrad der Prototypen steigt typischerweise, von niedrig auflösend (low resolution, low fidelity, lo-fi) zu hoch auflösend (high resolution, high fidelity, hi-fi) an.

Fokussierte Experimente - Critical Experience Prototype (CEP) & Critical Function Prototype (CFP)

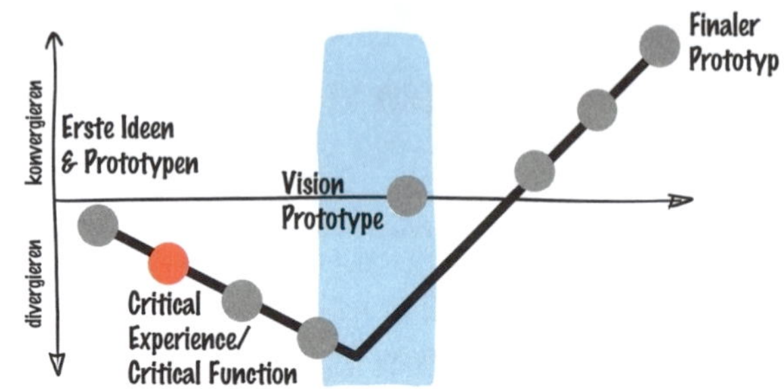

Ich möchte ...

durch Experimente mehr über den Nutzer und sein Problem erfahren.

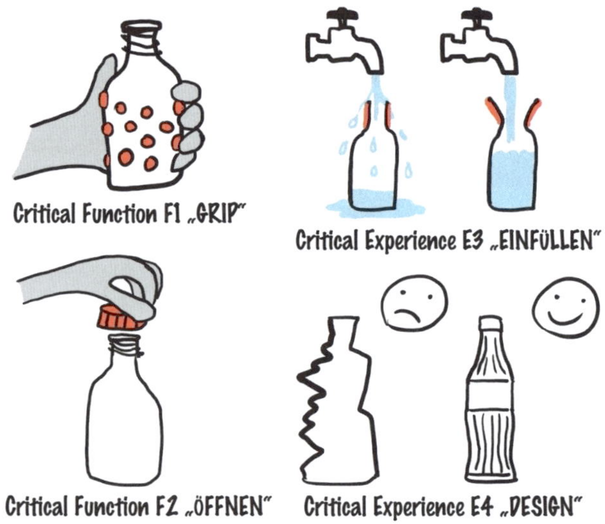

Was du mit dem Tool machen kannst:

- Für das Projekt entscheidende Elemente bei Nutzern mit kleinen Experimenten hinterfragen und klären.
- Eine für das gesamte Design entscheidende Erfahrung erzeugen, um mehr über die Nutzer zu lernen.
- Eine für das gesamte Design entscheidende Funktion simulieren.
- Ein vertieftes Verständnis für die Bedürfnisse der Nutzer erlangen.
- Das Verständnis für möglichst alle Aspekte eines Problems gewinnen.
- Gewollte Emotionen beim Nutzer hervorrufen, die mit einem einfachen Fragebogen nicht möglich sind.

Einige Informationen über diese Art von Prototyp:

- Diese Critical Experience Prototyp (CEP)/Critical Function Prototyp (CFP)-Experimente werden früh in einem Projekt durchgeführt, wenn die ersten Schritte der Phasen „Verstehen" und „Beobachten" abgeschlossen sind bzw. wenn der erste Kontakt in Form von Interviews stattgefunden hat und das Designteam noch mehr über den Nutzer lernen möchte.
- Die CEP/CFP-Experimente können mehrmals über den Design Zyklus durchgeführt werden, insbesondere dann, wenn noch nicht das ganze Problem verstanden ist.
- CEPs/CFPs machen dann Sinn, wenn entscheidende Elemente für die Erfahrung oder die Funktion noch unklar sind oder hinterfragt werden müssen.
- CEPs/CFPs verstehen sich als kleine Experimente („Prototypen"), mit deren Hilfe eine vertieftere Auseinandersetzung mit dem Nutzer möglich ist.
- Der direkte Austausch mit dem Nutzer über einzelne entscheidende Elemente deckt tieferliegende Bedürfnisse auf und hilft u.a., Fehlinterpretationen von Interviews vorzubeugen.

Experten-Tipps:

- Es geht nicht darum, das Problem komplett zu lösen, sondern Elemente einer möglichen Lösung zu hinterfragen. Die Experimente (oder Prototypen) sollten in sehr kurzer Zeit erstellt werden.
- Als Basis für die Überlegungen kann das Tool Critical Items Diagram (siehe Seite 145) genutzt werden.
- Starte, indem mit dem Team ein Prototyp gebaut wird, und integriere neue Ideen, die bei der Realisierung entstehen. Das Bauen kann auch als „Denken mit den Händen" verstanden werden.
- Oft bringen viele kleine Experimente mehr Erkenntnisse als ein grosses Experiment.

Verrückte Experimente - Dark Horse Prototype

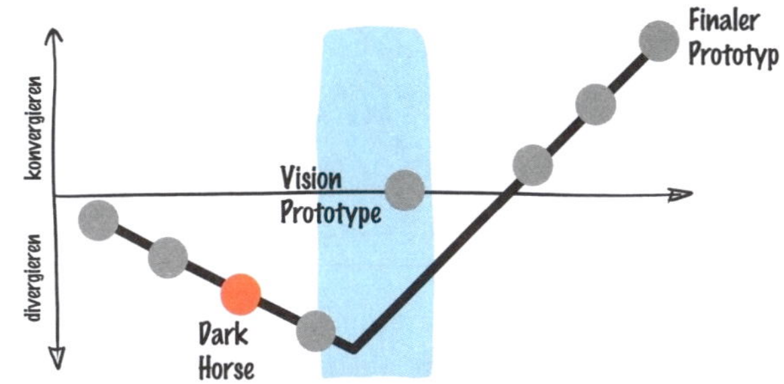

Ich möchte ...

durch ausgefallene Experimente noch mehr über den Nutzer und sein Problem erfahren.

Was du mit dem Tool machen kannst:

- Außergewöhnliche oder zukünftige Fragestellungen klären und in Form eines Experiments testen.
- Ungewöhnliche Wege ausprobieren.
- Bewusst den bekannten Pfad verlassen.
- Licht in die weit entfernten dunklen Ecken des Problemraums werfen.
- Durch extreme Experimente starke Emotionen und Reaktionen beim Nutzer hervorrufen.
- Sich möglichst weit aus der Komfortzone herausbewegen.

Einige Informationen über diese Art von Prototyp:

- „Dark Horse" ist ein Begriff aus Wettkämpfen in Sport oder Politik. Er beschreibt den unerwarteten Sieger, dem am Anfang keine Siegeschance eingeräumt wurde, oder den Teilnehmer, der völlig unbekannt ist.
- Diese Experimente werden in den frühen Phasen eines Projekts durchgeführt. Mit einem Dark Horse Prototype kann man die Reaktion des Nutzers auf unübliche Lösungswege testen.
- Für die Ideenfindung bietet es sich zum Beispiel an, einen Blick in die Zukunft zu wagen: „ Wie sieht die Lösung in 30 Jahren aus?" Oder die bisher getroffenen Annahmen umzudrehen. Die Leitfragen beginnen oft mit „Was wäre, wenn ...?".
- Durch den „Dark Horse"-Prototyp sollen Ideen getestet werden, die ein hohes Risiko bergen und für die geplante Anwendung bisher nicht üblich oder technisch (noch) nicht machbar sind.

Experten-Tipps:

- Es ist meist nicht möglich, in dieser Phase einen funktionstüchtigen Prototyp zu erstellen. Daher ist ein Wizard-of-Oz-Experiment oder ein Video davon eine gute Ausführungsform. Bei einem Wizard-of-Oz-Experiment (auch Mechanical Turk genannt) nimmt die Testperson an, mit einem technischen System zu kommunizieren. In Wirklichkeit erzeugt aber ein anderer Mensch im Verborgenen die Reaktionen des Systems. Beispielsweise könnte eine Person immer wieder Wasser für die Wasser-Infusion nachfüllen.
- Dieses risikobehaftete Experiment sollte in den frühen Phasen durchgeführt werden, da hier das Scheitern eines Experiments erlaubt, wenn nicht gar erwünscht ist.
- Wenn die Gefahr besteht, dass das Designteam gedanklich festgefahren ist, dann hilft ebenfalls der Bau eines Dark Horse Prototype, um radikale Ideen zu erhalten.

Kombinierte Experimente – Funky Prototype

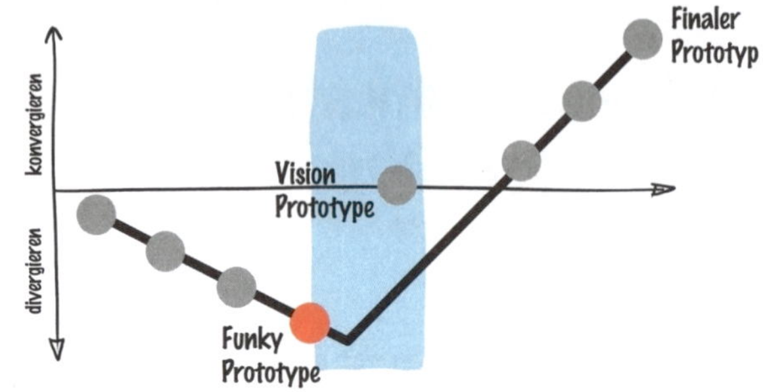

Ich möchte …

Erkenntnisse der ersten Experimente miteinander kombinieren, um die Erkundung des Problemraums abzuschließen.

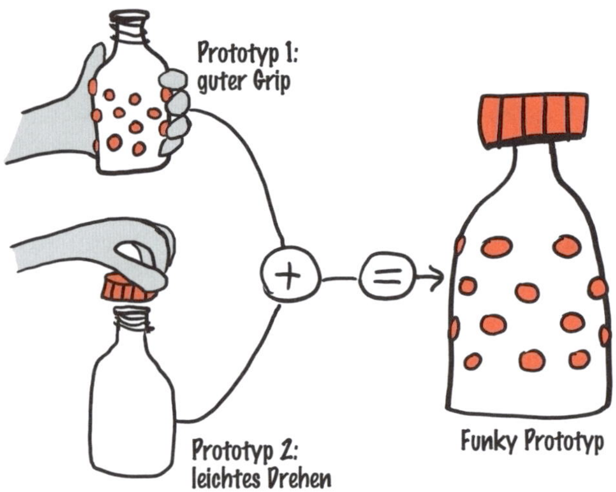

Was du mit dem Tool machen kannst:

- Damit beginnen, erste Erkenntnisse miteinander zu kombinieren.
- Letzte noch ungeklärte Fragen hinsichtlich der Bedürfnisse des Nutzers klären.
- Erste Gesamtfunktionalitäten testen und eine erste Vision über das finale Ziel gewinnen.
- Auf den Nutzen fokussierte Experimente bauen und durchführen.
- Gewissheit über die entscheidenden Elemente der Lösung gewinnen.

Einige Informationen über diese Art von Prototyp:

- Für den Funky Prototype werden die Erkenntnisse und Ideen aus den verschiedenen vorangegangenen Brainstormings und Prototypen (zum Beispiel CEP, CFP oder Dark Horse) zusammengeführt.
- Mit diesen detaillierter ausgeführten Experimenten sollen letzte Unklarheiten über die für die Lösung entscheidenden Elemente geklärt werden. Das Hauptziel ist immer noch das Sammeln von Erkenntnissen im Problemraum. Das Finden einer Lösung für das Problem ist immer noch zweitrangig.
- Erste endgültige Funktionalitäten einer möglichen Lösung sollen auf möglichst einfache Art und Weise realisiert werden. Diese Experimente oder ersten Prototypen werden aus einfachen Materialien oder bereits existierenden Prototypen oder bestehenden Lösungen erstellt.

Experten-Tipps:

- Die Experimente (oder Prototypen) sollten in kurzer Zeit erstellt werden und es handelt sich weiterhin um einfache Prototypen.
- Mithilfe eines morphologischen Kastens kann ein Überblick über die Ergebnisse aller Experimente und die Erkenntnisse aus den Phasen „Verstehen" und „Beobachten" geschaffen werden. Dadurch können bessere Kombinationen schneller gefunden werden.
- Gemeinsam mit den entscheidenden Elementen des Critical Items Diagram kann überprüft werden, ob es noch offene Fragen zu den entscheidenden Elementen gibt, die mit diesem Schritt beantwortet werden sollen.

Vorstellung der Zukunft - Vision Prototype

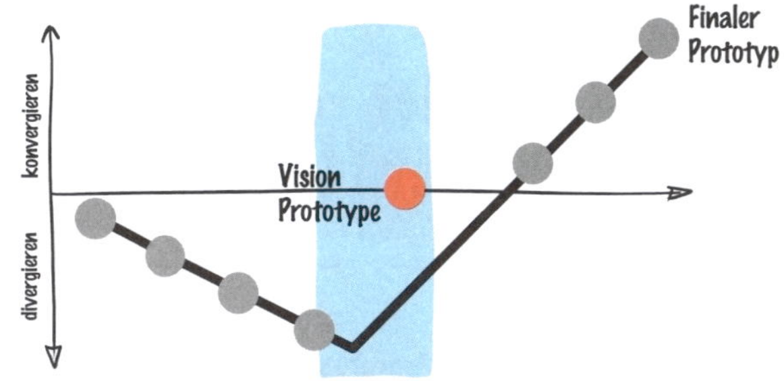

Ich möchte ...

auf Basis aller bisherigen Erkenntnisse eine Vision der späteren Lösung schaffen und testen.

Vision:
„Wasser, mein ständiger Begleiter: leicht, ständig verfügbar, cool"

Was du mit dem Tool machen kannst:

- Eine erste Vision entwickeln, wie das Problem gelöst wird.
- Eine Vision dessen erzeugen, was in der Zukunft vermarktet werden soll.
- Sich vergewissern, ob die Vision die ermittelten Bedürfnisse und Probleme des Nutzers löst.
- Den Übergang von der Problemerkundung in die Problemlösung gestalten.

Einige Informationen über diese Art von Prototyp:

- Der Vision Prototype ist das erste Konzept, mit dem versucht wird, alle ermittelten Bedürfnisse und Probleme des Nutzers zu lösen. Die skizzierte Vision hat dabei i.d.R. einen weit entfernt liegenden zeitlichen Horizont, der durch eine Reihe von Lösungen in Form von Produkten und/ oder Dienstleistungen erreicht werden kann.
- Dieses Konzept muss ebenfalls an den Nutzern getestet und überprüft werden. In diesem Schritt ist es durchaus üblich, dass neue Erkenntnisse über den Nutzer und sein Verhalten entstehen.
- Der Vision Prototype soll helfen, die „Groan Zone" (engl. für ächzen, stöhnen) – den Übergang der divergierenden Phase der Problemerkundung in die konvergierende Phase der Problemlösung – besser zu überwinden.

Experten-Tipps:

- Ein Vision Statement soll den angestrebten Zustand in einem Satz darstellen. Wenn dieses Statement Aufmerksamkeit und Interesse beim Nutzer weckt, ist der eingeschlagene Weg vielversprechend.
- Für den Vision Prototype ist es entscheidend, herauszufinden, welche Bedürfnisse welcher Zielgruppe mit einem Produkt befriedigt werden sollen und welcher Nutzen damit gestiftet wird.
- Extreme/Lead User (siehe Seite 79) eignen sich als gute Referenz beim Testen eines Vision Prototypes.
- Ein Vision Prototype hat ebenfalls noch eine sehr niedrige Auflösung. Er kann in Form einer Skizze oder in Form eines Videos das spätere Lösungsszenario aufzeigen.
- Es lohnt sich auch hier, mehrere Iterationen durchzuführen, um die Vision über die Zukunft zu schärfen.

Prototyp mit erster Funktion - Functional (System) Prototype

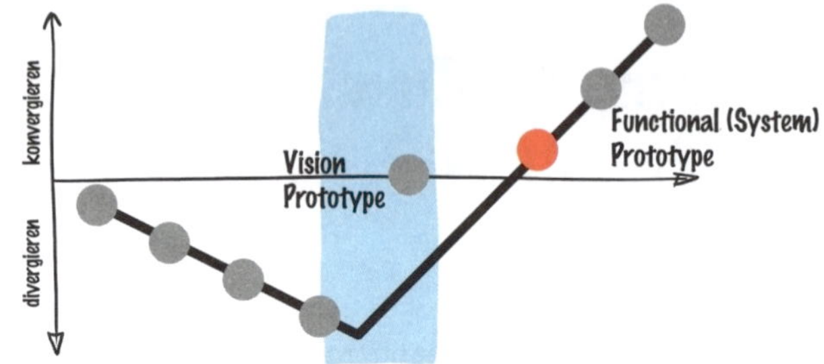

Ich möchte ...

einen ersten funktionierenden Prototypen entwickeln.

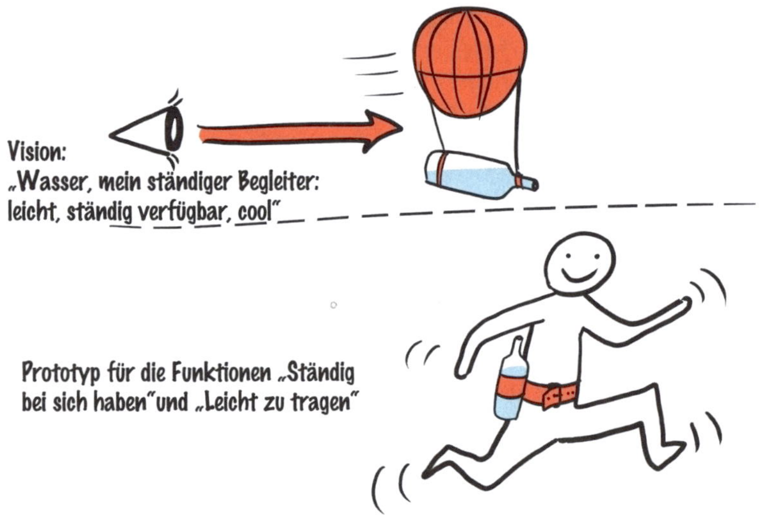

Was du mit dem Tool machen kannst:

- Erste Schritte der beschriebenen Vision umsetzen.
- Der späteren Lösung erstes Leben einhauchen.
- Herausfinden, wie eine Hauptfunktion technisch realisiert werden kann oder welche Lösungsvarianten es gibt.
- Dem Minimum Viable Product (MVP, siehe Seite 207) ein Stück näher kommen oder ihn sogar schon erreichen.

Einige Informationen über diese Art von Prototypen:

- Mit dem Functional (System) Prototype wird ein erster Teil der zuvor entstandenen Vision umgesetzt. Der Fokus liegt dabei auf dem Teil der Vision, der möglichst früh und einfach zu erreichen ist. Bei einem System von mehreren zu realisierenden Funktionalitäten wird i.d.R. zuerst die Hauptfunktion des späteren Produkts realisiert.
- Bei Lösungen mit stark reduzierten Funktionalitäten kann jetzt schon ein Minimum Viable Product (MVP) erreicht werden.
- Der Hauptzweck des Functional Prototype ist das Erlebbar-machen der Hauptfunktion des späteren Produkts. Diese Hauptfunktion soll technisch mit einfachen Mitteln realisiert werden. Die Hauptfunktion soll auf ihren Nutzen und ihre technische Machbarkeit hin überprüft werden.

Experten-Tipps:

- Die zu realisierende grundlegende Funktionalität sollte so einfach wie möglich gehalten und auf den Kern reduziert werden. Weitere Funktionalitäten kommen später automatisch hinzu.
- Nach der Phase der Problemerkundung mit niedrig aufgelösten Prototypen und sehr schnellen Iterationen stellt der Schritt zur technischen Umsetzung oft eine Barriere dar, da ein Scheitern in der technischen Umsetzung naheliegt. Der Schritt erfordert demnach Mut.
- Ein Scheitern in diesem Schritt sollte als Lernerfolg verstanden werden, getreu dem Motto: „Es gibt kein Scheitern, sondern nur Lernen."

Lösungen im Detail – „X-is-finished"

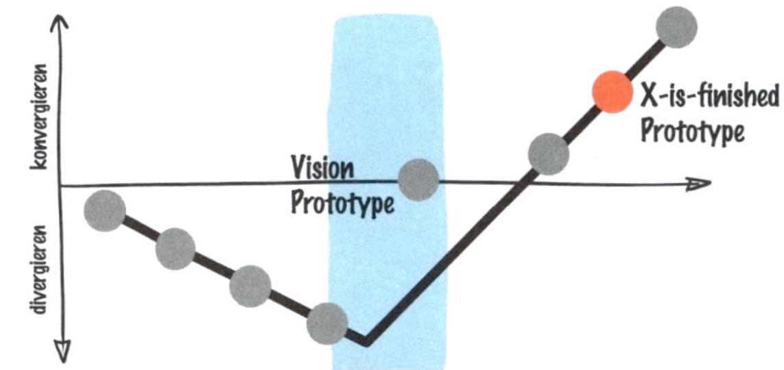

Ich möchte ...

die wichtigen Elemente der angestrebten Lösung realisieren und detaillieren.

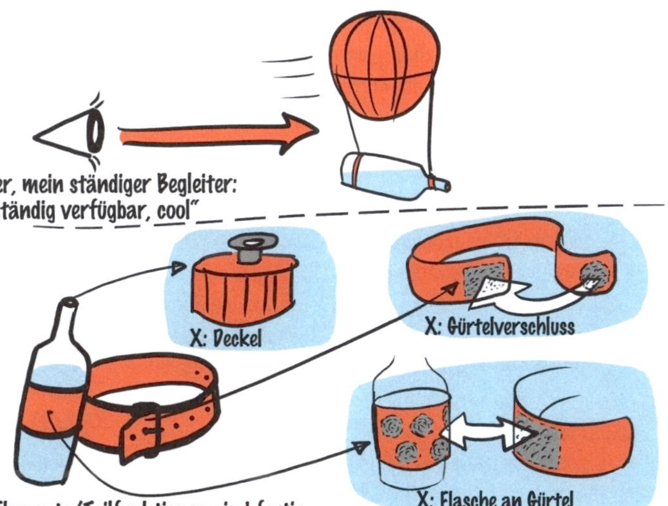

Was du mit dem Tool machen kannst:

- Gewissheit über wichtige Teilfunktionalitäten gewinnen.
- Die für die Gesamtfunktion der Lösung wesentlichen Elemente möglichst detailliert beschreiben.
- Einen großen Schritt hin zur Umsetzung einer Lösung machen.
- Eine gute Ausgangslage erhalten, um die Kosten für die nächsten Schritte inkl. Umsetzung zu kalkulieren.

Einige Informationen über diese Art von Prototyp:

- „X-is-finished" steht in diesem Zusammenhang für: „Etwas ist fertig." In dieser Phase werden die für die Gesamtfunktionalität erforderlichen Elemente oder Teilfunktionen umgesetzt und realisiert. Ziel ist nach Abschluss ein funktionsfähiges Gesamtsystem zu besitzen, dessen Hauptfunktionalitäten bestmöglich spezifiziert sind.
- Während sowohl der Vision Prototype als auch der Functional (System) Prototype auf die Lösung des Problems als Ganzes fokussieren, wird in der Phase „X-is-finished" i.d.R. mehr Wert auf Detaillösungen der wichtigsten Elemente gelegt.
- Diese Phase ist gerade bei Systemen mit mehreren Teilfunktionen ein wichtiger Schritt hin zu einem finalen Prototyp.

Experten-Tipps:

- Der Fokus liegt in diesem Schritt auf den wesentlichen Teilfunktionen (eines Systems).
- Die in diesem Schritt gewonnenen Erkenntnisse helfen bei der Abschätzung der späteren Umsetzung.
- Die technischen Anforderungen und die möglichen Entstehungskosten werden innerhalb dieser Phase erstmals abschätzbar.
- In diesem Schritt kann es hilfreich sein, externes Know-how von Partnern oder auch potenziellen Lieferanten einfließen zu lassen.
- Die Teilfunktionalitäten müssen ebenfalls auf ihre Nutzertauglichkeit überprüft und getestet werden. Meist braucht es auch für die „X-is-finished" Lösung mehrere Iterationen, bis das Teilsystem wirklich gut funktioniert.

(Hoffentlich) am Ziel - Final Prototype

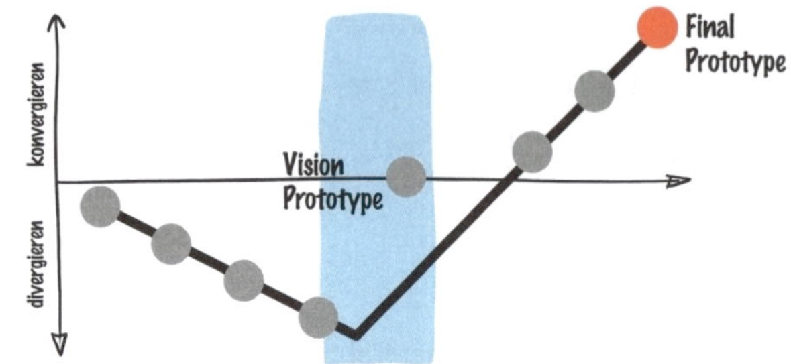

Ich möchte ...

zum Abschluss kommen und der Lösung den letzten Schliff verleihen.

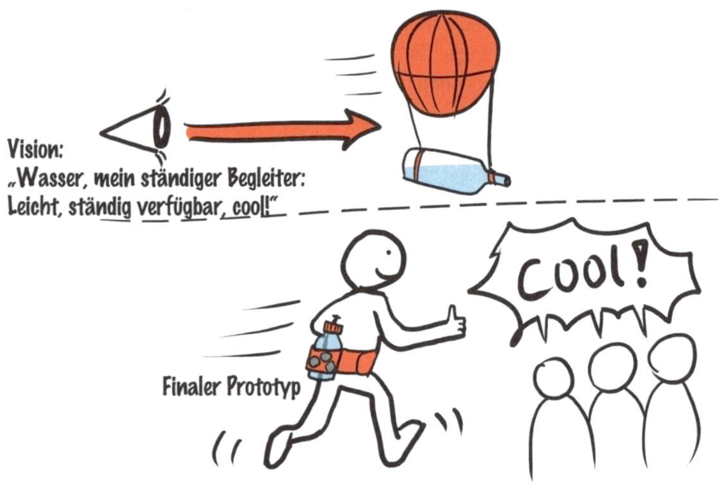

Was du mit dem Tool machen kannst:

- Die Prototypenphase und somit die frühe Innovationsphase beenden.
- Eventuell entstandene Übererfüllung der Bedürfnisse vermeiden.
- Alle erforderlichen Elemente auf das Wesentliche reduzieren.
- Intelligente Kombinationen zwischen den Teilfunktionalitäten finden.
- Eine elegante finale Lösung der Bedürfnisse und Probleme schaffen.
- Den ersten vermarktbaren Schritt zur Realisierung der Vision gehen.
- Mit deinem finalen Prototyp die Entscheidungsträger überzeugen, weil sie so wirklich verstehen können, wie die Lösung ausschauen wird und welche Bedürfnisse damit erfüllt werden.

Einige Informationen über diese Art von Prototyp:

- Der finale Prototyp schließt die Phase der Problemlösung ab. Bei der detaillierten Betrachtung einzelner Elemente geht der Blick auf das Ganze häufig verloren. Bei der Erarbeitung der einzelnen Teilfunktionen besteht die Gefahr, dass diese auseinandergehen, zu groß werden und dadurch die Eleganz und Einfachheit der Gesamtlösung verloren geht.
- In diesem Schritt muss zudem nochmals überprüft werden, ob die angebotene Lösung immer noch zu den ursprünglich ermittelten Bedürfnissen und dem Problem der Zielgruppe passt.
- Spätestens in diesem Schritt sollte das Minimal Viable Product (siehe Seite 207) erreicht werden. Je nach Komplexität der Gesamtlösung ist dies früher oder erst mit dem finalen Prototyp erreicht.
- Der finale Prototyp zeigt den „Problem-Lösungs-Fit".

Experten-Tipps:

- Eleganz entsteht durch Reduktion auf das Wesentliche und die intelligente Kombination einzelner Elemente und Funktionalitäten.
- Es hat sich bewährt, jetzt noch mal einen Blick auf die definierten Elemente, zum Beispiel CFP/CEP (siehe Seite 188), zu werfen und zu prüfen, inwieweit die angestrebte finale Lösung diese erreicht und auf welche Teile eventuell verzichtet werden kann.
- Es ist darauf zu achten, dass nur die wirklich notwendigen Funktionalitäten realisiert werden und keine überladenen Lösungen umgesetzt werden.

Exploration Map

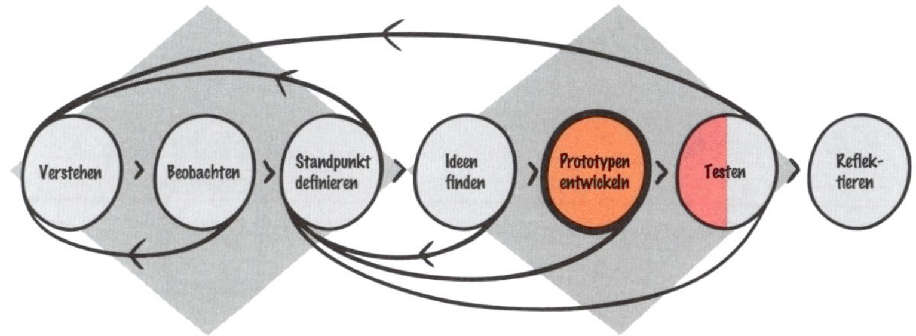

Ich möchte ...

wissen, welche Experimente ich bisher gemacht habe und wie ich diese einordnen kann.

Was du mit dem Tool machen kannst:

- Sichtbar machen, welche Art von Experimenten durchgeführt und welche Prototypen realisiert wurden.
- Einen schnellen Überblick erhalten, welche Experimente oder Prototypen noch durchgeführt werden können.
- Das Delta zwischen einem erwartetem und tatsächlichen Ergebnis eines Experiments festhalten.
- Im Team ein gemeinsames Verständnis über die bisher gemachten Experimente erhalten.

Einige Informationen über das Tool:

- Die Exploration Map hilft, die Übersicht über die durchgeführten Experimente und Prototypen zu behalten.
- Sie hat in der Regel eine Erfahrungs- und eine Funktionsachse. Beide Achsen symbolisieren bekannte bzw. existierende sowie neue oder unerwartete Verhaltensweisen und Funktionen.
- Zudem kann auf der Exploration Map auch das Feedback der Nutzer/Kunden im Bezug auf die Experimente festgehalten werden. So kann festgestellt werden, ob die Erwartung an das Nutzerverhalten mit den realen Erfahrungen übereinstimmt.
- Die Exploration Map zeigt am Ende des gesamten Designzyklus den Weg, welchen das Team auf dem Weg zur finalen Lösung durchlaufen hat.

Welches Tool kann stattdessen verwendet werden?

- Die Experimente und deren Ergebnisse können auch ohne eine Exploration Map auf konventionelle Weise dokumentiert werden.
- Es wird allerdings dadurch nicht ersichtlich, ob wirklich riskante oder aussergewöhnliche Experimente durchgeführt wurden, wie kreativ die Teams waren und wie weit sie bei der Erkundung des Problemraums und der Lösungsfindung gegangen sind.

Welche Tools unterstützen die Arbeit mit diesem Tool?

- Feedback-Capture-Grid (siehe Seite 217)
- Solution Interview (siehe Seite 225)
- I like, I wish, I wonder (siehe Seite 239)
- Testing Sheet (siehe Seite 213)

Was benötigen wir an Zeit und Material?

Gruppengrösse

- Design Thinking Kernteam
- Optimal in einer Gruppengrösse von 4-6 Personen

4-6

Typische Dauer

- Dauer abhängig von der Anzahl von Prototypen, die in die Map eingetragen werden sollen, und Intensität der resultierenden Diskussionen im Team.

10-45 Min.

Benötigtes Material

- Ein grosses Blatt Papier
- Post-its, Stifte, Marker
- Jede Menge Kreativität und Spass, etwas Greifbares zu realisieren.

Template Exploration Map

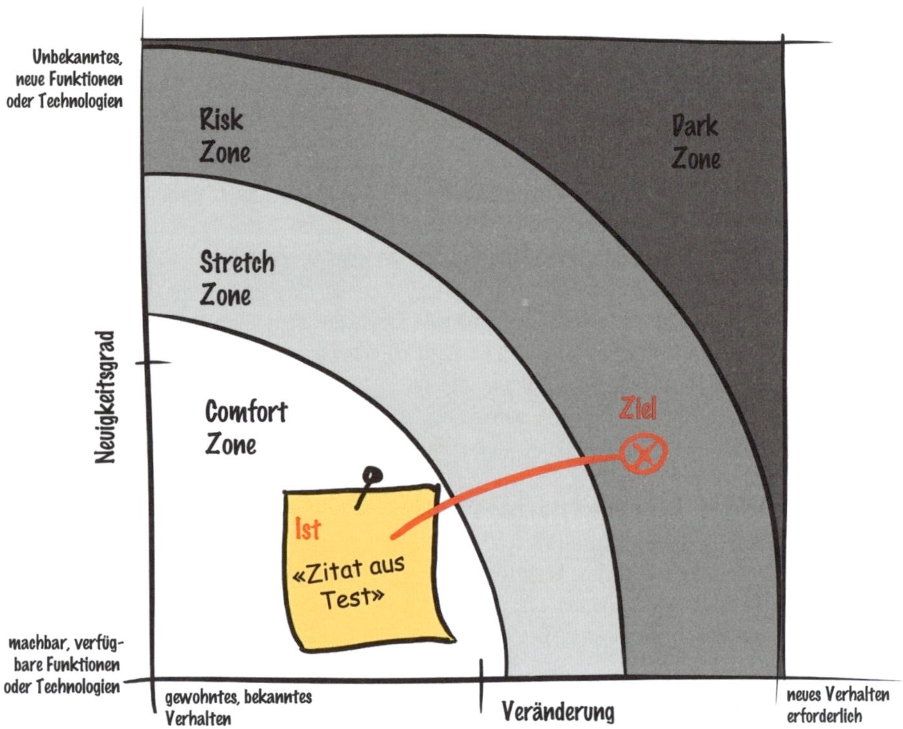

Wie das Tool angewandt wird ...

Die Exploration Map verschafft dem Team einen Überblick über die durchgeführten Experimente und zeigt auf, in welchen Bereichen noch Experimente durchgeführt werden können. Sie gibt Auskunft über die Erwartungen an ein Experiment und dessen Wirkung bei der Zielgruppe.

- **Schritt 1:** Trage die bereits durchgeführten Experimente ein. Eventuell müssen sie neu positioniert werden. Jedes Experiment wird in der Exploration Map festgehalten – am besten mit Namen und einem Bild, zum Beispiel des Prototyps und der Testdurchführung.
- **Schritt 2:** Diskutiere im Team die Positionierung des Experiments. Wurde die Komfortzone wirklich verlassen? Basierend auf der bisherigen Exploration und den bisherigen Experimenten kann zum Beispiel der Zielbereich für ein neues Experiment definiert werden.
- **Schritt 3:** Nachdem der Prototyp gebaut und die Erwartung an das Ergebnis formuliert ist, werden diese wieder auf der Exploration Map festgehalten und entsprechend positioniert.
- **Schritt 4:** Nach den Tests können die Reaktion der Nutzer und die Erkenntnisse des Tests ebenfalls festgehalten werden. Die kritische Auseinandersetzung mit dem Feedback kann die Positionierung des Experiments entsprechend auf der Exploration Map verändern.

Die Exploration Map regt die Diskussion im Team an, gibt die Basis, neue Experimente zu planen, und hilft bei der Reflexion nach Tests.

Das ist das Lieblingstool von Larry Leifer

Position:
Professor für Mechanical Engineering Stanford University
Gründungsdirektor, HPI & Stanford Center for Design Research
ME310 „Project-Based Engineering Design, Innovation, and Development"

„Keep up the Design Thinking mindset and start hunting for the next big opportunity."

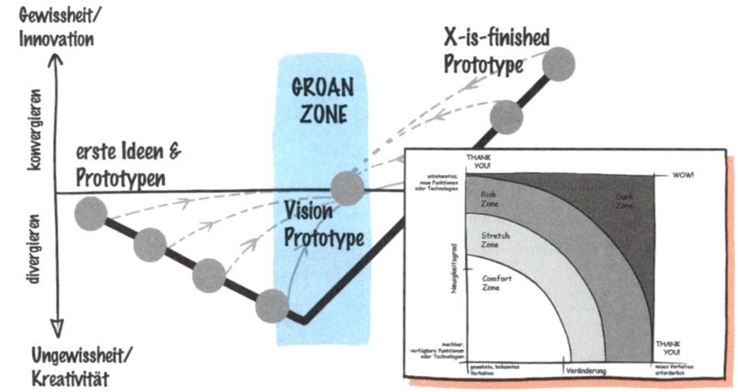

Warum ist das sein Lieblingstool?

Die Exploration Map hilft den Teams, weil es für die Teams häufig schwer ist, zu überprüfen, ob sie mit ihren Experimenten und Prototypen alle Aspekte des Problemraums erkundet haben. Ich mag dieses Tool, weil die Map auf einfache Weise zeigt, ob das Problem möglichst breit untersucht wurde und was aus den einzelnen Schritten gelernt wurde.

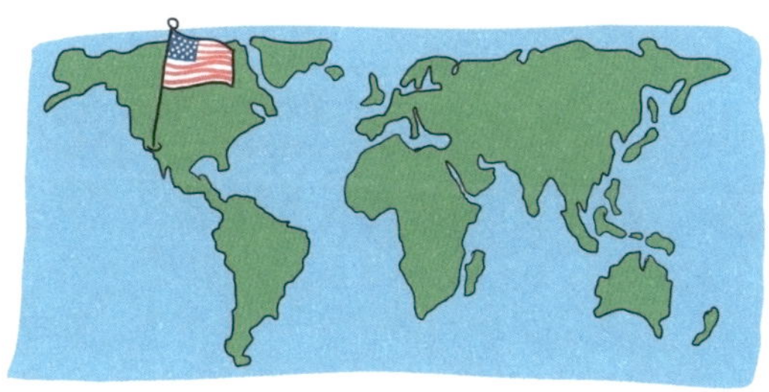

Land:
USA

Affiliation:
ME310

Geprüft von: Shwet Sharvary

Firma/Position: Everything by Design, Innovation Catalyst | Insights Manager | Design Strategist

Experten-Tipps:

Zu Beginn der Reise ist das Ziel nicht bekannt

- Wir stellen sicher, dass diese Aktivität mit dem gesamten Kernteam durchgeführt wird und dass ein gemeinsames Verständnis über den Verlauf der Experimente entsteht.
- Die Exploration Map sollte nach jeder Experimentierphase ergänzt werden. Parallel arbeitende Gruppen des Kernteams können sich damit über die Ergebnisse der anderen Teams informieren.
- Bei einer Repositionierung des Experiments wird die ursprüngliche Erwartung ebenfalls festgehalten. Die Abweichung steht für die Fehlinterpretation der Bedürfnisse. Es gilt: je grösser die Abweichung, desto grösser der Erkenntnisgewinn.
- Es ist eventuell hilfreich, zwei Exploration Maps parallel zu führen. Auf einer markierst du die Erwartungen an die Ergebnisse der Experimente, auf der anderen hältst du die Reaktionen aus den Tests fest. Bei vielen Experimenten verlierst du sonst sehr schnell den Überblick.

Ein Bild oder eine Visualisierung sagt mehr als tausend Worte

- Wir platzieren die Exploration Maps zum Beispiel als großes Plakat an einem Ort, an dem sie von allen Teammitgliedern gesehen werden können.
- Die Übersicht zeigt über den gesamten Designzyklus mögliche Lücken, die in der Erkundung des Problemraumes entstanden sind.
- Die Exploration Map ist kein präzises Messinstrument. Sie dient zur groben Orientierung. Die Zeit zur Positionierung der einzelnen Experimente sollte daher sehr kurz gehalten werden.
- Bilder sagen mehr als tausend Worte. Man nutzt besser Visualisierungen bzw. Fotos der realisierten Prototypen, um diese auf der Karte zu positionieren.

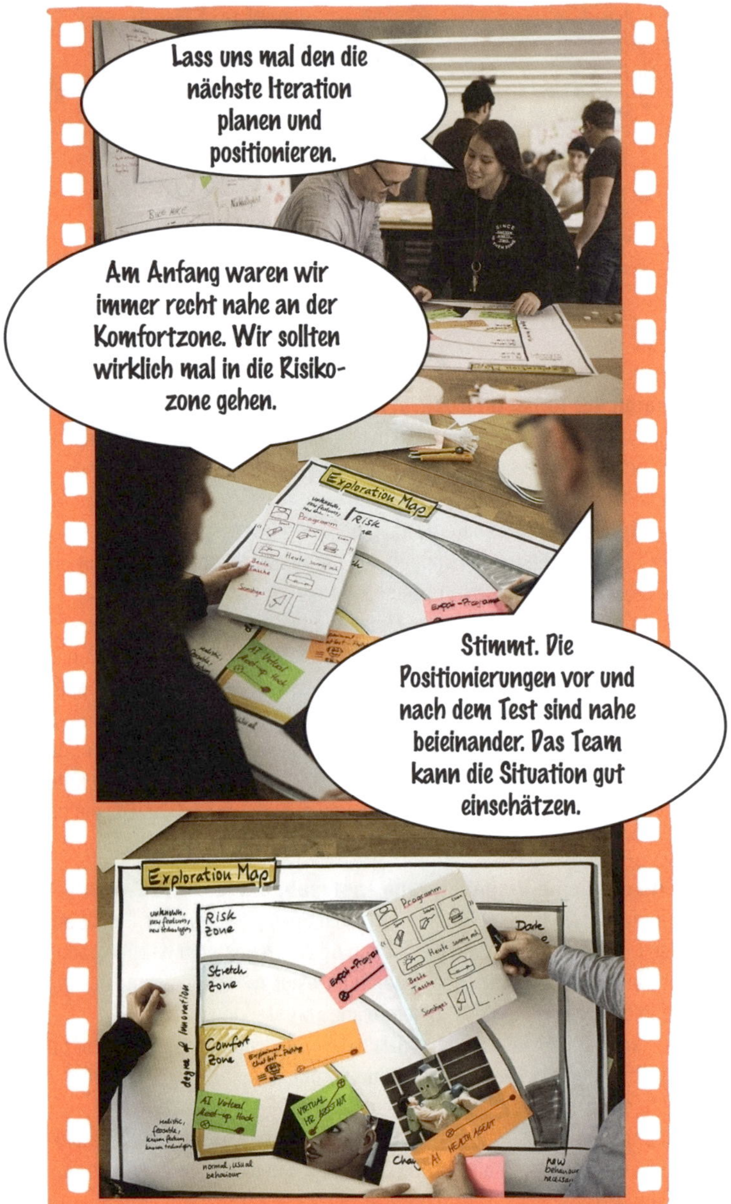

Beschreibung des Anwendungsfalles

- Lillys Team hat in den ersten Iterationen das Ziel gehabt, das Problem und die Kunden wirklich in der Tiefe zu verstehen. Dadurch hat das Team ein sehr gutes Gespür und Verständnis für die Situation gewonnen.
- Sie möchten nun den Nutzer in den Tests aus der Komfortzone bringen und radikalere Ansätze testen.
- Mit einem Dark-Horse-Prototyp planen sie, die Grenzen des Machbaren neu auszuloten und sich in die „Dark Zone" der Exploration Map zu wagen.

Key Learnings

- Die Exploration Map hilft, einen Überblick über unsere Experimente zu schaffen und zu sehen, wo wir auf der Reise zur Erkundung der nächsten Marktopportunität stehen.
- Die Map visualisiert die Intension unserer Experimente und zeigt, wie sich über die Zeit die Ergebnisse verändern.

Tool zum Download

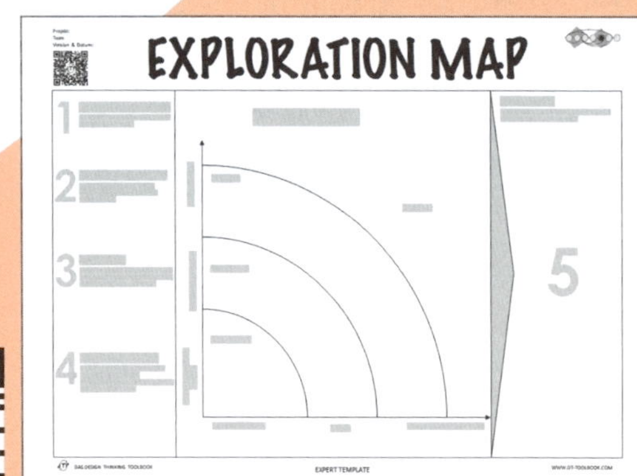

www.dt-toolbook.com/exploration-map

Prototype to Test

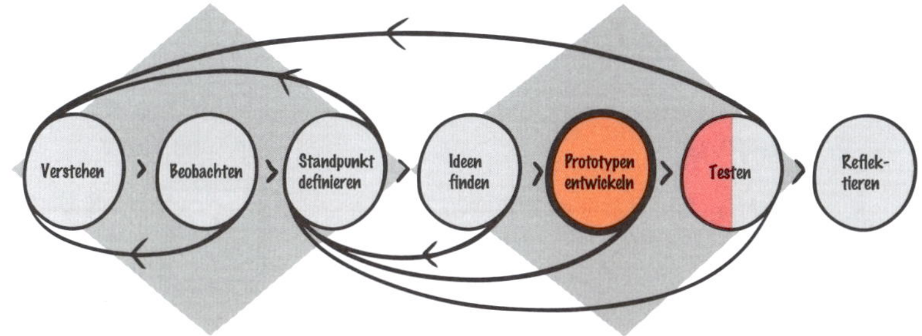

Ich möchte ...

beurteilen, ob die Bedürfnisse der Nutzer durch die umgesetzten Ideen erfüllt wurden.

Was du mit dem Tool machen kannst:

- Den Nutzer die Idee erleben lassen und beobachten, wie er mit dem Prototyp interagiert.
- Das Verständnis über den potenziellen Nutzer vertiefen.
- Bedürfnisse validieren und Annahmen überprüfen.
- Feedback zu verschiedenen Dimensionen der Wünschbarkeit, Machbarkeit und Durchführbarkeit erhalten.

Einige Informationen über das Tool:

- Der zu testende Prototyp ist ein grundlegendes Konzept des Design Thinking, da er sich auf direkte Benutzerinteraktion und Feedback konzentriert. Nach der Ideenphase werden die Ideen in Prototypen umgesetzt und mit echten Nutzern getestet.
- Es geht darum, ein Experiment für den Nutzer zu gestalten, um zu lernen.
- Es gibt viele verschiedene Arten von Prototypen (siehe Seite 187–194). Wähle denjenigen aus, der am besten zur Phase im Makrozyklus, zur Idee und den Hypothesen passt, die überprüft werden sollen.
- Der potenzielle Nutzer sollte mit dem Prototyp interagieren und den Prototyp erleben. So können grundlegende funktionale Anforderungen an die Lösung identifiziert werden.
- Das Feedback, das während des Tests gesammelt wird, ist sehr wertvoll und ist die Grundlage für weitere Entscheidungen, z.B. die Bestimmung der vielversprechendsten Ideen oder welche Funktionen zu überarbeiten sind.

Welches Tool kann stattdessen verwendet werden?

- Interviews oder Online-Umfragen können bei bestimmten Arten von Prototypen eine Alternative sein. Aber Vorsicht: Diese Methoden garantieren nicht die gleichen Erkenntnisse, da die direkte Benutzerinteraktion fehlt.

Welches Tool unterstützt die Arbeit mit diesem Tool?

- Empathy Map (siehe Seite 93)
- Feedback-Capturing-Grid (siehe Seite 217)
- I like, I wish, I wonder (siehe Seite 239)
- Solution Interview (siehe Seite 225)

Was benötigen wir an Zeit und Material?

Gruppengrösse

1-n

- Ein Prototyp kann von einer Person oder von einem größeren Team erstellt werden.
- Experten und zusätzliche Teammitglieder helfen zu prüfen, ob an alles gedacht wurde.

Typische Dauer

30 Min.
n Tage

- Die Dauer kann je nach Auflösungsgrad variieren.
- Prototypen mit einer geringen Auflösung sind in 30 Minuten gebaut. Ein finaler Prototyp kann Tage bis Wochen in Anspruch nehmen.

Benötigtes Material

- Design Thinking Material
- Papier, Post-its, Stifte
- Was immer es an Material braucht, den Prototyp zu erstellen.

Template und Vorgehen Prototype to Test

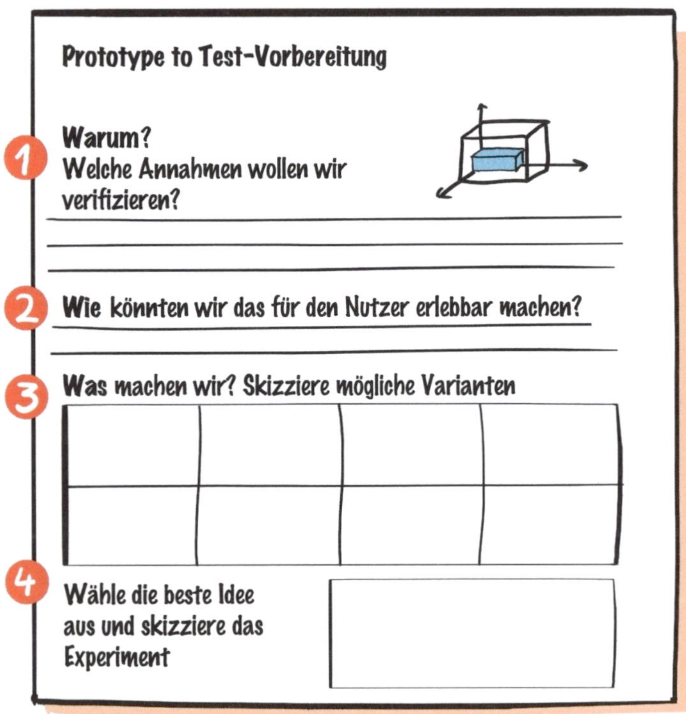

Wie das Tool angewandt wird ...

- **Schritt 1:** Vor dem Prototyping sollten wir uns fragen, welche Art von Erkenntnissen gewonnen werden sollen und warum wir ein Experiment machen möchten. Daher ist es notwendig, Annahmen zu formulieren, die getestet werden sollen und wie dieses Experiment durchgeführt werden soll.
- **Schritt 2**: Überlege, wie es für den Nutzer (Testperson) zu einem Erlebnis wird, mit dem Prototyp zu interagieren und wie der Test zu neuen Erkenntnissen führen wird.
- **Schritt 3**: Bestimme die Auflösungsstufe und was genau gemacht werden soll. Definiere verschiedene Prototypen, die gebaut werden sollen. Oftmals macht es Sinn, in Alternativen zu denken und sich dann für eine zu entscheiden.
- **Schritt 4**: Wähle eine Variante aus und skizziere ggf. das Experiment. Niedrig auflösende Prototypen konzentrieren sich auf Erkenntnisse über Bedürfnisse, Zweckmäßigkeit und Funktionalität und werden meist in der divergenten Phase eingesetzt. Die Hochauflösenden konzentrieren sich auf Machbarkeit und Rentabilität.

Es gibt viele verschiedene Arten von Prototypen. Abhängig von den Materialien und dem Kontext der Idee können Mock-ups, Storyboards, Szenografie oder Wizard of Oz Prototypen verwendet werden. Eine Liste an Prototypen mit der jeweiligen Auflösung sind z.B. im „Das Design Thinking Playbook" auf Seite 111–112 zu finden.

Das ist das Lieblingstool von Patrick Deininger

Position:
Senior Consultant at delta Karlsruhe GmbH | Studentische Unternehmensberatung Karlsruher Institut für Technologie (KIT)

„Design Thinking helps to completely change one's mind set, broaden one's horizon and challenge assumptions to come-up with unconventional and disruptive ideas."

Warum ist das sein Lieblingstool?

Der zu testende Prototyp ist unerlässlich, wenn tiefe Einblicke in die Benutzer gewonnen werden sollen. Ich mag es, mit anderen Menschen zu kommunizieren, und ich habe grosse Freude, einen erstellten Prototyp den Anwendern zu zeigen und sie bei der Interaktion zu beobachten. Es ist schwierig, den Nutzern unsere verrückten Ideen (siehe z.B. Dark Horse Prototyp) zu vermitteln. Prototyping hilft uns, futuristische und disruptive Ideen so zu visualisieren, dass der Benutzer die dahinterstehende Grundidee versteht. Auf diese Weise können wir in einer Umgebung, die sonst schwer zu erfassen ist, einen Bedarf testen. Aber natürlich macht auch der Bau von Prototypen viel Spaß.

Land:
Deutschland

Affiliation:
KIT

Geprüft von: Justus Schrage

Firma/Position: Karlsruher Institut für Technologie (KIT)

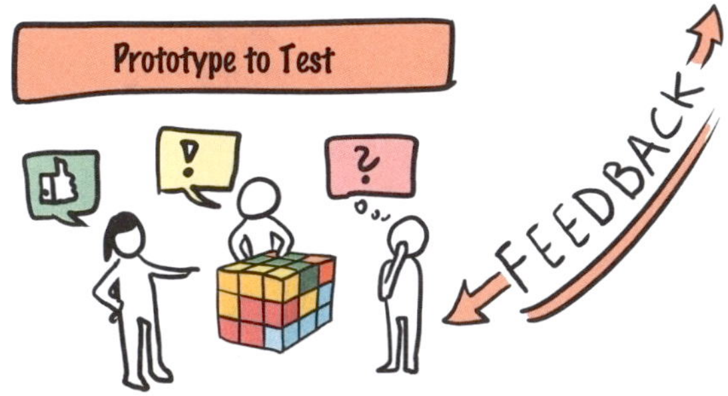

Experten-Tipps:

Unterscheide zwischen Lo-fi und Hi-Fi Prototypen

- Je höher die Auflösung eines Prototyps, desto weniger Feedback erhalten wir über Erwünschtheit und Funktionalität. Je niedriger die Auflösung, desto ehrlicher die Antwort. Baue deshalb einfache Prototypen aus einfachen Materialien.
- Wir neigen leider alle dazu, uns in einen erstellten Prototyp zu verlieben. Aber das führt nur dazu, dass wir an einer Idee festhalten, obwohl es vielleicht bessere Ideen gibt. Deshalb suchen wir weiter, auch wenn wir bereits ein perfektes Feedback erhalten haben. Wir haken nach und finden heraus, ob das wirklich ehrliches Feedback gewesen ist.
- Wir investieren niemals zu viel Zeit in das Prototyping, da das die Auflösung automatisch erhöht oder mit Funktionen überlastet.
- Wir versuchen, in jeden Prototyp mit niedriger Auflösung nur ein oder zwei Funktionen zu implementieren.
- Der richtige Zeitpunkt, um einen Prototyp mit niedriger Auflösung zu testen, ist, wenn wir uns noch ein wenig schämen, diesen Prototypzu zeigen.

Erhalte Inspiration von anderen Prototypen und Teams

- Es gibt viele Materialien, die wir verwenden können. Die beste Inspiration erhalten wir von anderen Prototypen.
- Auch wenn wir einen Prototyp nicht erklären sollten, ist es oft notwendig, den Nutzern den Kontext zu vermitteln. Deshalb am Anfang kurz erzählen, was wir vorhaben mit unserer Design Challenge.
- Um sicherzustellen, dass wir immer noch dem „Show, don't tell"-Ansatz folgen, ist es eine gute Vorgehensweise, die Kontexterläuterung vom Test selbst zeitlich zu trennen.

Beschreibung des Anwendungsfalles

- Lilly achtet darauf, dass ihr Team zum einen die richtigen Annahmen zuerst testet, und zum anderen möchte sie möglichst schnell möglichst viel lernen und lieber mehrere Iterationen machen.
- Sie motiviert das Team, in Varianten zu denken und nicht einfach drauflos zu-bauen und erst nach dem Tests kritisch über den Prototyp nachzudenken. Durch das Denken in Varianten konnte sie schon viele Prototyp- und Test-Iterationen vereinfachen und das Projekt so beschleunigen.

Key Learnings

- Show, don't tell!
- Verliebe dich nie in einen Prototyp!
- Versuche, möglichst niedrig auflösende Prototypen zu bauen. Teste, obwohl du dich schämst, den Prototyp zu zeigen! Schämst du dich nicht für deinen Prototyp, hast du zu viel Zeit dafür investiert.
- Lieber viele Experimente mit niedrig auflösenden Prototypen durchführen, als am Ende eine finale Lösung zu testen, die keiner braucht.

Tool zum Download

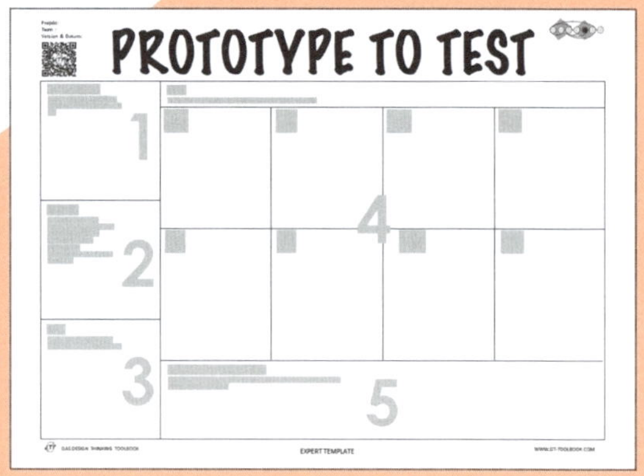

www.dt-toolbook.com/prototype-to-test

Service Blueprint

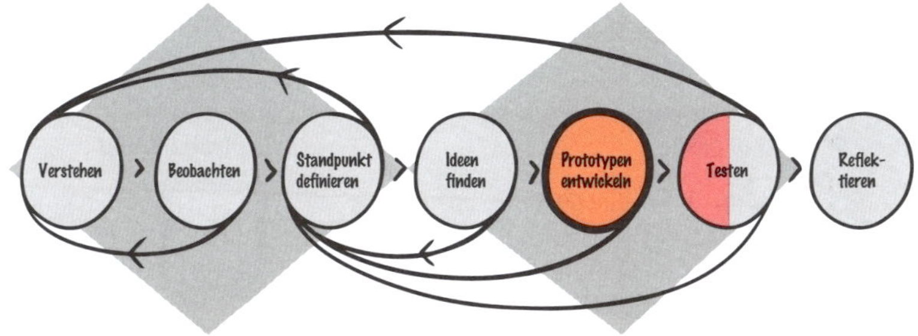

Ich möchte ...

ein gemeinsames Verständnis über die Interaktion und Prozesse gewinnen, welche einen Einfluss auf die Kundenzufriedenheit, Zielerreichung und Effizienz haben.

Was du mit dem Tool machen kannst:

- Eine Erweiterung der Customer Journey Map durchführen, indem unterstützende Technologien, Daten und Kundeninteraktionen für jede Phase der „Journey" einbezogen werden.
- Schlüsselfragen bei der Entwicklung von neuen Produkten oder Dienstleistungen adressieren, wie z.B. ob ein Service alle Kundenbedürfnisse abdeckt und sämtliche Pains beseitigt wurden.
- Eine Visualisierung der Interaktionen mit einem Kunden auf verschiedenen Ebenen durchführen (z.B. Frontstage, Backstage, unterstützende Prozesse).
- Key Performance Indikators (KPIs) bezüglich Qualität und Zeit der Interaktionen definieren.

Einige Informationen über das Tool:

- Der Service Blueprint ist ein umfassendes Tool, welches hilft, die Interaktion mit einem Kunden und die Schnittstellen in einem Unternehmen für ein Produkt oder eine Dienstleistung zu definieren oder zu verbessern.
- Durch die erweiterte Visualisierung einer Customer Journey Map ist es möglich, die gesamte Organisation zu aktivieren und zu motivieren, weil der Service Blueprint zusätzlich die Prozesse im Backoffice, unterstützende Prozesse, und neue Regularien und Technologien berücksichtigt.
- Ein Service Blueprint kann z.B. verschiedene IT-Architekturen, Data Layers und digitale Kundenkanäle und Aktionen berücksichtigen, die aufgrund von künstlicher Intelligenz (z.B. Chat Bots) maßgeschneiderte Interaktionen mit dem Kunden erbringen.
- Das Tool überzeugt mit einer einfachen Handhabung, der Integration von Kundeninformationen sowie der Erkennung und Möglichkeit, verschiedene Prozesse parallel darzustellen.

Welches Tool kann stattdessen verwendet werden?

- Customer Journey (siehe Seite 103)
- Solution Interview (siehe Seite 225)

Welche Tools unterstützen die Arbeit mit diesem Tool?

- Customer Journey (siehe Seite 103)
- Empathy Map (siehe Seite 93)
- Persona / User Profile (siehe Seite 97)

Was benötigen wir an Zeit und Material?

Gruppengrösse

3-6

- Die geeignete Gruppengrösse liegt zwischen 3-6 Personen.
- Im besten Fall die jeweiligen Experten und Prozessverantwortlichen dazunehmen.

Typische Dauer

120-240 Min.

- Als Workshop-Format dauert die Erstellung eines Service Blueprint ca. 4 Stunden.
- Zuvor ist zu bestimmen, welcher konkrete Leistungserstellungsprozess optimiert bzw. gestaltet werden soll und wo die Prozessgrenzen liegen.

Benötigtes Material

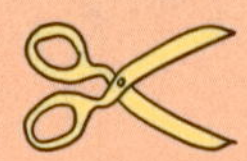

- Grosse Wand oder Whiteboard
- Papier, Stifte
- Post-Its

Template Service Blueprint

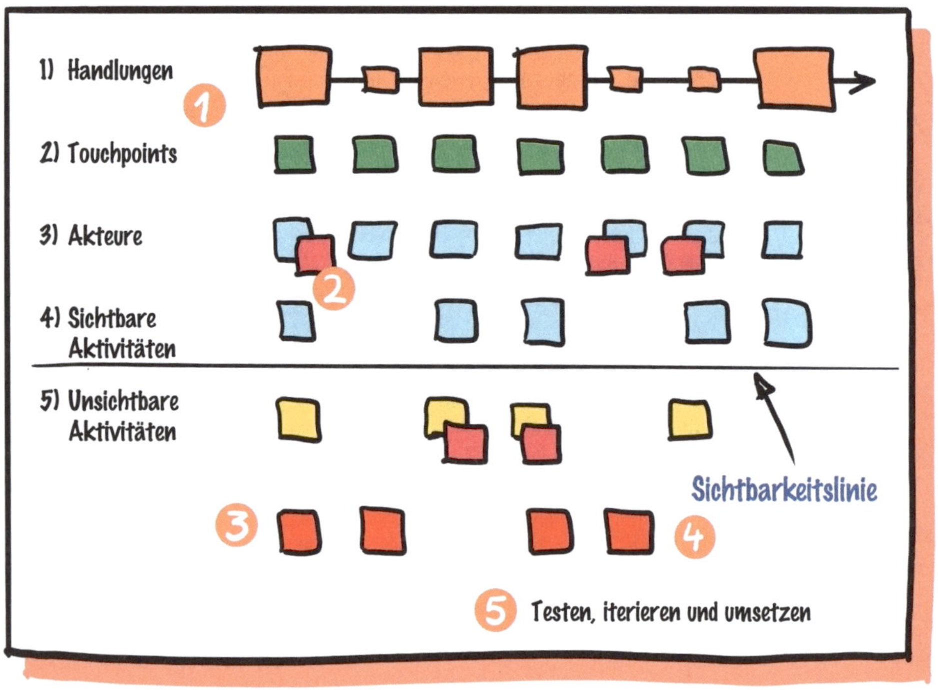

Wie das Tool angewandt wird ...

Der Service Blueprint ist eine chronologische Darstellung der Abläufe, bei dem die jeweiligen Effekte mit dem Kunden herausgearbeitet werden. Die Diskussionen während der Erstellung helfen zudem, das Verständnis im Team über die Zusammenhänge massiv zu steigern.

- **Schritt 1:** Suche eine grosse Wand, bestücke diese mit einem langen Papier. Zeichne die Linien (z.B. Sichtbarkeitslinie) ein und beginne, die Schritte und Abläufe mit Post-Its zu füllen. Beginne mit den grossen Blöcken (Handlungen und Touchpoints).
- **Schritt 2:** Nimm dann den Ist-Zustand bei bestehenden Dienstleistungen auf. Für das Design neuer Abläufe kreiere ein grobes Prozessmodell. Probleme und Fehler werden mit Farbpunkten oder mit Post-its kenntlich gemacht.
- **Schritt 3:** Suche zusammen mit dem Team nach Lösungen, um Fehlerquellen zu beseitigen, Abläufe zu verschlanken oder Kundenerlebnisse aktiv zu gestalten. Nutze dazu Videos, Bilder, Skizzen und Post-its.
- **Schritt 4:** Verteile die offenen Punkte auf Gruppen-/Einzelarbeiten. Durch paralleles Arbeiten im Timeboxing-Verfahren können schneller Ergebnisse erzielt werden.
- **Schritt 5:** Integriere die Teilergebnisse der Gruppen auf dem Service Blueprint. Wenn der neue Service Blueprint ausreichend geschärft ist, können die einzelnen Elemente und die End-to-End-Perspektive getestet, verbessert und schließlich umgesetzt werden.

Das ist das Lieblingstool von Beat Knüsel

Position:
CEO Trihow AG

„Design Thinking kann die drei grössten Mängel in Organisationen knacken: Silodenken, hierarchische Hürden und fehlender Kundenbezug."

Warum ist das sein Lieblingstool?

Ein Service Blueprint überwindet Abteilungsgrenzen und fokussiert auf den Kundennutzen. Er hilft im Leben einer Kultur, die auf Transparenz und aktive Beteiligungsmöglichkeiten durch alle Ebenen ausgerichtet ist. Dies kreiert ein gemeinsames Verständnis und eine Organisationsform des gemeinsamen Funktionierens. Gut definierte Blueprint-Prozesse helfen in der Digitalen Transformation bei der Vereinfachung und Automatisierung und tragen somit zur Erhöhung der Effizienz bei.

Land:
Schweiz

Affiliation:
Trihow

Geprüft von: Roman Schoeneboom

Firma/Position: Credit Suisse, UX Design Systems Lead (VP)

Experten-Tipps:

Erweiterbarkeit und Haptik

- Jeder Service Blueprint kann nach den eigenen Kriterien und Wünschen erweitert werden. Ergänze mit entsprechenden Attributen, wie Zeit-, Qualitäts- und Finanz-KPIs. Wir haben gute Erfahrung damit gemacht, verschiedene Sichtweisen zusätzlich mit Fotos und Videos zu dokumentieren, die helfen, sich die jeweilige Situation vorzustellen.
- Für das Testen eines Service Blueprint Prototyps, kann zum Beispiel eine Dienstleistung als „Theater" erlebbar gemacht werden, genannt „Service Staging". Das Hineinversetzen in Kunden und Anbieter wird erleichtert und deren Situationen können spielerisch erprobt werden.

Hinterfrage die Handlungen

- Typische Handlungen sind zum Beispiel Aufmerksamkeit wecken, Informieren, Entscheiden, Kaufen, Planen, Installieren, Benutzen, Wartung, Entsorgen.
- Durch Fragen können die einzelnen Handungen beleuchtet werden:
  - Wie stellen wir uns den idealen Prozess vor, welche Prozessschritte und Schnittstellen können wegfallen?
  - Wo können Aufgaben vereinfacht werden oder parallel bearbeitet werden?
  - Wie und wo kann die Wahrnehmung des Kunden verbessert werden?

Umgehe Stolpersteine

- Service Blueprints brauchen Raum. Reserviere einen Raum am besten für mehrere Tage und lasse die Informationen stehen.
- Grenze zu Beginn des Workshops klar ab, was erreicht werden soll. In den Abläufen besteht die Gefahr, sich zu verlieren. Deshalb beginne mit dem grossen Ganzen.

Beschreibung des Anwendungsfalles

- Lillys Team hat die Customer Journey detailliert analysiert und auf einer grossen Wand visualisiert. Die Hauptphasen sowie die dazugehörigen Aktionen und Touchpoints sind dem Team klar.
- Gemeinsam diskutieren sie die Emotionen und v.a. die Pains entlang der Journey. Sie stellen sicher, dass alle Akteure aufgeführt sind, und gleichen diese mit der Stakeholder Map ab.
- Im nächsten Schritt ergänzt das Team den Blueprint („Blaupause") des Service. Die sichtbaren und unsichtbaren Aktivitäten werden definiert.

Key Learnings

- Durch das Identifizieren, Eliminieren oder Verbessern von Pain Points entsteht ein erster Prototyp eines Blueprints.
- Ein Blueprint kann helfen, Silos oder Intransparenz aufzudecken und neue Technologien miteinzubeziehen.
- Die Komplexität eines Blueprint ist gross. Deshalb macht es Sinn, das Gesamtsystem in Einzelsysteme zu unterteilen und diese zu optimieren.

Tool zum Download

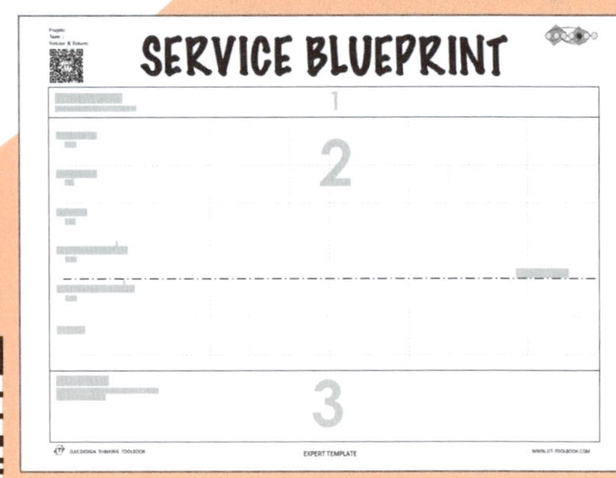

www.dt-toolbook.com/service-blueprint

MVP – Minimum Viable Product

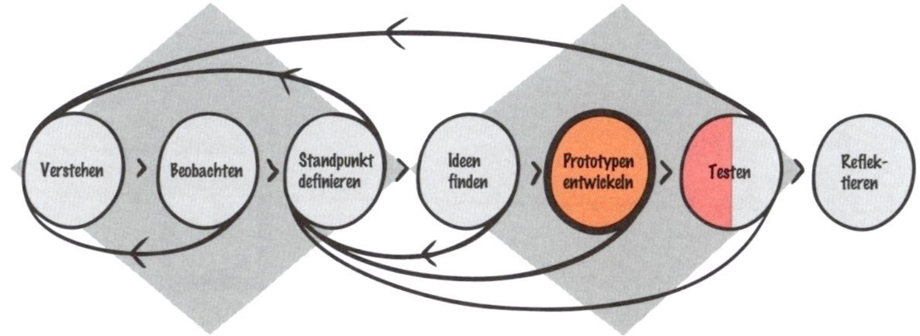

Ich möchte ...

Nutzerbedürfnisse in einem einfachen funktionsfähigen Produkt umsetzen und testen, ob das Angebot am Markt erfolgreich sein wird.

Was du mit dem Tool machen kannst:

- In einem frühen Stadium herausfinden, ob das Grundbedürfnis befriedigt wird und das Produkt am Markt auf Interesse stößt.
- Durch iteratives Testen erkennen, ob mit einem minimal funktionsfähigen Produkt das Nutzerbedürfnis befriedigt werden kann und wie dieses am besten erweitert werden soll.
- Durch Nutzerfeedback herausfinden, wie stark das Produkt nachgefragt wird, bevor weitere Details und Features entwickelt werden.
- Das Risiko minimieren, in eine Lösung zu investieren, für die zu wenig Nachfrage am Markt besteht, und so Zeit, Geld und Energie sparen.

Einige Informationen über das Tool:

- Ein Minium Viable Product (MVP) ist ein Werkzeug für die Entwicklung eines Produkts, Services oder Geschäftsmodells.
- Ziel ist, in einem iterativen Prozess möglichst schnell (und mit wenig Aufwand) herauszufinden, ob die Lösung die Nutzerbedürfnisse sinnvoll befriedigt.
- Dieser iterative Prozess ist durch einen permanenten Wechsel zwischen der ganzheitlichen Lösung des Problems (Functional Prototype) und der Lösung einzelner Details (X-is-finished) gekennzeichnet (siehe Seite 192–193).
- MVPs sind typischerweise schon höher aufgelöste Prototypen und bilden die Basis, um daraus ein Produkt oder eine Dienstleistung schrittweise in den Markt einzuführen.
- Die Resultate der Tests liefern die Basis für die Entscheidung, ob das MVP so umgesetzt, angepasst oder eliminiert wird.

Welches Tool kann stattdessen verwendet werden?

- Functional Prototype (siehe Seite 192)
- X-is-finished Prototype (siehe Seite 193)

Welche Tools unterstützen die Arbeit mit diesem Tool?

- Ideengenerierung mit verschiedensten Tools, z.B. Brainstorming
- Persona / User Profil (siehe Seite 97)
- Feedback-Capture-Grid (siehe Seite 217)
- Exploration Map (siehe Seite 195)
- Solution Interviews (siehe Seite 225)
- Structured Usability Testing (siehe Seite 229)

Was benötigen wir an Zeit und Material?

Gruppengrösse

1-8

- Idealerweise 2-4
- Nicht nur auf die Teamgrösse kommt es an, sondern auf die Skills der einzelnen Mitarbeiter.
- I.d.R. interdisziplinäre Teams

Typische Dauer

Tage-Monate

- Je nachdem, welches Produkt oder welcher Service entwickelt wird, dauert die Entwicklung eines MVPs unterschiedlich lange.

Benötigtes Material

- Es kommt auf das MVP an. Je nach MVP braucht es unterschiedliches Material.

Template und Vorgehen MVP

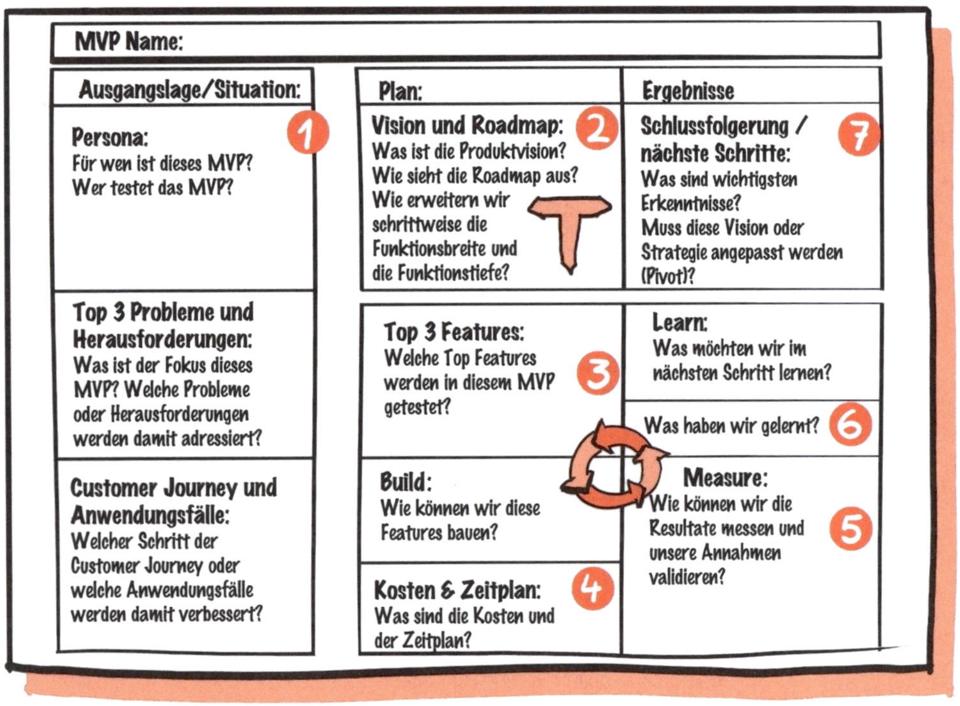

Wie das Tool angewandt wird ...

- **Schritt 1:** Fokussiere immer auf ein MVP (nicht auf mehrere gleichzeitig) und beschreibe die Ausgangslage. Darin enthalten ist die Persona, die Top 3 Probleme und Herausforderungen, die Customer Journey und die jeweiligen Anwendungsfälle.
- **Schritt 2:** Verschaffe dem Designteam Klarheit über die Produktvision und den Funktionsumfang. Setze Prioritäten und fokussiere bei der Entwicklung des MVPs auf die wesentliche Funktionalität. Erweitere schrittweise die Funktionsbreite und die Funktionstiefe (T-shaped MVP).
- **Schritt 3:** Definiere die Top 3 Features, die in den nächsten Iterationen des MVPs getestet werden sollen.
- **Schritt 4:** Plane den Bau des MVP. Hierbei sollten ebenfalls die Kosten und der Zeitplan im Auge behalten werden. Wenn der Plan das Lernen optimiert, dann definiere die Messkriterien und realisiere anschließend das MVP.
- **Schritt 5**: Teste das MVP im realen Kontext am potenziellen Nutzer/Kunden und sammle so viel Feedback wie nötig. Die Resultate sollten am besten messbar sein.
- **Schritt 6:** Fasse die Learnings zusammen und verbessere das MVP schrittweise. Falls das MVP floppt: Nicht enttäuscht sein, aus jeder Iteration können wir etwas lernen.
- **Schritt 7:** Fasse die übergeordneten Erkenntnisse aus den Iterationen zusammen. Muss die Vision oder Strategie angepasst werden?

Das ist das Lieblingstool von Esther Moosauer

Position:
Consultant in Technology Advisory at EY – Ernst & Young AG in Zürich

„Ich bin vom Mindset „FAIL FAST, FAIL EARLY, FAIL CHEAP" überzeugt, da diese Einstellung den Pragmatismus fördert und Perfektionismus hemmt. Dank MVP-Tests können Geschäftsmodell- und Investitionsentscheidungen sehr schnell und nutzerzentriert getroffen werden."

Warum ist das ihr Lieblingstool?

Das MVP zwingt mich dazu, schnelle Entscheidungen zu treffen und auf den Kern der Idee zu fokussieren. Das Mindset „Fail fast, fail early and often, fail cheap" ist meiner Meinung nach eine sehr effiziente Vorgehensweise bei der Entwicklung von einer Idee bis hin zum Produkt. Das MVP erlaubt zudem herauszufinden, ob wir „das Richtige tun, bevor wir es richtig tun". Man bekommt schnell ein Feedback vom Markt/Nutzer, ob das Produkt valide ist und nachgefragt wird. Außerdem sind Nutzer (vor allem Early Adopters) oft zufriedener mit einem Produkt oder Service, wenn sie die Möglichkeit haben, Feedback zu geben und dieses Produkt oder diesen Service kontinuierlich mitzuentwickeln.

Land:
Schweiz

Affiliation:
Ernst & Young

Geprüft von: Hannes Felber

Firma/Position: Invacare Europe, Innovation/Business Design Coach

Experten-Tipps:

- Für den Bau eines MVP ist die 80/20-Regel ein guter Massstab: 80 % des Angebots kann man dem Nutzer bereits mit 20 % des Entwicklungsaufwandes präsentieren.
- Die Lösung des Problems sollte mit geringen Kosten und möglichst wenig Zeitaufwand einhergehen.
- Zuerst sollte für Standardfälle eine gute Lösung gefunden werden, bevor man sich mit komplexen Einzelfällen beschäftigt. Es geht um den Kern der Lösungsidee.
- Mache kleine Vorab-Tests! Zeige das Angebot Kollegen, die es noch nicht kennen. Haben alle die gleichen Fragen, dann ist die Value Proposition noch nicht so klar, wie sie sein sollte.
- T-shaped Teams entwickeln auch eher einen T-shaped MVP.

Minimum Viable ⇨ Frühest testbar / nutzbar / lovable / verkaufbar

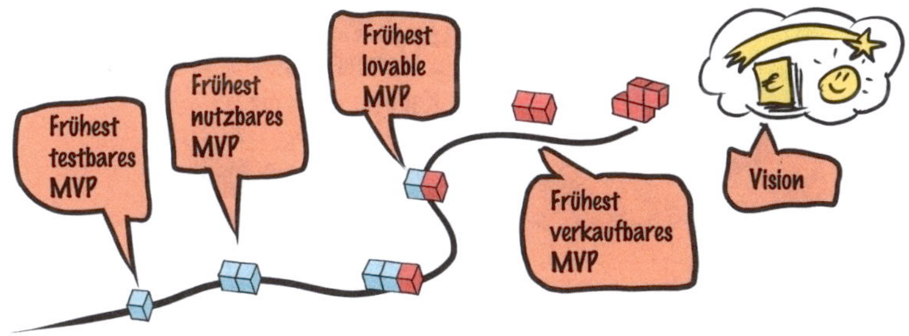

Variation: Minimim Viable Ecosystem (MVE)

- Digitale Produkte und Lösungen benötigen auch ein entsprechendes Geschäftsmodell und ein Business-Ökosystem, um möglichst viel Wert zu schaffen.
- Das Minimum Viable Ecosystem (MVE) (Lewrick et al. 2018) nutzt die MVP-Denkhaltung, um ein Geschäftsökosystem in Form eines minimal tragfähigen MVE zu gestalten, das klar definierte Ziele und effiziente Kooperationen zwischen den Akteuren im System gewährleistet.
- Dieses Vorgehen wird im Zusammenhang von Geschäftsmodellen mit neuen Technologien wie DLT (Distributed Ledger Technologien) eingesetzt, indem eine Vielzahl von Akteuren zusammen eine Value Proposition erbringen, als z.B. Daten-Gemeinschaft oder Genossenschaft.

Beschreibung des Anwendungsfalles

- Lillys Team hat in unzähligen Iterationen die Kundenbedürfnisse definiert und viele niedrig auflösende Prototypen erstellt. Sie haben den Problem-Lösungs-Fit erreicht und werden daher nun schrittweise die Funktionalität erweitern und diese testen.
- Im ersten Schritt hat das Team den Umfang des MVPs definiert. Das Angebot wird auf eine aus Kundensicht vollständige (viable), aber absolut minimale Variante (minimum) reduziert. Die kritische Funktionalität der Sprachführung wollen sie mit einem MVP testen. Bevor sie das MVP bauen, machen sie noch ein letztes Interview, um sicherzugehen, dass sie sich in der Umsetzung dieser Lösung auf dem richtigen Weg befinden.

Key Learnings

- Nutze das MVP Template und teste ein MVP nach dem anderen.
- Frage immer den Nutzer/Kunden nach Feedback.
- Auch für MVP gilt: Iteriere, iteriere, iteriere!
- Fail fast, fail early, fail cheap!
- T-shaped Teams sind in der Regel die besseren MVP-Realisierer.

Tool zum Download

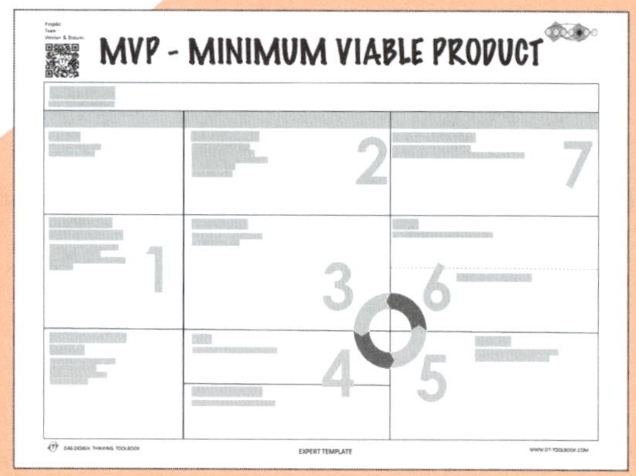

www.dt-toolbook.com/mvp

Phase: Testen

Der Test des jeweiligen Prototyps erfolgt in der Interaktion mit einem potentiellen Nutzer. So erhalten wir durch das Testen nicht nur Feedback zum Prototyp, sondern schärfen auch unsere Sicht auf das Problem und den Nutzer. Zusätzlich erhalten wir eine Rückkopplung zu den Phasen „Verstehen“ und „Beobachten“, was wiederum zu einem neuen Standpunkt führen kann. Dieser Mikrozyklus wird beliebig oft wiederholt und beschreibt das iterative Vorgehen im Design Thinking. Werkzeuge wie das Feedback-Capture-Grid und Feedbacktechniken wie „I like, I wish, I wonder...“ unterstützen das Testen. Zudem gibt es unterschiedliche Testverfahren, die je nach Art eines Prototyps hilfreich sein können. Die vorgestellten Werkzeuge zum Test haben natürlich Überschneidungen hinsichtlich ihres Zwecks (Testen), jedoch hat jeder Testing-Ansatz und jedes Vorgehen wertvolle Hinweise, die uns helfen, den jeweilige Prototyp zu verbessern.

Testing Sheet

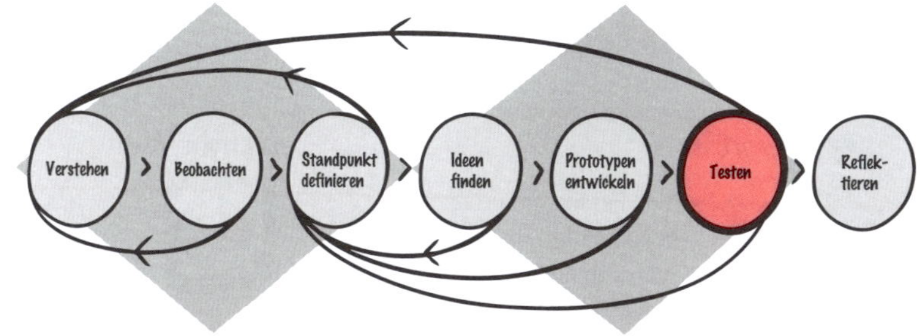

Ich möchte ...

den Testablauf vorbereiten und die Testergebnisse dokumentieren.

Was du mit dem Tool machen kannst:

- Systematisch einen Test planen und die Rollen definieren.
- Den Test und die Ergebnisse dokumentieren, sodass diese für die nächsten Aktivitäten einfach genutzt werden können.
- Im Vorfeld überlegen, welches die Testkriterien sind und in welchen Fällen die Hypothesen als verifiziert gelten, um so die Bedürfnisse zu validieren und Annahmen zu überprüfen.
- Empathie für Nutzer entwickeln.

Einige Informationen über das Tool:

- Beim Testen geht es u.a. darum, möglichst viel über den Nutzer und seine Bedürfnisse zu erfahren, indem der Nutzer mit dem Prototyp interagiert.
- Es lohnt sich, die Testsituation zu planen und zu überlegen, wie der Testablauf ist, wer welche Rolle hat und welche Schlüsselfragen gestellt werden sollen.
- Mit dem Testing Sheet haben wir ein Tool an der Hand, welches uns ermöglicht, viel in kurzer Zeit zu lernen und zu prüfen, ob unsere Annahmen und Hypothesen richtig sind.
- Ein Testdurchlauf wird meist zu zweit oder zu dritt durchgeführt. Nicht alle Teammitglieder müssen dabei sein. Viel wichtiger ist die Dokumentation der Tests, z.B. mit Fotos und Zitaten oder Kurzvideos, die uns erlauben, die Erkenntnisse wiederum mit dem Team zu teilen.
- Wichtig ist, den Nutzer während des Tests genau zu beobachten und nach seinem Feedback zu fragen.

Welches Tool kann stattdessen verwendet werden?

- Structured Usability Testing (siehe Seite 229)
- Solution Interview (siehe Seite 225)

Welches Tool unterstützt die Arbeit mit diesem Tool?

- Powerful Questions in Experience Testing (siehe Seite 221)
- Empathy Map (siehe Seite 93)
- Feedback-Capture-Grid (siehe Seite 217)

Was benötigen wir an Zeit und Material?

Gruppengrösse

2-3

- Eine Person notiert und dokumentiert die Erkenntnisse, während die andere den Test durchführt. Optional kann eine weitere Person beobachten.

Typische Dauer

10-30 Min./Test

- Bei niedrig auflösenden Prototypen reichen 10-30 Min. pro Test.
- Je höher der Detaillierungsgrad, desto länger dauern die Tests.
- Bei hoch auflösenden Prototypen können Tests auch einige Wochen in Anspruch nehmen.

Benötigtes Material

- Stifte, Notizblock
- Kamera (für Fotos und Videos)
- Prototyp (welcher getestet werden soll)
- Etwas Prototyping-Material
- Template für Testdokumentation

Template Testing Sheet

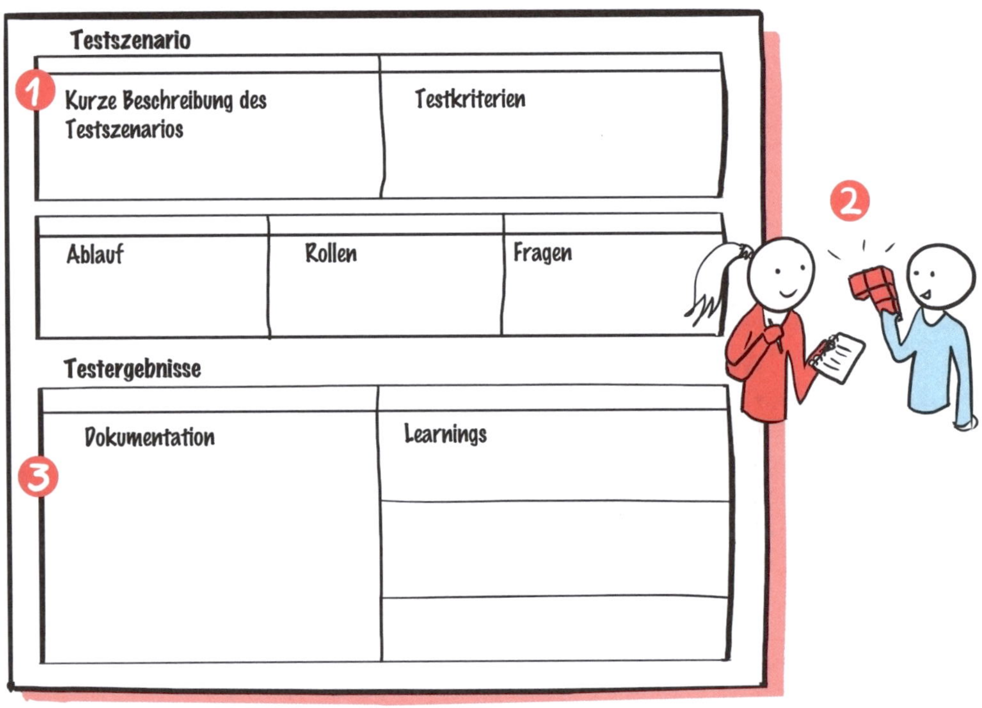

Wie das Tool angewandt wird ...

Der Prototyp ist bereits gebaut und jetzt geht es darum, das Testszenario zu planen.

- **Schritt 1:** Testplanung:
  - Überlege, wo getestet werden kann. Am besten ist es, den Test im Kontext der Problemstellung vor Ort beim Nutzer durchzuführen.
  - Definiere die Testkriterien vor dem Test. Welches sind die Kriterien, dass eine These als verifiziert angesehen werden kann?
  - Plane den Ablauf, die Rollenverteilung und die Schlüsselfragen des Tests.
  - Definiere, wer die Fragen stellt, wer schreibt, dokumentiert und wer beobachtet.
- **Schritt 2:** Testdurchführung:
  - Führe den Test durch und beobachte den Nutzer während des Tests genau. Frage nach Feedback, denn es ist sehr wertvoll und ist die Grundlage für weitere Entscheidungen über die Weiterentwicklung des Prototyps.
  - Notiere die wichtigsten Zitate.
- **Schritt 3:** Testdokumentation:
  - Dokumentiere den Test mit Fotos oder noch besser Kurzvideos der wichtigsten Statements.
  - Fasse die wichtigsten Erkenntnisse und Learnings zusammen.

Das ist das Lieblingstool von Isabelle Hauser

Position:
Dozentin für Industriedesign, Hochschule Luzern, Studiengangsleitung CAS Design Thinking
Co-Founder Entux GmbH

„Das Mindset „bias towards actions" ist nicht bloss eine Empfehlung, sondern ein Muss. Wer Design Thinking nicht selber erlebt, kann den Nutzen nicht abschätzen. Nicht selten passiert es mir, dass man auch von stoischen Skeptikern nach der Teilnahme an einem angewandten Workshop ein positives Feedback abholen darf."

Warum ist das ihr Lieblingstool?

Design und Experimentieren war schon immer ein integraler Bestandteil meiner Arbeit. Ich glaube fest daran, in frühen Phasen einen minimalistischen Ansatz zu verfolgen, um die Ideen und Problemlösungen zu überprüfen. Die Tests müssen sorgfältig geplant und konzipiert werden, um Zeit und Ressourcen optimal zu nutzen.

Land:
Schweiz

Affiliation:
Hochschule Luzern

Geprüft von: Brittany Arthur

Firma/Position: designthinkingjapan.com, Design Thinking and Innovation Consulting

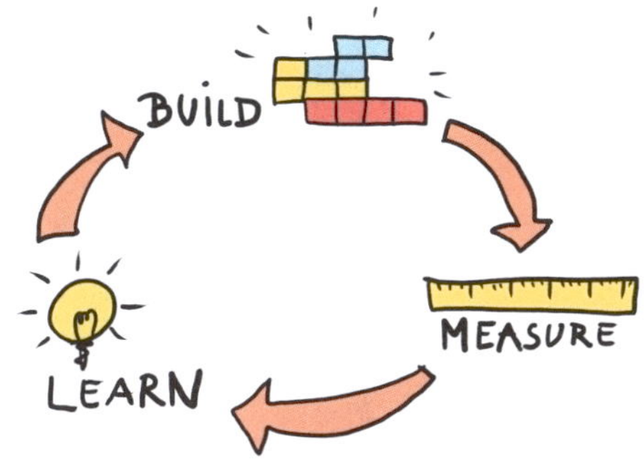

Experten-Tipps:

Nutze die Tests als wichtigen Impuls für die nächsten Schritte

- Das Testing Sheet kann für alle Arten von Tests als Basis dienen, zum Beispiel Usability Tests, Experience Tests, Solution Interviews.
- Das Wichtigste bei der Planung ist, genügend Zeit zum Testen einzuplanen.
- In der Vorbereitung ist es wichtig, sich die Fragen zu überlegen, die relevant sind, um unser Testziel zu erreichen. Hier helfen z.B. die „Powerful Questions in Experience Testing" (siehe Seite 221)
- Bei digitalen Prototypen gibt es zwei Möglichkeiten, die Tests durchzuführen. Zum einen online, hier kann der Test direkt auf der Webseite integriert werden und wir können dem Nutzer konkrete Fragen stellen. Eine andere Möglichkeit ist, klassisch neben dem Nutzer zu verweilen, um genau zu beobachten, was er macht.

Bringe Prototyping-Material zum Test mit

- Nimm immer ein bisschen Prototyping-Material zum Test mit. Mit Klebeband, Post-its und anderen Dingen kann die Testperson oder das Team gleich den Prototyp anpassen.

Dokumentiere die Tests und tausche die Ergebnisse mit dem Team aus

- Falls die Nutzer die Lösung nicht gut finden, empfehlen wir, noch genauer hinzuhören und zu hinterfragen, was die Ursache ist. Oft erkunden wir dann genau das Puzzle-Teil, welches bislang gefehlt hat oder den Unterschied machen wird. Frage mehrmals „Warum?".
- Wir nutzen das Testing Sheet Template für die Dokumentation aller Tests. Bei Videos und Fotos immer vorher um Erlaubnis fragen und ggf. bei dem Bedürfnis der weiteren Verwendung eine Datennutzungsvereinbarung unterschreiben lassen.

Beschreibung des Anwendungsfalles

- Lillys Team testet parallel die Kundenbedürfnisse und das Interesse sowie die Funktionalität mit verschiedenen Prototypen und später MVPs.
- Das Team weiss, dass die Tests extrem wichtig sind. Je besser die Tests geplant und durchgeführt werden, desto besser die Erkenntnisse. Sie testen immer im Kontext und wenn möglich bei den Nutzern vor Ort.
- Die Testkriterien, der Ablauf und die Rollen im Test sind definiert. Das Team ist eingespielt und flexibel, sodass auch die Rollen getauscht werden können. Wenn z.B. derjenige, der beobachten und notieren sollte, einen besseren Draht zur Testperson hat, können Beobachter und Tester die Rollen tauschen.

Key Learnings

- Durch Tests bekommen wir Feedback zum Prototyp, aber auch zum Nutzer.
- Plane die Testsituation, überlege, wie der Testablauf sein wird und welche Rolle wer aus dem Team einnehmen wird.
- Die Dokumentation der Tests ist wichtig, um die Ergebnisse später mit dem Team zu teilen. Das Test Sheet Template hilft diesbezüglich.

Tool zum Download

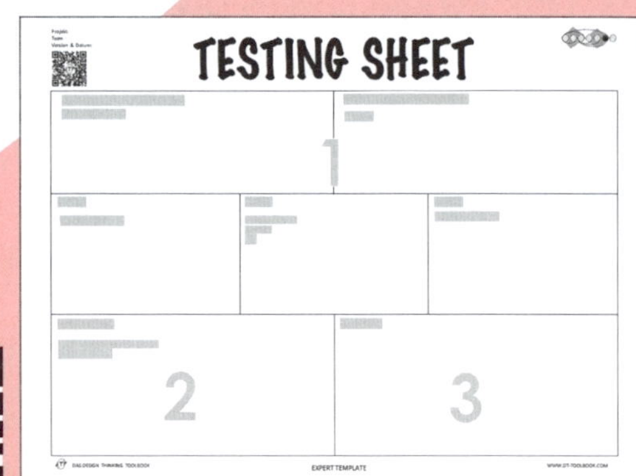

www.dt-toolbook.com/testing-sheet

Feedback-Capture-Grid

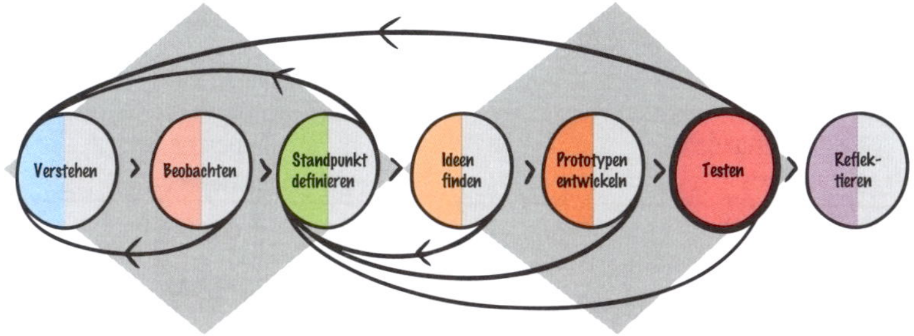

Ich möchte ...

meine prototypisierten Ideen schnell und einfach testen und die Ergebnisse für die Weiterentwicklung schriftlich festhalten.

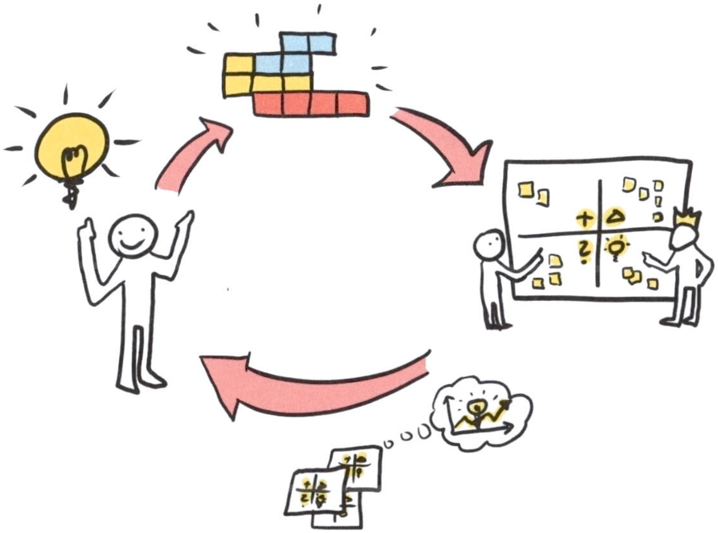

Was du mit dem Tool machen kannst:

- Erste Prototypen schnell und einfach anhand von vier definierten Fragestellungen testen.
- Testergebnisse schriftlich festhalten, sammeln und clustern.
- Thesen zu Problemen als auch Lösungen, Personas und Ideen schärfen sowie Prototypen auf der Basis der Erkenntnisse weiterentwickeln.
- Generell rasch und einfach Feedback zu Ideen, Präsentationen etc. strukturiert notieren.

Einige Informationen über das Tool:

- Das Feedback-Capture-Grid unterstützt das Testen von Ideen mittels Prototypen, indem es eine Möglichkeit bietet, in sehr einfacher Form Testergebnisse zu dokumentieren.
- Es wird vor allem dann eingesetzt, wenn es darum geht herauszufinden, wie gut eine Idee ein zuvor identifiziertes Nutzerproblem löst.
- Das Feedback-Capture-Grid hat das Ziel, ein tiefes Verständnis zu erlangen, ob und wie das Problem gelöst werden kann und ob die Idee überhaupt der richtige Lösungsansatz ist.
- Es kann allgemein genutzt werden, um Feedback zum Prozess, zu einem Workshop oder anderen Dingen zu erhalten.

Welches Tool kann stattdessen verwendet werden?

- Testing Sheet (siehe Seite 213)
- Empathy Map (siehe Seite 93)

Welches Tool unterstützt die Arbeit mit diesem Tool?

- Alle Arten von Prototypen (siehe Seite 187–194)
- Frage 5x Warum (siehe Seite 67)
- Lean Canvas als Informationsbasis zum Testen oder zum Zusammenfassen der Ergebnisse nach dem Test (siehe Seite 251)
- 6 W-Fragen (siehe Seite 71)

Was benötigen wir an Zeit und Material?

Gruppengrösse

Mind. 2

- Tester 1: interviewt, beobachtet und zeigt den Prototyp.
- Tester 2: dokumentiert die Ergebnisse und fragt bei Bedarf nach.

Typische Dauer

30-60 Min.

- ein Test dauert ungefähr 10-15 Minuten, wir benötigen meist mehrere Tests, um treffende Aussagen machen zu können.
- Mache, wenn möglich, immer 2-3 Tests

Benötigtes Material

- Visualisierung der Idee als Prototyp, MVP, digitaler Prototyp
- Pro Interview ein ausgedrucktes oder gezeichnetes Feedback-Capture-Grid pro Tester, die optimale Größe für den Ausdruck ist A3.

Template Feedback-Capture-Grid

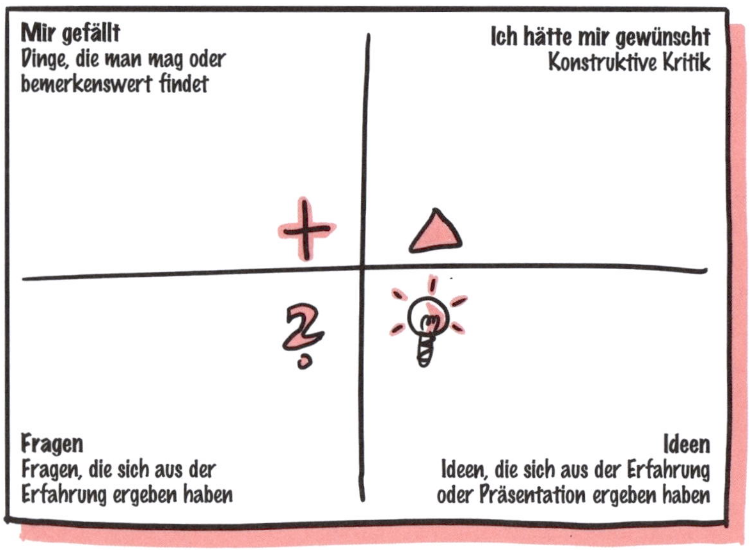

Wie das Tool angewandt wird ...

Ein erster einfacher Prototyp z.B. als „low-fidelity“ Prototyp ist bereits erstellt. Ebenfalls haben wir über die letzten Design Thinking Phasen bereits Informationen über Persona, Need und Problem Hypothese entwickelt.

- **Schritt 1:** Das Feedback-Capture-Grid auf Papier aufzeichnen oder das Template ausdrucken.
- **Schritt 2.** Einen Test immer damit beginnen, dass der Tester den Prototyp sieht und erlebt.
- **Schritt 3:** Den Tester (Nutzer/Kunde) bitten, laut zu denken.
- **Schritt 4:** Die Felder im Grid mit den Gedanken füllen. Am besten direkt oder mithilfe von Post-its reinschreiben. Im oberen linken Feld notieren, was der Nutzer gut fand, rechts, was er eventuell nicht so gut fand, im unteren linken Feld dann die Fragen, die gestellt wurden, sowie neue Ideen, die der Nutzer oder auch wir selbst beim Beobachten hatten, entsprechend eintragen.
- **Schritt 5:** „Warum“ Fragen stellen (siehe 5x Warum, Seite 67), um die Antworten des Testers noch besser zu verstehen. Achte auch auf Emotionen, widersprüchliche Körpersprache und Erstreaktionen.
- **Schritt 6:** Sammle die Feedback-Capture-Grids der verschiedenen Interviews und arbeite mit dem Design Thinking Team Ähnlichkeiten oder grössere Unterschiede heraus, nutze diese zur Weiterentwicklung der Ideen und Prototypen.

Das ist das Lieblingstool von Katrin Fischer

Position:
Innovation Consultant

„Design Thinking unterstützt für mich methodisch die Umsetzung des agilen Mindsets: Crossfunktionale Teams, welche die Probleme von Nutzern verstehen, sowie schnelles Testen der Lösungsideen am Markt führen zu echten Wachstumspotenzialen."

Warum ist das ihr Lieblingstool?

In Innovationsprojekten bin ich immer wieder darüber gestolpert, dass ausgehend von einer Idee ein (teures) Entwicklungsprojekt gestartet und erst am Ende getestet wurde. Oftmals wurde die Lösung am Markt vorbei entwickelt und es werden wertvolle Ressourcen verschwendet. Design Thinking – ausgehend von einem Problem und schnellem einfachen Testen – ist für mich das Vorgehen, nachdem ich lange gesucht habe. Das Feedback-Capture-Grid ist ein Tool, welches sehr simpel Testergebnisse strukturieren lässt und mit dem es sich sodann weiterarbeiten lässt. Es unterstützt zudem die Kommunikation von Testergebnissen im Unternehmen.

Land:
Liechtenstein

Affiliation:
Innovation Consultant

Geprüft von: Roberto Gago

Firma/Position: Generali, Customer & Distribution Experience Manager

Experten-Tipps:

Lauf in den Schuhen der potentiellen Kunden

- Wir suchen uns am besten unterschiedliche Orte und Nutzergruppen für das Testen aus.
- Vor allem heutige „Nichtkunden" sind wertvolle Ideenlieferanten in dieser Phase.
- Auch hier sollten wir auf keinen Fall versuchen, unsere Idee an den Nutzer zu „verkaufen", sondern wir sollten aus dem Feedback lernen, das wir erhalten.
- Die Regel beim Testen lautet: Höre zu, beobachte und versuche zunächst, keine Fragen zu stellen und auch nicht den Prototyp zu erklären.
- Wir schreiben auch die „O-Töne" und direkten Reaktionen vom Nutzer auf.
- Testing ist Needfinding. Es gelten dieselben Regeln wie beim Interview.

Reflektiere die gesammelten Ergebnisse

- Die Testergebnisse sollten wir immer gemeinsam mit dem Design Thinking Team reflektieren. Zum Beispiel lässt sich daraus ein neuer gemeinsamer Standpunkt formulieren, der für die Weiterentwicklung unserer Idee bzw. des Prototyps hilfreich ist.
- Wir haben sehr gute Erfahrung damit gemacht, die ausgefüllten Feedback-Capture-Grids nach Antworten und Personas zu gruppieren.
- Und was immer hilft: Iterate, iterate, iterate!! – bis unsere potenziellen Nutzer glücklich sind.

Beschreibung des Anwendungsfalles

- Lillys Team nutzt das Feedback-Capture-Grid fast in allen Phasen des Design Thinking Zyklus. Am häufigsten verwenden sie es zur Dokumentation und Zusammenfassung der Tests mit den Nutzern.
- Sehr gerne nutzen Lilly und das Design Thinking Team es auch als Rückblick auf eine Iteration im Rahmen der Retrospektive.
- Lilly schätzt das direkte, offene Feedback und die konstruktive Kritik sehr. So kann sie rasch lernen und das Projekt sowohl auf inhaltlicher als auch auf prozessualer Ebene verbessern.

Key Learnings

- Interviews immer zu zweit durchführen.
- Die Idee nicht verkaufen, sondern gespannt zuhören, hinschauen und lernen.
- Die Erkenntnisse mit dem Team diskutieren und daraus z.B. einen neuen gemeinsamen Standpunkt formulieren.

Tool zum Download

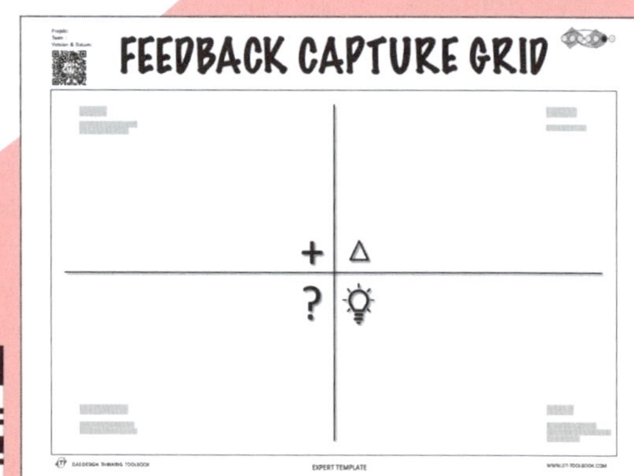

www.dt-toolbook.com/feedback-grid

Powerful Questions in Experience Testing

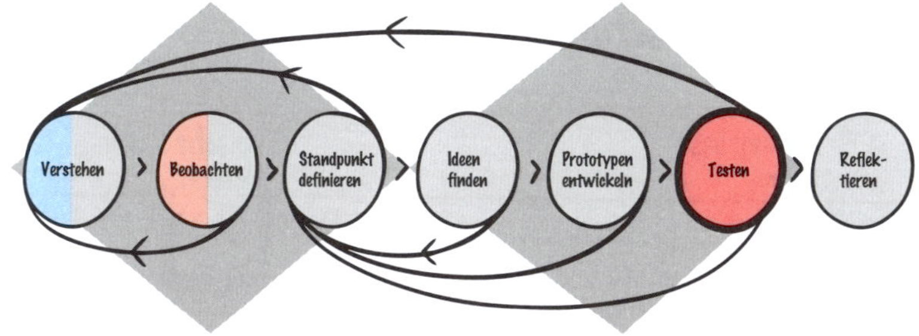

Ich möchte ...

Ideen, Prototypen, Dienstleistungen oder ein Produkt evaluieren, indem es mit echten Kunden oder Nutzern getestet wird.

Was du mit dem Tool machen kannst:

- Die Fantasiewelt verlassen und die reale Welt erobern, indem der Prototyp mit echten Kunden erkundet wird.
- Herausfinden, ob es für die Nutzer/Kunden tatsächlich so funktioniert, wie es vorgesehen war.
- Erfahren, ob die Idee zum Erfolg führen wird oder nicht.
- Feedback einholen: „love it", „change it" oder „leave it".
- Mit den richtigen Fragen qualitative und quantitative Daten sammeln, um zu identifizieren, ob Probleme bei der Erfahrung oder Nutzung auftauchen.

Einige Informationen über das Tool:

- Um in einem Test weitere Erkenntnisse zu sammeln sind „powerful questions" ein gutes Hilfsmittel.
- Wir sollten bereits bei niedrig auflösenden Prototypen die richtigen Fragen stellen und diese für hoch auflösende Prototypen weiterentwickeln.
- Getestet werden sollte jedoch immer auf Basis eines konkreten Prototyps (erste Idee, lo-fi bis hi-fi Prototoypen, siehe Seite 187).
- Während der Testerfahrung sollte die Testperson möglichst viel Interaktion mit dem Prototyp haben. Die Beobachter sehen und hören aufmerksam zu und notieren die Ergebnisse.
- Die Erstellung eines einfachen Testplans mit Zielen, Testumgebung, Prozess, Moderation und Testteilnehmenden.
- In der späteren Entwicklung sind genauere Methoden einzusetzen wie Einheit-, Integrations-, Funktions-, System-, Stress-, Leistungs-, Usability-, Akzeptanz-, Regressions-, Betatests.
- Die heuristische Evaluierung kann als informelle Begutachtung verwendet werden, um ein Produkt anhand einer Reihe von vereinbarten Best Practices, Standards oder Richtlinien zu bewerten oder zu prüfen.

Welches Tool kann stattdessen verwendet werden?

- Ein A/B-Testing, um Daten zu sammeln (siehe Seite 233)
- „I like, I wish, I wonder" (siehe Seite 239)
- Feedback-Capture-Grid (siehe Seite 217)

Welche Tools unterstützen die Arbeit mit diesem Tool?

- Brainstorming zu: warum, wie und was in einem hoch heterogenen Team getestet werden soll (siehe Seite 151)
- Personas/User Profile (siehe Seite 97)
- Empathy Map (siehe Seite 93)
- Verschiedene Arten von Prototypen (Seite 187–194)

Was benötigen wir an Zeit und Material?

Gruppengrösse

3-6

- Ein Moderator und mehrere Beobachtende, wie Mitglieder des Designteams.
- Je nach Setting jedoch nicht zu viele Beobachter, da es die Nutzer sonst einschüchtert.

Typische Dauer

60-90 Min.

- Je nach Komplexität 60-90 Minuten für die Planung: warum, wie und was getestet werden soll.
- Z.B. mind. 5 teilnehmende Nutzer pro Test à 15 Minuten.

Benötigtes Material

- Beobachtungsräume mit Aufzeichnungssoftware
- Guerilla-Testing: Kamera (Ton & Bild), Flipchart, Post-its oder Whiteboard
- Je natürlicher die Umgebung, desto echter die Resultate.

Die richtigen Fragen beim Testen stellen

1 lo-fi Prototypen testen

In diesem Stadium haben wir vielleicht erst eine grobe Idee oder die sprichwörtliche Skizze auf dem Bierdeckel. Zur Validierung eines Konzepts haben wir gute Erfahrung mit den folgenden Fragen gemacht:

- Welches Problem löst deine Idee?
- Wie lösen Nutzer dieses Problem heute?
- Kann sich der Nutzer ein anderes Produkt vorstellen, das ähnliche Eigenschaften hat?
- Woran sind andere Lösungen gescheitert?
- Verstehen die Nutzer die Benefits des Produkts oder der Dienstleistung?
- Wie bewertet der Nutzer das Produkt oder die Dienstleistung?
- Fallen dem Nutzer Konkurrenzprodukte ein?
- Wofür ist die App/Webseite/Funktion etc. designt?
- Hat der potenzielle Nutzer tatsächlich einen Bedarf an diesem Produkt?
- Welche anderen Gegenstände oder Interaktionen stellt sich der Nutzer selbst vor?
- In welchen Szenarien kann er sich eine Verwendung vorstellen?

2 me-fi Prototypen testen

Wir haben basierend auf dem Feedback zu unserem groben Konzept z.B. die ersten Wireframes gestaltet. Diese sind weder interaktiv noch funktional, jedoch veranschaulichen sie was wie genutzt werden soll. Gute Fragen helfen, das Vorhaben in die richtige Richtung zu lenken und z.B. den Ablauf und einfache Elemente in der jeweiligen Erfahrung zu adressieren

- Macht der Prototyp das, was von ihm erwartet wird?
- Wie ist die Reaktion der Nutzer auf das Produktdesign?
- Sobald wir den Prototyp zeigen, verstehen die Nutzer, was er tut?
- Wie wird der Prototyp den Erwartungen des Nutzers gerecht?
- Welche Features fehlen?
- Was ist falsch platziert oder unnötig?
- Wie fühlt sich der Nutzer bei der Verwendung des Prototyps?
- Wenn der Nutzer einen Zauberstab hätte, was würde er am Produkt ändern?
- Wie hoch ist die Wahrscheinlichkeit, dass der potenzielle Nutzer in Zukunft das fertige Produkt nutzen wird?

3 hi-fi Prototypen testen

Durch weitere Iterationen hat sich die Auflösung des Prototyps verbessert. Es handelt sich in der Regel um eine einfache Kopie der finalen Lösung als halbfunktionaler Prototyp. Der Prototyp sollte interaktiv sein, das können, was wir an Funktion vorgesehen haben. Was fehlt, sind Glanz und Schönheit eines finalen Produkts. Fragen:

- Macht der Prototyp das, was er soll?
- Entspricht das Design des Produkts dem Zweck?
- Was möchte der Nutzer bei diesem Produkt als Erstes machen? Gibt es diese Möglichkeit?
- Ist der Nutzer bei Verwendung vom Produkt verwirrt?
- Wird der Nutzer während der Nutzung von etwas abgelenkt?
- Gibt es Funktionen, die der Nutzer komplett ignoriert?
- Ist die Navigation sinnvoll und intuitiv?
- Haben die Nutzer das Gefühl, dass das Produkt für sie entwickelt wurde?
- Was würde den Nutzer dazu veranlassen, dieses Produkt häufiger zu verwenden?
- Wie wahrscheinlich ist es, dass der Nutzer das fertige Produkt einem Freund empfiehlt?
- Wie würde der Nutzer das Produkt mit eigenen Worten beschreiben?

Das ist das Lieblingstool von Natalie Breitschmid

Position:
Chief Experience Enthusiast bei SINODUS AG,
Dozentin an der Hochschule Luzern

„Testing is doing. And doing is like wanting, just more blatant. To become successful, choose the earliest day possible to proof if your idea works or not."

Warum ist das ihr Lieblingstool?

Wir haben alle grossartige Ideen, doch oft nutzen die Kunden nicht, was wir uns ausgedacht haben, oder unsere Idee war schlichtweg schlecht und niemand wird diese Lösung jemals nutzen. Powerful Questions in Experience Testing ist mein Lieblingstool, weil wir damit hinterfragen können, ob wir unsere Energie in etwas investieren, das diese Welt wirklich braucht. Zudem sollten wir nicht vergessen, dass kein Angebot einen inneren Wert hat: Der Einzige, der einem Produkt oder einer Dienstleistung Wert zuweist, ist der Kunde.

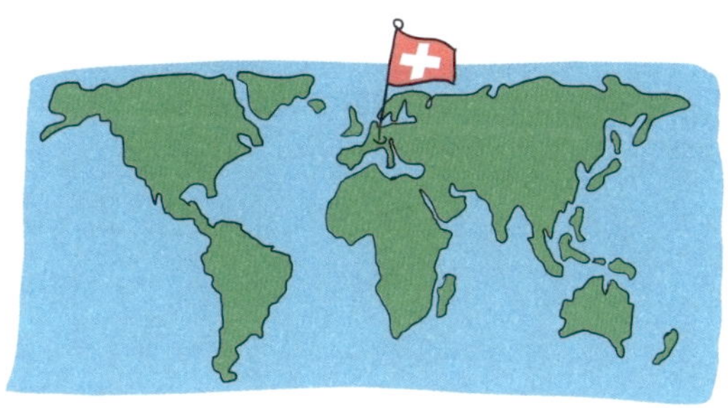

Land:
Schweiz

Affiliation:
Sinodus, HS Luzern

Geprüft von: Gaurav Bhargva

Firma/Position: IRESS, User Experience Expert, Design Thinker

Experten-Tipps:

Testen, Testen und nochmals Testen

- Teste immer und immer wieder: Unterlasse das Testen nicht aus Zeitdruck oder anderen Gründen. Das Testen ist zu wichtig.
- Nimm dir genügend Zeit zum Testen. Das ist die wichtigste Phase. Hier lernst du.
- Erzähle oder zeige den Testteilnehmenden nicht, wie es funktioniert. Dies beeinflusst automatisch die Art und Weise, wie sie den Prototyp betrachten. Lass sie also tun und beobachte sie gut. Frage, warum und wie sie darüber denken.
- Gib den Prototyp den Benutzern für einen Tag oder sogar eine Woche mit, um ihn so oft wie möglich zu nutzen und das genaueste Feedback zu erhalten. Die Benutzer können auch gebeten werden, sich via Video aufzunehmen.

Verwende (falls sinnvoll) Online-Tests oder andere digitale Methoden

- Ist der Prototyp eine Dienstleistung (App oder Website), kann die Benutzervalidierung viel schneller geschehen. Dafür sind Online-Umfragen eine Möglichkeit. Die Umfrage über den Service kann in die App oder Website integriert werden, um noch mehr Feedback zu erhalten.
- 90 % der Start-ups scheitern (Patel (2015)). Über 40 % scheitern, weil es keinen Marktbedarf für ihr Produkt gibt (Griffith (2014)). Deshalb ist es so wichtig, den Kunden/Nutzer genau zu beobachten und Interaktionen durchzuführen. Verbessere Prototypen vom ersten Konzept, über lo-fi hin zu hi-fi Prototypen: Je mehr wir uns auf die Essenz eines echten Kundenproblems und -bedarfs konzentrieren, desto erfolgreicher werden wir sein.

Beschreibung des Anwendungsfalles

- Nach verschiedenen niedrig auflösenden Prototypen hat Lillys Teams einen kleinen Roboter programmiert, um die Mensch-Roboter-Interaktion zu testen.
- Vor den Tests wurde viel Brainstorming mit dem Design Thinking Team über die Testanforderungen gemacht, sodass später die Resultate des Experience Testings der gewünschten Experience entspricht.
- Die wertvollen Testerkenntnisse werden die Teams umgehend in den nächsten Prototypen integrieren, so lange, bis alle Kunden den Prototyp lieben.

Key Learnings

- Der Einzige, die einem Produkt oder einer Dienstleistung einen Wert zuweist, ist der Nutzer/Kunde.
- Frage den Nutzer zielgerichtet und lasse ihn spüren, dass seine Antworten wertvoll sind.
- Lasse den Nutzer/Kunden laut denken während des Testens.

Tool zum Download

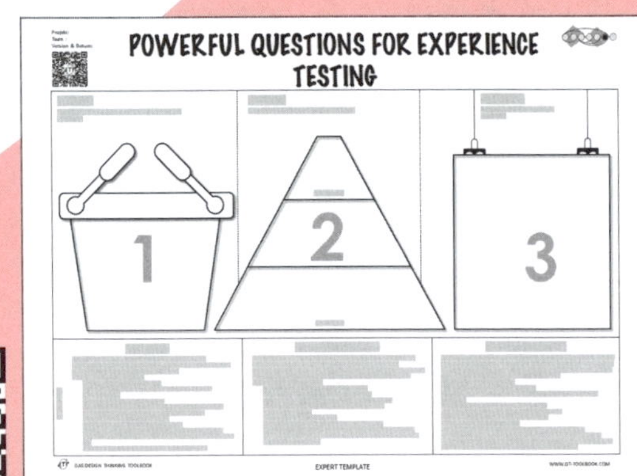

www.dt-toolbook.com/experience-testing

Solution Interview

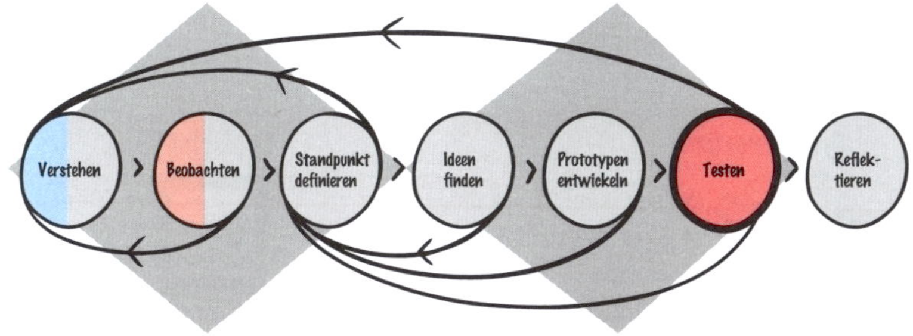

Ich möchte ...

herausfinden, ob eine Lösung beim Nutzer auf Akzeptanz stösst.

Was du mit dem Tool machen kannst:

- Verstehen, ob eine angedachte Lösung von den Nutzern wertgeschätzt wird, d.h. ob sie hinsichtlich Funktionalität, Nutzerfreundlichkeit und Nutzungserlebnis überzeugt.
- Die Aufgabenstellung, die dem Projekt zugrunde liegt, hinterfragen, d.h. zu überprüfen, ob man sich im Projekt auf die entscheidenden Fragen konzentriert.
- Die Bedürfnisse, Verhaltensweisen und Motivationen von Nutzern/Kunden tiefer verstehen.
- Den Wert der Lösung für den Nutzer bemessen.

Einige Informationen über das Tool:

- Wie der Name nahelegt, sind Solution Interviews ein Instrument, das in der Testphase meist mit fortgeschrittenen (hoch auflösenden) Prototypen durchgeführt wird.
- Das Ziel ist, im Projekt erarbeitete Lösungen zu testen, ob sie bei den adressierten Nutzern auf Akzeptanz stoßen.
- Um eine Abgrenzung zu den bereits vorgestellten Tools für Tests zu machen, wird in diesem Fall das Solution Interview besonders im Lösungsraum genutzt.
- Deshalb konzentrieren wir uns auf die „Akzeptanz" eines finalen Prototyps oder MVP.
- In dieser späten Phasen liefern Solution Interviews Erkenntnisse über die Annahme einer Lösung durch den Nutzer bis hin zur Preisfindung.

Welches Tool kann stattdessen verwendet werden?

- Feedback-Capture-Grid (siehe Seite 217)
- Testing Sheet (siehe Seite 213)
- A/B-Testing (siehe Seite 233)

Welches Tool unterstützt die Arbeit mit diesem Tool?

- How might we…-Frage (siehe Seite 125)
- Persona / User Profile (siehe Seite 97)
- Verschiedene Arten von Prototypen (siehe Seite 187 ff.)

Was benötigen wir an Zeit und Material?

Gruppengrösse

2-3

- Ideal sind 2er-Teams
- Eine Person ist Interviewer und die zweite Person schreibt, beobachtet und stellt Rückfragen.
- Ggf. fotografiert oder filmt eine dritte Person.

Typische Dauer

20-30 Min.

- 30 Minuten sind eine gute Orientierung für ein Solution Interview.
- Ein qualitatives Mass für die Interviewdauer sollte der wahrgenommene Erkenntnisgewinn sein

Benötigtes Material

- Gesprächsleitfaden
- Prototyp der Lösung
- Papier, Stifte, ggf. etwas Prototyping-Material
- Aufnahmegerät, Videokamera oder Mobiltelefon

Template und Vorgehen Solution Interview

Lösung: Zu testende Lösung

Kontext (1)

Aufgabenstellung	Ziel	Persona
• Design Challenge des Projektes • How-might-we...-Frage	• Interviewziel • Zentrale Frage, die nach den Interviews beantwortet sein soll	• Personas und deren Bedürfnisse (Fokus der Lösung) • Point of View Statement

Interviewplanung (2)

Interviewkandidaten	Interviewteam	Material
• Interviewkandidaten identifizieren, die Personas ähnlich sind • Anzahl der benötigten Interviews festlegen	• Größe des Interviewteams • Rollenverteilung	• Kernausrüstung • Bezug zum letzten Gespräch • Ergänzende Materialien

Interviewleitfaden (3)

Agenda & Inhalte	Inhalt
1. Warm-up (Dauer:) 2. Einleitung in Kontext (Dauer:) 3. Lösung erleben (Dauer:) 4. Zusammenfassung (Dauer:)	• Gesprächspunkte • Konkrete Fragen • Präsentationsform der Lösung

Wie das Tool angewandt wird ...

Solution Interviews dienen dem Erkenntnisgewinn durch Feedback zu einer fast fertigen Lösung vom Nutzer/Kunden.

- **Schritt 1:** Lege zuerst das Interviewziel fest. Reflektiere dafür nochmals über die Aufgabenstellung und die Persona(s), welche die Lösung adressieren soll.
- Das Ziel ist in Abhängigkeit von der aktuellen Phase im Makrozyklus, hier z.B. die Wirkung der Lösung zu prüfen oder Wert der Lösung zu bemessen.
- Achte bei der Auswahl der Interviewkandidaten darauf, dass sie der Persona ähneln, für die die Lösung gedacht ist.
- **Schritt 2:** Lege das Interviewteam inkl. Rollenverteilung fest.
- Überlege, was zum Interview mitzunehmen ist, z.B. Bezugspunkte aus vorangegangenen Gesprächen.
- **Schritt 3:** Plane den Interviewleitfaden in vier Phasen: Warm-up, Einleitung in Kontext, Lösung erleben, Zusammenfassung.
- **Warm-up:** Schaffe eine Atmosphäre, die ungehemmte Aussagen zulässt. Überprüfe Ähnlichkeit zwischen Interviewtem und Persona.
- **Einleitung in Kontext:** Lege fest, welche Informationen über das Anwendungsszenario die Interviewten erhalten sollen.
- **Lösung erleben:** Lasse die Interviewten die Lösung sich selbst erarbeiten, bitte dabei um „lautes Denken".
- **Zusammenfassung:** Gib die Aussagen der Gesprächspartner nochmals in eigenen Worten wieder. Beobachte die Reaktion.

Das ist das Lieblingstool von Niels Feldmann

Position:
Dozent für Service Design Thinking am Karlsruher Institut für Technologie (KIT)

„Bei Ideo sagt man, Design Thinking ist "Enlightened Trail and Error". Erleuchtung durch Versuch und Fehler also? Oder eher durch Erleuchtungen gesteuertes Versuchen und Scheitern? Das Zitat gefällt mir, weil es in wenigen Worten den iterativen Charakter von Design Thinking hervorhebt und gleichzeitig die Bedeutung des Denkens, den Aspekt der tiefen Einsicht, betont."

Warum ist das sein Lieblingstool?

Solution Interviews sind ein Moment der Wahrheit. In den vorangegangenen Schritten haben wir bereits verschiedene Prototypen getestet. Wir haben die Datenlage interpretiert, Lösungsideen für unsere Interpretation erarbeitet und Prototypen für unsere Lösungen geschaffen. Im Solution Interview gleichen wir nun unsere Interpretation der Realität mit der Realität selbst ab – ein Moment der Wahrheit. Nach den Solution Interviews haben wir eine veränderte Ausgangslage für die nächste Iteration in unserem Projekt.

Land:
Deutschland

Affiliation:
KIT

Geprüft von: Roger Stämpfli

Firma/Position: Aroma AG, Creative Director

Experten-Tipps:

Trete nicht in die Höflichkeitsfalle
Eine der größten Herausforderungen ist, irreführende Aussagen der Interviewten aufgrund von Höflichkeit zu vermeiden.

Wähle geeignete Interview-Kandidaten aus
Mische Personen, die aus den Probleminterviews bekannt sind, mit unvoreingenommenen Personen, die jetzt die Lösung testen.

Definiere ein Interview Team
Nutze Dritte als Interviewer, falls die (Fach-)Sprache nicht bekannt ist. Fachpersonal, Kinder, Minoritäten geben ihresgleichen andere Antworten als fachfremden Kollegen, Erwachsenen oder Mitglieder der Mehrheit.

Wähle sorgfältig aus, was getestet werden soll
Der Prototyp sollte geeignet sein, unser Interviewziel zu erreichen. Im Gegensatz zu Tests in frühen Phasen, wo bewusst Paper Mock-ups genutzt wurden, braucht es, um z.B. den monetären Wert einer Lösung zu testen, einen hoch auflösenden Prototyp.

Bekomme ein Gefühl über die Person die Gegenüber sitzt
Prüfe, ob die Interviewten der Persona auch hinsichtlich von Persönlichkeitsmerkmalen ähnlich sind: Innovatoren geben z.B. andere Antworten als die frühe Mehrheit.

Lasse die Lösung erkunden, es ist kein Verkaufsgespräch
Lasse die Interviewten die Lösung selbst erkunden. Demos setzen Interviewte zu leicht auf vorgedachte Pfade.
In frühen Phasen können wenige Gesprächspunkte, in späteren Phasen eher spezifische Fragen hilfreich sein. Lasse den Interviewten erzählen, wie er die Lösung einsetzen würde.

Dokumentiere die Ergebnisse
Filme das Interview wenn möglich. Verhalten offenbart viel Wahrheit jenseits des Gesprochenen.

Beschreibung des Anwendungsfalles

- Das Lösungsinterview hilft dem Team, die Lösungsidee zu validieren. Lilly nutzt es, um die Ideen des Teams kritisch zu hinterfragen.
- Oftmals hat das Team Mühe, die eigenen Ideen loszulassen. Sie sagt zwar gerne „Love is for people, not for prototypes", aber das nutzt wenig.
- Viel hilfreicher ist es, wenn der Kunde das sagt. Lilly und ihr Team setzen das Solution Interview auch manchmal schon in den frühen Projektphasen ein, um die Lösung zu hinterfragen oder über Bord zu werfen. Hauptsächlich nutzen sie Solution Interviews jedoch in späteren Phasen, um die Lösung wirklich zu testen.

Key Learnings

- Solution Interviews dienen dem Erkenntnisgewinn, nicht dem Verkaufen.
- Durchdachte Solution Interviews führen zu aussagekräftigen Antworten.
- Nicht nur Aussagen ermöglichen Erkenntnisse, sondern auch Beobachtungen.
- Das Ergebnis ist die Interpretation der Daten, nicht die Daten selbst.

Tool zum Download

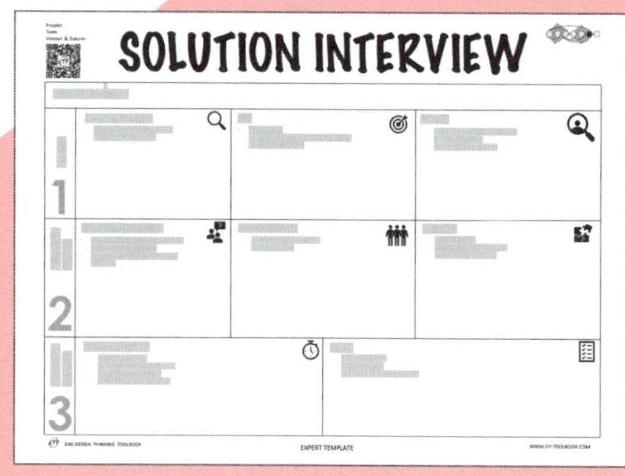

www.dt-toolbook.com/solution-interview

Structured Usability Testing

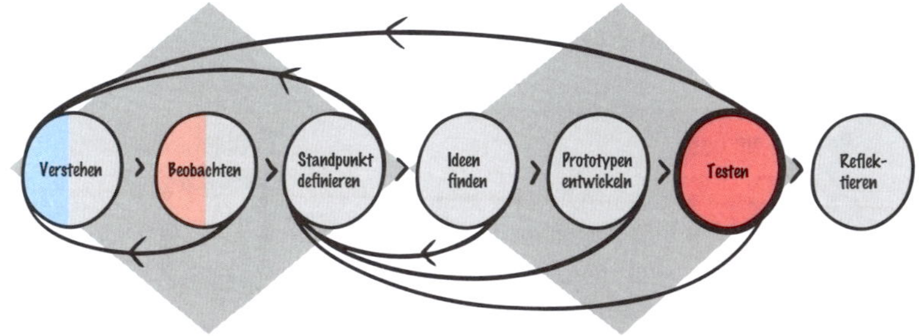

Ich möchte ...

meine Prototypen mit potenziellen Nutzern unter einheitlich festgelegten Rahmenbedingungen testen.

Was du mit dem Tool machen kannst:

- Mit definierten Testszenarien (Tasks) die Interaktion zwischen Benutzer und System (Prototyp) beobachten.
- Die getroffenen Annahmen, Lösungsansätze und Konzepte am Benutzer auf ihre Richtigkeit überprüfen und vergleichen.
- Neue Inputs für die Verbesserung oder komplett neue Ideen erhalten.
- Durch das Testen von bestehenden Produkten tiefere Einsichten in die Problemstellung erhalten.
- Die Gebrauchstauglichkeit durch Testen und anschliessendes Optimieren iterativ verbessern.

Einige Informationen über das Tool:

- Getestet werden kann alles, was „bedienbar" ist, sowohl physische wie auch digitale Produkte.
- Mit dem Usability Testing kann überprüft werden, ob etwas effektiv, effizient und zufriedenstellend für den Nutzer funktioniert.
- Getestet werden sollte so konkret, so oft und so früh wie möglich.
- Hierfür braucht es reale Nutzer, welche unter einheitlich festgelegten Rahmenbedingungen konkrete vorgegebene Aufgaben mit dem Prototyp erledigen. Beobachte alles und dokumentiere falls möglich mit Video oder Tracking-Software.
- Durch eine einheitliche Struktur können mehrere Ideen oder Varianten getestet werden und anhand der gleichen Kriterien verglichen werden.
- Bevor mit dem Testing begonnen wird, ist es wichtig, sich bewusst zu werden, was getestet und wie gemessen werden soll.
- Es gibt viele verschiedene Varianten und Ausprägungen des Usability Testings: Hallway, Guerilla, Labortest, Feldtest usw.

Welches Tool kann stattdessen verwendet werden?

- Solution Interview (siehe Seite 225)
- A/B-Testing (siehe Seite 233)
- Consumer Clinics
- Fokusgruppe

Welches Tool unterstützt die Arbeit mit diesem Tool?

- Verschiedene Arten von Prototypen (siehe Seite 187 ff.)
- Persona / User Profile (siehe Seite 97)
- 6 W-Fragen (siehe Seite 71)

Was benötigen wir an Zeit und Material?

Gruppengrösse

>2

- Mindestens 2 Personen
- Eine Person führt und begleitet den Nutzer, eine oder mehrere weitere Personen beobachten und dokumentieren den Test.

Typische Dauer

40-90 Min.

- Je nach Komplexität des Prototyps und der zu erfüllenden Aufgabe unterschiedlich.
- Die Aufgabenstellung und der Ablauf müssen zuvor definiert werden.

Benötigtes Material

- Prototyp (Hard-oder Software)
- Kamera für Video & Tonaufnahmen
- Skript (Leitfaden) mit definierten Testszenarien (Tasks), Notizmaterial und Bewertungsraster

Template und Vorgehen Structured Usability Testing

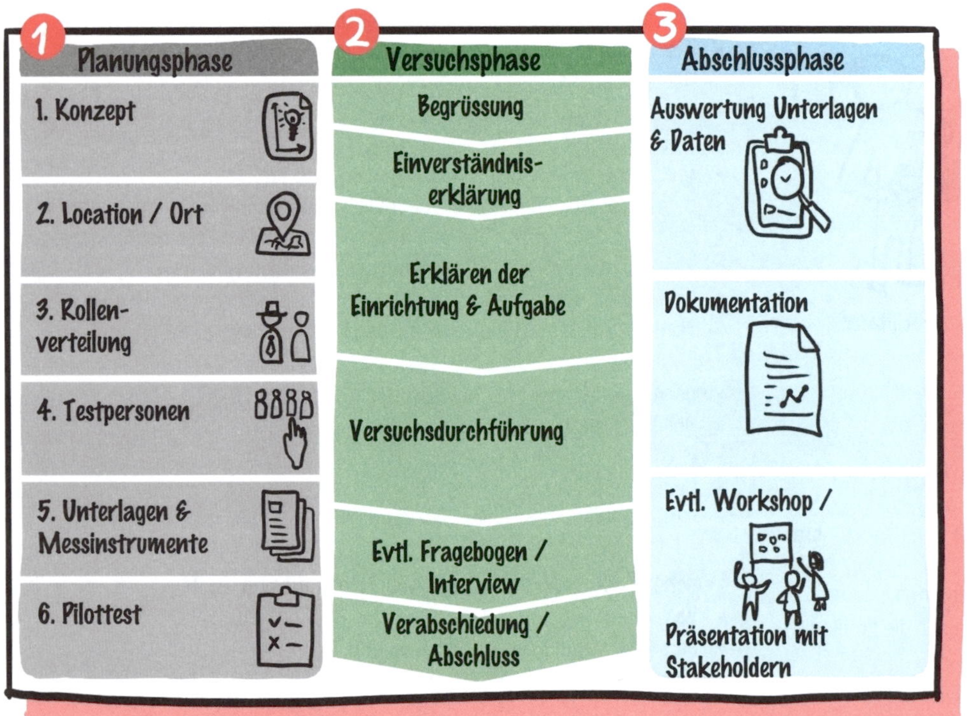

Wie das Tool angewandt wird ...

Die Durchführung eines strukturierten Usability Testings hat drei Phasen:

- **Schritt 1 Planungsphase**: Bereite das Testing vor. Erstelle zuerst ein Konzept, in welchem grob beschrieben wird, worum es geht, was das Testobjekt ist, was genau herausgefunden werden soll, welche Vermutungen und Hypothesen es schon gibt und wie der zeitliche Ablauf sein soll. Danach wähle die Location, definiere die Rollen (Moderator, Beobachter usw.) und die Testpersonen, definiere die genauen Testszenarien (Tasks). Bereite die Unterlagen vor und mache zum Schluss einen „Dry Run", um zu verifizieren, ob alles wie gewünscht funktioniert.
- **Schritt 2 Versuchsphase:** Führe den eigentlichen Test mit den Nutzern/Probanden durch.
  Versuche dabei, den Ablauf und die Testszenarien möglichst strikt einzuhalten und möglichst allen Testpersonen immer dieselben Informationen zu geben.
- **Schritt 3 Abschlussphase:** Werte die gesammelten Erkenntnisse aus, dokumentiere und, wenn gewünscht, präsentiere die Ergebnisse den jeweiligen Stakeholdern. Nutze die Ergebnisse, um die Usability weiter zu verbessern.

Das ist das Lieblingstool von Pascal Henzmann

Position:
Projektleiter im Team Innovationsmanagement
bei der Helbling Technik AG

„Oft ist die Richtung, in welche die Entwicklung eines Produkts gehen soll, stark von firmeninternen Einflussgrössen beeinflusst. Da jedoch nicht das Management die Produkte kauft, sondern die Kunden, ist der Einstieg über deren Bedürfnisse zentral. Genau da liegen die Stärken von Design Thinking in der frühen Phase der Produktentwicklung."

Warum ist das sein Lieblingstool?

Das Structured Usability Testing ist mein Lieblingstool, weil es hilft, von Diskussionen über Annahmen wegzukommen. Und es gibt dem Projektteam aufgrund der strukturierten Vorgehensweise eine empirische Grundlage, auf welcher das Produkt oder die Idee verbessert werden kann. Es zwingt das Designteam, die Ideen möglichst schnell umzusetzen. Zudem ist der direkte Kontakt mit dem Kunden/Nutzer inspirierend und motivierend. „Remember that your system will be tested for usability – even if you don't do so yourself." – *Jakob Nielsen*

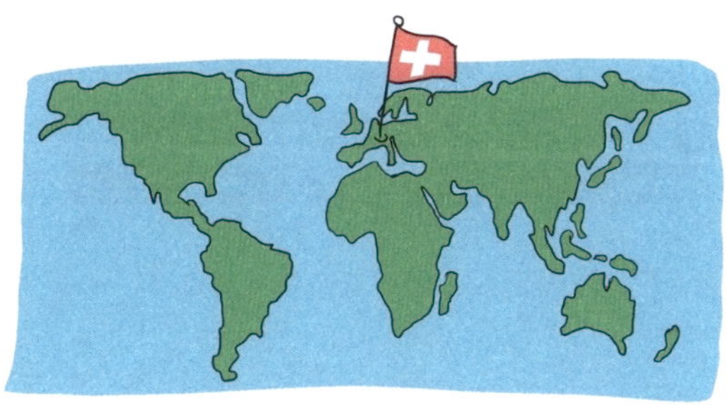

Land:
Schweiz

Affiliation:
Helbling

Geprüft von: Ute Bauckhom

Firma/Position: Schindler Aufzüge AG, Head of Safety & Health

Experten Tipps:

Definiere Testszenarien und Prototypen

- Testszenarien (Tasks) müssen klar definiert sein und helfen, zu bestimmen, welche Aspekte des Prototyps getestet werden.
- Erfolgsfaktoren pro Task können mit „Success", „Struggle" oder „Fail" bewertet werden, was die spätere Auswertung erleichtert.
- Der Detaillierungsgrad des Prototyps muss auf die Testszenarien abgestimmt sein. Insbesondere bei grundlegenden Fragen, z.B. zum Bedienablauf, sollte auf unnötige Details verzichtet werden.

Liebe ist für Menschen, nicht für Prototypen

- Verschwende nicht zu viel Zeit mit Details, ansonsten fällt es schwer, sich später von der Idee zu lösen.
- In einer sehr frühen Phase eines Projekts kann sogar mit dem bestehenden Produkt oder Konkurrenzprodukten getestet werden.

Definiere die Testnutzer und wer das Gespräch führt

- Die Auswahl der Test-User ist von zentraler Bedeutung. Diese müssen, so weit möglich, den gewählten Personas entsprechen.
- Die Moderation sollte am besten von einer unabhängigen Person, welche nicht involviert ist, durchgeführt werden (Objektivität).
- Eine positive und dankbare Haltung der Testperson gegenüber ist wichtig, denn es wird das System und nicht die Person getestet
- Die Testpersonen sollen laut denken, d.h. möglichst alles erzählen, was sie denken.
- Keine Suggestivfragen stellen! (Z.B. „Kann man sonst noch irgendwo klicken?" sagt dem Benutzer eigentlich schon, dass er sonst noch irgendwo klicken kann.)
- Wenn ein User nicht weiterkommt, nicht helfen, sondern fragen, was jetzt passieren sollte.

Lege Wert auf eine aussagekräftige Testdokumentation

- Ein digitales Screen Capturing oder Video ist bei physischen Produkten für die Kommunikation der Ergebnisse hilfreich.

Beschreibung des Anwendungsfalles

- Einzelne Teams von Lilly möchten mehr Struktur in das Testen ihrer Prototypen bringen.
- Das Team beginnt damit, konkrete Aufgaben (Testszenarien) für jeden Prototyp zu erstellen. Parallel dazu hat das Team bereits begonnen, Testpersonen zu suchen, die den Zielkunden (Personas) entsprechen.
- Der Plan des Teams ist, dass während eines kompletten Tages die Testpersonen nacheinander alle Tests in der Interaktion mit den Prototypen durchführen.

Key Learnings

- Setze klare Ziele und mache eine saubere Planung.
- Wähle Testpersonen aus der Zielgruppe und fordere zu „Think Aloud" auf. – Die Testpersonen sollen möglichst alles erzählen, was sie denken.
- Nach Möglichkeit keine Suggestivfragen stellen und erste Tests lieber früh mit wenig Probanden/Nutzern durchführen als spät mit vielen.

Tool zum Download

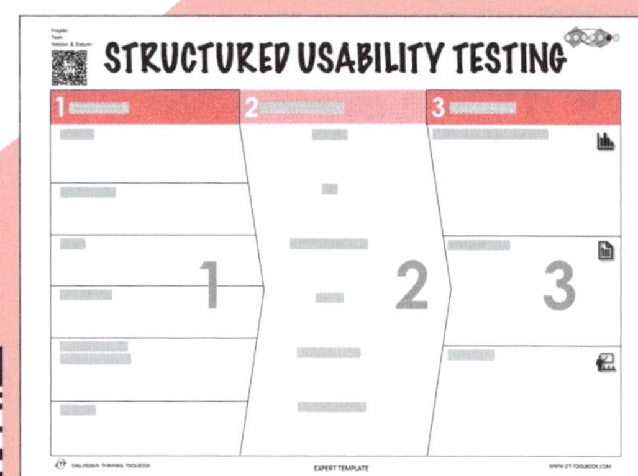

www.dt-toolbook.com/usability-testing

A/B-Testing

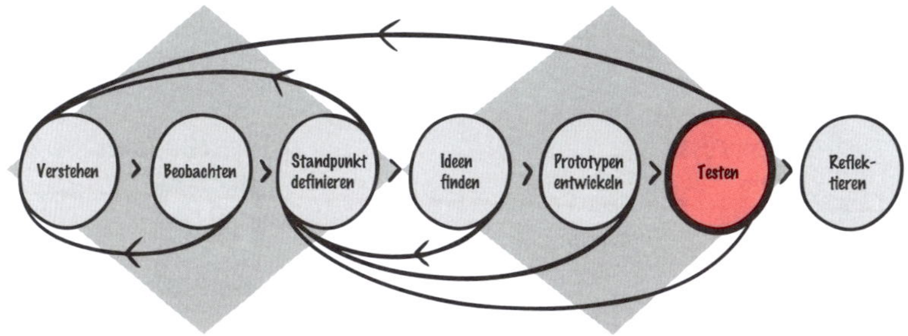

Ich möchte ...

eine Annahme überprüfen oder zwei Varianten (quantitativ oder qualitativ) vergleichen, um herauszufinden, wo die Präferenzen der Nutzer/Kunden liegen.

Was du mit dem Tool machen kannst:

- Einen echten A/B-Test oder mehrere Varianten, in Form von Multivarianten-Test/Split-Testing, eines Prototyps durchführen.
- Eine quantitative Auswertung machen.
- Eine qualitative Erhebung durchführen und die Anzahl und Inhalte der Feedbacks evaluieren.
- Einzelne Varianten einer Funktion oder eines Prototyps (z.B. Button, Visuals, Anordnung) miteinander vergleichen.

Einige Informationen über das Tool:

- Der A/B-Test kann als eigenständiger Test oder als Erweiterung eines Tests von einem Prototyp genutzt werden.
- Der A/B-Test ist ein einfaches Tool, um parallel zum Beispiel zwei Varianten eines Prototyps zu testen. Der Test des Prototyps beantwortet in der Regel eine Fragestellung mit unterschiedlichen Ausprägungen.
- Dieser Test ist sehr gut geeignet, um einen bestehenden Prototyp/ein MVP weiterzuentwickeln und eine neue Variante gegen den Basis-Prototyp zu testen. Wichtig ist, Klarheit vor dem Test zu schaffen, was gegeneinander getestet werden soll, zum Beispiel in Form von Kennzahlen.
- Meist fällt es Nutzern leichter, beim Vergleich zweier Prototypen Feedback zu geben, als wenn sie sich nur zu einem Prototypen äußern sollen.

Welches Tool kann stattdessen verwendet werden?

- Structured Usability Testing (siehe Seite 229)
- Solution Interview (siehe Seite 225)

Welches Tool unterstützt die Arbeit mit diesem Tool?

- Powerful Questions in Experience Testing (siehe Seite 221)
- Online-Tools unterstützen den kompletten Prozess eines A/B- oder Multivarianten-Tests, inklusive der Auswertung.

Was benötigen wir an Zeit und Material?

Gruppengrösse

1-2

- Je nach Verfahren und Toolunterstützung mind. 1-2 Personen pro Test
- Mit Tools genügt 1 Person; ohne mind. 2 Personen.
- Testgruppe/n (unterschiedliche Grösse)

Typische Dauer

5-15 Min.

- Abhängig von Anzahl Nutzer und Nutzung eines Tools oder der manuellen Auswertung
- Vor- und Nachbereitung mit berücksichtigen

Benötigtes Material

- Je nach Prototyp unterschiedliches Material
- Stift und Papier, um Feedback aufzunehmen
- Online-Prototyp via Software und Voting-Tool

Template und Vorgehen A/B-Testing

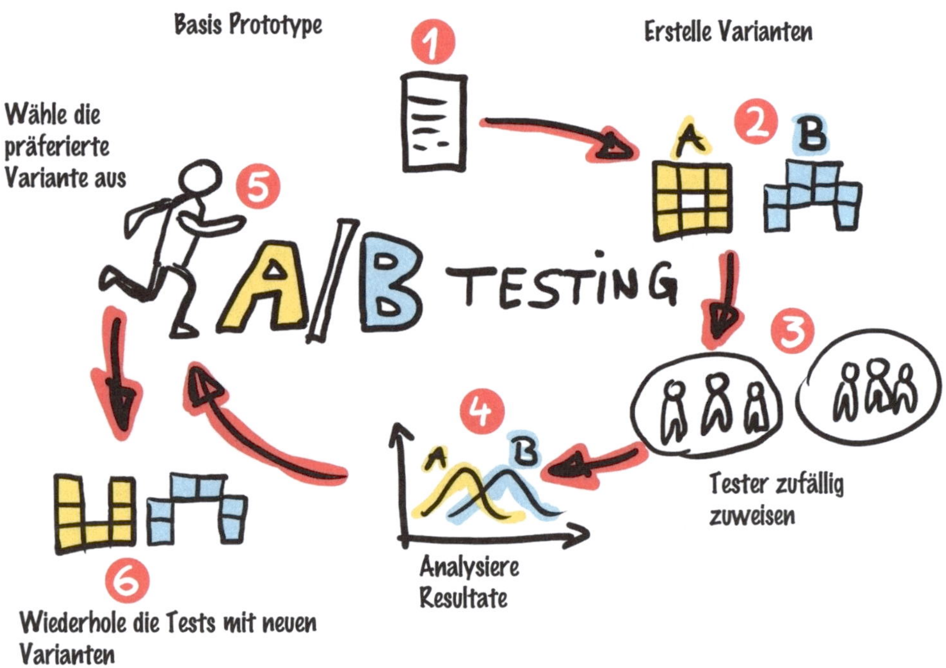

Wie das Tool angewandt wird ...

Das A/B-Testing ist schnell und einfach. Jedoch muss am Anfang entschieden werden, wie und was getestet werden soll:

- **Schritt 1:** Definiere den Basis-Prototyp und entscheide, wer die Testgruppe (Auswahl der Zielgruppe) sein soll.
- **Schritt 2:** Überlege Varianten des Prototyps und triff eine Entscheidung für zwei, die miteinander verglichen werden sollen. Definiere Kennzahlen, wie getestet werden soll (Festlegung quantitativer oder qualitativer Test).
- **Schritt 3:** Ordne die Nutzer bei quantitativen Tests zufällig zu und führe den Test durch.
- **Schritt 4:** Werte die Ergebnisse aus.
- **Schritt 5:** Nutze die präferierte Variante zur Verbesserung des Prototyps.
- **Schritt 6:** Wiederhole die Tests mit neuen Varianten oder führe einen weiteren Test zur Validierung durch.

Hinweis: Unterscheidung des Testvorgehens: Quantitativer A/B-Test: Die Nutzergruppe wird aufgeteilt (x % Variante A, y % Variante B). Qualitativer A/B-Test: Die Varianten werden gegeneinander getestet (alle Nutzer sehen Variante A & B).

Das ist das Lieblingstool von Christian Langrock

Position:
Innovation Manager der Hamburger Hochbahn AG

„Agilität und Design Thinking basieren auf einem ähnlichen Mindset, das uns hilft, den Kunden wieder in den Fokus zu rücken und in der VUCA Welt* die richtigen Produkte und Dienstleistungen für und mit ihm zu entwickeln."
*) VUCA steht als Abkürzung für: Volatilität (Volatility), Ungewissheit (Uncertainty), Komplexität (Complexity) und Vieldeutigkeit (Ambiguity).

Warum ist das sein Lieblingstool?

Der A/B-Test ist im IT-Umfeld bereits seit vielen Jahren ein wichtiges Tool, um schnell kennzahlenbasiert Kunden-Feedback zu erhalten (quantitatives Testing). Im Design Thinking ist es noch nicht so weit verbreitet, Prototypen gegeneinander zu testen. Meist wird ein vom Team favorisierter Prototyp getestet. Durch einen A/B-Test lassen sich aber parallel zwei im Team entwickelte Varianten durch den Nutzer vergleichen (qualitatives Testing). Es hilft beim Feedback geben, weil die Nutzer zwei Varianten miteinander vergleichen können. Das A/B-Testing kann wichtige Hinweise für den nächsten Prototyp liefern.

Land:
Deutschland

Affiliation:
Hochbahn

Geprüft von: Regina Vogel

Firma/Position: Innovations- und Leadership Coach

Experten-Tipps:

Bestimme was genau im Test geprüft werden soll

- Vor dem Test steht immer die Überlegung, welche Annahme geprüft werden soll.
- Wie soll getestet werden? Wird qualitatives oder quantitatives Feedback benötigt? Danach richtet sich das Testverfahren aus.
- Überprüfe im Test auch nur eine Annahme, zum Beispiel Design, Visuals, Buttons, Wording, Prozess. Soll z.B. der Registrierungsprozess in einer neu entwickelten App in einem Schritt erfolgen oder auf mehrere Schritte verteilt werden?
- Jede Variante im A/B-Test sollte trotz unterschiedlicher Ausprägungen die Annahme stützen.
- Wie auch im „Structured Usability Testing" (siehe Seite 229) machen wir uns vorher Gedanken, wie die Auswertung des Tests geschehen soll: Definiere vorher klar die Kriterien, sei flexibel und passe den Prototyp an, wenn mehrfach die gleichen Rückmeldungen kommen, was den Nutzer stört.
- Überlege vor dem Test, welche Zielgruppe (Persona) testen soll und ob alle Nutzer beide Varianten sehen sollen oder ob die Nutzer in zwei Gruppen aufgeteilt werden.
- Nutze Tools (Web-Tools / Apps) zum A/B-Test – gerade im Bereich digitale Prototypen und Tests von Web-Frontend-Lösungen gibt es effiziente Lösungen.

Begrenze die Anzahl der Tests nicht

- Verstehe den Test als einen Zyklus mit einer nicht limitierten Anzahl von Durchgängen.
- Je einfacher und trivialer der Test erscheint, umso erkenntnisreicher kann oftmals das Ergebnis ausfallen.

Beschreibung des Anwendungsfalles

- Lilly nutzt A/B-Testing nur für quantitative Online-Tests, z.B. wenn es darum geht, zu untersuchen, welche Landingpage die höhere Conversion bringt.
- Lillys Teams nutzen es aber auch für den Test von physischen Prototypen, z.B. um herauszufinden, welche Eigenschaft wichtiger für den Kunden ist und besser bei der Zielgruppe ankommt. Hierzu werden zwei Varianten erstellt, die sich nur in einer Eigenschaft unterscheiden.
- Gerade in persönlichen Gesprächen erfährt das Team viele interessante Aspekte über die Bedürfnisse der Nutzer im Nachgang vom eigentlichen Test.

Key Learnings

- A/B-Testen ist nicht das Testen zwei verschiedener Ideen, sondern zweier Varianten eines Prototyps.
- Die Test-Zielgruppen sollten der Ziel-Persona entsprechen.
- Entscheide vor dem Test über das Setup, also ob qualitatives oder quantitatives Feedback benötigt wird.

Tool zum Download

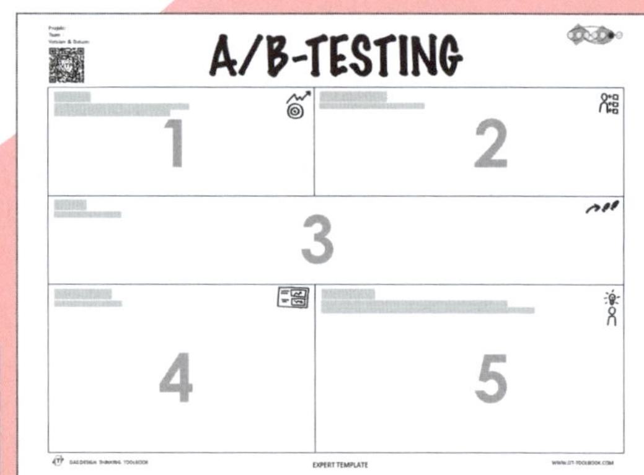

www.dt-toolbook.com/a-b-testing

Phase: Reflektieren

Die letzte Phase, das „Reflektieren", hilft auf verschiedenen Ebenen. Wir können unser Vorgehen reflektieren, die Arbeit im Team, die Einbindung der relevanten Stakeholder bis hin zum gelebten Mindset. Wir sehen die Schritte der Reflexion und des Lernens als sehr wichtig an und haben es deshalb zu einem integrierten Bestandteil unserer Arbeit als Designer gemacht. Verschiedene Techniken wie I like, I wish, I wonder und das Retrospective Sailboat helfen bei der Reflexion des Vorgehens. Tools wie das Lean Canvas oder Create a Pitch for Presentation helfen bei der Reflexion und Dokumentation der Projektinhalte und bei deren kontinuierlicher Weiterentwicklung.

I like, I wish, I wonder

(IL, IW, IW)

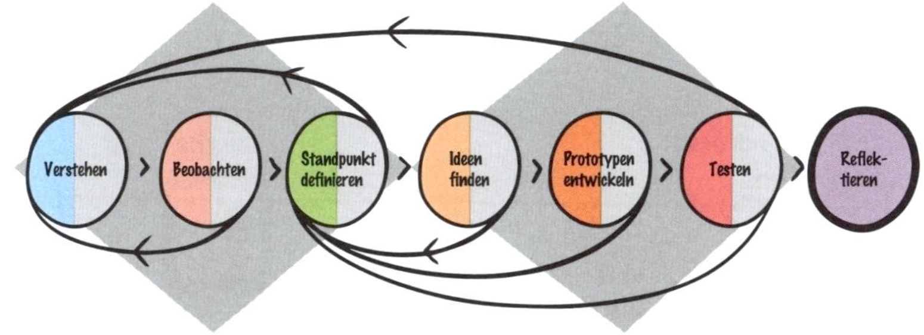

Ich möchte …

konstruktives Feedback geben und eine positive Grundstimmung behalten.

Was du mit dem Tool machen kannst:

- Es fest im Team als Feedbackritual verankern, in dem nur „I like, I wish" bzw. ergänzt mit „I wonder" als Feedback zugelassen wird (kurz IL/IW/IW).
- Kleine Erfolge, die durch eine Iteration, einen Prototyp oder in einem Test erzielt wurden, damit feiern.
- Zu einem Teil der Reflexion und der Ideenfindung machen, z.B. erweitert durch „What if …" und einen Ideenparkplatz.
- Feedback in schriftlicher als auch in gesprochener Form geben und erhalten.

Einige Informationen über das Tool:

- Feedback benötigen wir über den gesamten Design Thinking Prozess. Es dient der Verbesserung von Prototypen, Storys und Geschäftsmodellen.
- I like, I wish eignet sich auch besonders bei sensiblen Projekten. Durch das Aufrechterhalten einer positiven Grundstimmung entsteht eine partnerschaftliche Beziehung zwischen dem Feedbackgeber und -nehmer.
- Es kann sowohl im Rahmen der Reflexion der Zusammenarbeit als auch für ein bestimmtes Ergebnis verwendet werden. Z.B. „Ich mag es, wie du uns dazu motiviert hast, noch eine weitere Kundenbefragung durchzuführen" oder „Ich wünsche mir, dass der Prototyp auch in weiteren Kulturkreisen getestet wird".

Welches Tool kann stattdessen verwendet werden?

- Rotes und grünes Feedback (nutze Klebepunkte: Rot = Achtung, Grün = alles O.K.)
- Lessons Learned (siehe Seite 255)
- Feedback-Capture-Grid (siehe Seite 217)
- Retrospektive Sailboat (siehe Seite 243)

Welches Tool unterstützt die Arbeit mit diesem Tool?

- Design Thinking Mindset (siehe Seite 6)
- Brainstorming (siehe Seite 151)

Was benötigen wir an Zeit und Material?

Gruppengrösse

3-5

- Idealerweise wird Feedback von mehreren Personen gegeben.
- Es lässt sich schon bei 2 Personen (Feedbackgeber und -empfänger) einsetzen.

Typische Dauer

15-90 Min.

- I like / I wish kann nach kleinen Iterationen sowie bei großen Feedbackrunden mit mehreren Teilnehmenden eingesetzt werden.

Benötigtes Material

- Post-its und Stifte
- Grosses Blatt Papier

Template I like, I wish, I wonder

	I LIKE...	I WISH...	I WONDER...	WHAT IF?
Team X Prototyp 1				
Team Y Prototyp 2				
Team Z Prototyp 3				

Wie das Tool angewandt wird ...

- Nimm ein grosses Blatt Papier und zeichne eine Tabelle mit 5 Spalten. Die Spaltenüberschriften sind: Team/Prototyp, I like, I wish, I wonder und What if?. Trage in die Zeilen den Namen des Teams und ihres Prototyps ein.
- Um z.B. Feedback zu einem präsentierten Prototyp zu erhalten, bekommt jeder Teilnehmende mindestens drei Post-its. Jeder Teilnehmer ist dazu angehalten, den Satz auf der X-Achse zu vervollständigen („Ich mag", „Ich wünsche", „Ich wundere mich").
- Um eine Interaktion zu erzeugen, sollte jeder Teilnehmer die Post-its laut vorlesen, bevor diese auf das Raster geklebt werden. Danach platziert jeder die Post-its mit dem Feedback auf das Raster.
- Sobald alle Post-its kleben, ist es an der Zeit, die Erkenntnisse zu reflektieren und zu hinterfragen, ob es Einsichten gibt, die z.B. für die nächste Iteration wichtig sind.
- Es sollte vermieden werden, als Feedbackempfänger eine Diskussion zu starten. So verändert sich die Stimmung und die positive Grundhaltung geht verloren. Durch die Anwendung dieses Werkzeugs soll persönliche Kritik vermieden werden und eine positive Grundstimmung aufrechterhalten werden.
- Das Feedback sollte vom Feedbackempfänger als Geschenk verstanden werden.

Das ist das Lieblingstool von Lena Papasz

Position:
Selbstständiger Design Thinking Coach und Marketing Consultant

„Albert Einstein hat treffend formuliert:
„Probleme kann man niemals mit derselben Denkweise lösen, durch die sie entstanden sind." Design Thinking öffnet neue Horizonte und hilft, Dinge aus verschiedenen Blickwinkeln zu betrachten."

Warum ist das ihr Lieblingstool?

I like, I wish, I wonder bietet eine vielfältige Einsatzmöglichkeit sowohl im beruflichen als auch im privaten Umfeld. Es ist mein Lieblingstool, weil es rasch zu lernen ist, sicher und absolut effektiv ist. Und es kann ganz simpel auch im täglichen Leben implementiert werden.

Land:
Deutschland

Affiliation:
Fuenfwerken

Geprüft von: Helmut Ness

Firma/Position: Co Founder Fuenfwerken Design AG

Experten-Tipps:

Hole regelmäßig Feedback ein

- „I wish" / „I wonder" mit „Howto" ersetzen, um nicht nur Ideen, sondern erste Lösungsvorschläge zu generieren.
- Das Tool in Feedbackgesprächen (1:1) einbauen.
- Wöchentliche Teammeetings mit IL/IW/IW durchführen, um alle Teammitglieder zu integrieren, Aufgaben ernst zu nehmen und Bedenken frühzeitig zu erkennen.

Feedback ist immer ein Geschenk

- Als Feedbackgeber sollten wir immer Rücksicht zeigen und uns überlegen: Wie würden wir selbst dieses Feedback empfinden? Bei persönlichem Feedback sollte Augenkontakt gehalten werden.
- Wenn wir Feedback erhalten, sollten wir Respekt zeigen und gut zuhören. Andere ausreden zu lassen und bei Bedarf nachzufragen zeichnet uns als gute Zuhörer aus und zeigt, dass wir Interesse haben. Für Feedback sollten wir uns immer bedanken.

Für die eigene positive Lebensgestaltung nutzen

- Lessons Learned – IL/IW/IW kann nicht nur während der Projektphase, sondern auch am Ende genutzt werden. Durch die Ergänzung von „I learnt" können persönliche Key Learnings festgehalten und für kommende Projekte genutzt werden (siehe Seite 255).
- Zudem können wir auch unseren eigenen Tag mit I like, I wish, I wonder/ what if beginnen und uns täglich Ziele setzen. So können wir die Fragen für uns selbst nutzen und in unsere persönliche Lebensgestaltung mit aufnehmen (siehe auch „Design YourFuture" auf Seite 289).

Beschreibung des Anwendungsfalles

- Lilly und ihre Teams haben von Anfang an eine positive Feedbackkultur gelebt. In jeder Interaktion wird Feedback in der Form „I like, I wish" gegeben. Anfangs ist das Team oft in alte Muster zurückgefallen, aber inzwischen haben es alle verinnerlicht.
- Auf ihrem Template befinden sich zudem Spalten für „I wonder, What if...", die situativ eingesetzt werden. Insbesondere bei der Dokumentation des Feedbacks kommen so oft noch wichtige Impulse.

Key Learnings

- Lebe eine positive Feedbackkultur. Die Nutzung von „I like, I wish, I wonder..." hilft, die positive Stimmung aufrechtzuerhalten.
- Wichtig ist, das Feedback zu notieren und später mit dem Design Thinking Team zu reflektieren.
- Feedback ist ein Geschenk – bedanke dich immer für das Feedback.

Tool zum Download

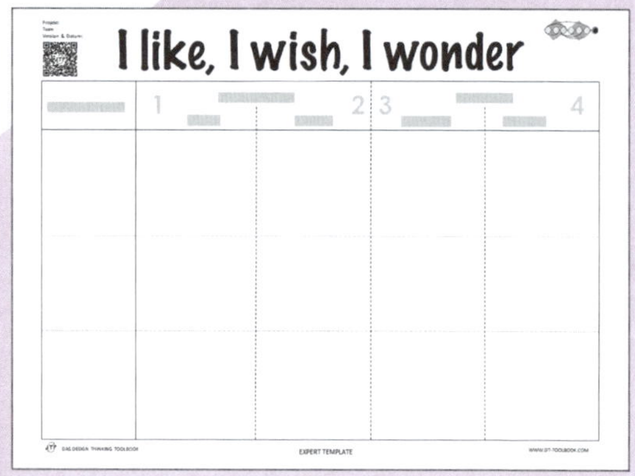

www.dt-toolbook.com/i-like-feedback

Retrospective „Sailboat“

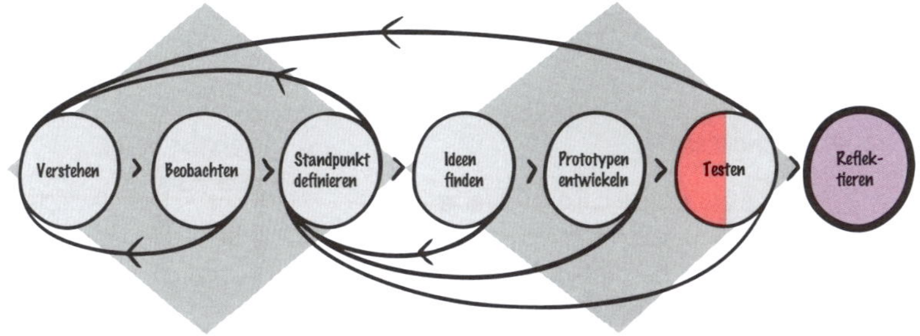

Ich möchte ...

am Ende jeder Iteration oder eines Projektes das Vorgehen reflektieren, etwas dazulernen, um sich (oder das Vorgehen) für die nächste Iteration zu verbessern.

Was du mit dem Tool machen kannst:

- Interaktionen im Team und die Zusammenarbeit verbessern – auf eine schnelle, zielgerichtete, wertschätzende und strukturierte Art und Weise.
- Eine „RETRO-SPECTIVE“ einnehmen, also zurückschauen, was gut lief, und was verbesserungsfähig ist.
- reflektieren, welche Faktoren veränderbar sind und welche zu akzeptieren sind.
- Eine positive Stimmung fördern, da alle Teammitglieder gehört werden und sich einbringen können, was wiederum das Mindset von selbstorganisierten Teams fördert.

Einige Informationen über das Tool:

- Die „Sailboat“-Retro wird häufig in der SCRUM Methodologie im Rahmen der Reflexion eines Sprints angewandt.
  Es kann auch einfach als Retrospective Board mit vier Quadranten gezeichnet werden (siehe Seite 245).
- Es eignet sich ebenfalls sehr gut nach jeder Design Thinking Phase oder nachdem ein Projekt abgeschlossen wurde.
- Es kann auch für nur 2 Personen z.B. als „Manöverkritik“ nach einer gemeinsamem Moderation eines Workshops angewendet werden.
- Das Tool geht auf beschleunigende, hemmende Faktoren und auf Umfeldfaktoren ein.
- Es fördert zudem das „Failure-Mindset“, bei dem Fehler nicht als Versagen angesehen werden, sondern als Chance, sich zu verändern und zu lernen.

Welches Tool kann stattdessen verwendet werden?

- Feedback-Capture-Grid (siehe Seite 217)
- I like, I wish, I wonder (siehe Seite 239)
- „Kaffeautomaten-Gespräche“ mit Kollegen

Welches Tool unterstützt die Arbeit mit diesem Tool?

- Frage 5 x Warum (siehe Seite 67)
- Feedback-Capture-Grid (siehe Seite 217)
- Lessons Learned (siehe Seite 255)
- Sketchnotes (siehe Seite 173)

Was benötigen wir an Zeit und Material?

Gruppengrösse

- Ideal bei einer Teamgrösse von 4-6 Personen.
- Bei grossen Teams, ggf. das Team in Teilgruppen aufteilen.

4-6

Typische Dauer

- Je nach Zielsetzung und Diskussionsbedarf kann die Retrospektive auch kürzer dauern.

60-120 Min.

Benötigtes Material

- Flipchart oder Whiteboard
- Post-its
- Stifte, Marker

Vorgehen Retrospective „Sailboat“

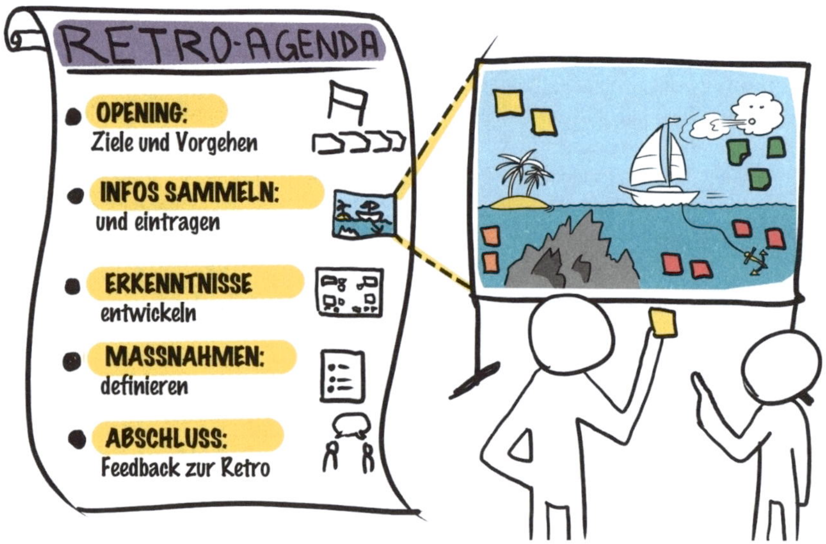

Wie das Tool angewandt wird …

Typischer Ablauf einer Retrospektive:

- **Schritt 1: Opening:** Stelle die Ziele und das Vorgehen der Retrospektive vor.
- **Schritt 2: Informationen sammeln**: Informationen auf Post-its sammeln und in entsprechende Felder des Sailboat-Templates kleben. Typische Fragestellungen:
  Was ist in letzter Zeit geschehen? Was war gut? Was gab Auftrieb (WIND)? Was ist im Team schlecht gelaufen und hat uns gebremst (ANKER)? Welche Gefahren und Risiken gibt es, die nicht in der Macht des Teams liegen (KLIPPEN)? (z.B. Markt, neue Technologien, Konkurrenz). Welche gemeinsame Vision und Motivation hat das Team (INSEL)? Jeder liest seine Post-its vor.
- **Schritt 3: Erkenntnisse clustern und priorisieren:** Die wichtigsten Themen auswählen und vertiefen. Den Dingen hierbei auf den Grund gehen, d.h. Ursachen identifizieren, damit nicht nur die Symptome angegangen werden. Ziel ist es, auch unangenehme Themen anzusprechen und die Grundlage für Verbesserungen zu schaffen.
- **Schritt 4: Maßnahmen definieren:** Im letzten Schritt werden die Maßnahmen formuliert, also das dokumentiert, was konkret geändert oder in einer nächsten Iteration ausprobiert werden soll.
- **Schritt 5: Retro abschliessen:** Jeder sollte kurz Feedback über die Retro geben, z.B. mit einem Feedback-Capture-Grid (siehe Seite 217). Letztendlich sollten alle mit einem guten Gefühl auseinandergehen.

Das ist das Lieblingstool von Achim Schmidt

Position:
Design Thinking Coach & Sketchnote-Trainer

„Design Thinking machen wir immer dienstags von 14–16 Uhr!" – „Dieses Zitat habe ich tatsächlich schon einmal in einer Firma gehört.
Für mich ist Design Thinking ein Mindset, das alles ganzheitlich betrachtet und sich auf viele Bereiche und das ganze Leben bezieht! Mein Motto: Immer den gesunden Menschenverstand benutzen!"

Warum ist das sein Lieblingstool?

Der Erfolg der meisten Projekte hängt von der Motivation, dem Spass, der Stimmung, Gruppendynamik und der Kommunikation des Teams ab. Die Sailboat-Retro trägt viel dazu bei, dass das Zwischenmenschliche passt – und das auf eine wertschätzende und gut strukturierte Art und Weise. Mir gefällt es, weil es sehr effektiv ist und wenig Zeit für die Vorbereitung und Durchführung benötigt. Das Template kann zudem gut zur Dokumentation genutzt werden.

Land:
Deutschland

Affiliation:
business-playground

Geprüft von: Elena Bonanomi

Firma/Position: Die Mobiliar, Innovation Manager

Alternative: Retrospective Board mit vier Quadranten

Experten-Tipps:

Baue eine gute Stimmung auf!

- Achte auf eine positive Grundstimmung und konstruktive Kritik.
- Beginne immer mit dem positiven Feedback und Erkenntnissen.
- Mache kein „Blame-Game", also keine Schuldzuweisungen!
- Jede Stimme ist zu hören. Jeder soll sich einbringen können.
- Eine grosse Retro (z.B. an wichtigen Meilensteinen oder in schwierigen Situationen) sollte am besten von einem externen Moderator oder Mitarbeiter, der nicht zum Team gehört, durchgeführt werden.
- Die Wahl eines anderen Standorts kann die Retrospektive beeinflussen. Verlasse die alltägliche Arbeitsumgebung einmal und suche eine Kaffeebar oder einen öffentlichen Park auf.

Schaffe Vertrauen

- Baue Vertrauen auf. Gerade wenn heikle Themen im Raum stehen oder Hierarchieunterschiede bestehen. Auch Anonymität kann dabei helfen.
- Signalisiere, dass wir das „Las Vegas Prinzip" anwenden: „Was hier im Raum passiert, bleibt erst mal unter uns!"
- Gibt es „Unsagbares" oder gibt es unausgesprochene Tabus, die das Team zurückhalten?

Lasse es niemals aus

- Wenn sich das Team gut kennt, wird die Retrospektive oft weggelassen. Aber es lohnt sich trotzdem, eine durchzuführen, weil es zum Erhalt der guten Stimmung beiträgt.
- Besonders auch die kleinen Veränderungen und Maßnahmen umsetzen; sie stoßen oft Großes an.
- Beginne die Retrospektive z.B. mit der Frage: „Warum führen wie eine Retrospektive durch?" Notiere alle Antworten und mache die Erkenntnisse für alle sichtbar. Bereits diese Retro bietet viel Potenzial für Veränderung!

Beschreibung des Anwendungsfalles

- Nach jeder Iteration setzen sich die Teams von Lilly kurz zusammen und blicken zurück, was gut lief und was weniger gut lief.
- Lilly ist es wichtig, dass die Chemie im Team stimmt und immer wieder Neues ausprobiert wird.
- Sie probiert in jeder Iteration neue Techniken und Methoden aus und nimmt dabei in Kauf, dass nicht alle so funktionieren wie gewünscht. Wenn es nicht klappt, kann das Team mittlerweile sehr gut über sich selber lachen.

Key Learnings

- Führe in jeder Iteration auch eine kurze Retrospektive durch.
- Jeder soll wirklich etwas aufschreiben, zumindest etwas, das er ausprobieren möchte.
- Sorge für eine positive Grundstimmung und Vertrauen. Denke daran, es geht um eine kontinuierliche Verbesserung.

Tool zum Download

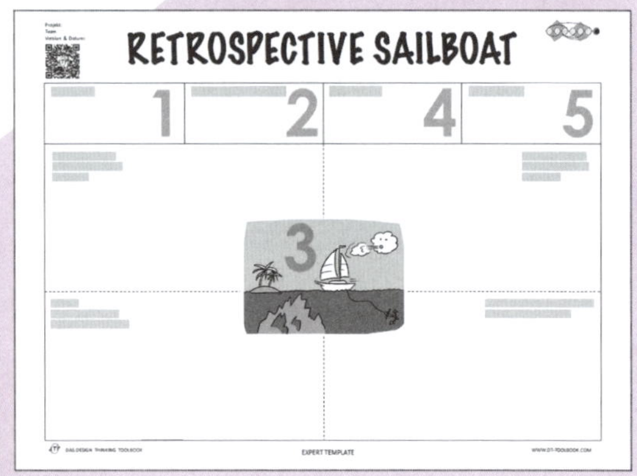

www.dt-toolbook.com/retrospective

Create a Pitch

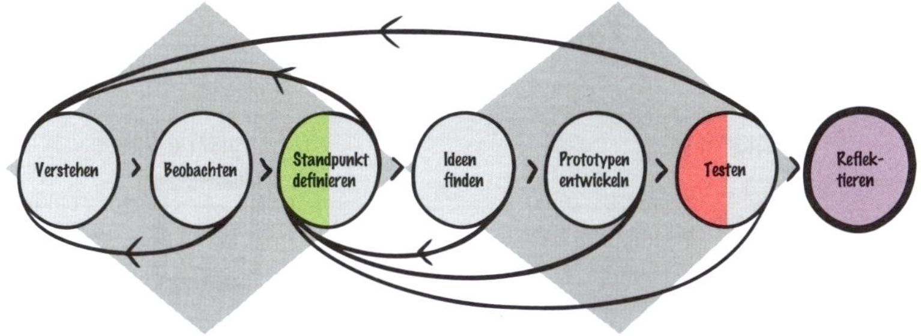

Ich möchte ...

am Ende einer Iteration die Ergebnisse und die Erkenntnisse mit dem Team oder in regelmässigen Abständen auch mit den Stakeholdern teilen.

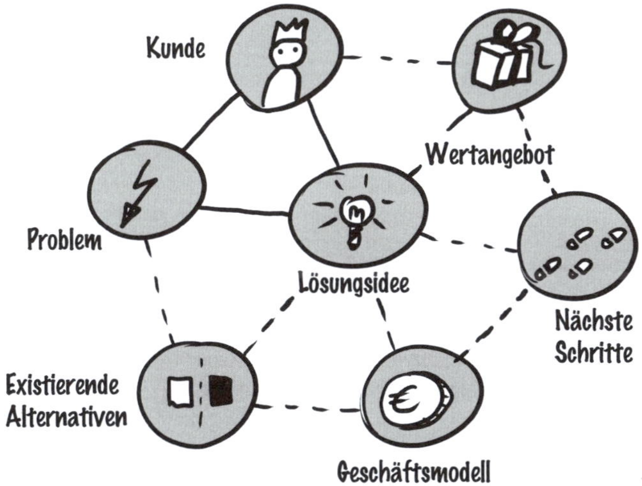

Was du mit dem Tool machen kannst:

- Dem Team und den Stakeholdern den aktuellen Stand des Prototyps, eines Projektes oder der finalen Lösung zeigen.
- Ideen strukturieren und die wesentlichen Aussagen hervorheben.
- Feedback zur Lösung und zu wichtigen Funktionen, den Kundenbedürfnissen oder der Value Proposition erhalten.
- Die Zuhörer oder Entscheidungsträger von dem Vorhaben überzeugen, um Zustimmung und Ressourcen zu erhalten für das weitere Vorgehen oder die Umsetzung.

Einige Informationen über das Tool:

- Der Begriff „Pitch" stammt eigentlich aus der Werbebranche und bezeichnet die Präsentation vor einem potenziellen Kunden. Agenturen treten oft gegeneinander an, um den Auftraggeber zu überzeugen und so den Auftrag zu erhalten. Der Begriff „Pitch" hat sich zudem in der Start-up-Szene stark verankert. Mit einem Pitch wird die Präsentation der eigenen Geschäftsidee in kurzer Zeit vor Investoren oder einer Jury bezeichnet.
- Im Design Thinking nutzen wir den Pitch als Kurzpräsentation der Ergebnisse vor den Teams und den Stakeholdern.
- Es gibt verschiedene Arten von Pitches. Sie unterscheiden sich z.B. in der Länge. Der Elevator Pitch („Aufzugspräsentation") ist die kürzeste Präsentationsart. Hier geht es darum, innerhalb kürzester Zeit (oft ca. 30 Sekunden oder 1 Minute) einen zusammenfassenden und informativen Abriss der Idee zu vermitteln.
- Meist werden keine oder nur wenige PowerPoint-Folien verwendet. In vielen Pitch-Präsentationen werden echte Prototypen gezeigt, was die Präsentation lebendiger macht.
- Je nach Projektphase stehen unterschiedliche Fragen im Zentrum.

Welches Tool kann stattdessen verwendet werden?

- NABC (siehe Seite 177)

Welches Tool unterstützt die Arbeit mit diesem Tool?

- Lean Canvas (siehe Seite 251)
- Stakeholder Map (siehe Seite 83)
- Roadmap for Implementation (siehe Seite 259)
- Storytelling (siehe Seite 129)

Was benötigen wir an Zeit und Material?

Gruppengrösse

4-6

- Ganzes Team
- Oder eine Person hält die Hauptpräsentation und die anderen unterstützen oder ergänzen mit Details.

Typische Dauer

60-120 Min.

- Je eindrücklicher und kürzer der Pitch, desto länger die Vorbereitungszeit.
- Für eine Zwischenpräsentation reicht eine kurze Vorbereitungszeit von ca. 1 Stunde. Für die Abschlusspräsentationen oder einen Investoren-Pitch braucht es deutlich mehr Zeit.

Benötigtes Material

- Post-its und Stifte
- Prototypen
- Videos und Fotos von Tests, Kundenfeedback und Testimonials

Template und Vorgehen Create a Pitch

Elemente	Mögliche Schlüsselfragen eines Pitches
Einstieg (Geschichte)	▪ Weckt die Aufmerksamkeit mit einer Geschichte
Problem	▪ Was ist das grösste Problem? ▪ Warum ist es ein Problem?
Kunden	▪ Wer ist von diesem Problem betroffen? ▪ Für wen ist es ein Problem? (eure Persona) ▪ Was ist das Ausmaß des Problems? (Wie gross ist das Potenzial bei Lösung des Problems?) ▪ Wer sind die Early Adopters? Mit wem können wir Co-Creation machen?
Lösung/Idee	▪ Welches ist unsere Lösung? (Prototyp, Demo inkl. Testing-Feedback) ▪ Welches ist das Wertangebot? Was macht uns einzigartig? ▪ Warum sind wir besser als die existierenden Alternativen? ▪ Warum können nur wir die Lösung umsetzen?
Geschäftsmodell	▪ Wie könnten wir Geld verdienen? ▪ Wo liegen die Herausforderungen und Risiken?
Nächste Schritte	▪ Was werden wir als Nächstes tun? ▪ Was brauchen wir für die nächsten Schritte?
Zusammenfassung	▪ Warum lohnt es sich, das Problem zu lösen? Warum jetzt? ▪ Ggf. Team vorstellen (bei externen Pitches)

Wie das Tool angewandt wird ...

Schritt 1: Grobplanung
Beantworte für die Grobplanung die folgenden Fragen:

- Wer sind die Zuhörer? Was wissen sie bereits? Wie kann ich sie abholen? Was wollen sie wissen?
- Was ist der Rahmen? Wie viel Zeit steht zur Verfügung? Welche Möglichkeiten für die Präsentation stehen zur Verfügung?
- Was ist mein Ziel? Was ist meine Message?
- Danach den groben Ablauf z.B. mit Post-its planen. Definiere die Inhalte, die Form und wer was macht oder sagt.

Schritt 2: Detaillierung
Die Detaillierung des Pitches erfolgt in mehreren Iterationen:

- Verwende Geschichten und wecke Emotionen.
- Befolge KISS: Keep it short & simple: maximal 10 Folien.
- Nutze Kennzahlen. Zahlen sagen mehr als Worte!
- Bilder sagen mehr als Worte und Videos mehr als Bilder.
- Standard ist langweilig! Nutze wenn möglich kein PowerPoint.
- Zeige im Pitch den Prototyp, führe eine Demo durch, die zeigt, wie es funktioniert.
- Wiederhole am Ende der Pitches die wichtigsten Kernaussagen. Der Zuhörer kann sich meist nur 2–3 Fakten merken.

Schritt 3: Testen, Üben und Verbessern
- Teste den Pitch, übe den Ablauf ein und verbessere ihn iterativ.
- Nach dem Pitch sollte das Team auf alle möglichen Fragen vorbereitet sein.

Das ist das Lieblingstool von Patrick Link

Position:
Professor für Produkt Innovation, Hochschule Luzern
Design Thinking und Lean Innovation Coach
Co-Founder Trihow AG

„Design Thinking ergänzt unsere analytisch geprägte Kultur, Problemlösung und Entscheidungsfindung. Gerade in Kombination mit anderen Ansätzen wie Systems Thinking, Data Analytics, Lean Start-up kann Design Thinking Wirkung erzeugen und helfen, neue radikale Ideen umzusetzen."

Warum ist das sein Lieblingstool?

Es ist unglaublich schwierig, in einer Minute eine radikal neue Geschäftsidee zu präsentieren und die Zuhörer für die Idee zu begeistern. Umso schöner ist es, wenn wir es schaffen und positives Feedback oder gute Hinweise mit auf unsere weitere Reise nehmen können. Das Pitchen muss geübt werden. Nutze jede Gelegenheit zum Üben – sei es abends an der Bar mit Freunden oder bei Veranstaltungen. Ein gutes Pitch Deck ist viel mehr als nur bunte PowerPoint-Folien.

Land:
Schweiz

Affiliation:
HS Luzern, TRIHOW

Geprüft von: Maria Tarcsay

Firma/Position: KoinaSoft GmbH, Innovationsbeschleunigerin

Experten-Tipps:

Sei vorbereitet
- Je kürzer der Pitch, desto schwieriger die Vorbereitung, weil wir in diesem Fall keine Möglichkeit haben, etwas später nachzuholen oder zu ergänzen.
- Jede Präsentation muss auf die Zuhörer ausgerichtet sein. Was wissen sie schon? Was wollen sie wissen?

Vermeide Powerpoint
- Vermeide PowerPoint-Folien mit Text. Wenn trotzdem Folien gezeigt werden sollen, dann befolge Guy Kawasakis Regel für gute Pitches: „10, 20, 30", d.h. 10 Folien, 20 Minuten Präsentationen, Schriftgröße 30.
- Die Zuhörer können zuhören oder lesen, aber nicht beides gleichzeitig. Mache zudem keine Animationen, welche die Zuhörer ablenken.
- Wir haben gute Erfahrung mit Rollenspielen gemacht, in denen der Prototyp oder die Persona im Mittelpunkt steht.
- Auch Kurzvideos oder Kundenstatements wirken interessant, aber stelle sicher, dass z.B. Ton und Video funktionieren. Teste wenn möglich alles vorher und halte Backup-Szenarien bereit, falls z.B. der Beamer ausfällt oder der Ton nicht funktioniert.

Sei leidenschaftlich
- Zeige im Pitch Begeisterung für dein Produkt, den Service und den Zielmarkt. Es geht nicht nur um die Idee, sondern es geht auch um die Fähigkeit des Teams, die Lösung umzusetzen.
- Das Lean Canvas gibt wertvolle Anhaltspunkte für den relevanten Inhalt (siehe Seite 251).
- Habe Antworten auf alle relevanten Fragen und bereite Zusatzinformationen im Backup vor.

Beschreibung des Anwendungsfalles

- Lilly legt großen Wert darauf, dass die Idee gut präsentiert wird. Sie weiß, dass die Zuhörer keine langen PowerPoint-Präsentationen wollen.
- Ihr Team fängt meistens mit einem kleinen Rollenspiel an. So wird das Problem für den Zuhörer klar und greifbar. Das Team plant die Präsentationsstory und geht dabei vom Groben ins Detail. Lilly möchte, wenn immer möglich, auch die Prototypen und das Feedback der Nutzer in den Pitch miteinbeziehen.
- Genauso wichtig wie der Einstieg ist der Abschluss. Das Team plant den Einstieg und den Abschluss sehr genau.

Key Learnings

- Teste das Pitch Deck und hole Feedback ein.
- Standard ist langweilig! Nutze, wenn möglich, kein PowerPoint!
- Erstelle eine Geschichte auf Basis einer Persona oder zeige einen Prototyp.
- Zeig die Begeisterung der Kunden/Nutzer in der Interaktion mit der Lösung.
- Das Team ist entscheidend. Begeisterung und Commitment kommt immer gut an.
- Wiederhole die wichtigen Kernaussagen am Ende des Pitches.

Tool zum Download

www.dt-toolbook.com/pitch

Lean Canvas

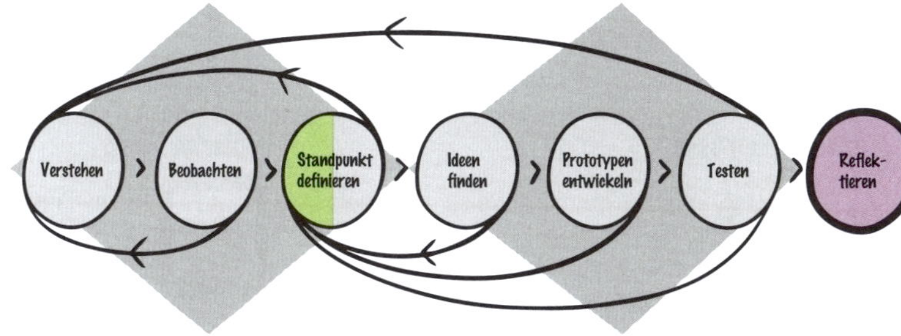

Ich möchte ...

ein Problem in eine Lösung überführen, welche die Kundenbedürfnisse und meinen eigenen Geschäftskontext berücksichtigt.

Was du mit dem Tool machen kannst:

- Die Ergebnisse der Design Thinking Iterationen zusammenfassen und so allen ein klares Bild vom Innovationsprojekt verschaffen.
- Die Hypothesen visualisieren und strukturieren, um sie anschliessend zu überprüfen und die Erkenntnisse in einer Übersicht festzuhalten.
- Überlegungen zur Umsetzung oder zum Geschäftsmodell anstellen, um die mit der Umsetzung verbundenen Risiken zu identifizieren.
- Verschiedene Varianten und Geschäftsmodelle vergleichen.

Einige Informationen über das Tool:

- Der Canvas hilft, das Innovationsvorhaben zu strukturieren und zu visualisieren. Der vollständig ausgefüllte Lean Canvas dokumentiert den finalen „Problem-Lösungs-Fit".
- Die Blöcke des Lean Canvas führen durch logische Abfolge, von Kundenproblemen bis zum unfairen Vorteil.
- Der Canvas ist besser für das Design der Lösung als für die Erforschung eines Problems geeignet.
- Wir verwenden den Lean Canvas hauptsächlich, um den „Problem-Lösungs-Fit" zu überprüfen und bei Bedarf anzupassen. Das bedeutet, dass die gesammelten Daten mit der besten Lösung abzugleichen sind, die zum Verhalten der Kunden und deren Einschränkungen passt.

Welches Tool kann stattdessen verwendet werden?

- Business Model Canvas
  Wir empfehlen jedoch zuerst mit dem Lean Canvas zu arbeiten, da er die Validierung der Lösung als Minimum Viable Product (siehe Seite 207) stärker berücksichtigt und vergleichsweise weniger Inside-in orientiert ist, als das Business Model Canvas.
  Wenn der Lean Canvas stabil ist und v.a. die Optimierung der Kostenstruktur wichtiger wird, wechseln wir auf das Business Model Canvas.

Welche Tools unterstützen die Arbeit mit diesem Tool?

- NABC (siehe Seite 177)
- Problem to Growth & Scale Innovation Funnel (siehe Seite 263)
- MVP (siehe Seite 207)
- Persona / User Profile (siehe Seite 97)

Was benötigen wir an Zeit und Material?

Gruppengrösse

1-4

- Es sollten idealweise nicht mehr als 3-4 Personen an einem Canvas arbeiten.
- Bei grösseren Gruppen am besten die Personen auf mehrere Canvas aufteilen und später die Ergebnisse konsolidieren.

Typische Dauer

60-120 Min.

- Die initiale Erstellung des Lean Canvas dauert ca. 60 Minuten. Meistens liegt dann der Fokus auf den Feldern 1 bis 5.
- Der Lean Canvas wird dann iterativ mit den neuen Erkenntnissen schrittweise ergänzt und weiterentwickelt.

Benötigtes Material

- Lean Canvas kann auf A0 ausgedruckt werden.
- Stifte und Marker
- Post-its in verschiedenen Farben und Grössen (z.B. verschiedene Farben pro Kundensegment/ Stakeholder)

Template und Vorgehen Lean Canvas

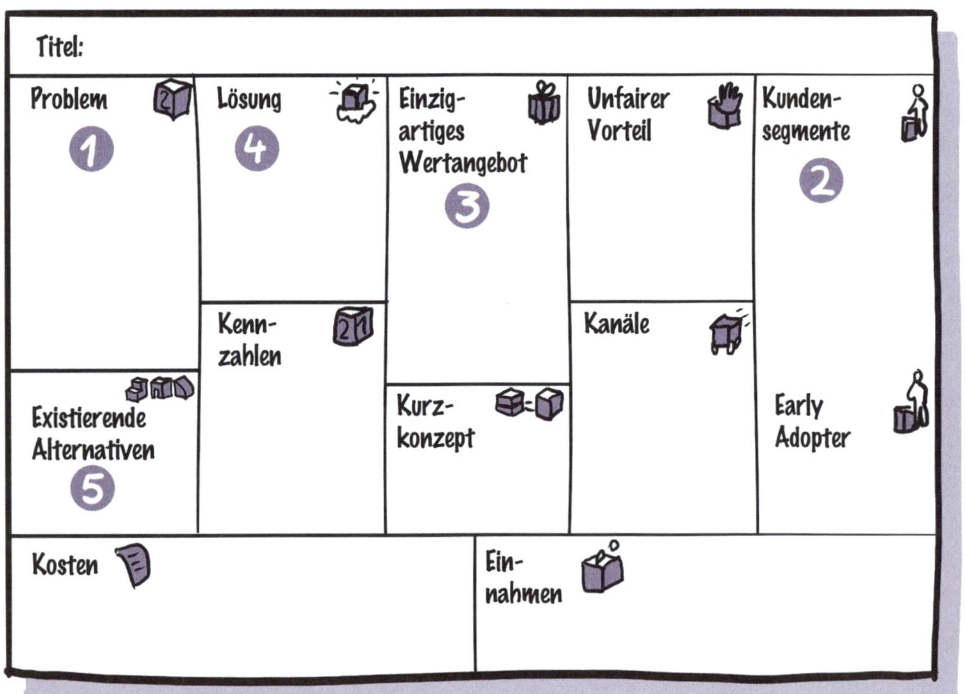

In Anlehnung an Ash Maurya, Running Lean (2013)

Wie das Tool angewandt wird ...

Drucke den Lean Canvas auf A0 aus und lege Post-its in unterschiedlichen Größen bereit.

- **Schritt 1:**
  Fülle den Lean Canvas Schritt für Schritt aus und ergänze ihn mit neuen Erkenntnissen. Der Fokus liegt in den frühen Phasen auf den Feldern 1 bis 5, um den „Problem-Lösungs-Fit" zu überprüfen (Problem, Kundensegmente, Wertangebot, Lösung und bestehende Alternativen). Tipp: Iteriere zuerst in diesen fünf Feldern, bis ein stabiles Bild entstanden ist.
- **Schritt 2:**
  Ergänze die weiteren Felder in beliebiger Reihenfolge.
  Tipp: Verwende je nach Präferenz verschiedenfarbige Post-its für verschiedene Kundensegmente oder je nach Risiko (z.B. rosa = hohes Risiko und muss schnell getestet werden, gelb = mittleres Risiko, grün = getestet oder geringes Risiko).
- **Schritt 3:**
  Identifiziere die riskantesten Hypothesen und teste diese anhand von Experimenten.

Das ist das Lieblingstool von Jens Springmann

Position:
Innovation Coach bei creaffective und Gastdozent an verschiedenen Universitäten

„Many good ideas do not fail because we cannot implement them. They fail because we invest a lot of time, money and effort to develop good solutions to the wrong questions. Design Thinking ensures that we build products that really address the needs of customers and users. Lean Canvas as a tool can effectively support us in this approach."

Warum ist das sein Lieblingstool?

Der Lean Canvas ermöglicht uns, alle Ergebnisse zusammenzufassen, und enthält die wichtigen Faktoren, um das Innovationsprojekt einfach und verständlich zu beschreiben. Es hilft dem Team herauszufinden, wo noch Lücken bestehen und was als Nächstes in Form von Experimenten getestet werden sollte. Es konzentriert sich auf die Lösung, gibt uns aber auch einen groben Ausblick auf eine mögliche Implementierung oder ein Geschäftsmodell.

Land:
Deutschland

Affiliation:
CREAFFECTIVE

Geprüft von: Patrick Link

Firma/Position: Hochschule Luzern & Co-Founder Trihow AG

Experten-Tipps:

Behalte den Überblick

- Wir haben gute Erfahrungen mit 3–4 Post-its mit je einer Aussage, pro Feld gemacht.
- Zu viele Post-its auf einem Feld deuten auf eine womöglich fehlende Fokussierung hin.
- Wenn das Feld leer oder fast leer ist, sollte es weiter bearbeitet werden.
- Wir verwenden in der Regel immer Post-its, diese können leicht geändert und verschoben werden.

Halte das Ergebnis jeder Iteration fest

- Wir empfehlen, die Fortschritte zu dokumentieren und Änderungen regelmäßig z.B. mit Fotos festzuhalten.
- Zu einem späteren Zeitpunkt, wenn weniger große Änderungen (Pivots) vorgenommen werden, kann auch eine elektronische Version sinnvoll eingesetzt werden.

Verwende die branchenüblichen KPIs

- Jedes Unternehmen, unabhängig von Branche und Größe, wird über einige Schlüsselkennzahlen verfügen, die für die Leistungsüberprüfung verwendet werden können. Um es dem Team leichter zu machen, empfehlen wir, z.B. die Dave McClure's AARRR (Pirate Metrics) zu verwenden.

Hole Feedback von außen ein

- Externe Inputs und Meinungen Dritter sind natürlich sehr wertvoll.
- Ist der Lean Canvas stabil und verändert sich kaum mehr, kann er (falls erforderlich oder gewünscht) sehr einfach in den „Business Model Canvas" überführt und erweitert werden.

Beschreibung des Anwendungsfalles

- Lillys Team nutzt den Lean Canvas, um den Problem-Lösungs-Fit zu dokumentieren und den Pitch vorzubereiten.
- Der Lean Canvas zeigt die Widersprüche und offenen Punkte sehr gut. Nachdem Lillys Team den Lean Canvas ausgefüllt hat, überlegt sich das Team, wo die größten Unsicherheiten und Risiken bestehen. Diese testet das Team als Erstes aus, denn sie möchten ihre Zeit möglichst effektiv und effizient nutzen.
- Lillys Team sieht die grössten Unsicherheiten noch in der Value Proposition und möchte diese als Nächstes nochmals testen.

Key Learnings

- Es ist zentral, ein für den Kunden relevantes Problem mit der Produktidee zu lösen.
- Die richtige Lösung für das richtige Problem für den richtigen Kunden zu finden, ist eine Herausforderung. Wir werden es kaum beim ersten Mal finden. Deshalb iterieren – iterieren – iterieren!
- Sobald der erste Lean Canvas steht, können die Hypothesen getestet werden. Es empfiehlt sich, mit den riskantesten zu beginnen.

Tool zum Download

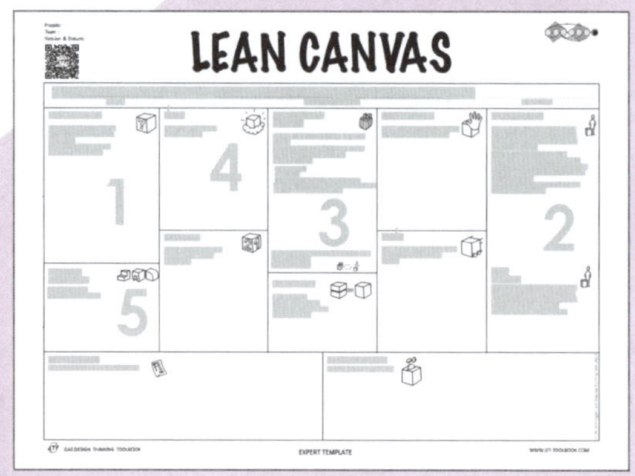

www.dt-toolbook.com/lean-canvas

Lessons Learned

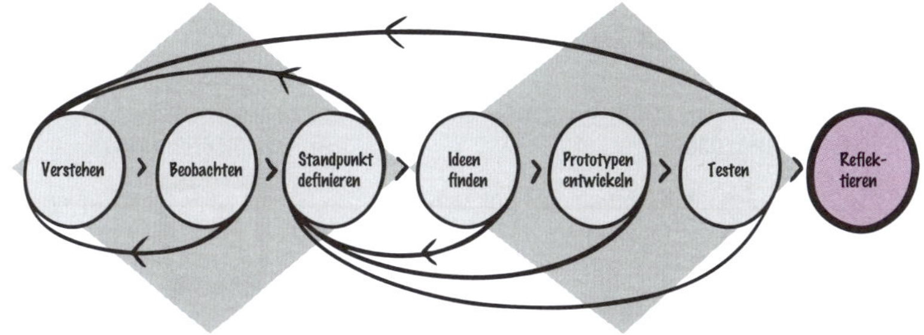

Ich möchte ...

während und am Ende eines Design Thinking Projektes reflektieren und festhalten, welches die gewonnenen Erkenntnisse sind.

Was du mit dem Tool machen kannst:

- Erfahrungen im Projekt strukturiert sammeln und aufarbeiten.
- Aus den Erfahrungen lernen und diese für das nächste Projekt nutzen.
- Einen positiven Umgang mit Fehlern ermöglichen und gute Fortschritte würdigen.
- Die Erkenntnisse identifizieren, dokumentieren, anwendbar und schließlich nutzbar machen.

Einige Informationen über das Tool:

- Der Begriff „Lessons Learned" stammt ursprünglich aus dem Projektmanagement.
- Lessons Learned sind die schriftlichen Aufzeichnungen und das systematische Sammeln und Aufarbeiten von positiven und negativen Erfahrungen, Entwicklungen, Erkenntnissen, Fehlern und Risiken während eines Projektes.
- Es werden dabei unterschiedliche Ebenen betrachtet, z.B. die fachlichen, inhaltlichen, emotionalen, sozialen und prozessualen.
- Das Ziel ist, aus den Handlungen und Entscheidungen zu lernen, um die nächsten Projekte besser zu gestalten.
- Lessons Learned bilden somit die Erfahrungen, das Wissen, die Erkenntnisse und ein Verständnis darüber ab, was die TeilnehmerInnen im Rahmen der Projektdurchführung mitgenommen haben.
- Design Thinking Projekte haben meist eine Vielzahl an Erkenntnissen, da die Methoden jeweils im Kontext der Problemstellung angewandt werden und so jede Design Challenge anders verläuft.
- Das Tool hilft, das eigene Handeln und Lernen zu reflektieren, und ist in längeren Projekten auch während des Projektes zu empfehlen und nicht nur am Ende.

Welches Tool kann stattdessen verwendet werden?

- Feedback-Capture-Grid (siehe Seite 217)
- Retrospective Sailboat (siehe Seite 243)

Welche Tools unterstützen die Arbeit mit diesem Tool?

- Lean Canvas (siehe Seite 251)
- Create a Pitch (siehe Seite 247)
- I like, I wish, I wonder (siehe Seite 239)

Was benötigen wir an Zeit und Material?

Gruppengrösse

1 + Team

- Kernteam und ggf. weitere Stakeholder für die Reflexion auf Projektebene
- Reflexion auf der Meta-Ebene in Einzelarbeit

Typische Dauer

60-120 Min.

- Der Workshop in der Gruppe dauert typischerweise 40-60 Min. (je nach Projektlänge).
- Je länger das Projekt, desto mehr Zeit für die Reflektion einplanen.
- Je mehr Zeit in der Gruppe, desto einfacher die Einzelarbeit

Benötigtes Material

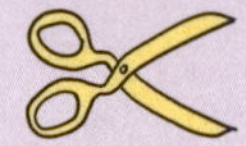

- Log-Buch (als Vorbereitung für den Workshop von jeder Teilnehmerin/jedem Teilnehmer während des Projekts geführt)
- Template oder Flipchart
- Post-its und Stifte

Template und Vorgehen Lessons Learned

1

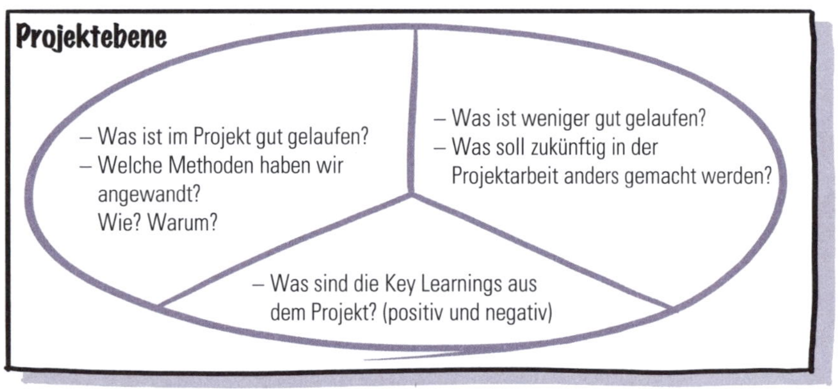

2

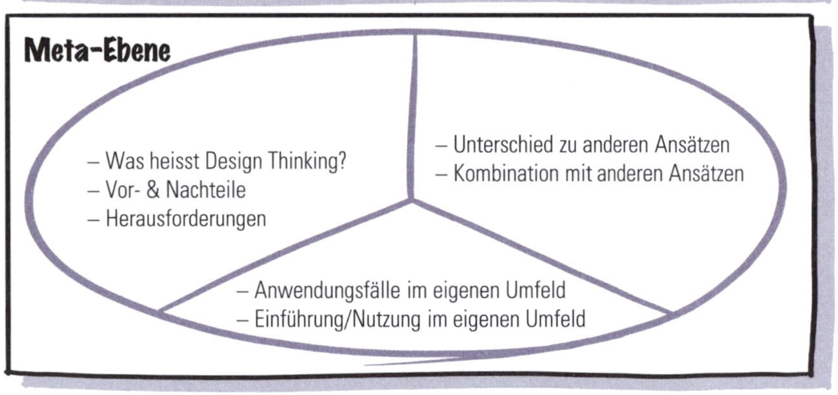

Wie das Tool angewandt wird ...

- Die gängigste Methode ist, dass alle relevanten Projektbeteiligten gemeinsam in Form eines Workshops das Projekt Revue passieren lassen.
- Die Reflexion soll dabei auf zwei Ebenen erfolgen: auf der Projektebene und auf der Meta-Ebene.
- **Schritt 1:** Auf der Projektebene geht es vor allem um die Beantwortung der folgenden Fragen:
  - Was ist im Projekt gut und was weniger gut gelaufen?
  - Welche Methoden haben wir angewandt? Wie? Warum?
  - Was soll zukünftig in der Projektarbeit anders gemacht werden? Was soll bzw. muss sich ändern?
  - Welches sind die Key Learnings aus dem Projekt (positiv und negativ)?
- **Schritt 2:** Auf der Meta-Ebene könnten folgende Fragen im Zentrum stehen:
  - Was heisst Design Thinking für mich?
  - Welches sind die Vor- und Nachteile? Herausforderungen?
  - Wie unterscheidet sich Design Thinking von anderen Ansätzen?
  - Wie kann Design Thinking mit anderen Ansätzen kombiniert werden?
  - Wie könnte Design Thinking in meinem Umfeld/meiner Firma angewandt werden? Welche Anwendungsfälle wären interessant?

Das ist das Lieblingstool von Stefanie Gerken

Position:
Design Thinking Program Lead, Workshop Specialist & Coach, HPI School of Design Thinking

„Design Thinking ist für mich ein ganzheitlicher Ansatz, eine Einstellungssache, wie man mit seiner Umwelt umgeht, und nicht nur eine Methodik, die für einzelne Projekte genutzt wird."

Warum ist das ihr Lieblingstool?

Lessons Learned oder auch andere Reflexionsmethoden sind für mich entscheidend für den Erfolg eines Projekts. Wichtig ist jedoch eine regelmässige Reflektion und Ableitung entsprechender Handlungsmassnahmen, sodass man Probleme im Prozessverlauf frühzeitig identifizieren und gute Aspekte intensivieren kann.

Land:
Deutschland

Affiliation:
HPI School of Design Thinking

Geprüft von: Marc Fetscherin

Firma/Position: Rollins College, Professor für Marketing

Experten-Tipps:

Beantworte die Schlüsselfragen in einer Lessons Learned Session

- In der Workshop-Vorbereitung helfen die folgenden Fragen:
  - Was soll wann konkret betrachtet werden?
  - Wo liegt der Fokus? Welches ist das Ziel des Auftraggebers? Wie erfolgt die Abstimmung mit dem Auftraggeber?
  - Wer moderiert den Workshop?
  - Welche Projektbeteiligten sollen eingeladen werden?
- Falls die Stimmung nach dem Projekt eher schlecht ist, sollte mit der Durchführung der Lessons Learned Session gewartet werden. Wir haben sehr gute Erfahrung damit gemacht, in einem solchen Fall erst mal 6 Wochen verstreichen zu lassen, da viele Themen mit etwas Distanz emotionsloser betrachtet werden.

Lessons Learned sollten Teil von jedem Projektplan sein

- Typischerweise wird eine Lessons Learned Session nach dem Abschluss eines Projektes als Teil der Projektabschluss-Dokumentation durchgeführt und sollte ein fester Bestandteil einer Projektplanung sein.
- Zudem sollten wir auch während des Projekts Lessons Learned sammeln, zum Beispiel bei der Hälfte des Projektes oder bei einem wichtigen Meilenstein, diese können bereits in den nächsten Phasen helfen.

Weniger ist mehr, wenn es um definierte Aktionen geht

- Weniger ist mehr: vor allem die Dinge, die sich bewährt haben und jene, die schiefgegangen sind, hervorheben und auf dieser Basis Handlungen und Aktionen definieren. Wichtig: nicht nur auf negative Aspekte fokussieren und nicht persönlich werden!
- Lessons Learned ist zudem eine gute Basis, um die Design Principles (siehe Seite 53) zu definieren oder im Rahmen von Define Success (siehe Seite 137) anzuwenden.

Beschreibung des Anwendungsfalles

- Die einzelnen Teams von Lilly reflektieren in regelmäßigen Abständen und bei wichtigen Meilensteinen ihr Projekt.
- Die Lessons Learned auf der Meta-Ebene werden mit den Learnings der anderen Teams konsolidiert, sodass z.B. die Design Principles angepasst werden können oder die Zusammenarbeit verbessert werden kann.
- Die Fragen auf der fachlich-inhaltlichen, emotional-sozialen und prozessualen Ebene variieren jedoch je Team und Projektziel oftmals sehr stark.

Key Learnings

- Lessons Learned auf mehreren Ebenen anwenden (fachlich-inhaltlich, emotional-sozial und prozessual).
- Die Reflektion während des Projektes mit der Unterstützung eines Log-Buchs auf Projektebene durchführen. Am Ende des Projektes auch die Meta-Ebene einbeziehen.
- Bereite einige Schlüsselfragen für die Reflexion mit dem Team vor.

Tool zum Download

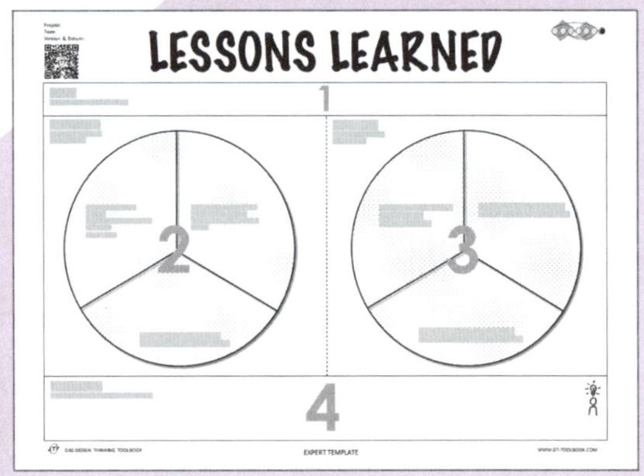

www.dt-toolbook.com/lessons-learned

Roadmap for Implementation

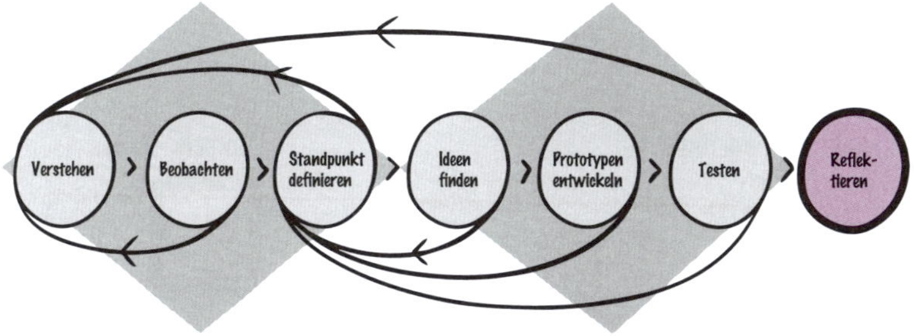

Ich möchte …

von Anfang an die erfolgreiche Implementierung der möglichen Marktopportunitäten im Fokus haben.

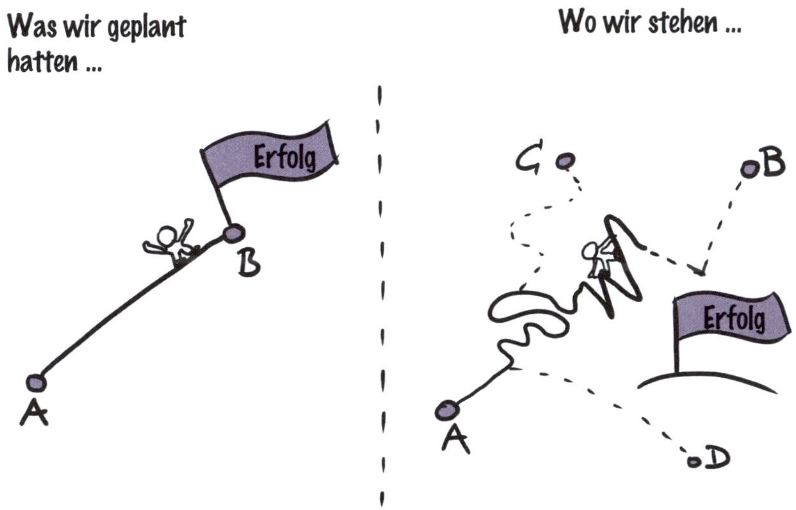

Was du mit dem Tool machen kannst:

- Die Roadmap for Implementation als Orientierungshilfe nutzen, um den aktuellen Standpunkt (A) und das Ziel „Wo die Reise hingehen soll" (B) festzulegen.
- Den Überblick behalten und bestimmen, ob während der Reise der richtige Zielbereich und die Zielgruppe betrachtet wird.
- Den Weg zum Ziel gemeinsam mit anderen teilen.
- Die Grundlage für eine Checkliste mit den wichtigsten Erfolgsfaktoren erarbeiten.
- Einen unbestimmten Weg von A nach B durch Iterationen im Laufe der Reise klarmachen.

Einige Informationen über das Tool:

- Die „Roadmap for Implementation" ist gewissermaßen der Weg zum Erfolg. Beim ergebnisoffenen Ansatz einer komplexen Problemstellung ist es wichtig, möglichst schnell Klarheit über den Kontext zu gewinnen.
- Das Tool hilft bei der Bestimmung der kritischen Faktoren, die für die Planung des Umsetzungsprojekts relevant sind.
- Ziel ist, sich so früh wie möglich im Prozess einen ganzheitlichen Überblick über die spätere Implementierung zu verschaffen, den kritischen Pfad und mögliche Risiken zu identifizieren, um auf diese Weise die notwendigen nächsten Schritte zu bestimmen.
- Die Roadmap wird so früh wie möglich erstellt und nach jedem Schritt überprüft und gegebenenfalls angepasst.
- Sie ist quasi unser Kompass, um das Vorhaben immer wieder neu auf ein zunächst unbestimmtes, bewegliches Ziel auszurichten.
- Die Ausführung des Implementierungsplans erfolgt meist später. Hier helfen die in der Organisation angewandten Methoden des Projektmanagements.

Welches Tool kann stattdessen verwendet werden?

- Scenario Techniques
- Game plan
- Reality Check

Welche Tools unterstützen die Arbeit mit diesem Tool?

- Define Success (siehe Seite 137)
- Stakeholder Map (siehe Seite 83)
- NABC (siehe Seite 177)

Was benötigen wir an Zeit und Material?

Gruppengrösse

5-7

- Idealerweise der Projektleiter, ein Designer, der Business- oder Produktmanager, Vertreter der Nutzer bzw. Kunden, Investor oder Sponsor; ggf. Developer und Challenger

Typische Dauer

60-120 Min.

- Die Roadmap wird schrittweise erstellt; dies kann auch auf mehrere Termine aufgeteilt werden.
- Mehrere Termine à ca. 60 –120 Min. festlegen, um die Roadmap iterativ und schrittweise zu entwickeln.

Benötigtes Material

- Großes Papier oder A0-Template
- Stifte, Post-its
- Kamera, um die Roadmap festzuhalten

Template und Vorgehen Roadmap for Implementation

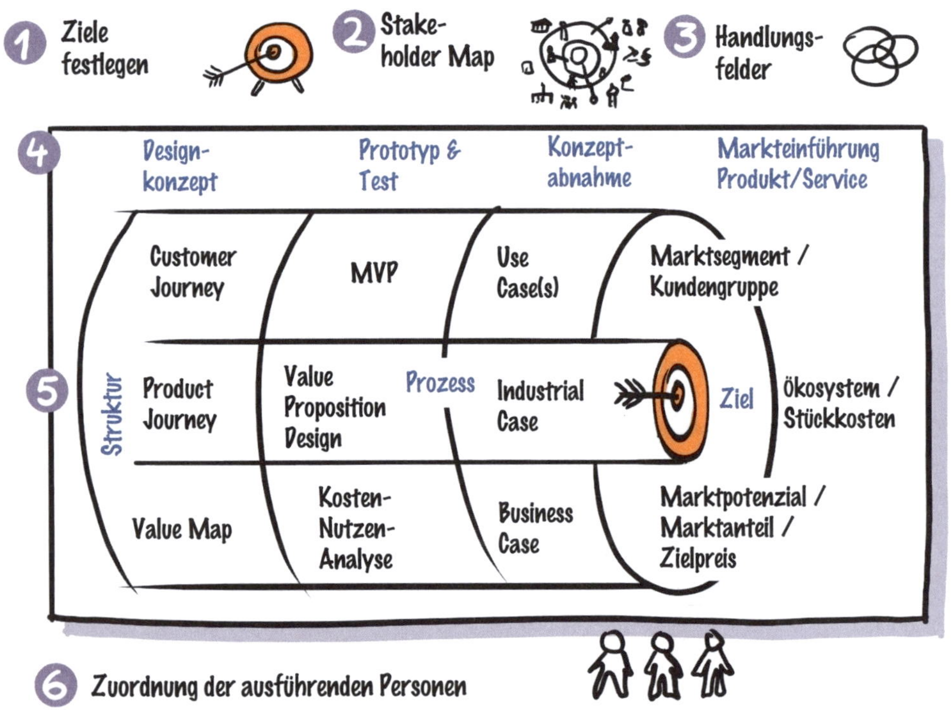

Wie das Tool angewandt wird …

- **Schritt 1:** Als Erstes Ziele festlegen und Controlling aufbauen; wenn möglich, entsprechende Entscheidungskriterien quantifizieren (KPI), Budget, Zeitplan, Meilensteine etc. festlegen.
- **Schritt 2:** Erstelle eine Übersicht mit allen Beteiligten. Hierfür bieten sich Tools wie die Stakeholder Map (siehe Seite 83) an, um die Ziele auf ihre Eignung für eine Implementierung hin zu überprüfen und vor allem, das richtige Team zusammenzustellen.
- **Schritt 3:** Lege die Struktur, die Hauptgestaltungsfelder oder Perspektiven fest. Die „Standardperspektiven" sind Wünschbarkeit, Machbarkeit und Wirtschaftlichkeit (siehe Seite 20). Je nach Problemstellung können diese weiter spezifiziert werden, z.B. mit Dimensionen wie zum Beispiel Nachhaltigkeit, Umweltverträglichkeit.
- **Schritt 4:** Beschreibe die Prozessschritte bzw. Phasen. Je nach angewandter Methodologie können diese z.B. heissen: Konzeptdesign, Prototyping und Test (iterativ) sowie Konzeptabnahme.
- **Schritt 5:** Fülle alle Felder mit Aufgaben; erst qualitativ und im Anschluss hinterlege die Ergebnisse der einzelnen Aufgaben; z.B. mit einer Customer Journey (siehe Seite 103) für Konzeptdesign-Nützlichkeit.
- **Schritt 6:** Wichtig ist, alle ausführenden bzw. zur Durchführung benötigten Personen auf der Karte zu verorten, da diese gegebenenfalls später für das Projekt gewonnen werden müssen.

Das ist das Lieblingstool von Markus Durstewitz

Position:
Leiter der Methodenentwicklung Innovation und Design Thinking, bei Airbus Strategie – Neue Geschäftsmodelle und Services;

„Am Ende zählt nur das Ergebnis (Deliver or Die). Design Thinking ist kein Workshop-Format, sondern ein holistischer Problemlösungsansatz. Design Thinking hilft, das Richtige zu tun, d.h. die Erwartungen, Wünsche und Bedürfnisse der Nutzer und potenziellen Kunden zu erkennen."

Warum ist das sein Lieblingstool?

Die Roadmap for Implementation zeichnet mithilfe der Design Principles den Weg zu erfolgreicher Innovation. Sie ist sozusagen der Kompass für meine Reise von der ursprünglichen Geschäftsidee bis zur erfolgreichen Markteinführung. Tools wie die Stakeholder Map helfen uns in der Definition der wichtigen Personen, um die Initiative erfolgreich zu machen.

Land:
Deutschland

Affiliation:
Airbus

Geprüft von: Peter Kooijmans

Firma/Position: Trihow AG, Director Sales

Experten-Tipps:

Eruiere wer die Lösung umsetzen wird

- Die Umsetzung von neuen Marktopportunitäten ist komplex und hat viele Tücken. Aus unserer Erfahrung hilft es, Methoden und Tools zielgerichtet anzuwenden, um die „Reise" erfolgreich zu begehen.
- Wir haben gute Erfahrungen damit gemacht, mit der Frage nach dem WER zu starten, also „Wer braucht die Lösung? Wer ist der Nutzer/Kunde? Wer macht es? Wen benötigen wir für die Realisierung? Wer bezahlt? Wer finanziert das Projekt? Wer bezahlt für die Lösung?"
- Wenn wir die Beteiligten noch nicht benennen können, ist es meist ein Indikator dafür, dass unser Ziel noch nicht wirklich klar ist.
- Zudem ist es wichtig, immer die passende Methode für jeden Schritt auszuwählen. Das Tool muss zum Kontext passen.

Kenne die Sponsoren und adaptiere den Pitch auf ihre Bedürfnisse

- Am Ende wollen wir eine positive Entscheidung zugunsten einer Implementierung erzielen. Die Roadmap hilft uns dabei, alle Bereiche abzudecken. Angefangen beim Use Case, über den Industrial Case bis hin zum Business Case. Diese sind aufeinander abzustimmen.
- Wenn wir einen Pitch (siehe Seite 247) für ein Entscheidungsboard vorbereiten, ist es wichtig, zu wissen, welches die Bedürfnisse der Entscheider sind und welche Art von „Storys" gerade angesagt sind. Der Pitch sollte alle Beteiligten inhaltlich abholen und kann mit Visualisierungen, Poster oder Videos zusätzlich gewinnbringende Elemente enthalten. Eine Struktur nach der NABC (siehe Seite 177) hilft bei der Vorbereitung.

Beschreibung des Anwendungsfalles

- Die Roadmap for Implementation wird gemeinsam von Lillys Kernteam erstellt. Da meist nicht alle Beteiligten von Anfang an identifiziert sind, können diese sukzessive bei späteren Anpassungen hinzugezogen werden.
- Neben den Aufgaben sollten auch immer die Durchführenden benannt sein. Ist die Roadmap vollständig, ist das ein guter Indikator für den Reifegrad des Projektes.
- Lilly macht sich schon früh Gedanken über die Umsetzung. Nur so kann sie auch die relevanten Stakeholder einbinden.

Key Learnings

Schrittweises Vorgehen für die Roadmap for Implementation:

- Ziele und Kriterien festlegen.
- Aufgaben und Methoden auswählen.
- Personen zuordnen.
- Roadmap wenn nötig nach jedem Schritt, jeder Iteration anpassen.

Tool zum Download

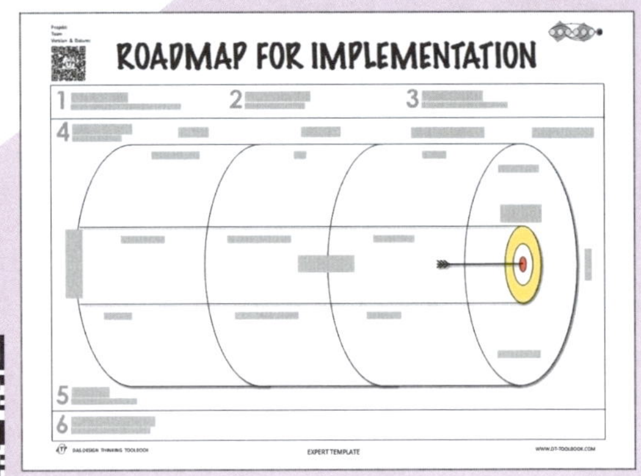

www.dt-toolbook.com/roadmap-implementation

Problem to Growth & Scale Innovation Funnel

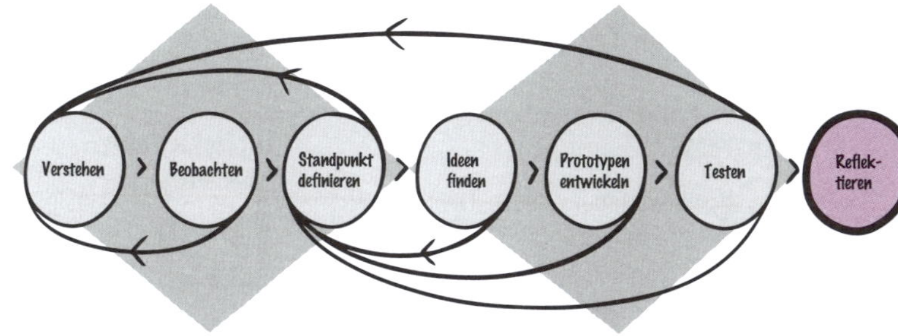

Ich möchte ...

die Wachstumsinitiativen in einem „Funnel" transparent machen.

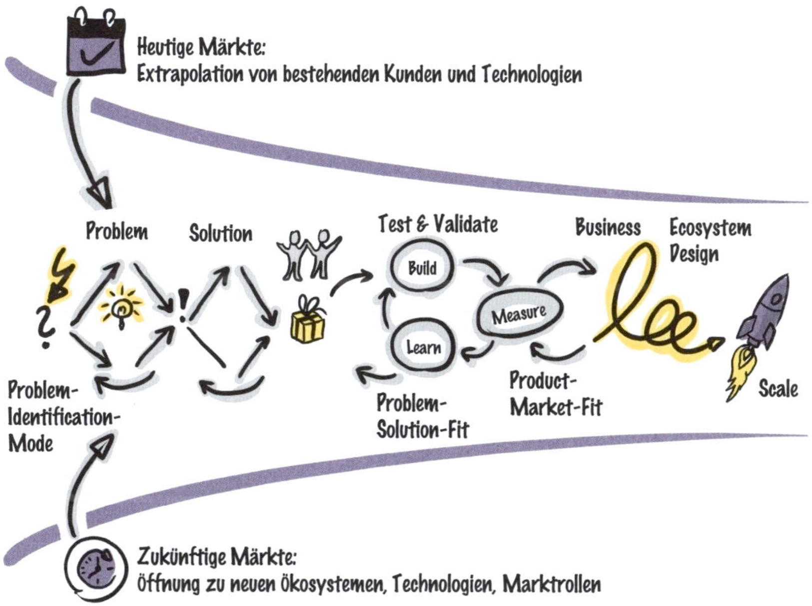

Was du mit dem Tool machen kannst:

- Ein Portfolio aus bestehenden Kundenanforderungen (heutige Märkte) und zukünftigen Kundenanforderungen (zukünftige Märkte) dokumentieren.
- Durch Extrapolation den Fokus auf den Deckungsbeitrag und den Umsatz bei bestehenden Kunden und Technologien setzen.
- Durch Retropolation die Chancen in neuen Ökosystemen, Technologien und Marktrollen verfolgen.
- Die Marktvalidierung der Prototypen, Proof of Concepts und fertigen Lösungen über die Zeit veranschaulichen.
- Bestehende Innovation-Funnels durch zeitgemäße Terminologien und Ansätze ersetzen.

Einige Informationen über das Tool:

- Das Problem to Growth & Scale Framework ist Basis eines modernen, zeitgemäßen Innovation-Funnels.
- Er basiert nicht auf einer Vielzahl von Ideen, die über Gates gefiltert werden (wie bei klassischen Innovationsansätzen), sondern startet mit dem „Problem-Identifcation-Mode". Dieser wird von zwei Einflussfaktoren gesteuert. Zum einen der Exploration von bestehenden Kunden und Technologien und zum anderen durch Retropolation, einer Sicht, die sich auf zukünftige Ökosystemen, Technologien und Marktrollen bezieht.
- Die einzelnen Initiativen zur Lösung von heutigen und zukünftigen Problemen werden über die Zeit visualisiert und in einem Portfolio dargestellt.
- Initiativen, die gestoppt werden, verbleiben auf dem Funnel. In regelmäßigen Abständen werden z.B. die Ursachen im Rahmen einer Retrospective (siehe Seite 243) untersucht.

Welches Tool kann stattdessen verwendet werden?

- Roadmap for Implementation (siehe Seite 259)

Welche Tools unterstützen die Arbeit mit diesem Tool?

- Trend-Analyse (siehe Seite 111)
- Lean Canvas (siehe Seite 251)
- Vision Cone (siehe Seite 141)
- Stakeholder Map (siehe Seite 83)
- Retrospective Sailboat (siehe Seite 243)
- Pictures of the Future (von Siemens)
- Minimal Viable Ecosystem (MVE siehe „Das Design Thinking Playbook" Seite 240 ff.)

Was benötigen wir an Zeit und Material?

Gruppengrösse

1-2

- Die Inputs zu den Themen und zum jeweiligen Status kommen von den jeweiligen Strategie-, Design- und Umsetzungsteams in einer Organisation.

Typische Dauer

60-120 Min.

- Das Zusammentragen der Information hat einen grossen Initialaufwand.
- Die Updates sollten nicht länger als 30-60 Minuten dauern.

Benötigtes Material

- Der Funnel kann als A0-Poster in einem Arbeitsraum verwendet werden oder elektronisch in einer PowerPoint Präsentation geführt werden.
- Evtl. moderne Kollaborationstools wie Trello, Teams, OneNote, …

Template Problem to Growth & Scale Innovation Funnel

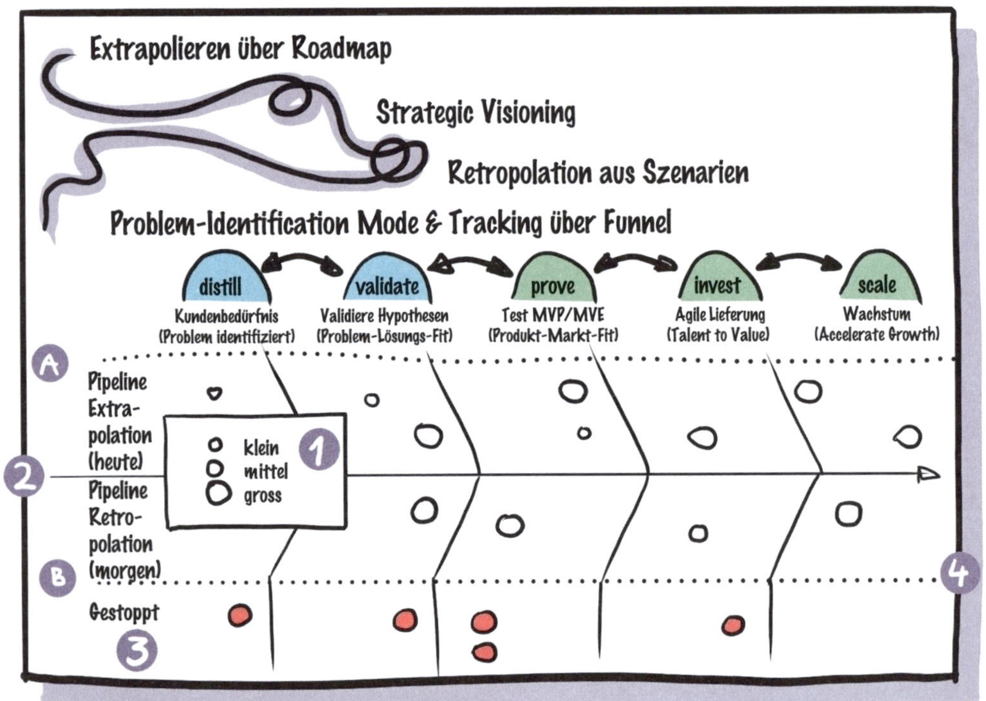

Wie das Tool angewandt wird …

- Der Funnel ist ein sehr gutes Tool, um die einzelnen Aktivitäten zu dokumentieren und in Bezug auf den Reifegrad in eine zeitliche Reihenfolge zu bringen.
- Er gibt uns Transparenz über die aktuellen Prototypen, MVPs/MVEs, finalen Lösungen und zu den Aktivitäten, die eingestellt worden sind.
- **Schritt 1:** Gib allen Projekten einen Namen und etabliere eine Skala für die Größe bzw. den Beitrag der Vorhaben zum Unternehmenserfolg (z.B. < 5 Mio, 5–50 Mio, >50 Mio.). Was gemessen wird, ist dem Wertesystem der jeweiligen Organisation anzupassen (z.B. Top-Line vs. Bottom-line).
- **Schritt 2:** Platziere die aktuellen Projekte auf der Zeitachse und unterscheide in Bestandsgeschäft (A) oder Zukunftsthemen (B). Diese Unterscheidung zeigt uns, wie viel Aktivität in die nachhaltige Zukunftsentwicklung einer Unternehmung investiert wird.
- **Schritt 3:** Projekte, die gestoppt wurden, tracken wir ebenfalls, um in regelmäßigen Abständen die Ursachen dafür zu untersuchen.
- **Schritt 4:** Aktualisiere den Funnel in einem turnusmässigen Controlling, zum Beispiel auf Monatsbasis, und diskutiere auf dieser Basis die Ressourcenallokation und die Umsatz- bzw. Renditeziele.

Das ist das Lieblingstool von Michael Lewrick

Position:
Bestselling Autor, Speaker, Innovations- und Digitalisierungsexperte

„Die Abbildung der Initiativen, inklusive der jeweiligen Entwicklungsstände, ermöglicht einen schnellen Überblick über das Innovations- und Wachstumsportfolio."

Warum ist das sein Lieblingstool?

Der Problem to Growth & Scale Innovation Funnel nimmt den Grundgedanken vom Lean Canvas auf und tracked die potenziellen Wachstumsinitiativen von den identifizierten Kundenbedürfnissen bis zur Skalierung. Es zeigt sehr gut den Reifegrad eines Portfolios und mit welchen Umsätzen und Deckungsbeiträgen eine Organisation rechnen kann.

Land:
Schweiz

Geprüft von: Markus Blatt

Firma/Position: neueBeratung GmbH, Managing Director

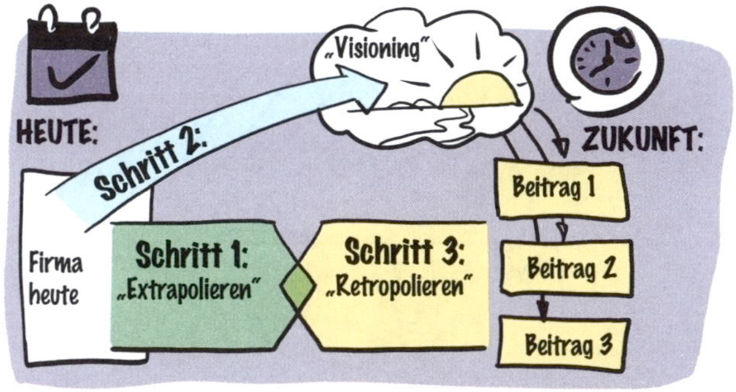

Experten-Tipps:

Für die Extrapolation und besonders die Retropolation können Werkzeuge wie „Pictures of the Future" verwendet werden.

Extrapoliere auf der bekannten Wissensbasis

- Wir extrapolieren aus der Welt von heute, indem wir vom Daily Business unseres Unternehmens ausgehen. Wir schauen uns die Trends an, um daraus zu extrapolieren, wie die nahe Zukunft für unser Unternehmen aussehen wird. Dies erfolgt durch die Analyse von Daten und Informationen aus unterschiedlichen Quellen, z.B. Branchenreports oder Experteninterviews.
- Am schnellsten kommen wir zum Ziel, wenn wir auf die bekannten Trends einer Branche zurückgreifen, z.B. mittels interner Trendreports oder Marktanalysen, die im Internet frei verfügbar sind.

Nutze W-Fragen für Strategic Visioning

- Hierfür wählen wir am besten ein positives, konstruktives und nutzenbringendes Szenario und fragen uns: „Wie könnte unser Unternehmen für dieses Szenario den maximalen Beitrag leisten? Was müssten wir tun und anbieten?"
- Wir bleiben dabei gedanklich in der Zukunft und lassen uns nicht von den aktuellen Prozessen und Strukturen unseres Unternehmens beeinflussen.

Basiere die Rückschlüsse auf den Zukunftsszenarien für die Retropolation

- In der Retropolation ziehen wir Rückschlüsse aus den „bekannten" Fakten des Zukunftsszenarios auf die Gegenwart. Wir stellen die Ergebnisse aus den beiden anderen Aktivitäten gegenüber, verknüpfen diese und leiten ab, was das ganz konkret für die Ausrichtung unseres Unternehmens jetzt bedeutet. In welche Richtungen soll innoviert und geforscht werden? Welche Fähigkeiten müssen aufgebaut werden?

Beschreibung des Anwendungsfalles

- Lilly möchte ein einfaches Tool einsetzen, um die erarbeiteten Initiativen über die Zeit in einem Funnel darzustellen.
- Der „Problem to Growth & Scale Innovation Funnel" bietet ihr den Vorteil, dass sie in der Lean Start-up und Design Thinking Methodologie bleiben kann.
- Zusätzlich sieht sie schnell, welche Initiativen wann gestoppt wurden und wie viele Wachstumsthemen inkl. deren Marktpotenzial in Erarbeitung sind.

Key Learnings

- Denke bei der Erstellung eines Funnels in Problemen und nicht in Ideen.
- Berücksichtige den Problem-Lösungs-Fit und den Produkt-Market-Fit.
- Unterteile den Funnel in bestehende Geschäftsfelder und zukünftige Betätigungsfelder.
- Nutze zum Beispiel „Pictures of the Future" für die Erkundung der Zukunftsthemen.

Tool zum Download

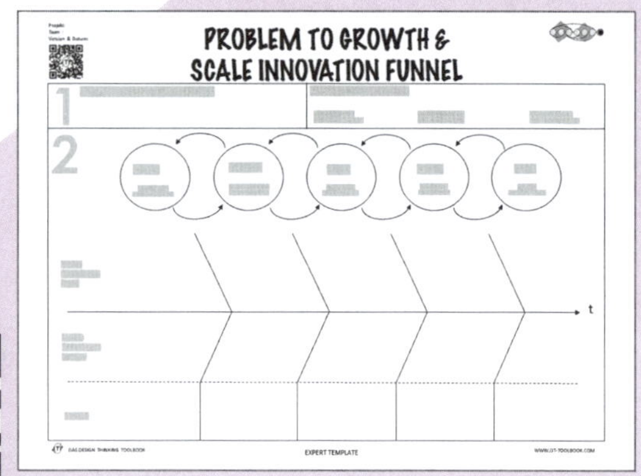

www.dt-toolbook.com/funnel

Anwendung

Das Design Thinking Mindset kommt in verschiedenen Facetten zum Einsatz. Wir möchten am Ende dieses Design Thinking Toolbooks ausgewählte Anwendungen vorstellen, welche die ganze Breite von Design Thinking aufzeigen. Die Initiativen reichen von Programmen an Universitäten, wie der legendäre ME310, bis hin zu Intrapreneurship-Programmen, die den Mitarbeitenden die Möglichkeit geben, ihre eigenen Ideen zu realisieren. Zudem kann Design Thinking auch im Rahmen von „Design Your Future", also in der Gestaltung der eigenen Lebensplanung, angewandt werden.

Universitäten

ME310 Stanford University

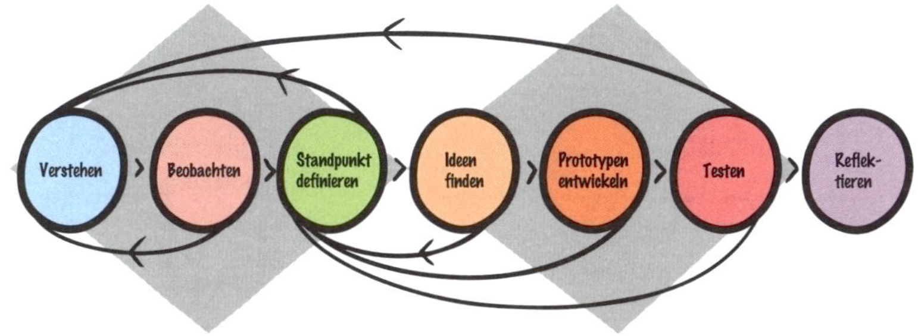

Ich möchte ...

eine komplexe Problemstellung für mein Unternehmen von einer Gruppe internationaler Studenten lösen lassen.

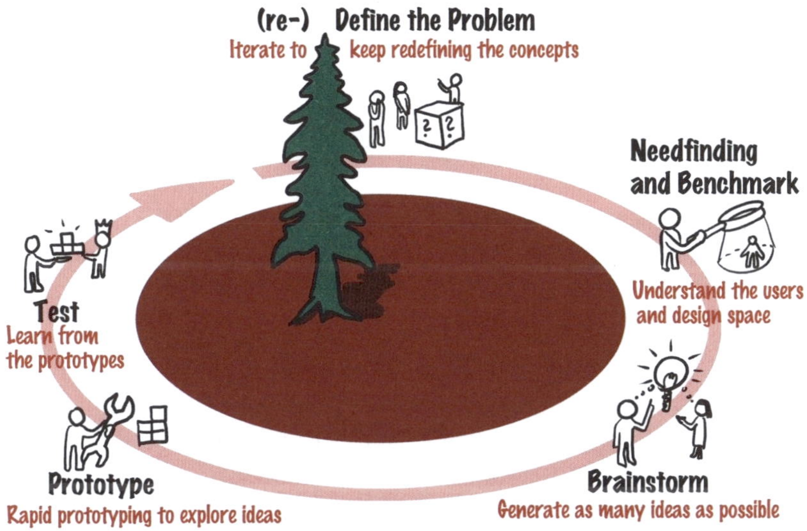

Was du mit dem Tool machen kannst

- Lösungsfindung für komplexe Problemstellungen für Unternehmen von internationalen Studententeams
- Aufbau und Transfer von Design Fähigkeiten zum Unternehmenspartner
- Zugang zu einer internationalen Design Thinking Community
- Interkulturelle Zusammenarbeit von Studententeams
- Anwendung des Design Thinking Mindsets in der Problemlösung
- Vermittlung von Design Methoden und Fähigkeiten

Einige Informationen über das ME310

- Ein internationales Studententeam nimmt sich über 9 Monate einer Design Challenge von einem Unternehmenspartner an.
- Die Studenten bekommen den Auftrag, unter Berücksichtigung der Wünschbarkeit, Machbarkeit und Wirtschaftlichkeit ein komplettes System zu gestalten.
- Während der Laufzeit des Projekts konkretisieren die Studenten die Problemstellung, genieren eine Vielzahl an Ideen, bauen und testen Prototypen und präsentieren zum Ende des Programms einen finalen Prototyp, der als Proof-of-Concept für die Idee dient.
- Bei jedem ME310 Projekt arbeiten die Studententeams von der Stanford Universität mit anderen Teams ausländischer Universitäten zusammen. Ziel ist, durch Zusammenarbeit und Diversität bahnbrechende Innovationen hervorzubringen.
- In den letzten Jahren haben Unternehmen wie IBM, 3M, Siemens, Swisscom, BMW, VW, GM, Honda, Volvo, NASA, HP, Intel, Pfizer, Thales, Baxter, Bosch, SAP, Apple und viele weitere Unternehmen Design Challenges mit grossem Erfolg von den Studententeams erarbeiten lassen.
- Zu den Partner-Universitäten zählen z.B. Hochschule St. Gallen, Aalto Universität, HPI Potsdam, KIT Karlsruhe, Kyoto Design Lab, NTNU, Porto Design Factory, TUM, Universität Zürich, Linköping University, Trinity College Dublin, University of Science and Technology China und viele weitere.

Was benötigen wir an Zeit und Material?

Gruppengrösse

8-18

- 2-3 Teams mit jeweils 4-6 Studenten an verschiedenen Universitäten

Typische Dauer

9 Monate

- Der ME310 dauert 9 Monate. Oftmals beginnt der Prozess einige Monate zuvor mit der Definition der Problemstellung zusammen mit den Partner-Unternehmen.

Benötigtes Material

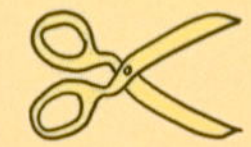

- Material für Prototypen
- Stifte, Post-its
- Infrastruktur für Teams
- Kommunikationswerkzeuge für die Teams

Vorgehen und Zeitplan

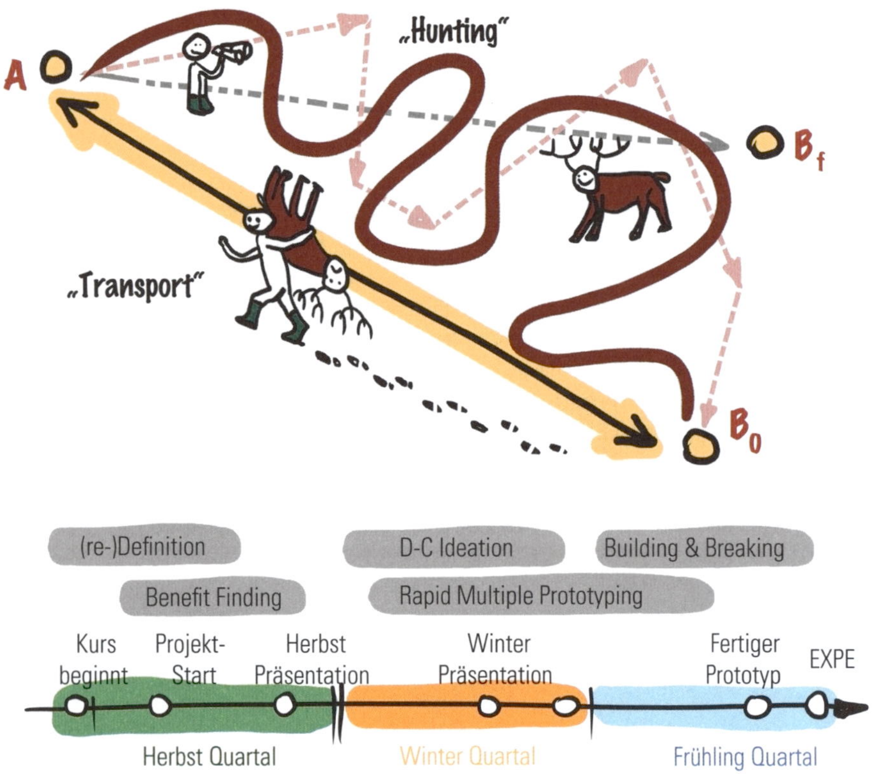

Was ist die Philosopie im ME310?

Das Lernkonzept des ME310 folgt dem Design Thinking Prozess. Das Programm unterscheidet zwei große Bereiche „Hunting" und „Transport", in denen die Studententeams agieren. Nach der Designphilosophie des ME310 braucht es beide Verhaltensweisen für die Findung von innovativen Lösungen.

Das ME310 Mindset umfasst:

- Hunting is not "wandering" (have a purpose).
- Never go hunting alone (multi-capability teams).
- Don't give up too early (patience with failure).
- Don't confuse transport as hunting (declare the behavior).
- Bring it home (deliver results).

Viele der im „Das Design Thinking Toolbook" vorgestellten Werkzeuge und Methoden werden im ME310 angewandt. Die Werkzeuge helfen den Teams bei der Analyse von Problemen, der Ausgestaltung von verschiedenen Optionen und bei der Synthese, die hilft, Problemen auf den Grund zu gehen und verschiedene Ideen zu kombinieren. Oftmals entstehen einzigartige Lösungen im Spannungsfeld verschiedener Optionen.

Das wichtigste Element im ME310 ist der Bau von physischen Prototypen, die helfen, eine echte Interaktion mit einem potenziellen Nutzer zu testen.

Das ist das Programm von Larry Leifer

Position:
Professor für Mechanical Engineering Stanford University
Gründungsdirektor, HPI & Stanford Center for Design Research
ME310 „Project-Based Engineering Design, Innovation and Development"

„Wenn man sich Design Thinking als einen Eisberg vorstellt, dann befinden sich auf der Spitze die Werkzeuge und Methoden, die leicht zu erlernen sind. Auch der Design Thinking Prozess kann gelernt und erlebt werden. Das Wichtigste ist jedoch das Design Thinking Mindset, also die Fähigkeit, wie ein Designer zu denken und zu arbeiten."

Warum er vom Konzept des ME310 überzeugt ist

Das ME310 lebt das Design Thinking Mindset. Verschiedene Werkzeuge helfen z.B. in der Findung und Selektion von Ideen und der Design Thinking Prozess hilft in der Orientierung, wo die Teams aktuell stehen. Das Wichtigste ist jedoch, dass die Jagd nach der nächsten Marktopportunität nach keinem klaren Muster vonstatten geht. Am Anfang der Reise ist die Lösung nicht klar. Dies bedeutet zu lernen, mit Unsicherheit zurechtzukommen, den Teams Vertrauen zu schenken und schliesslich ein „WOW" zu erzeugen.

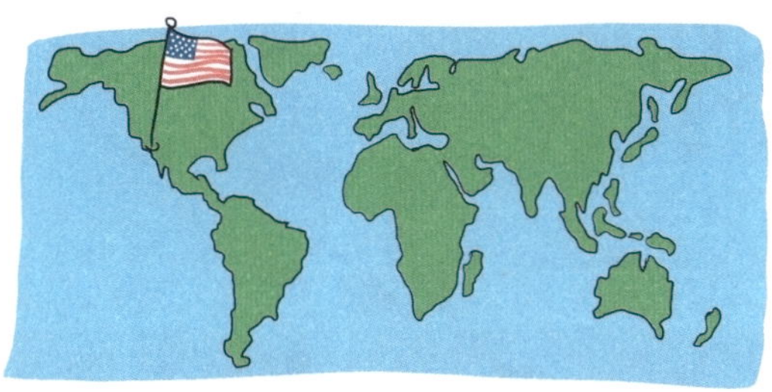

Land:
USA

Affiliation:
ME310

Geprüft von: Sophie Bürgin

Firma/Position: InnoArchitects AG, User Insights Lead

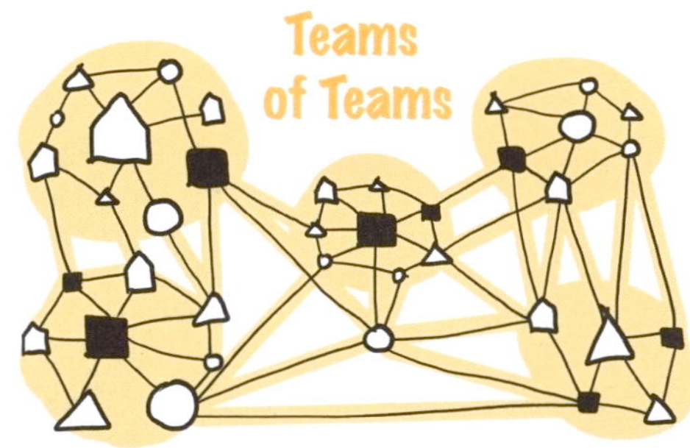

Experten-Tipps:

Kreiere leistungsstarke Teams, die die Fähigkeit haben, als Einheit zu denken und zu handeln

- Design Thinking funktioniert am besten im Team. Bei den Teams ist darauf zu achten, dass es sich aus Menschen mit unterschiedlichen Erfahrungen und Backgrounds zusammensetzt. Dies ermöglicht es, dass verschiedene Perspektiven auf das Problem und seine Lösung eingenommen werden.
- Zudem haben wir sehr gute Erfahrungen mit dem Teams-of-Teams Ansatz gemacht. In diesem Ansatz wird den Teams das Bewusstsein vermittelt, dass jedes Team das Richtige tut. In einem internationalen Projekt, wie im ME310 befähigen wir bewusst die einzelnen Teams, jeweils eigenverantwortlich zu handeln und zu entscheiden. Wenn jedes Team die Freiheit hat, ohne Zustimmung der anderen Teams zu handeln, so werden die Entscheidungen besser abgewogen.

Nutze die kooperative Anpassungsfähigkeit, um leistungsfähige Teams zu formen

- Teams haben in diesem Ansatz keine direkte Kontrolle über andere Teams im Netzwerk, sondern arbeiten mit ihnen zusammen.
- Der Teams-of-Teams Gedanke benötigt ein vernetztes Denken, das erlaubt, Informationen und Resultate schnell zu verbreiten. Eine traditionelle hierarchische Struktur lässt eine solche Reaktionsgeschwindigkeit nicht zu, weil Informationen bewusst gefiltert werden.
- Wichtig ist am Ende in der Zusammenarbeit, dass ein „Wow" erreicht wird und nicht nur ein „Vielen Dank, ich habe die Information erhalten". Ein „Wow" zu erhalten bedeutet, dass ein Team die Erwartungen erfüllt oder übertroffen hat. Wer versteht, wie Teams gut zusammenarbeiten, kann einen besseren Innovationserfolg erzielen.

Beschreibung des Anwendungsfalles

- Die Design Loft des ME310 an der Stanford Universität ist für viele Studierende für ein Jahr lang der Ort, an dem Problemstellungen verstanden, Ideen generiert und Prototypen entwickelt werden.
- Der Kurs existiert seit 1967 und zahlreiche Unternehmen haben über die letzten Jahrzehnte Design Challenges von den Studententeams bearbeiten lassen.
- Eines der Highlights in jedem Programmjahr ist die „Paper-Bike" Challenge. Diese Übung fördert bei den Studierenden die Kreativität und die Lösungsfindung. Mit beschränkten Materialien muss ein Gefährt gebaut werden, das unter wechselnden Spielbedingungen einsatzbereit bleibt.

Key Learnings

- Nutze Design Thinking Teams an Universitäten und Hochschulen für die Lösung von komplexen Problemstellungen.
- Erhalte einfache, hoch auflösende Prototypen, die helfen, den Produkt- oder Dienstleistungsentwicklungszyklus zu beschleunigen.
- Sieh die Zusammenarbeit mit Studierenden zudem als Recruiting-Werkzeug.

Design Thinking im Unternehmen

(Co-Creation Toolbox) von Siemens

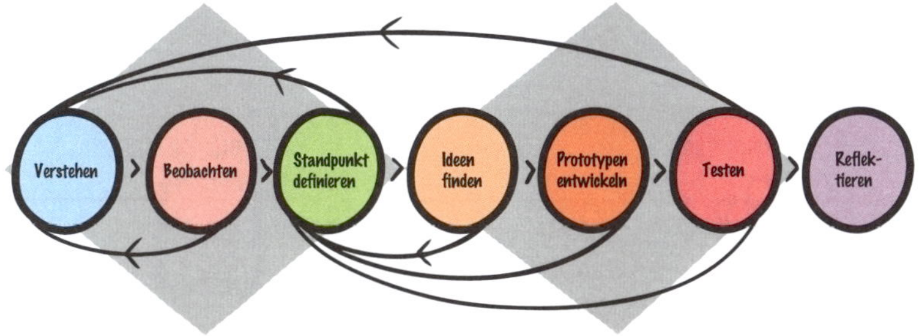

Ich möchte ...

unseren Siemenskollegen durch die Vermittlung relevanter Design Thinking Methoden und einer nutzerzentrierten Denkweise helfen, die Zusammenarbeit mit Kunden und anderen Stakeholdern (z.B. Lieferanten, wissenschaftlichen Partnern und Siemens-Kollegen) erfolgreicher zu gestalten.

Einige Informationen über das Tool:

- Co-Creation ist ein großartiger Ansatz, um gemeinsam mit Stakeholdern Lösungen zu erarbeiten und dabei den Innovationsgrad zu erhöhen, den Entwicklungsprozess zu beschleunigen und das Risiko zu minimieren.
- Design Thinking dient dabei als methodischer Ansatz, sowohl aus Prozesssicht als auch bei der Anwendung der einzelnen Werkzeuge.
- Bei der Durchführung von Co-Creation Projekten fehlt es häufig an Wissen über eine geeignete und strukturierte Vorgehensweise sowie wann welche Methoden eingesetzt werden sollten.
- Die User Experience Design Abteilung von Siemens Corporate Technology hat 65 relevante Methoden für die Durchführung von Co-Creation Projekten selektiert, beschrieben und anschaulich dargestellt.
- Die einzelnen Methoden wurden dem Industrial Design Thinking Prozess sowie dem Customer Value Co-Creation Prozess zugeordnet und entsprechend farblich markiert.
- Die Karten sind in digitaler Form und auch in gedruckter Form als Box und Broschüre erhältlich.
- Zu den einzelnen Methoden wurden passende Templates und Vorlagen erstellt.

Was Du mit einer solchen Co-Creation Toolbox machen kannst ...

- Ein Projekt vom Kick-off bis zur Implementierung planen und mit den ausgewählten Werkzeugen und Templates umsetzen.
- Ein Verständnis gewinnen, welche Methoden in welcher Projektphase sinnvoll einsetzbar sind.
- Einzelne Methodenkarten auswählen und nach den Anforderungen eines Projektes zusammenstellen.

Was benötigen wir an Zeit und Material?

Gruppengrösse

Mind. 5

- 4-16 Personen
- Je nach Gruppengröße 1-2 Methodencoaches
- Je 1-2 Personen der wichtigsten Stakeholdergruppen (Kunden, Markt- oder Technologie-experten)

Typische Dauer

3 Tage-150 Tage

- Abhängig von der Komplexität und vom Umfang des Projekts
- Auf jeder Karte findet sich ein kurzer Text, der die Methode, den Zweck und die Vorgehensweise erläutert, sowie ein Beispiel.

Benötigtes Material

- Neben den Methodenkarten und ausgedruckten Templates werden typische Design Thinking Materialen (Post-its, TimeTimer, etc.) benötigt. Wichtig ist auch eine inspirierende und kollaborierende Arbeitsumgebung.

Vorgehen Co-Creation Toolbox

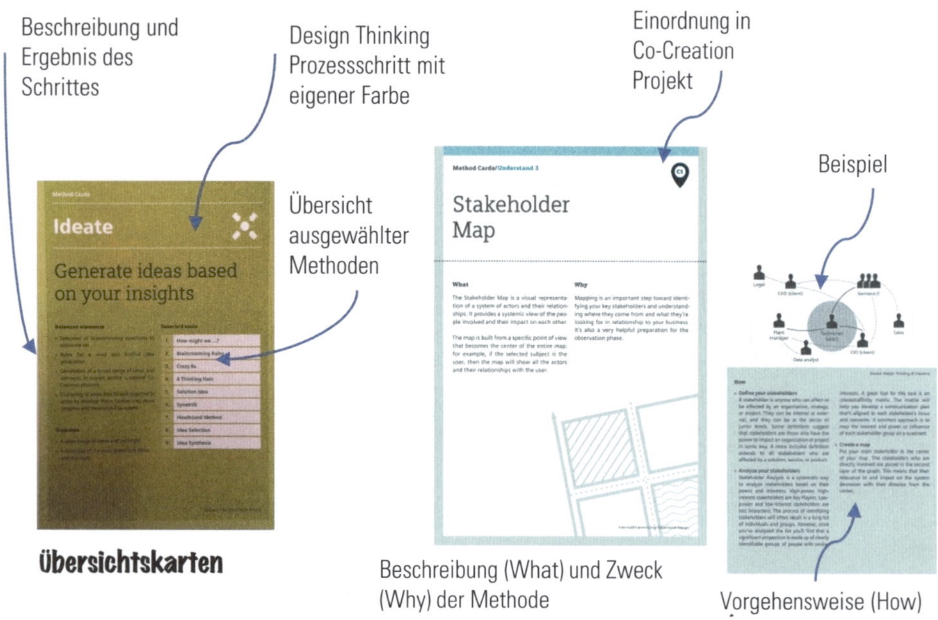

Übersichtskarten

Methodenkarten

Wie das Tool angewandt wird ...

- Design Thinking und Co-Creation Experten erhalten das gesamte Toolset (Ordner, Box, Templates) in gedruckter und digitaler Form. Die Experten entscheiden für den jeweiligen Anwendungskontext, welches Material und in welcher Form es relevant ist. Sie haben die Möglichkeit, die Inhalte auf das jeweilige Projekt und die jeweilige Veranstaltung anzupassen.
- Die Toolbox kann jedoch auch digital einer breiten Zielgruppe, die sich zum ersten Mal mit dem Thema auseinandersetzt, zur Verfügung gestellt werden. Die Toolbox hilft, das Wissen, das einzelne Experten gesammelt haben, über die ganze Organisation zu verteilen und Kollegen zu motivieren, einzelne Methoden auszuprobieren und selber Co-Creation Projekte durchzuführen.
- Die Methodenkarten werden einerseits in Workshops und Projekten angewendet, andererseits nutzen viele Kollegen diese auch, um in Ruhe über einzelne Methoden nachzulesen und zusätzliche Informationen zu erhalten.
- Das Toolset unterstützt in allen Phasen des Co-Creation Prozesses: von der Einführung in das Thema Co-Creation, der Festlegung der Rahmenbedingungen und Ressourcen, der Vorbereitung der Co-Creation Aktivitäten (Festlegung des Themenfeldes, Identifikation der geeigneten Partner, Sammeln relevanter Informationen), der Durchführung des Co-Creation Projektes bis zur nachhaltigen Implementierung.

Das ist das Lieblingstool von Bettina Maisch

Position:
Senior Key Expert Consultant bei Siemens Corporate Technology
Lecturer an der Universität St. Gallen

„Design Thinking ist an und für sich gesunder Menschenverstand. Wir können kein nachhaltiges Geschäft machen, wenn wir nicht etwas produzieren, das einem Kunden einen überzeugenden Mehrwert liefert. Mittels Co-Creation arbeiten wir eng mit dem Kunden zusammen, artikulieren seine Bedürfnisse und generieren nachhaltige Mehrwerte durch Technologieinnovationen."

Warum ist sie vom Konzept „Co-Creation" überzeugt?

Co-Creation und Design Thinking haben große Überschneidungen. Design Thinking hilft im Co-Creation Prozess von Beginn an, die Bedürfnisse und Einschränkungen der anderen Partei besser zu verstehen und darauf aufbauend kreative und gewinnbringende Ideen zu genieren und diese iterativ zu implementieren. Unsere Toolbox hilft den einzelnen Teams dabei, bewährte Design Thinking Methoden für eine erfolgreiche Projektdurchführung anzuwenden. Zudem macht das Werkzeug Lust auf die Umsetzung von Co-Creation Projekten.

Land:
Deutschland

Affiliation:
SIEMENS

Geprüft von: Lucas Bock

Firma/Position: Design Thinking Consultant bei Siemens Corporate Technology

Experten-Tipps:

Co-Creation ist ein Teamsport
- Binde alle relevanten internen Beteiligten in den Aufbau einer Co-Creation Toolbox ein und identifiziert gemeinsam Aufbau und Inhalt.
- Finde eine eigene visuelle Sprache für eure Co-Creation und Design Thinking Aktivitäten.

Wähle Methoden und Tools, die zum Projektkontext passen
- Führe eine kleine interne Studie durch, welche Werkzeuge in eurem Unternehmen innerhalb von Projekten am häufigsten und am erfolgreichsten in Co-Creation Projekten angewendet wurden.
- Beschreibe und visualisiere die Methoden in einer attraktiven und nachvollziehbaren Art. Teste mit Kollegen, ob sie mit der Beschreibung arbeiten können.
- Stelle die Methoden physisch als auch digital zur Verfügung und verteile sie an Meinungsführer innerhalb eurer Firma.

Nutze Templates für eine vereinfachte und beschleunigte Anwendung
- Zur vereinfachten und beschleunigten Anwendung der Methoden und Werkzeuge sollten Templates zur Verfügung gestellt werden

Übe die Anwendungen in einer sicheren Umgebung mit erfahrenen Design Thinkern
- Biete parallel Trainingssessions zur Vorstellung und Einübung der Methoden an, bevor das Projekt startet.

Beschreibung des Anwendungsfalles

- Bei der Vorbereitung eines Projekts nutzen die Teams bei Siemens die Toolbox, um die relevanten Methoden für ein Vorhaben auszuwählen.
- Die Überschrift und Farbe auf der Vorderseite jeder Methodenkarte helfen, diese in den Design Thinking Prozess einzuordnen.
- Eine kurze Beschreibung erklärt die Methode (What) und wozu diese verwendet wird (Why). Auf der Rückseite wird die Vorgehensweise Schritt für Schritt erläutert (How), sowie ein Anwendungsbeispiel gezeigt.

Key Learnings

- Die visuelle Gestaltung ist nicht zu unterschätzen – sie macht die Methoden attraktiv.
- Physische Karten sind nach wie vor sehr beliebt.
- Texte sollten kurz, prägnant und für jeden verständlich sein.
- Anwendungsbeispiele sind extrem wichtig.
- Es gibt viele Inspirationsbeispiele für gute Methoden-Toolsets.

Intrapreneurship

„Kickbox" von Swisscom

Ich möchte ...

in der Organisation oder im Unternehmen eine Intrapreneur-Kultur etablieren.

Was du mit dem Tool machen kannst:

- Erreichen einer kulturellen Transformation sowie einer Innovation.
- Schlanke und kundenorientierte Validierung und Entwicklung von Ideen.
- Befähigung aller Mitarbeitenden, Ideen zu entwickeln.
- Erkundung von Kundenproblemen und Erschliessen neuer Geschäftsmöglichkeiten.
- Aufbau eines alternativen Talentpools und Identifikation von unternehmerisch denkenden Mitarbeitenden.
- Innovation durch eine physische Innovationsbox greifbar machen.
- Einen gamifizierten Ansatz einführen, der die Angst vor Innovation und Misserfolg nimmt.

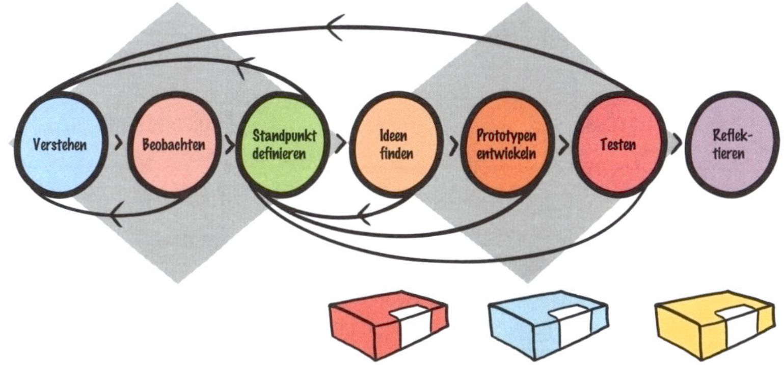

Einige Informationen über das Tool:

- Die Kickbox wurde ursprünglich von Adobe entwickelt. Adobe nutzte den Ansatz, um die Innovationsgeschwindigkeit für die internen Initiativen zu erhöhen. Inzwischen haben verschiedene Unternehmen dieses Vorgehen adaptiert.
- Die Idee hinter „Innovation in a box" ist, den Mitarbeitenden die Möglichkeit zu geben, selbstwirksam zu werden. Mitarbeitende erhalten all das, was ein Innovator benötigt: finanzielle Mittel, Zeit, Methodik und Werkzeuge (wie hier im Toolbook vorgestellt), viel Kaffee, sonstige Getränke, Obst, Nüsse und Süssigkeiten.
- Die Schweizer ICT Firma Swisscom stellt den Mitarbeitenden drei Boxen zur Verfügung: Red, Blue und Gold. Die Boxen folgen dem Design Thinking Prozess von den Phasen Verstehen bis zur Umsetzung des finalen Prototyps.

Welche Tools sind Teil einer Kickbox?

- Persona / User Profile (siehe Seite 97)
- Problem Statement (siehe Seite 49)
- Brainstorming
- Lean Canvas
- Verschiedene Arten von Prototypen (siehe Seite 187–194)
- Prototype to Test (siehe Seite 199)
- Interview for Empathy (siehe Seite 57)
- Solution Interview (siehe Seite 225)
- Storytelling (siehe Seite 129)
- Create a Pitch (siehe Seite 247)

Was benötigen wir an Zeit und Material?

Gruppengrösse

1-n

1. Phase: i.d.R. 1 Person
2. Phase: Zusätzlich erste Teammitglieder
3. Phase: Festes Team

Ideeninhaber bleibt während des ganzen Prozesses und fungiert als „CEO".

Typische Dauer

24 Monate

1. Phase: 2 Monate
2. Phase: 4-6 Monate
3. Phase: 12-24 Monate

Benötigtes Material

- Physische Kickboxen mit dem nötigen Material werden den Teams von Swisscom zur Verfügung gestellt.
- Stifte, Post-its und Design Thinking Material

Template

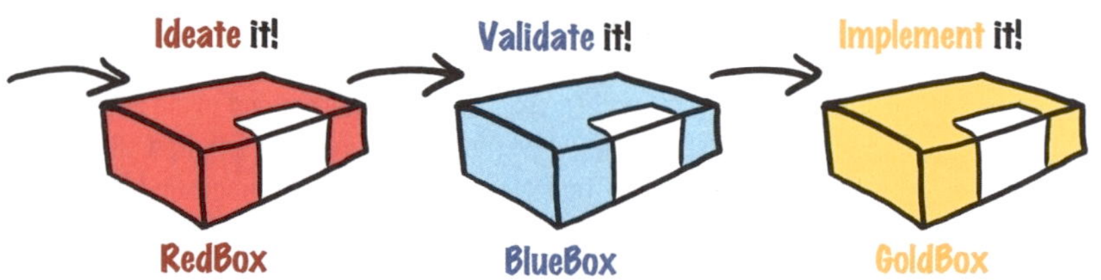

RedBox	BlueBox	GoldBox
20% Zeit während 2 Monaten CHF 1'000 Projektbudget Innovationsprozess & Experten	20% Zeit während 4–6 Monaten CHF 10k–30k Projektbudget Innovationssprints & Coaching	100% Vollzeit CHF 100k–500k Projektbudget Unternehmensgründung & Up-Scale

Scorecard	Customer Value		Company Value					Company Fit				Risk 1=high risk, 5=low risk		
Concept	Überzeugende Kundenbedürfnisse	Überzeugende Lösung	Competitive Advantage	Adressierbare Marktgrösse	Zukünftiges Marktwachstum	Potenzieller Gewinn	„Wow" Value	„Go to Market" fit	Technologie Fit	Marken Fit	Umsetzungs-Fit und Prozess-Fit	Nachfrage/Umsatz	Technische Machbarkeit	Inkrementell testbar

Wie das Tool angewandt wird ...

Redbox: Ideenvalidierung mit der RedBox (Phasen: Verstehen, Beobachten, Standpunkt definieren und Ideen finden)
Jeder Mitarbeitende im Unternehmen kann eine RedBox erhalten. Diese enthält Zeit und ein kleines Budget für die Erkundung eines Problems oder einer Idee. Der „Kickboxer" erhält zudem Zugang zu Experten. Am Ende der Phase präsentiert der Mitarbeitende seine Idee, um potenzielle Sponsoren zu überzeugen und so die nächste Stufe (BlueBox) des Kickbox-Prozesses zu erreichen.

BlueBox: Experimente (Phasen: Prototyp erstellen und Testen)
Ziel dieser Phase ist der Bau eines Prototyps und die Durchführung eines Experiments mit realen Kunden. Der Kickboxer erhält zudem Zugang zu zusätzlichen Ressourcen, Coaching, Unterstützung im Betrieb und bei der Analyse des Experiments sowie Zugang zu einer Vielzahl von Innovationsdienstleistungen auf einem virtuellen Marktplatz.

GoldBox: Implementierung und Skalierung
Mitarbeiter erreichen die GoldBox, wenn ihr finaler Prototype/MVP erfolgreich ist und die Entscheidung getroffen wird, das Projekt zu skalieren. Der Mitarbeitende hat ein neues Wachstumsfeld geschaffen (intern oder extern). Die GoldBox-Phase beinhaltet Unterstützung beim Aufbau vom Unternehmen, einem Spin-off oder Joint Venture oder, falls es nah am Kerngeschäft ist, die Schaffung einer internen Abteilung.

Template: Durch eine Kick-box Scorecard werden die einzelnen Prototypen und Ideen evaluiert. Die Logik folgt der Lean Start-up Methodologie.

Das ist das Lieblingstool von David Hengartner

Position:
Innovation Lab Manager & Head of Intrapreneursip at Swisscom / Lecturer at ETH Zurich (Lean Startup Academy)

„Sprich so früh und so oft wie möglich mit realen Kunden, um ihre Annahmen infrage zu stellen. Raus aus dem Gebäude!"

Warum er vom Konzept „Kickbox" überzeugt ist

Mir gefällt, dass alle Mitarbeitenden die Möglichkeit haben, an ihrer Geschäftsidee zu arbeiten. Dies prägt ihre unternehmerische Denkweise und eröffnet neue Perspektiven. Sie fördert auch die Innovationskultur als Ganzes und identifiziert unternehmerische Führungskräfte ohne Angst vor dem Scheitern. Das Programm ist schlank, datengesteuert, kundenorientiert und von Unternehmern für Unternehmer konzipiert. Die Open Source Community Kickbox.org hat nach drei Monaten bereits 1.200 sign-ups von Mitarbeitenden globaler Unternehmen.

Land:
Schweiz

Affiliation:
swisscom, KICKBOX, ETH Zürich

Experten-Tipps:

- **C-Level-Support:** Top-down-Support, idealerweise vom CEO, ist ein zentraler Erfolgsfaktor. Kommunikative Maßnahmen und Events gemeinsam mit dem Topmanagement sind wertvolle Aktivitäten.
- **No bla, just do:** In Großunternehmen besteht häufig die Gefahr, Dinge zu überdenken und am Ende nie zu starten. Daher muss in kurzen Schritten, schnell und iterativ vorgegangen werden.
- **Guerilla Marketing:** Querdenker-Marketing spricht Querdenker an: Mach freche Werbung und gehe neue Wege. Die Regel ist: je unkonventioneller die Maßnahme, desto mehr Aufmerksamkeit!
- **Mache es während der Arbeitszeit:** Kickboxer treiben Projekte neben ihrem Job voran. Am besten handeln die Intrapreneure ihr Zeitbudget mit ihrem Vorgesetzten selbst aus und sind dadurch umso motivierter.
- **Ziehe interne Experten bei:** Jede Unternehmung besitzt Experten, die Intrapreneure unterstützen können. Es muss nicht immer ein teurer externer Berater sein und oftmals reichen die internen Skills aus.
- **Kickbox-Community:** Die Intrapreneure bieten eine wertvolle Community für gegenseitigen Austausch. Events helfen, diese Community lebendig zu halten und den Austausch zu fördern.

Geprüft von: Michael Lewrick

Firma/Position: Bestselling Autor, Speaker, Innovations- und Digitalisierungsexperte

Begleitet durch professionelles Marketing findet die Kickbox über die Unternehmensgrenzen hinaus Bedeutung.

Beschreibung des Anwendungsfalles

- Eine Kickbox kann in Unternehmen jeder Grösse eingesetzt werden und sie funktioniert ebenso an Universitäten und NGOs.
- Die dezentrale Bottom-up-Ideengenerierung durch die RedBox, an der alle Mitarbeitenden eines Unternehmens oder einer Organisation teilnehmen können, machen dieses Programm so mächtig.
- Es beflügelt den kollektiven Innovationsgeist eines Unternehmens und transformiert gleichzeitig die Kultur über Abteilungsgrenzen und Hierarchien hinweg.

Key Learnings

- Mit der Kickbox kann eine Mischung aus kulturellem Wandel und Unternehmensinnovation entstehen.
- Jeder Mitarbeitende kann das eigene Kickbox-Projekt starten.
- Es wird konsequent ein Lean Startup Ansatz verfolg: klein anfangen, früh testen & schnell iterieren!
- Viele Hilfsmittel der Kickbox stammen aus dem Design Thinking Werkzeugkasten.

Transformation

„Digital Transformation Roadmap"

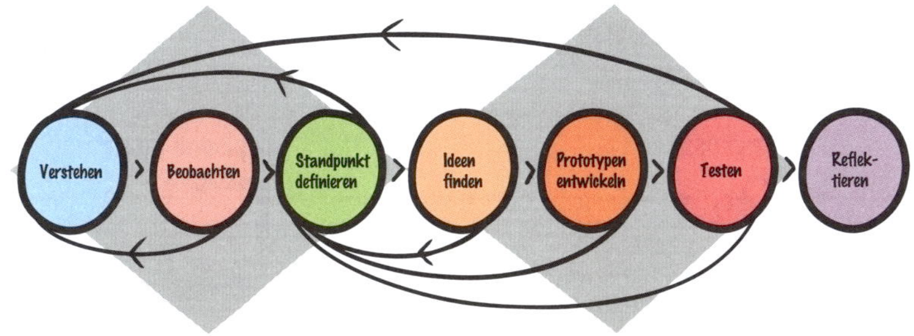

Ich möchte ...

ein Geschäftsmodell transformieren und die Digitale Transformation professionell umsetzen.

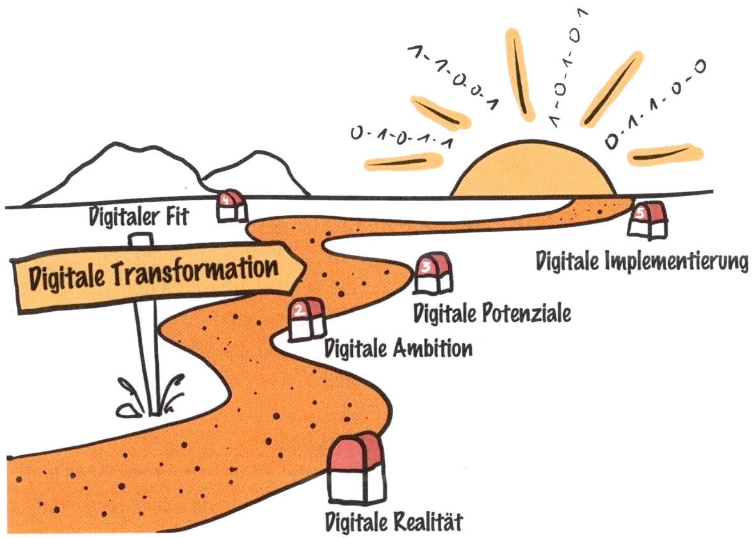

Was du mit dem Tool machen kannst:

- Ein Geschäftsmodell aufgrund von neuen technologischen Anforderungen transformieren.
- Kundenbedürfnisse besser erfüllen, die Effizienz steigern und Kosten senken.
- Physische und digitale Kanäle neu definieren und dem Kunden eine einmalige Experience bieten.
- Eine Neuausrichtung der Unternehmung initialisieren, um zukunftsfähig zu bleiben.

Einige Informationen über das Tool:

- Nachdem erste Produkt- und Dienstleistungsideen in Form von Prototypen entwickelt und getestet wurden, können diese mittels der Digital Transformation Roadmap in das bestehende Geschäftsmodell integriert werden, um ein zukünftiges Geschäftsmodell zu entwickeln.
- Die digitale Transformation bezieht sich auf einzelne Geschäftsmodellelemente, das gesamte Geschäftsmodell, die Wertschöpfungsketten sowie die Vernetzung verschiedener Akteure in einem Wertschöpfungsnetz.
- Innerhalb der digitalen Transformation werden Enabler, z.B. große Datenmengen, verwendet, um neue Anwendungen und Dienste wie On-Demand-Prognosen zu realisieren.
- Darüber hinaus ist sowohl aus wirtschaftlichen als auch aus Time-to-market-Gesichtspunkten zu überlegen, ggf. Sub-Dienstleistungen von Partnern einzukaufen (Make or Buy-Entscheidungen).

Welches Tool kann stattdessen verwendet werden?

- Trail Map (Vergangenheit)
- Storytelling (für die Beschreibung der Zukunft und der Vision) (siehe Seite 129)
- Objectives and Key Results (OKR)

Welche Tools unterstützen die Arbeit mit dem Tool?

- Empathy Map (siehe Seite 93)
- Customer Journey (siehe Seite 103)
- Lean Canvas (siehe Seite 251)
- Problem to Growth & Scale Innovation Funnel (siehe Seite 263)
- Roadmap for Implementation (siehe Seite 259)

Was benötigen wir an Zeit und Material?

Gruppengrösse

4-6

- Ein Team besteht aus 4-6 Personen.
- Idealerweise partizipieren mehrere Teams gleichzeitig und ein Facilitator führt durch den Prozess.

Typische Dauer

2 Tage
n Wochen

- Die Dauer ist abhängig von der Komplexität des Projekts, der Teamdynamik und des gewünschten Detailgrads der Lösung.

Benötigtes Material

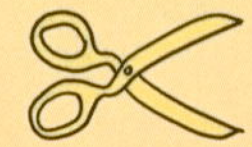

- Design Thinking Material
- Viel Platz
- Mehrere Arbeitsinseln
- A0-Poster Templates für die einzelnen Phasen und Aufgaben

Template und Vorgehen Digital Transformation Roadmap

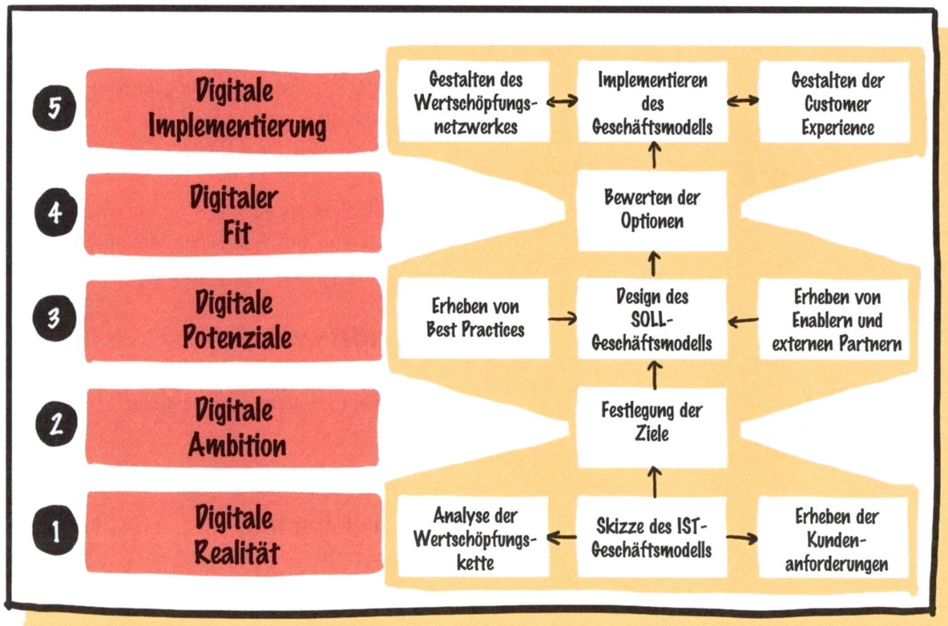

Wie das Tool angewandt wird ...

Die Theorie hinter der Roadmap basiert auf dem Systemdenken.

- **Schritt 1: Digitale Realität:** Skizziere das bestehende Geschäftsmodell, analysiere die Wertschöpfungsketten und die dazugehörigen Akteure, die Kundenanforderungen. Ziel ist, die Realität in verschiedenen Dimensionen zu verstehen.
- **Schritt 2: Digitale Ambition:** Definiere Ziele der digitalen Transformation in den Dimensionen Zeit, Finanzen, Raum und Qualität und priorisiere sie anschließend. Die digitale Ambition zeigt die Ziele des Geschäftsmodells.
- **Schritt 3: Digitale Potenziale**: Ermittle Best Practices und Enabler für die Transformation und leite daraus eigene Optionen ab.
- **Schritt 4: Digitaler Fit:** Bewerte die Optionen, z.B. anhand der Kriterien „Fit mit Geschäftsmodell". oder „Erfüllung der Kundenanforderungen." Anschließend werden die bewerteten Optionen oder Kombinationen vertieft ausgearbeitet. Dabei werden auch Kriterien wie Zeit, Budget, Umsetzbarkeit, Konkurrenz, KI, Unternehmenskultur etc. betrachtet
- **Schritt 5: Digitale Implementierung**: Erkunde für die Umsetzung, welche Handlungen in Bezug auf die Gestaltung von digitalen Kundeninteraktionen notwendig sind, welche Partner wie integriert werden sollen und welche Konsequenzen die Umsetzung auf Prozesse, benötigte Ressourcen und Fähigkeiten bei den Mitarbeitenden, die IT, vertragliche Vereinbarungen, die Einbindung in eine evtl. Konzernstruktur etc. haben wird.

Das ist das Lieblingstool von Daniel Schallmo

Position:
Autor, Gründer und Gesellschafter der Dr. Schallmo & Team GmbH und Professor an der Hochschule Neu-Ulm

„Ich liebe Design Thinking und die damit zusammenhängenden Instrumente und Vorgehensweisen. Dies ermöglicht es, kundenorientierte Lösungen im Kontext der Digitalen Transformation zu entwickeln."

Warum ist das sein Lieblingstool?

Die Roadmap für die Digitale Transformation ermöglicht, auf strukturierte Weise bestehende Geschäftsmodelle zu transformieren. Wertvoll ist dabei, dass alle Beteiligten sich an einem Vorgehen orientieren können und so ein wichtiger Beitrag zur Transparenz angestoßen wird. Viele Methoden und Tools aus diesem Buch unterstützen die Arbeit in der Digitalen Transformation.

Land:
Deutschland

Affiliation:
Dr. Schallmo & Team GmbH und Hochschule Neu-Ulm

Geprüft von: Gina Heller-Herold

Firma/Position: beku-Consult, Senior-Consultant und Inhaberin

Experten-Tipps:

Die Digitale Transformation hat viel mit Veränderung zu tun. Sie startet in den Köpfen des Leadership Teams und in dem Verständnis der Mitarbeitenden über das Vorhaben und die damit verbundenen Ziele.

Etabliere eine offene Innovationskultur
Wir haben sehr gute Erfahrungen mit einer offenen Innovationskultur gemacht. Die folgenden zehn Prinzipien helfen in der Gestaltung der Digitalen Transformation.

1. Mache die Digitalisierung zur Chefsache, kommuniziere direkt und behalte die Unternehmenskultur und deine Key Performer im Auge.
2. Stelle ausreichend Ressourcen, wie Zeit, Geld, Raum bereit und halte den Mitarbeitenden den Rücken frei.
3. Leite Digitale Potenziale ab, initial durch Kenntnis über das aktuelle Geschäftsmodell. Denke gern auch weit in die Zukunft, um gleich jetzt für Themen wie KI, Data analytics, die Company Culture die richtigen Grundlagen zu schaffen.
4. Behalte stehts den Überblick über die Faktoren, welche die Digitalisierung eines Geschäftsmodells vorantreiben.
5. Behalte auch die Wertschöpfungskette der relevanten Branche im Blick.
6. Lerne von Best Practices in relevanten und fremden Branchen.
7. Baue notwendige Fähigkeiten auf und lebe ein passendes Mindset mit dem Führungsteam und den Mitarbeitenden.
8. Kooperiere mit anderen Akteuren im Business Ökosystem und baue ein integriertes Wertschöpfungsnetzwerk auf.
9. Teste Ideen im Kleinen (in Form von MVPs und MVEs), um Risiken zu reduzieren und Akzeptanz zu schaffen. Halte direkten Kontakt zu deinen Kunden und verarbeite die Kundenfeedbacks in den jeweils
10. Starte spätestens morgen!

Beschreibung des Anwendungsfalles

- Die Eckpfeiler der Digitalen Transformation werden kommuniziert.
- Die Bewertung der strategischen Optionen verläuft iterativ mit dem Bau von MVPs und MVEs.
- Zudem findet eine Veränderung in den Köpfen des Managements und der Mitarbeitenden statt. Es ist erlaubt, zu scheitern und selbstwirksam zu handeln. Und die Räumlichkeiten laden dazu ein, ad hoc zusammenzuarbeiten und Experimente zu starten.
- Lillys Team hat zusätzlich geholfen, ein Lab einzurichten, in dem zum einem Co-Creation stattfindet, aber auch erste Proof of Concpets (PoCs) umgesetzt werden.

Key Learnings

- Setze klare Ziele, die mit der Digitalen Transformation erreicht werden sollen.
- Plane genügend Zeit ein für die Informationsbeschaffung und Auswertung.
- Sei aktiv, fange an und arbeite iterativ.
- Nutze die Tools aus dem Design Thinking Toolbook, z.B. zur Erhebung der Kundenanforderungen und der Bedürfnisse.

Tool zum Download

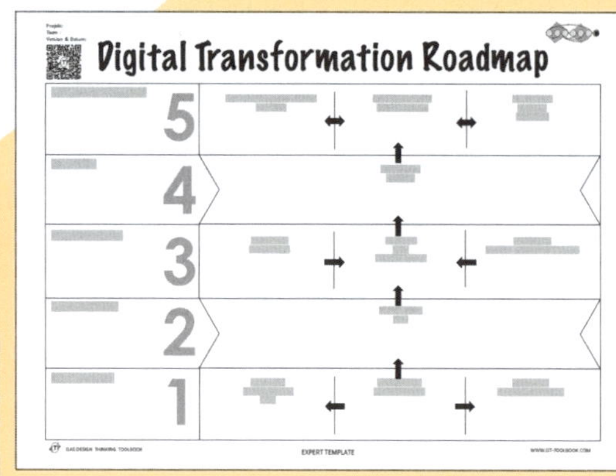

www.dt-toolbook.com/digital-transformation

Nachwuchsförderung

„Young Innovators"

Ich möchte ...

dass Jugendliche über die Grenzen von Organisationen und Unternehmen hinaus eine „Community" bilden und so z.B. Produkte oder Dienstleistungen für junge Kunden entwickeln oder die Arbeitswelt von morgen gestalten.

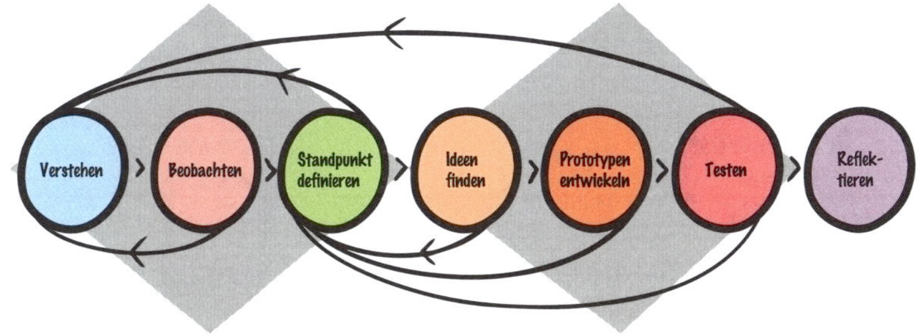

Was Du mit dieser Anwendung machen kannst ...

- Die Bedürfnisse, Ideen und Kompetenzen der nächsten Generation kennenlernen, fördern und nutzen.
- Die „jungen Wilden" als Querdenker einsetzen und von ihnen frische Ideen entwickeln oder testen lassen.
- Die Ideen des Senior Managements oder von Mitarbeitenden challengen.
- Die Arbeitswelt der Zukunft entwerfen und Nachwuchskräfte fördern.

Einige Informationen über das Tool:

- „Young Innovators" sind Communities junger Erwachsener von ca. 18 bis 25 Jahren, die neben heterogenen Skills über Design Thinking Fähigkeiten verfügen und für Design Challenges und Innovationsprojekte eingesetzt werden können.
- In der Regel sind Young Innovators unternehmensübergreifende Communities. In grossen Unternehmen haben wir gute Erfahrungen damit gemacht, die Young Innovators als interne Community aufzubauen.
- Der gezielte Einsatz von „Young Innovators" in verschiedenen Design Thinking Phasen hat verschiedene Vorteile, besonders dann, wenn das Folgende erreicht werden soll:
  1. Entwicklung von Produkten und Dienstleistungen für eine junge Zielgruppe.
  2. Im (Re-)Design von Produkten und Services, für die frische und neuartige Impulse bewusst gesucht werden und junge Querdenker als Basis der Inspiration dienen sollen.
  3. Das Unternehmen auch in Zukunft als ein attraktiver Arbeitgeber auftreten möchte. Young Innovators helfen bei der Entwicklung neuer Arbeitswelten und können Impulse für die Transformation der Unternehmenskultur geben.
- Die Zusammenarbeit mit „Young Innovators" kann in jeder Phase des Design Thinking Prozesses hilfreich sein. Von der Erkennung von Problemen bis zum Testen von Prototypen. Zudem können auch ganze Design Challenges an die Community gegeben werden, indem verschiedene Teams an derselben Problemstellung arbeiten.

Was benötigen wir an Zeit und Material?

Gruppengrösse

mind. 5

- Je grösser die Young Innovators Community, desto besser.
- Sub-Teams können gebildet werden, um zum Beispiel die Problemstellungen aufzuteilen.

Typische Dauer

90-120 Min.

- 1-2 Std. für eine kleine Design Challenge.
- Die Dauer variiert je nach Umfang der Challenge und Design Thinking.
- Komplexe Problemstellungen bis zu einer Woche oder länger.

Benötigtes Material

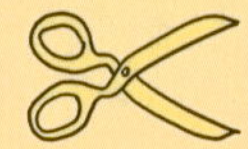

- Post-its, Papier, Stifte
- Design Thinking Material, z.B. für Prototypen
- Inspirierende Räumlichkeiten

Vorgehen „Young Innovators"

Wie das Tool angewandt wird ...

Mittel-, langfristig:

- Aufbau & Community Building der Young Innovators.
- Selbst für den Community-Aufbau können die Young Innovators beigezogen werden.
- Sponsor im Unternehmen suchen, der das Design Thinking Mindset verinnerlicht hat und die Mehrwerte einer solchen Maßnahme erkennt.

Bei jedem Design Sprint:

- **Schritt 1:** Design Challenge möglichst klar formulieren und deren Sinnhaftigkeit aufzeigen. Die Wünsche und Erwartungen an die Young Innovators kommunizieren. Am besten die Young Innovators mit Warm-ups in die richtige Stimmung versetzen.
- **Schritt 2–5:** Design Challenge innerhalb der Gruppe bearbeiten, auffordern, Ideen zu sammeln und diese anschliessend mit den Nutzern/Kunden zu testen.
- **Schritt 6:** Erste Prototypen und Lösungsansätze vor dem Auftraggeber pitchen.
- **Schritt 7:** Feedback für Ergebnisse und Prozess geben. Dies hat einen sehr wichtigen Lern- und Motivationseffekt für die Young Innovators und es sollte hierfür auf jeden Fall Zeit eingeplant werden.

Das ist das Lieblingstool von Dino Beerli

Position:
Founder & CEO Superloop Innovation,
Initiant „Young Innovators"

„Design Thinking ist für mich ein Game Changer. Doch das Wichtigste ist mir dabei, dass wir mit Design Thinking über ein Mindset und eine Methode verfügen, mit dem wir nicht nur 1'000 neue Konsumgüter herstellen, sondern die grossen Challenges unserer Zeit für eine nachhaltige Gesellschaft und Wirtschaft lösen können. Das ist für mich sinnvolle Innovation."

Warum er vom Konzept „Young Innovators" überzeugt ist

Spass und Sinnhaftigkeit, darum geht es mir! Die Arbeit mit den jungen Querdenkern macht mir Spass. Die frischen Ideen, die manchmal schräge Vorgehensweise und die coole Energie, die uns alle begeistert. Auf jeden Fall ist immer viel Überraschung im Spiel. Zudem möchte ich mit „Young Innovators" den jungen Menschen neue Denkweisen mit auf ihren Lebensweg geben, indem sie sich entlang den Design Challenges die wichtigsten Fähigkeiten aneignen können, die es in der Arbeitswelt von morgen braucht. Als Design Thinker hat jeder die Möglichkeit, sinnvolle und nachhaltige Lösungen zu entwickeln.

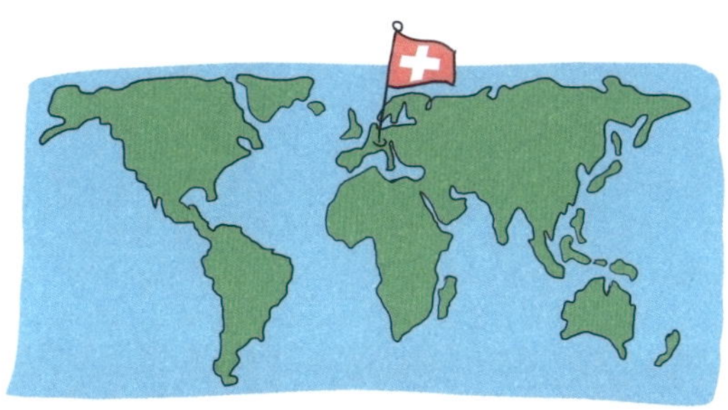

Land:
Schweiz

Affiliation:
Superloop Innovation

Geprüft von: Semir Jahic

Firma/Position: Salesforce

Experten-Tipps:

Baue eine Community auf

- Baue eine starke und heterogene Young Innovators Community auf, welche die Design Thinking Tools und Methoden zielgerichtet anwendet.
- Mach das idealerweise zusammen mit anderen Unternehmen, das bringt Vielfalt! Wir haben gute Erfahrungen damit gemacht, das HR und das Talent Management von Firmen hier mit zu involvieren.
- Die Challenges sollten jedoch immer von erfahrenen Senior Facilitators und Mentoren begleitet werden.
- Wichtig ist, das Commitment von jedem einzelnen „Young Innovator" einzufordern und klarzustellen, dass die Gruppe zusammen die Verantwortung für die Challenge hat.

Beachte, dass die junge Generation anders tickt, als oftmals erwartet

- Sinn: Junge Menschen wollen immer eine Antwort auf das „Warum" haben. Deshalb ist es wichtig, die Absicht der Design Challenge klar zu formulieren.
- Freiraum: Lass den Young Innovators genügend Freiraum, es auf „ihre Art" zu tun. Achte aber darauf, dass die Design Principles (siehe Seite 53) klar sind.
- Pitch: Lass die Young Innovators ihre Ergebnisse selbst pitchen.
- Zusammenarbeit: Mach es zur Regel, dass auch in der Zusammenarbeit mit dem Senior Management unverblümte Ideen und Meinungsäußerungen erwünscht sind.
- Feedback: Schließe jede Design Challenge mit einer Feedbackrunde ab (siehe z.B. Seite 239 I like / I wish / I wonder). Das ist ein wichtiges Element für das Lernen und die Motivation der Young Innovators.

Beschreibung des Anwendungsfalles

- Wenn Erwachsene Ideen und Services für die junge Zielgruppe entwickeln, liegen sie fast immer falsch. Eine humanitäre Organisation hat bei den Superloop Young Innovators angefragt, ob sie Snapchat nutzen sollen. Das sei ja schliesslich cool.
- Die Young Innovators haben in kürzester Zeit die Meinung und das Social Media Verhalten von 500 Jugendlichen in Erfahrung gebracht, die These der NGO verworfen und ihnen in vollständiger Selbstorganisation 100 % andere Ergebnisse geliefert, als erwartet wurde.
- Unter uns: Nein, Snapchat ist nicht in jedem Fall cool.

Key Learnings

- Nutze das Young Innovators Netzwerk, um die Kreativität von jungen Menschen abzuholen, und integriere ihre Fähigkeiten über den gesamten Design Thinking Zyklus.
- Der Aufbau einer eigenen Young Innovators Community ist zeitaufwendig, doch die Investition lohnt sich, da meist dadurch neue und frische Lösungen entstehen.
- Zudem kann die Community als Recruiting-Instrument genutzt werden. Zum einen, um innovative Köpfe zu identifizieren, aber auch, um sich als Arbeitgeber zu positionieren.

Persönliche Veränderung

„Design Your Future"

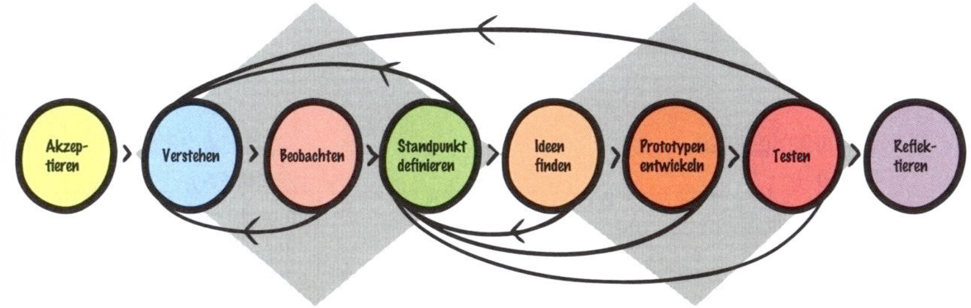

Ich möchte ...

das Design Thinking Mindset nutzen, um deine Selbstwirksamkeit zu stärken und dein Leben neu zu gestalten.

Was du mit dem Tool machen kannst:

- Einen Weg der Veränderung, basierend auf deinen eigenen Bedürfnissen, finden.
- Unterschiedliche Handlungsfelder definieren, wie zum Beispiel Beziehung, Freizeit, Arbeit und Gesundheit, an denen du aktiv arbeiten möchtest.
- Veränderung anstossen und deine Selbstwirksamkeit stärken.
- Ein besseres Bewusstsein für lösbare Probleme und Sachverhalte entwickeln.
- Verschiedene Lebenspläne entwerfen und testen.
- Mehr Wohlbefinden und Zufriedenheit erreichen.

Einige Informationen über das Tool:

- „Design Your Future (DYF)" durchläuft alle Phasen vom Design Thinking Prozess. Zusätzliche Komponenten bestehen aus der Phase Akzeptieren von Sachverhalten und eine umfassende Selbstreflexion, welche die Basis für Selbstwirksamkeit ist.
- „Design Your Future" basiert auf den Grundlagen von Design Thinking. Es adaptiert dieses Mindset, zusammen mit Strategien aus dem Coaching und der systemischen Psychotherapie, auf das Thema Lebensgestaltung.
- Wer lösbare Probleme erkennt und mit Ideen experimentiert, wird schneller herausfinden, was einen glücklich macht. Oft sind es die kleinen Veränderungen, die uns zu mehr Lebensenergie verhelfen.
- Neben der persönlichen Nutzung wird das Vorgehen als begleitende Massnahme zum Aufzeigen von Entwicklungsperspektiven in Unternehmen, Universitäten und Coaching-Programmen eingesetzt.

Welche Methoden unterstützen die Arbeit mit dem Tool?

- AEIOU (siehe Seite 107)
- Brainstorming (siehe Seite 151)
- Special Brainstorming (siehe Seite 167)
- Retrospective Sailboat (siehe Seite 243)
- Und viele Tools aus der Phase „Verstehen" und „Beobachten" sowie „Reflektieren"

Was benötigen wir an Zeit und Material?

Gruppengrösse

1-5

- Grössere Gruppen haben den Vorteil, dass sich die Teilnehmer gegenseitig unterstützen können.
- Oftmals inspirieren die Lebenskonzepte sich gegenseitig.

Typische Dauer

3 Tage-
2 Monate

- Die Dauer variiert mit dem Set-up von solchen Programmen. In der Regel werden für einen Zyklus 6-8 Wochen benötigt.

Benötigtes Material

- Post-its, Stifte, Maker
- Grosses Papier
- Inspirierende Räumlichkeiten

Vorgehen Design Your Future

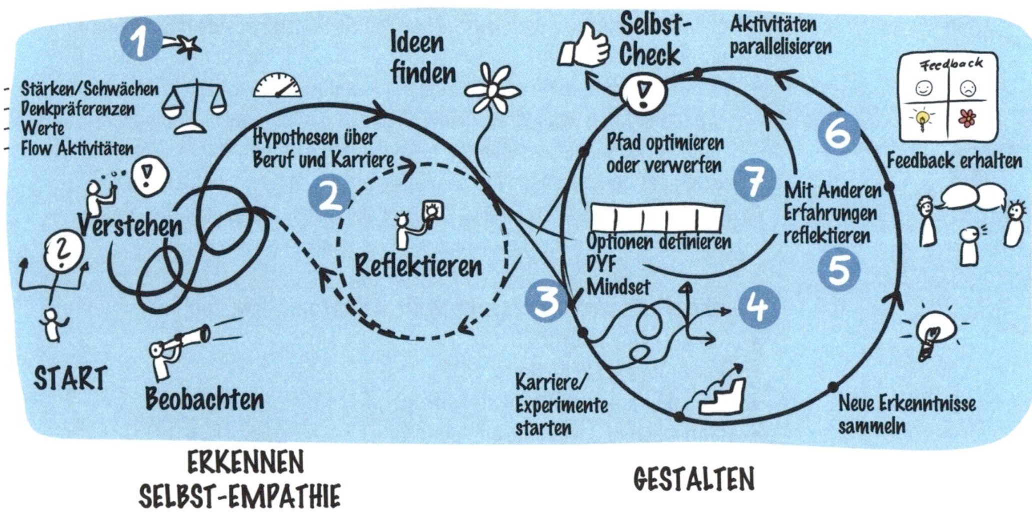

Wie das Tool angewandt wird ...

Der „Design your Future"-Prozess folgt dem Design Thinking Prozess. Er wurde jedoch mit zwei entscheidenden Prozessschritten angereichert: **Akzeptieren und Selbstreflexion.**

In der Anwendung von „Design Your Future" in Rahmen der Berufs- und Karriereplanung haben wir gute Erfahrung mit den folgenden Schritten gemacht:

- **Schritt 1:** Starte mit der Erkundung der persönlichen Werte, Denkpräferenzen, Umgebungsfaktoren und identifizierten Flow-Aktivitäten.
- **Schritt 2:** Bilde Hypothesen über einen persönlichen Berufs- und Karriereplan.
- **Schritt 3:** Gestalte verschiedene Pfade und Möglichkeiten.
- **Schritt 4:** Teste und erkunde die Möglichkeiten.
- **Schritt 5:** Bewerte die Optionen und reflektiere, ob diese mit deinen Vorstellungen und den möglichen Konsequenzen stimmig sind.
- **Schritt 6:** Plane die Umsetzung in kleinen Etappen.
- **Schritt 7:** Reflektiere regelmäßig, ob die aktuellen Aufgaben dich noch zufriedenstellen, ansonsten solltest du deinen Lebensplan optimieren oder neue Optionen definieren.

Das ist das Lieblingstool von Michael Lewrick

Position:
Bestselling Autor, Speaker, Innovations- und Digitalisierungsexperte

„Unternehmen wundern sich, dass die Transformation zu einem agilen Unternehmen mit Top-down getriebenen Change-Management-Programmen keine Früchte trägt. Erfolgreiche Veränderung beginnt jedoch damit, dass jeder einzelne Mitarbeitende in seinem Denken und Handeln ein Mindset lebt, das auf Selbstentwicklung der eigenen Kompetenzen und Persönlichkeit beruht. DYF ist ein guter Start."

Warum er vom Konzept „Design Your Future" überzeugt ist

Ich werde immer wieder von Unternehmenslenkern gefragt, was ein gute Vorgehensweise für die Etablierung eines neuen Mindsets ist. Ich habe darauf zwei Antworten. Erstens, lebe es jeden Tag vor, denn nur so ist unser Wunsch nach Veränderung authentisch. Zweitens, gib den Menschen in deiner Organisation die nötige Freiheit, damit sie wieder selbstwirksam werden und ihre Fähigkeiten optimal einsetzen können. Wir müssen allen Mitarbeitenden Techniken und Strategien an die Hand geben, um ihre Selbstwirksamkeit zu stärken. Nur so werden sie uns in der Transformation mit Begeisterung und Energie unterstützen.

Land:
Schweiz

Geprüft von: Jean Paul Thommen

Firma/Position: Selbständiger Coach, Professor für Organisationsentwicklung und BWL

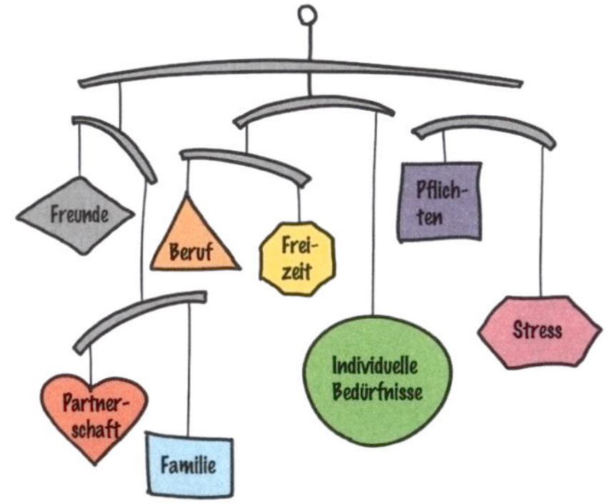

Experten-Tipps:

Steigere die Selbstwirksamkeit, um zukünftig handlungsfähig zu bleiben

- Das „Design Your Future"-Mindset ist ein zielgerichteter Einstieg, um die Handlungsfähigkeit von Mitarbeitenden zu stärken.
- Wir haben sehr gute Erfahrungen damit gemacht, „Design Your Future" in grossen Transitionen von Unternehmen einzusetzen.
- Mitarbeitende haben auf diese Weise einen einfachen Zugang zum Design Thinking Mindset und sind meist dadurch motiviert, diese Denkhaltung auch in ihrem Team und Projekten zu leben.
- Personalverantwortliche haben mit „Design Your Future" eine Strategie und Technik an der Hand, die darauf ausgelegt ist, die Fähigkeiten und Talente von Mitarbeitenden zu verstärken, statt Menschen zu bestehenden Raster- und Stellenbeschreibungen zu matchen.

Akzeptiere, dass das Leben ein ständiger Prozess der Veränderung ist

- Somit dient „Design Your Future" als Entwicklungstool, angefangen bei Schülern, die sich für ein Studium entscheiden müssen, Studierende, die im oder nach dem Studium die nächste Etappe in ihrer frühen Karriere auswählen müssen, als auch Arbeitnehmer, die aktuell bezüglich ihres beruflichen Werdegangs Unsicherheiten verspüren.
- In besonders schwierigen geschäftlichen oder privaten Situationen eines Teilnehmenden ist es wichtig, dass der Moderator auch mit emotionalen Ausbrüchen gut umgehen kann bzw. darauf vorbereitet ist.

Stosse kleine Veränderungen an, um einen großen Unterschied zu machen

- Deshalb der Tipp: Jeder sollte von sich aus kleine Veränderungen anstossen, um Grosses zu bewirken. Dabei ist es wichtig, immer den Blick auf die Zukunft zu richten, in der durch Selbstwirksamkeit jeder das Drehbuch des Lebens selbst schreiben kann oder dieses den neuen Gegebenheiten entsprechend anpassen.

Beschreibung des Anwendungsfalles

- Nutze das „Design Your Future"-Mindset, um dein Leben so zu gestalten, wie du es dir immer gewünscht hast.
- Gehe durch Selbstreflexion den Dingen auf den Grund.
- Lerne, zwischen lösbaren Problemen und Sachverhalten zu unterscheiden.
- Versuche, kleine Veränderungen anzustoßen, um Großes zu bewirken.
- Richte dabei den Blick in Richtung Zukunft, indem du durch Selbstwirksamkeit das Drehbuch des Lebens selbst schreibst oder den neuen Gegebenheiten entsprechend anpasst.

Key Learnings

- Design Thinking hat den Anspruch, komplexe Problemstellungen mit einer kreativen Leichtigkeit zu lösen – und wo gibt es komplexere Fragestellungen als in unserem Leben.
- Im „Design your Future" geht es jedoch nicht nur um die Veränderung des Einzelnen – jede Etappe und Veränderung hat Auswirkungen auf viele Menschen in unserem Umfeld.
- Wie im Design Thinking auch zeigt sich der Weg erst, wenn wir anfangen, ihn zu gehen.

Tool zum Download

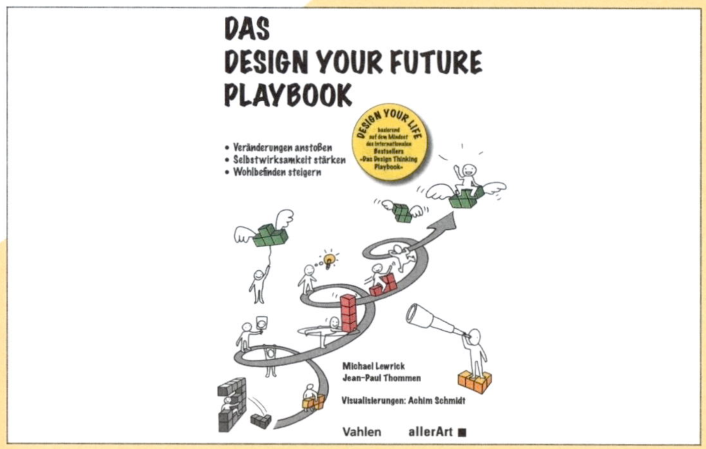

www.dt-playbook.com

ISBN Print: 978-3-8006-5977-7, Flexcover € 19,80
ISBN E-Book: 978-3-8006-5978-4, Format: PDF € 16,99

Schlusswort

Schlusswort

Unser Schlusswort fällt sehr kurz aus:

**Es machen und nicht nur darüber sprechen,
denn Design Thinking lebt von der Anwendung!**

Das Toobook hat das Bedürfnis von vielen Anwendern und Kursteilnehmern befriedigt, die beliebtesten Design Thinking Werkzeuge in ihrer vollen Breite und Tiefe zu verstehen. Durch die Experten-Tipps wurde in diesem Toolbook ein einmaliger Wissensaustausch innerhalb der globalen Design Thinking Community realisiert. Für uns war es dabei wichtig, die Werkzeuge so zu beschreiben, dass ihr wirksam werden könnt, egal ob mit einem Warm-up oder einer ersten Beobachtung von Nutzern.

Dessen ungeachtet muss jeder seinen eigenen Weg finden, wie er als Design Thinker die Werkzeuge am besten und je nach Problemstellung, Workshop-Dynamik und Wissen der Teilnehmer einsetzt. Jeder Design Thinking Workshop wird anders verlaufen und wir werden nur erfolgreich sein, wenn wir uns auf jede neue Gegebenheit individuell einstellen. Die Basis, also unser Design Thinking Mindset, eine positive Feedbackkultur, regelmässige Reflexion und viele weitere Elemente, sind das Fundament für alle beschriebenen Tools, die wir in unserer täglichen Arbeit anwenden.

Wir möchten uns an dieser Stelle nochmals bei der globalen Design Thinking Community bedanken. Zum einen für die Teilnahme an unserer ersten „internationalen Befragung zu Design Thinking Methoden und Werkzeugen" und zum anderen, für die zahlreichen Experten-Tipps, die es uns erst ermöglicht haben, ein solches Toolbook zu realisieren.

Wir freuen uns auf Feedback zu den Tools, Erfahrungen mit dem Design Thinking Mindset in euren Projekten und einen regen Austausch über die Anwendung von Design Thinking.

Michi, Patrick & Larry

Und denke daran ...

..., um das Beste aus dem Design Thinking Toolbook herauszuholen!

Autoren & Mitwirkende

	Michael Lewrick  Bestselling Autor, Speaker, und Innovations- und Digitalisierungsexperte	**Patrick Link**  Professor für Innovation, Entrepreneur und Lean Start-up Experte, Co-Founder Trihow AG
VITAE	Michael hatte verschiedene Aufgaben in den letzten Jahren. Er verantwortete Strategic Growth, fungierte als Chief Innovation Officer und legte das Fundament für unzählige Wachstumsinitiativen in Branchen, die sich in einer Transition befinden. Er unterrichtet Design Thinking als Visiting Professor an verschiedenen Universitäten. Diverse internationale Unternehmen haben mit seiner Hilfe radikale Innovationen entwickelt und kommerzialisiert. Er postuliert ein neues Mindset von konvergierenden Ansätzen von Design Thinking in der Digitalisierung.	Patrick ist seit 2009 Professor für Produktinnovation am Institut für Innovation und Technologiemanagement (IIT) der Hochschule Luzern – Technik & Architektur. Er hat Maschineningenieur an der ETH Zürich studiert und arbeitete anschließend als Projektingenieur, ehe er an der ETH Zürich im Bereich Innovationsmanagement promovierte. Nach acht Jahren bei Siemens doziert er nun Produktmanagement und befasst sich intensiv mit der Weiterentwicklung von agilen Methoden im Produktmanagement, Design Thinking und Lean Start-up. Er ist Co-Founder von Trihow AG.
WARUM BIST DU EIN DESIGN THINKING EXPERTE?	Ich bin das erste Mal im Jahr 2005 in München mit Design Thinking in Berührung gekommen. Damals ging es darum, Start-ups in der Entwicklung und Definition von neuen Produkten zu unterstützen. In den letzten Jahren konnte ich verschiedene Unternehmensprojekte an der Stanford University begleiten. Im Rahmen meiner verschiedenen Funktionen in unterschiedlichen Industrien konnte ich eine Vielzahl an Co-Creation-Workshops mit Grosskunden, Start-ups und anderen Akteuren im Ökosystem initialisieren und so verschiedene Methoden und Tools weiterentwickeln.	Als ich das erste Mal mit Design Thinking in Berührung gekommen bin, habe ich schnell das Potenzial dieses Ansatzes für die interdisziplinäre Zusammenarbeit realisiert. Seitdem nutzen wir den Ansatz in vielen Modulen in der Aus- und Weiterbildung und in Start-ups. Gerade die Kombination von intuitiven, zirkulären Ansätzen mit analytischen Methoden ist sehr lehrreich. Gemeinsam mit Kollegen aus der Industrie entwickeln wir Design Thinking und andere agile Methoden weiter und bieten Workshops und Kurse an.
WIE LAUTET DEIN TIPP AN DESIGN THINKING EINSTEIGER?	Starte bei dir selbst! Design Thinking basiert auf einer positiven Grundeinstellung. Kreativität kann sich nur entfalten, wenn wir als Mensch ständig an unserer Selbstwirksamkeit arbeiten, es verstanden haben, Probleme von verschiedenen Seiten zu betrachten und unser Handeln zu reflektieren. Wer sein eigenes Leben gestalten kann, ist in der Lage, dieses Mindset auch auf Teams, Organisationen und Unternehmen zu übertragen.	Nimm an mehreren Design Thinking Workshops von verschiedenen Moderatoren teil. Versuche, von allen etwas zu lernen. Mach das auch noch als erfahrener Moderator. Plane deine Workshops sorgfältig und detailliert, aber bleibe flexibel und habe immer auch andere Varianten im Kopf und parat, z.B. ein zusätzliches Warm-up oder ein anderes Tool. Probiere in jedem Workshop etwas Neues aus.

	Larry Leifer  Professor für Mechanical Engineering, Gründungsdirektor, HPI & Stanford Center for Design Research	**Achim Schmidt**  Design Thinking Coach, Graphic Recording & Visualization Expert
VITAE	Larry ist Professor für Mechanical Engineering Design und Gründungsdirektor des Center for Design Research at Stanford (CDR) und des Hasso Plattner Design Thinking Research Program at Stanford. Er ist einer der prägenden Persönlichkeiten und Wegbereiter des Design Thinking. Er hat Design Thinking in die Welt getragen und das Arbeiten in interdisziplinären Teams in den Mittelpunkt gerückt. Er ist Autor von verschiedenen Büchern zum Thema Design Research und Co-Autor des internationalen Bestsellers „Das Design Thinking Playbook".	Achim hat Industrie-Design von der Pike auf studiert und 10 Jahre als Autodesigner gearbeitet. Neben der puren ästhetischen Formgebung waren folgende Disziplinen gefragt: Innovationsmanagement, Research, Kommunikation. Nach Fortbildung am HPI (D-School) hat er als Design Thinking Coach und Teaching Assistant an der Hochschule St.Gallen (HSG) gearbeitet. Heute hilft er als Design Thinking Coach Firmen, disruptive Innovation zu entwickeln. Weiterhin ist er Trainer für Elevator Pitches für Startups und Trainer für Visual Facilitation & Graphic Recording.
WARUM BIST DU EIN DESIGN THINKING EXPERTE?	Ich beschäftige mich seit Jahrzehnten mit Design Thinking und der Forschung auf diesem Gebiet. Hierzu zählen die globale Teamdynamik, Interaktionsdesign und adaptive mechatronische Systeme. Durch das ME310 Programm konnte ich die kulturellen Unterschiede in unterschiedlichsten Projekten und Anwendungsfällen kennenlernen und daraus wichtige Rückschlüsse für Lehre und Forschung in Stanford gewinnen.	Im Prinzip lebe ich den Design Thinking Prozess und das Mindset seit über 20 Jahren, ohne damals gewusst zu haben, dass es so hiess! Im Industriedesign ist es selbstverständlich, den User zu beobachten und die Bedürfnisse herauszufinden. Mein Schwerpunkt sind Workshops, um sowohl die Methode zu lehren als auch Projekte und Design Challenges in der Industrie zu lösen.
WIE LAUTET DEIN TIPP AN DESIGN THINKING EINSTEIGER?	Larry Leifers VIER einfache Tipps zur Gestaltung neuer Marktopportunitäten: • All innovation is re-innovation. • All innovation demands team radical collaboration and less cooperation. • All innovation failures are premium learning opportunities. • Never stop dancing with ambiguity.	Keine Angst vor Fehlern haben und einfach mal starten! Lieber öfters einen Workshop mit schnellen Nachjustierungen machen als alle paar Monate eine Grossveranstaltung, an die dann auch große Erwartungen geknüpft sind. Probiere ständig neue Formate und Tools aus. Hole aktiv Feedback (vor allem „I wish") ein, reflektiere dich selbst und entwickle dich so weiter.

Mitwirkende Gastautoren und Reviewer am „Das Design Thinking Toolbook"

Michael Lewrick | Deloitte
Patrick Link | Hochschule Luzern, Trihow AG
Larry Leifer | Stanford University
Achim Schmidt | Business-Playground

Adharsh Dhandapani | IBM
Adrian Sulzer | SATW
Alice Froissac | Openers
Amanda Mota | Docway
Amber Dubinsky | THES – TauschHaus – EduSpace
Andreas Uthmann | CKW
Andres Bedoya | d.school Paris
Andy Tonazzi | Konplan AG
Armin Egli | Zühlke AG
Beat Knüsel | Trihow
Bettina Maisch | Siemens AG
Brittany Arthur | designthinkingjapan.com
Bryan Richards | Aspen Impact + Indiana University's Herron School of Art and Design
Carina Teichmann | Mimacom AG
Christian Hohmann | Hochschule Luzern
Christian Langrock | Hamburger Hochbahn AG
Christine Kohlert | Mediadesign Hochschule für Design und Informatik
Dahlia Dietrich | Swisscom AG
Daniel Schallmo | Hochschule Ulm
Daniel Steingruber | SIX
Dave Hengartner | Swisscom AG
Denise Pereira | DuPont
Dino Beerli | Young Innovators
Elena Bonanomi | Die Mobiliar
Esther Cahn | Signifikant Solutions AG
Esther Moosauer | EY – Ernst & Young
Florence Mathieu | Aina
Florian Baumgartner | Innoveto by Crowdinnovation
Gaurav Bhargva | IRESS
Gina Heller-Herold | beku-Consult
Hannes Felber | Invacare Europe
Helene Cahen | Strategic insights
Helmut Ness | Fünfwerken Design AG
Ina Goller | Berner Fachhochschule
Ingunn Aursnes | Sopra Steria
Isabelle Hauser | Hochschule Luzern
Jean-Michel Chardon | Logitech AG
Jean-Paul Thommen | Professor für Organisationsentwicklung und BWL
Jennifer Sutherland | Independent Consultant
Jens Springmann | creaffective GmbH
Jeremias Schmitt | 5Wx new ventures GmbH
Jessica Dominguez | Pick-a-Box
Jessika Weber | Breda University of Applied Sciences
Juan Pablo García Cifuentes| Pontificia Universidad Javeriana, Cali
Julia Gumula | B. Braun
Justus Schrage | Karlsruher Institut für Technologie
Katja Holtta-Otto | Design Factory, Aalto University
Katrin Fischer | Innovation Consultant
Konstantin Gänge | Airbus
Kristine Biegman | launchlabs GmbH
Laurene Racine | Ava
Lena Papasz | Selbstständiger Design Thinking Coach
Line Gram Frokjaer | SODAQ
Lucas Bock | Siemens AG
Madalena Tavares | Porto Design Factory
Malena Donato | ATOS
Marc Fetscherin | Rollins College
Maria Tarcsay | KoinaSoft GmbH
Marius Kienzler | Adidas
Markus Blatt | neue Beratung GmbH
Markus Durstewitz | Airbus
Martin Steinert | Norwegian University of Science and Technology
Mathias Strazza | PostFinance PFLab
Maurice Codourey | Unit-X
Mike Pinder | Innovation Consultant
Miriam Hartmann | F. Hoffmann-La Roche
Mladen Djakovic | Q Point
Moritz Avenarius | oose Innovative Informatik eG
Natalie Breitschmid | Sinodus AG
Niels Feldmann | Karlsruher Institut für Technologie
Pansy Lee | MLSE
Pascal Henzmann | Helbling Technik AG
Patrick Deininger | Karlsruher Institut für Technologie
Patrick Labud | bbv Software Services
Patrick Schüffel | HEG Fribourg in Singapur
Pete Kooijmans | Trihow AG
Patrick Bauen | LMtec Swiss GmbH
Philip Hassler | Venturelab
Philipp Bachmann | Fachhochschule Graubünden
Philipp Guggisberg-Elbel | mm1 Schweiz
Rasmus Thomsen | IS IT A BIRD
Regina Vogel | Innovations- und Leadership Coach
Remo Gander | Bossard Group
Roberto Gago | Generali
Roger Stämpfli | Aroma AG
Roman Schoeneboom | Credit Suisse
Samuel Huber | Goodpatch
Sebastian Fixson | Babson College
Sebastian Garn | B&B. Markenagentur GmbH
Sebastian Kernbach | University of St. Gallen
Semir Jahic | Salesforce
Shwet Sharvary | Everything by design
Slavo Tuleja | SKODA AUTO DigiLab
Sophie Bürgin | INNOArchitects
Stefano Vannotti | Zürcher Hochschule der Künste
Stefanie Gerken | HPI School of Design Thinking
Steffi Kieffer | Revelate GbR
Thomas Duschlbauer | KompeTrend
Thomas Schocher | CSS Versicherung
Tobias Lüpke | EY
Ute Bauckhorn | Schindler Aufzüge AG
Vesa Lindroos | Independent Consultant
Victor Garcia | BBVA Bancomer
Waszkiewicz Małgorzata | Warsaw University of Technology
Yves Karcher | InnoExec Sàrl

Darsteller und Mitwirkende Foto Comic Strip

Kimberly Wyss (als Lilly)

Alessandro Tarantino
Amela Besic
Beat Knüsel
Benjamin Kindle
Carisa Ruoss
Ceyda Gücer
Cyrril Portmann
Daniele Palermo
Danylo Kharytonskyi
David Würsch
Delia Graf
Fabio Beck
Florian Gerber
Francesco Planta
Gianluca von Ehrenberg
Hannes Gasser
Isabelle Kalt
Janick Blumenstein
Jetmir Arifi
Jonas Bach
Judith Meier
Karen Magdalene Benjamin
Kenny Mezenen
Lars Küng
Lee-Roy Ryhner
Lukas Fischer
Marco Binggeli
Michael Rohner
Milena Nussbaumer
Nicolas Keller
Niklaus Hess
Pascal Schaller
Pascal Scherrer
Patricia Sury
Peter Dober
Philipp Businger
Raffael Frommenwiler
Régis Andreoli
Robin Martin
Roman Bürki
Ronalds Purins
Samuel Graf
Silvan Büchli
Silvan Jason Roth
Sven von Niederhäusern
Thomas Stocker
Ulrich Kössel
Uwe Kortmöller-Scholl

Fotografie: Nils Riedweg

Vielen Dank an Patrick Bauen und Nicolasa Caduff für ihre Mitwirkung in der Erstellung der Templates. Ein grosser Dank geht zudem an die Hochschule Luzern, insbesondere an Michele Kellerhals und Christian Hohmann, Institut für Innovations- und Technologiemanagement, für ihre Unterstützung.

Quellen und Index

Quellen

- Arnheim, R. (1969, neue Auflage 1997). Visual Thinking. Berkeley, Los Angeles: University of California Press.
- Baars, J.E. (2018): Leading Design. München: Verlag Franz Vahlen GmbH
- Berger, W. (2014): Die Kunst des Klugen Fragens. Berlin: Berlin Verlag
- Beylerian, G.M., Dent, A. & Quinn, B. (2007). Ultra materials: How materials innovation is changing the world. Thames & Hudson.
- Blank, S. G., & Dorf, B. (2012): The startup owner's manual: the step-bystep guide for building a great company. Pescadero: K&S Ranch
- Blank, S. G. (2013): „Why the lean start-up changes everything". Harvard Business Review. 91 (5): S. 63–72
- Brown T. (2016): Change by Design. Vahlen Verlag
- Brown, T. & Katz, B. (2009). Change by design: How Design Thinking transforms organizations and inspires innovation. New York: HarperCollins.
- Buchanan, R. (1992): Wicked problems in design thinking. Design Issues, 8(2),S. 5–21
- Carleton T. and Cockayne W. (2013): Playbook for Strategic Foresight & Innovation. Download unter http://www.innovation.io
- Christensen C. et al (2011): The Innovator's Dilemma. Vahlen Verlag
- Curedale R. (2016): Design Thinking – Process & Methods Gude, 3rd Edition. Los Angeles: Design Community College Inc.
- Cowan, A.(2015): Making your product a habit: the hook framework, Webseite besucht am 2.11.2016, http://www.alexandercowan.com/thehook-framework/
- Cross, N. (2011): Design Thinking. Oxford, Berg Publishers
- Davenport T. (2014): Big data @ work: Chancen erkennen, Risiken verstehen. Vahlen Verlag
- Davenport, T.H and D.J. Patil (2012): Data Scientist: The Sexiest Job of the 21st Century. In Harvard Business Review: October 2012 Issue, https://hbr.org/2012/10/data-scientist-the-sexiest-job-of-the-21stcentury/
- Doorley, S., Witthoft, S. & Hasso Plattner Institute of Design at Stanford (2012). Make space: How to set the stage for creative collaboration. Hoboken: Wiley.
- Dorst, K. (2015): Frame Innovation. Cambridge (MA): MIT Press
- Duschlbauer, T. (2018): Der Querdenker. Zürich: Midas Management Verlag AG
- Erbelinger, J. und Ramge, T. (2013): Durch die Decke Denken. München: Redline Verlag GmbH
- Gerstbach I.(2016): Design Thinking in Unternehmen. Gabal Verlag
- Gladwell, M. (2005). Blink: The power of thinking without thinking. New York: Back Bay Books.
- Gray, D., Brown, S. and Macanufo, J. (2010): Gamestorming. Sebastopol (CA): O'Reilly Media Inc.
- Griffith E. (2014): Why startups fail, according to their founders. In Fortune Magazine (25. Sept 2014). http://fortune.com/2014/09/25/whystartups-fail-according-to-their-founders/
- Herrmann, N. (1996): The Whole Brain Business Book: Harnessing the Power of the Whole Brain Organization and the Whole Brain Individual, Mcgraw-Hill Professional
- Heath, C. & Heath, D. (2007). Made to stick: Why some ideas survive and others die. New York: Random House.
- Hsinchun, C., Chiang, R. H.L. & Storey, V. C. (2012): Business Intelligence and Analytics: From Big Data to Big Impact. MIS Quarterly, 36 (4), S. 1165–1188
- Heufler, G. (2009). Design Basics: Von der Idee zum Produkt. 3. erw. Aufl. Niggli.
- Hohmann, L. (2007): Innovation Games. Boston: Pearson Education Inc.
- Hippel, E. v. (1986): Lead Users. A Source of novel product concepts. In: Management Science, Vol. 32, S. 791–805
- IDEO (2009). Human centered design: Toolkit & Human centered design: Field guide. 2nded. [Beide verfügbar auf der IDEO Homepage oder unter: http://www.hcdtoolkit.com]
- Kelly, T. & Littman, J. (2001). The art of innovation: Lessons in creativity from IDEO, America's leading design firm. London: Profile Books.
- Kim, C.W. und Mauborgne, R. (2005): Der blaue Ozean als Strategie: wie man neue Märkte schafft, wo es keine Konkurrenz gibt. Hanser Verlag
- Kumar, V. (2013): 101 Design Methods. Hoboken, New Jersey: John Wiley & Sons
- Leifer, L. (2012a): Rede nicht, zeig's mir, in: Organisations Entwicklung, 2, S. 8–13
- Leifer, L. (2012b): Interview with Larry Leifer (Stanford) at Swisscom, Design Thinking Final Summer Presentation, Zürich
- Lewrick, M. & Link, P. (2015): Hybride Management Modelle: Konvergenz von Design Thinking und Big Data. IM+io Fachzeitschrift für Innovation, Organisation und Management (4),S. 68–71
- Lewrick, M., Skribanowitz, P. & Huber, F. (2012): Nutzen von Design Thinking Programmen, 16. Interdisziplinäre Jahreskonferenz zur Gründungsforschung (G-Forum), Universität Potsdam
- Lewrick, M. (2014): Design Thinking – Ausbildung an Universitäten, S. 87–101. In: Sauvonnet und Blatt (Hrsg). Wo ist das Problem? Neue Beratung

- Lewrick, M., Link. P, Leifer, L. (2018). Das Design Thinking Playbook, 2. Auflage. München: Verlag Franz Vahlen GmbH
- Lewrick, M. (2018), Design Thinking: Radikale Innovationen in einer Digitalisierten Welt, Beck Verlag; München
- Lewrick, M. (2019), Das Design Your Future Playbook, Versus Verlag Zürich
- Lietka, J. und Ogilvie, T. (2011): Designing for Growth. New York: Columbia University Press Inc.
- Maeda, J. (2006). The laws of simplicity – Simplicity: Design, technology, business, life. Cambridge, London: MIT Press.
- Maurya, A. (2013) Running Lean – Das How-to für erfolgreiche Innovationen.
- Moore, G. (2014): Crossing the Chasm, 3rd Edition. Ney York: Harper Collins Inc.
- Norman, D.A. (2004). Emotional design: Why we love (or hate) everyday things. New York: Basic Books.
- Norman, D.A. (2011). Living with complexity. Cambridge, London: MIT Press.
- Osterwalder, A., Pigneur, Y. et al (2015): Value Proposition Design. Frankfurt: Campus Verlag
- Patel N. (2015): 90 % Of Startups Fail: Here's What You Need To Know About The 10 %. In Forbes (16. Jan. 2015). https://www.forbes.com/sites/neilpatel/2015/01/16/90-of-startups-willfail-heres-what-you-need-to-know-about-the-10/#5e710a5b6679
- Plattner, H., Meinel, C. & Leifer, L. (2010). Design Thinking: Understand – improve – apply (understanding innovation). Heidelberg: Springer.
- Puccio, J.C, Mance M., Murdock M.C. (2011). Creative Leadjership, Skills that Dirve Change. Sage: Thousand Oak, CA
- Riverdale & IDEO (2011). Design Thinking for educators. Version One. [verfügbar unter: http://designthinkingforeducators.com/]
- Roam, D. (2008). The back of the napkin: Solving problems and selling ideas with pictures. London: Portfolio.
- Sauvonnet, E. und Blatt, M. (2017): Wo ist das Problem? München: Verlag Franz Vahlen GmbH
- Stickdorn, M. & Schneider, J. (2016). This is service design thinking, 6th Edition. Amsterdam: BIS Publishers.
- Töpfer A. (2008): Lean Six Sigma. Heidelberg: Springer-Verlag GmbH
- Uebernickel, F., Brenner, W. et al (2015): Design Thinking – Das Handbuch. Frankfurt am Main: Frankfurter Allgemeine Buch
- Ulrich K. (2011), Design Creation of Artifacts in Socity, Published by the University of Pennsylvania. http://www.ulrichbook.org/
- Ulwick, A. (2016): Jobs-to-be-done. Idea Bite Press
- Van Aerssen B. und Buchholz C. (2018): Das grosse Handbuch Innovation. München: Verlag Franz Vahlen GmbH
- Vahs, D. und Brem, A. (2013): Innovationsmanagement, 4. Aufage. Stuttgart: Schäffer-Poeschel Verlag
- Van der Pijl, P., Lokitz, J. and Solomon, L.K. (2016). Design a better business. München: Verlag Franz Vahlen GmbH
- Victionary (2007). Simply materials: Exploring the potential of materials and creative competency. Ginko Press.
- Weinberg, U. (2015): Network Thinking. Hamburg: Murmann Publishers GmbH

„Wenn ich 1 Stunde Zeit hätte, ein Problem zu lösen, von dem mein Leben abhängt, dann würde ich: 40 Minuten damit verbringen, das Problem zu untersuchen, 15 Minuten damit verbringen, die Untersuchung nochmals zu prüfen und 5 Minuten damit verbringen, das Problem zu lösen."

INDEX

Die Kunst, die Zukunft zu designen

Herger
Foresight Mindset™

2019. 278 Seiten. Kartoniert € 29,80
ISBN 978-3-8006-5972-2

Portofreie Lieferung ≡ vahlen.de/26938018

Praktische Tool Kits

Man muss nicht erst auf Futuristen und Zukunftsforscher warten, die einem die nächsten Trends erklären. Organisationen können sich selbst darauf vorbereiten und ein strategisches Set an Werkzeugen in ihren Kanon aufnehmen. Die Werkzeugkiste in diesem Buch hilft dabei nicht nur zu reagieren, sondern ermöglicht, von Anfang an die Gestaltung der Zukunft mitzubestimmen.

Der Autor

Dr. Mario **Herger** ist CEO von Enterprise Garage Consultancy und lebt seit 2001 im Silicon Valley. Er berät Unternehmen, wie sie den innovativen und entrepreneurischen Spirit aus dem Silicon Valley auf ihre Organisationen übertragen können.

Vahlen